国家科学技术学术著作出版基金资助出版

功能梯度结构的热力变形：弯曲、屈曲与振动

王铁军　马连生　张靖华　著

科学出版社
北　京

内 容 简 介

热防护是高温服役环境下重大装备面临的重大挑战，功能梯度材料应运而生，并得到不断的拓展与应用。本书主要介绍功能梯度结构的线性和非线性热力变形，包括梁、板、壳等基本结构单元的弯曲、屈曲、振动等。全书共10章，第1章介绍功能梯度结构热力变形研究概况，第2～4章介绍功能梯度梁的线性和非线性热力变形及振动，第5～8章介绍功能梯度板的线性和非线性热力变形及振动，第9～10章介绍截顶功能梯度圆锥壳的线性和非线性热力弯曲变形及振动。

本书可供从事热防护结构及相关先进结构设计与分析的科研人员借鉴，也可为力学、航空、航天、能源、动力、材料、电子、生物医学等领域的科技人员提供参考，还可供高等院校相关专业研究生参考。

图书在版编目(CIP)数据

功能梯度结构的热力变形：弯曲、屈曲与振动/王铁军，马连生，张靖华著.—北京：科学出版社，2024.6

ISBN 978-7-03-077385-2

Ⅰ.①功… Ⅱ.①王… ②马… ③张… Ⅲ.①梯度复合材料-结构分析 Ⅳ.①TB339

中国国家版本馆CIP数据核字(2024)第004362号

责任编辑：宋无汗 郑小羽／责任校对：高辰雷

责任印制：徐晓晨／封面设计：陈 敬

科学出版社出版

北京东黄城根北街16号

邮政编码：100717

http://www.sciencep.com

北京中石油彩色印刷有限责任公司印刷

科学出版社发行 各地新华书店经销

*

2024年6月第 一 版 开本：720×1000 1/16

2024年6月第一次印刷 印张：19 1/2

字数：393 000

定价：228.00元

(如有印装质量问题，我社负责调换)

前　言

热防护是高温服役环境下重大装备领域，如重型燃气轮机、航空发动机、航天发动机、高超飞行器等，必须解决但尚未很好解决的难题。人们为此付出了巨大努力，提出了不同的解决方案，其中一种解决方案是在金属主承力结构表面制备适当厚度的陶瓷涂层来实现热防护，该涂层称为热障涂层。除防热功能外，热障涂层还能为金属主承力结构提供其他防护，如防止腐蚀、氧化、外来物冲击损伤等。然而，由于金属和陶瓷的热学、力学等参量的失配，金属和陶瓷之间的界面会产生热落差变形，进而产生界面热应力。当热应力达到临界值时，热障涂层结构会失效，甚至引发事故。

为了缓和上述界面上的热应力，人们提出了消除明显界面的新结构想法，即通过逐渐改变界面附近陶瓷和金属组分的体积分数，获得陶瓷和金属组分连续变化的结构，兼顾热防护和强韧两个方面，这样能缓和甚至消除界面热应力。这个想法是 1984 年提出的，功能梯度材料应运而生。后来，功能梯度材料的概念得到推广与拓展，各种功能梯度材料与结构不断涌现，在力学、航空、航天、能源、动力、材料、电子、生物医学等领域展现出广阔的应用前景。按照材料组成，可分为金属–金属、金属–非金属、非金属–非金属等功能梯度材料；按照梯度性质，可分为密度梯度、多孔梯度、物理性质梯度、力学性质梯度等功能梯度材料；也可综合地分为热应力缓和、能量调控、生物相容等功能梯度材料。

功能梯度结构的基本特点是，各材料组分沿结构的厚度或特定方向逐渐变化，其物理及力学性质也相应地沿结构的厚度或特定方向连续梯度变化，这时材料性质不再是常数，而是位置的函数，也可能是位置和温度的函数。因此，功能梯度结构的温度场与热弹性场的控制方程就变成非线性方程，大大增加了求解难度。功能梯度结构有异于传统均匀材料结构，其热力变形行为与众不同，热力弯曲、屈曲与过屈曲、振动等变形行为也十分复杂，甚至存在一些奇特现象，如功能梯度结构中可能发生多构型变形、前屈曲耦合变形等，这对结构的弯曲及稳定性等有显著影响。另外，各类惯性，如横向惯性、转动惯性、面内惯性、耦合惯性等，对功能梯度结构的振动特性也有重要影响。

功能梯度结构的提出、发展与应用为先进装备研发及工程技术应用提供了新思路，也给力学研究提出了新问题。和初期机械工业一样，力学及结构强度设计必然成为功能梯度结构设计与分析中的基础环节。因此，研究功能梯度结构的线性和非线性热力变形，既可丰富和发展弹性力学基本理论，也可为热防护结构及相关先进功能梯度结构的设计与分析提供理论基础与方法。

从 2000 年开始，本书作者就开始研究功能梯度结构的热力变形问题，包括梁、板、壳等基本结构单元的线性和非线性热力弯曲、屈曲与过屈曲、振动，涉及功能梯度结构的热力耦合变形机理等。本书正是上述研究成果的系统总结，由西安交通大学王铁军、潍坊科技学院马连生和兰州理工大学张靖华共同完成。全书共 10 章，分为 4 部分，第 1 部分（第 1 章）是近三十多年功能梯度结构热力变形的研究概况，包括功能梯度材料及其性能表征，功能梯度结构的热力弯曲、热力屈曲与过屈曲、热力振动等；第 2 部分（第 2~4 章）是功能梯度梁的线性和非线性热力变形及振动；第 3 部分（第 5~8 章）是功能梯度板的线性和非线性热力变形及振动；第 4 部分（第 9~10 章）是截顶功能梯度圆锥壳的线性和非线性热力弯曲变形及振动。本书由王铁军统稿，第 1~8 章由马连生和王铁军撰写，第 9~10 章由张靖华撰写。

希望本书能为功能梯度结构的深入研究提供思路，为功能梯度材料研发、热防护结构及相关先进结构的设计与分析提供参考，为力学、航空、航天、能源、动力、材料、电子、生物医学等相关领域的技术人员提供参考。

鉴于作者水平有限，书中不妥之处在所难免，敬请读者批评指正。

作　者
2023 年 9 月 20 日

目　　录

第 1 章　功能梯度结构热力变形研究概况

结构的基本单元是梁、板和壳。本章首先简要介绍功能梯度材料及其性能表征，然后重点介绍功能梯度结构线性和非线性热力变形的研究概况，包括热和力作用下功能梯度结构的小挠度和大挠度弯曲、线性屈曲和过屈曲、小幅和大幅振动、动力屈曲等。

1.1　功能梯度材料及其性能表征

1.1.1　功能梯度材料的概念

功能梯度材料（functionally graded material，FGM）是一种广义的复合材料，材料组分体积分数沿某个方向连续变化，致使材料性质也沿某个方向连续变化。梯度材料并非新鲜事物，这个概念在钢的研究中已有数千年历史 [1]。自然界中的竹子、牙齿、骨骼、贝壳等，都是天然梯度材料。但是，功能梯度材料的概念则是在 20 世纪 80 年代提出的 [2−3]。第一届国际功能梯度材料学术会议于 1990 年在日本召开，自此，人们开始广泛研究功能梯度材料及其应用 [4−6]。

逐渐改变材料组分的体积分数而不使其在界面上产生突变，就可以缓减或消除材料失配问题，从而达到缓减或消除界面热应力、残余应力及应力集中的目的 [7]。以陶瓷–金属功能梯度材料板为例，陶瓷和金属组分沿厚度方向逐渐变化，如图 1.1.1 所示，从而可消除明显的陶瓷–金属界面和材料失配问题，这样就会大大缓和界面

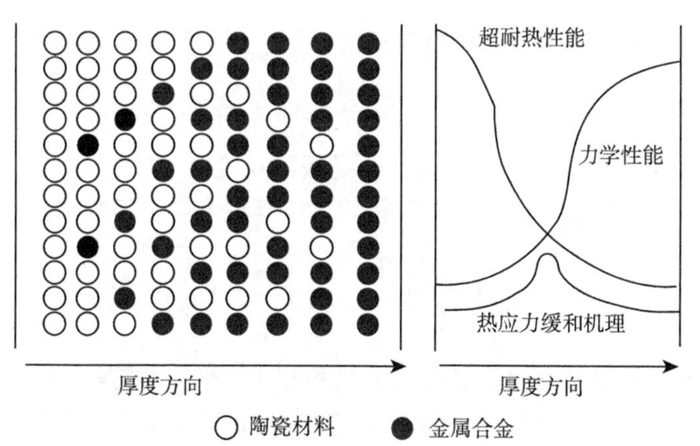

图 1.1.1　陶瓷–金属功能梯度材料组分及性能变化示意图 [8]

热应力。另外，陶瓷侧可耐高温，金属侧可提供足够的强韧性，从而实现结构防热与承载的完美结合。

功能梯度材料的使用一般有两种形式：一种是薄膜梯度材料，即将具有特殊功能的薄膜梯度材料喷涂在基础材料上，实现对基础材料的某种保护作用；另一种是在双材料界面处增加性能变化的梯度层，构成三明治式夹芯结构。近三十多年，功能梯度材料在高温热防护方面越来越受到重视，被认为是适用于高速航天器的潜在材料。功能梯度材料的显著特点是材料性质的可设计性。目前，随着对功能梯度材料研究和开发的深入，其用途已不限于热防护，开始在核能、电子、光学、化学、生物医学等领域得到应用；功能梯度材料的组成也从开始的金属–陶瓷，拓展为非金属–非金属、金属–非金属、金属–金属等多个种类 [8]。

1.1.2 功能梯度材料的性能表征

一般来说，功能梯度材料由两种离散相混合而成，其等效性质由离散相的体积分数和分布决定。在实际分析中，人们将其简化为力学性质关于空间坐标连续变化的连续体，这种均匀化方法极大地简化了功能梯度材料内部复杂的细观结构。下面简要介绍几种常用的分析模型和方法。

一种是 Voigt 混合律模型。以陶瓷和金属构成的功能梯度材料板为例，其等效性质 P_{f}，如弹性模量、泊松比、质量密度等，可以表示为

$$P_{\mathrm{f}}=P_{\mathrm{c}}V_{\mathrm{c}}+P_{\mathrm{m}}V_{\mathrm{m}} \tag{1.1.1}$$

式中，P_{c} 和 P_{m} 分别表示陶瓷和金属的材料性质；V_{c} 和 V_{m} 分别表示陶瓷和金属的体积分数，$V_{\mathrm{c}}+V_{\mathrm{m}}=1$。当材料体积分数沿板厚度方向 z 按幂律

$$V_{\mathrm{c}}=\left(\frac{h+2z}{2h}\right)^{n} \tag{1.1.2}$$

变化时 [9−13]，陶瓷–金属功能梯度材料的等效性质也呈如下幂律形式：

$$P_{\mathrm{f}}=P_{\mathrm{c}}V_{\mathrm{c}}+P_{\mathrm{m}}V_{\mathrm{m}}=P_{\mathrm{c}}V_{\mathrm{c}}+P_{\mathrm{m}}\left(1-V_{\mathrm{c}}\right) \tag{1.1.3}$$

式 (1.1.2) 中，n 是材料的梯度指数；h 是板的厚度。

另一种较为常用的功能梯度材料等效性质模型为如下指数模型 [14−20]：

$$P_{\mathrm{f}}=P_{\mathrm{m}}\left(\frac{P_{\mathrm{c}}}{P_{\mathrm{m}}}\right)^{\frac{h+2z}{2h}} \quad \text{或} \quad P_{\mathrm{f}}=P_{\mathrm{m}}\mathrm{e}^{\frac{z}{h}\ln\frac{P_{\mathrm{c}}}{P_{\mathrm{m}}}} \tag{1.1.4}$$

还有一种沿板厚度方向呈 S 形分布的模型 [21−25]，与幂律和指数模型同属连续性模型，均将功能梯度材料视为性能连续变化的材料。分层均匀化近似连续变化方法 [26−28] 也属于连续性模型。这类模型都忽略了材料细观结构的影响。

上述模型均不能反映材料组分间的相互作用，而 Mori-Tanaka 方法可以反映这种相互作用，材料等效性质的具体表达式如下 [29−32]：

$$\frac{K_{\mathrm{f}}-K_{\mathrm{m}}}{K_{\mathrm{c}}-K_{\mathrm{m}}}=\frac{V_{\mathrm{c}}}{1+(1-V_{\mathrm{c}})\dfrac{K_{\mathrm{c}}-K_{\mathrm{m}}}{K_{\mathrm{m}}+4G_{\mathrm{m}}/3}} \tag{1.1.5}$$

$$\frac{G_{\mathrm{f}}-G_{\mathrm{m}}}{G_{\mathrm{c}}-G_{\mathrm{m}}}=\frac{V_{\mathrm{c}}}{1+(1-V_{\mathrm{c}})\dfrac{G_{\mathrm{c}}-G_{\mathrm{m}}}{G_{\mathrm{m}}+f_{\mathrm{m}}}} \tag{1.1.6}$$

式中，

$$f_{\mathrm{m}}=\frac{G_{\mathrm{m}}\left(9K_{\mathrm{m}}+8G_{\mathrm{m}}\right)}{6\left(K_{\mathrm{m}}+2G_{\mathrm{m}}\right)} \tag{1.1.7}$$

$$\frac{\kappa_{\mathrm{f}}-\kappa_{\mathrm{m}}}{\kappa_{\mathrm{c}}-\kappa_{\mathrm{m}}}=\frac{V_{\mathrm{c}}}{1+(1-V_{\mathrm{c}})\dfrac{\kappa_{\mathrm{c}}-\kappa_{\mathrm{m}}}{3\kappa_{\mathrm{m}}}} \tag{1.1.8}$$

$$\frac{\alpha_{\mathrm{f}}-\alpha_{\mathrm{m}}}{\alpha_{\mathrm{c}}-\alpha_{\mathrm{m}}}=\frac{\dfrac{1}{K_{\mathrm{f}}}-\dfrac{1}{K_{\mathrm{m}}}}{\dfrac{1}{K_{\mathrm{c}}}-\dfrac{1}{K_{\mathrm{m}}}} \tag{1.1.9}$$

式中，K 为材料的等效体积模量；G 为剪切模量；κ 为热传导系数；α 为热膨胀系数。将式 (1.1.5) 和式 (1.1.6) 分别代入 $K_{\mathrm{f}}=\dfrac{E_{\mathrm{f}}}{3\left(1-2\nu_{\mathrm{f}}\right)}$ 和 $G_{\mathrm{f}}=\dfrac{E_{\mathrm{f}}}{2\left(1+\nu_{\mathrm{f}}\right)}$，则得

$$E_{\mathrm{f}}=\frac{9K_{\mathrm{f}}G_{\mathrm{f}}}{3K_{\mathrm{f}}+G_{\mathrm{f}}},\quad \nu_{\mathrm{f}}=\frac{3K_{\mathrm{f}}-2G_{\mathrm{f}}}{2\left(3K_{\mathrm{f}}+G_{\mathrm{f}}\right)} \tag{1.1.10}$$

式中，E_{f} 和 ν_{f} 分别表示功能梯度材料的弹性模量和泊松比。

1.2　功能梯度结构的热力弯曲

人们对传统材料结构的弯曲行为进行了充分研究。早期，郑晓静等 [33] 研究了中心承受集中载荷圆板的大挠度弯曲问题的解析解，获得了弹性地基问题的解析式 [34−35]，并给出了迭代解析解的递推公式及相应计算程序。针对圆薄板大挠度轴对称弯曲的 von Karman 方程，郑晓静等 [36] 研究了具有任意摄动参数的正则摄动法及其迭代法，证明了迭代解的收敛性。对于多场耦合下结构的弯曲问题，周又和等 [37−38]、Zheng 等 [39] 运用有限元法研究了铁磁弹性矩形板在斜磁场中的磁弹性弯曲，定量模拟了铁磁弹性矩形板的弯曲变形与外加磁场的非线性特征关系。

功能梯度材料最初被设计为一种用于高热环境下的梯度热障材料。Reddy 等 [40] 在研究材料性质具有一维梯度变化的板弯曲变形时，建立了如下典型的耦合热传导方程（详细内容及解释见文献 [40]）：

$$\alpha T_0(3\lambda+2\mu)\frac{\partial}{\partial t}(\varepsilon_x+\varepsilon_y)+\rho C_v\frac{\partial T}{\partial t}$$
$$-\frac{\partial}{\partial x}\left(\kappa\frac{\partial T}{\partial x}\right)-\frac{\partial}{\partial y}\left(\kappa\frac{\partial T}{\partial y}\right)-\frac{\partial}{\partial z}\left(\kappa\frac{\partial T}{\partial z}\right)=0 \tag{1.2.1}$$

式中，z 为材料性质梯度以及温度梯度方向。对于这个方程，Reddy 认为，为了考察热力耦合的影响，所涉及温度场必须是全三维的。这是因为，在热弹性耦合情况下，尽管只在板厚度方向存在温度梯度，但应力、应变等力学量也会影响温度场。对非耦合情况，任意一个平行于中面的平面上温度都是常值，因此一维温度场就足够了。鉴于此，并考虑到梯度材料的结构特征（大多数为薄膜形式），以及求解方程 (1.2.1) 的困难性，对于静态问题，多数研究 [41−46] 仅考虑了如下非耦合一维温度场：

$$-\frac{\mathrm{d}}{\mathrm{d}z}\left(\kappa(z)\frac{\mathrm{d}T(z)}{\mathrm{d}z}\right)=0 \tag{1.2.2}$$

式中，热传导系数 $\kappa(z)$ 是梯度方向的函数。图 1.2.1 是材料梯度性质影响温度场的例子，其中 n 为材料梯度指数，T_2 为板下表面的温度。

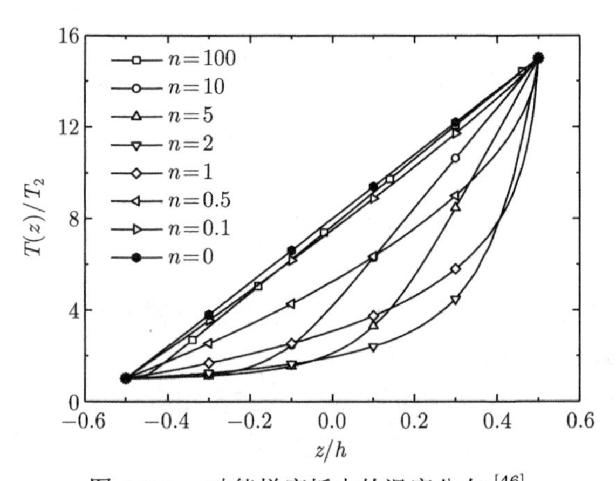

图 1.2.1　功能梯度板中的温度分布 [46]

与传统材料不同，功能梯度板结构的材料性质沿厚度方向呈梯度变化，这会导致“面内量–出面量”耦合现象的存在，如下式所示：

$$
\begin{Bmatrix} N_x \\ N_y \\ N_{xy} \\ M_x \\ M_y \\ M_{xy} \end{Bmatrix} = \begin{bmatrix} A_{11} & A_{12} & 0 & B_{11} & B_{12} & 0 \\ A_{12} & A_{11} & 0 & B_{12} & B_{11} & 0 \\ 0 & 0 & A_{66} & 0 & 0 & B_{66} \\ B_{11} & B_{12} & 0 & D_{11} & D_{12} & 0 \\ B_{12} & B_{11} & 0 & D_{12} & D_{11} & 0 \\ 0 & 0 & B_{66} & 0 & 0 & D_{66} \end{bmatrix} \begin{Bmatrix} \varepsilon_x^0 \\ \varepsilon_y^0 \\ \gamma_{xy}^0 \\ \kappa_x \\ \kappa_y \\ \kappa_{xy} \end{Bmatrix} \tag{1.2.3}
$$

式中，N_{ij}、M_{ij}、ε_{ij} 和 κ_{ij} 分别为内力、内力矩、中面应变和各曲率项。式 (1.2.3) 是经典板理论下板的本构关系。由于将功能梯度材料视为非均匀各向同性材料，因此不存在“拉–剪”或“弯–扭”之间的耦合。本构关系中“面内量–出面量”耦合现象，可以通过引入“物理中面”概念消除 [43]。

1.2.1　功能梯度结构的小挠度热力弯曲

考虑一个厚度为 h、作用有分布载荷 q 以及温度场 $T(z)$ 的功能梯度板。基于 Reddy 三阶板理论 [47]，位移形式的板平衡方程为

$$
A_{11}\frac{\partial^2 u}{\partial x^2} + A_{66}\frac{\partial^2 u}{\partial y^2} + (A_{12}+A_{66})\frac{\partial^2 v}{\partial x\partial y} + \bar{B}_{11}\frac{\partial^2 \phi_x}{\partial x^2} + \bar{B}_{66}\frac{\partial^2 \phi_x}{\partial y^2}
$$

$$
+\left(\bar{B}_{12}+\bar{B}_{66}\right)\frac{\partial^2 \phi_y}{\partial x\partial y} - \beta E_{11}\frac{\partial^3 w}{\partial x^3} - \beta\left(E_{12}+2E_{66}\right)\frac{\partial^3 w}{\partial x\partial y^2} = 0 \tag{1.2.4a}
$$

$$
(A_{12}+A_{66})\frac{\partial^2 u}{\partial x\partial y} + A_{66}\frac{\partial^2 v}{\partial x^2} + A_{11}\frac{\partial^2 v}{\partial y^2} + \left(\bar{B}_{12}+\bar{B}_{66}\right)\frac{\partial^2 \phi_x}{\partial x\partial y}
$$

$$
+\bar{B}_{66}\frac{\partial^2 \phi_y}{\partial x^2} + \bar{B}_{11}\frac{\partial^2 \phi_y}{\partial y^2} - \beta E_{11}\frac{\partial^3 w}{\partial y^3} - \beta\left(E_{12}+2E_{66}\right)\frac{\partial^3 w}{\partial x^2\partial y} = 0 \tag{1.2.4b}
$$

$$
E_{11}\frac{\partial^3 u}{\partial x^3} + (E_{12}+2E_{66})\frac{\partial^3 u}{\partial x\partial y^2} + E_{11}\frac{\partial^3 v}{\partial y^3} + (E_{12}+2E_{66})\frac{\partial^3 v}{\partial x^2\partial y}
$$

$$
+\bar{F}_{11}\frac{\partial^3 \phi_x}{\partial x^3} + \left(\bar{F}_{12}+2\bar{F}_{66}\right)\frac{\partial^3 \phi_x}{\partial x\partial y^2} + \bar{F}_{11}\frac{\partial^3 \phi_y}{\partial y^3} + \left(\bar{F}_{12}+2\bar{F}_{66}\right)\frac{\partial^3 \phi_y}{\partial x^2\partial y}
$$

$$
+\tilde{A}_{55}\frac{\partial \phi_x}{\partial x} + \tilde{A}_{44}\frac{\partial \phi_y}{\partial y} - \beta\left(H_{11}\frac{\partial^4 w}{\partial x^4} + 4H_{66}\frac{\partial^4 w}{\partial x^2\partial y^2} + H_{11}\frac{\partial^4 w}{\partial y^4}\right)
$$

$$
-2\beta\left(H_{12}+2H_{66}\right)\frac{\partial^4 w}{\partial x^2\partial y^2} + \tilde{A}_{55}\frac{\partial^2 w}{\partial x^2} + \tilde{A}_{44}\frac{\partial^2 w}{\partial y^2} = 0 \tag{1.2.4c}
$$

$$
\bar{B}_{11}\frac{\partial^2 u}{\partial x^2} + \bar{B}_{66}\frac{\partial^2 u}{\partial y^2} + \left(\bar{B}_{12}+\bar{B}_{66}\right)\frac{\partial^2 v}{\partial x\partial y} + \tilde{D}_{11}\frac{\partial^2 \phi_x}{\partial x^2} + \tilde{D}_{66}\frac{\partial^2 \phi_x}{\partial y^2}
$$

$$+\left(\tilde{D}_{12}+\tilde{D}_{66}\right)\frac{\partial^2\phi_y}{\partial x\partial y}-\beta\bar{F}_{11}\frac{\partial^3 w}{\partial x^3}-\beta\left(\bar{F}_{12}+2\bar{F}_{66}\right)\frac{\partial^3 w}{\partial x\partial y^2}=0 \tag{1.2.4d}$$

$$\left(\bar{B}_{12}+\bar{B}_{66}\right)\frac{\partial^2 u}{\partial x\partial y}+\bar{B}_{66}\frac{\partial^2 v}{\partial x^2}+\bar{B}_{11}\frac{\partial^2 v}{\partial y^2}+\left(\tilde{D}_{12}+\tilde{D}_{66}\right)\frac{\partial^2\phi_x}{\partial x\partial y}$$
$$+\tilde{D}_{66}\frac{\partial^2\phi_y}{\partial x^2}+\tilde{D}_{11}\frac{\partial^2\phi_y}{\partial y^2}-\beta\bar{F}_{11}\frac{\partial^3 w}{\partial y^3}-\beta\left(\bar{F}_{12}+2\bar{F}_{66}\right)\frac{\partial^3 w}{\partial x^2\partial y}=0 \tag{1.2.4e}$$

式中各刚度的定义参见 5.2 节。

在方程 (1.2.3) 中存在面内力与出面应变之间、弯矩与面内应变之间的耦合；在平衡方程 (1.2.4) 中，出面位移与面内位移是相互耦合的，对于线性分析也是如此。因此，不能忽略中面位移。这是功能梯度材料结构与各向同性材料结构的区别之一，是由功能梯度材料性质决定的。

1. 功能梯度矩形板

可以将功能梯度板三维精确分析结果作为对通常二维板理论结果的修正。文献 [48]~[50] 采用渐近展开方法，分别研究了简支功能梯度矩形板、固定夹紧功能梯度椭圆板以及黏结压电层的功能梯度矩形板的三维热弹性变形，指出：在二维板理论中通常假设“挠度沿厚度方向保持不变”，可以在力载荷情况下得到很好的近似，但对于热载荷是无效的；面内位移和横向剪切应力沿板厚度方向的分布与经典板理论、剪切变形板理论的假设都不相同。Senthil 等 [51] 用级数法，求解了简支功能梯度矩形板三维变形的精确解，指出：对于厚板而言，精确结果与经典板、一阶板以及三阶板理论的结果有相当大的差异。Ray 等 [52] 采用 Pagano 方法，推导出了在力和电载荷作用下黏结纤维增强压电层的简支功能梯度矩形板的位移和应力的精确解，可用来验证其他近似理论或数值模型。

人们采用不同方法研究了功能梯度板的三维（热）弹性问题，如 Ritz 法 [53]、复变函数法 [54]、Haar 小波法 [55]、状态空间法 [56]、微分求积法 [57]，以及结合状态空间法和微分求积法的半解析法 [58]。也有人不做任何简化假设，直接从三维弹性理论出发，求得功能梯度板的弯曲精确解 [59−60]。还有人基于混合半解析模型和高阶剪切变形板理论，得到功能梯度矩形板的三维应力半解析解和弯曲位移的 Navier 解析解 [61]，其中高阶剪切变形板理论的位移场未做任何简化假设，并计及横向正应变的影响。Kashtalyan[62] 假设板的弹性模量沿厚度方向呈指数变化，得到了横向载荷作用下简支板的位移和应力的三维弹性解。Woodward 等 [63] 得到了受横向载荷作用的横观各向同性功能梯度板的三维弹性解。Yang 等 [64] 得到了上下表面作用有均匀分布载荷的两对边简支横观各向同性功能梯度矩形板的三维弹性解。Qian 等 [65] 使用无网格局部 Petrov-Galerkin 法，分析了功能梯度板的热弹性弯曲问题。借助与文献 [65] 一样的分析方法，Gilhooley 等 [66] 基于一个计及厚度变形影响的高阶板理论，研究了功能梯度厚板的小变形问题。

三维弹性边值问题或特征值问题很难求解，要获得解析解是不容易的。但是，可以通过某些关于变形以及本构行为的特定假设，把三维问题变成二维问题，使问题得以简化。这也是较多二维板理论被开发利用的初衷。Kim 等 [67] 基于经典板理论，研究了瞬态热载荷作用下功能梯度板的弯曲问题，在分析中，首先基于层合板理论获得了三维瞬态温度分布的 Green 函数解，然后用基于 Galerkin 方法的 Green 函数方法获得了板的挠度解。

在经典板理论框架下，人们尝试了许多方法来分析功能梯度板的弯曲问题。Zhang 等 [68] 利用 Navier 解析方法，在空间域结合 Ritz 方法、在时域结合 Legendre 插值函数法，获得了力或热载荷下功能梯度板的静态热弹性变形解或准静态热粘弹性变形解。Pradhan 等 [69] 用 Rayleigh-Ritz 方法研究了各种边界条件下功能梯度矩形板的纯弯曲，Beena 等 [70] 用样条有限条法研究了不同载荷条件下板的弯曲行为，Fereidoon 等 [71] 考察了多项式微分求积法和谐波微分求积法在功能梯度薄板弯曲问题中的适用性。

经典板理论的基本方程简单，易于计算。然而，它忽略了横向剪切变形对板力学行为的影响，仅对薄板才能给出足够精确的结果，这就限制了经典板理论的应用。为此，人们发展了多种包括横向剪切影响的板理论。早期，在一阶剪切变形板理论下，Reddy 等 [40] 采用三维热传导方程，热场与位移场相互耦合，利用有限元法研究了板的弯曲问题；Dai 等 [72] 用无网格径向点插值方法分析了功能梯度板的静态挠度、固有频率和动态响应等问题；Bernardo 等 [73] 分别用无网格法和有限元法研究了功能梯度板的线性弯曲和自由振动问题。后来，Vu 等 [74] 基于简化的一阶剪切变形板理论，提出了一种有效的数值无网格方法，用于研究功能梯度板的弯曲和自由振动问题。这个简化的一阶板理论，只有四个未知函数，可以用于分析薄板和厚板，但仍需剪切修正。Wen 等 [75] 基于 Reissner 中厚板理论，用无网格局部积分方程法分析了静动态载荷作用下功能梯度板的弯曲问题。

一阶剪切变形板理论因为考虑了横向剪切变形，拓展了经典层合板理论，但其假设沿板厚度方向不变的剪切变形，与板弯曲后横截面的翘曲现象并不相符。要想更精确地描述层合板弯曲后的真正位移场，最直接的方法就是采用高阶位移模式。基于三阶板理论，Reddy[41] 给出了在正弦分布载荷、均匀分布载荷作用下矩形板的 Navier 解，并指出：剪切变形会使板挠度增大，但是，当材料梯度指数 $n > 1.5$ 或者板的厚宽比较大时，三阶板理论结果与一阶板理论结果的差异不明显。Kim 等 [76] 基于三阶剪切变形板理论，用 Navier 解析方法推导出了简支功能梯度矩形板弯曲、屈曲及自由振动等线性问题的解析解。Bui 等 [77] 基于一种新型三阶剪切变形板理论，用有限元法研究了高温对功能梯度板弯曲挠度和固有频率的影响。Talha 等 [78] 基于高阶剪切变形板理论，采用有限元法研究了功能梯度板的静态响应及自由振动问题。Mantari 等 [79] 利用新的高阶剪切变形板理论，给出了横向载荷作用下简支功能梯度板的 Navier 解。Li 等 [80] 基于扩展正弦板理论，研究了面内磁场下简支功能梯度压电板的弯曲问题。Zenkour[81] 首次采用广义剪切变形板理论（正弦剪切变形板理论）研究了横向均匀分布载荷作用下功能梯度矩形板的弯曲问题。后来，又拓展到受横向均匀分布载荷和温度场作用，并置于一个双参数弹性地基的简支功能梯度矩形板的热弹性弯曲问题研究 [82]。Fares 等 [83] 用混合变分方法提出了一种适用于功能梯度板弯曲和振动问题的二维理论，其中面内位移沿厚度方向线性变化，而出面位移是厚度坐标的二次函数。该理论包含完全符合板上下表面边界条件的横向正应变和应力，无需剪切修正。

为了更精确地分析功能梯度板或夹层板的弯曲、屈曲及振动行为，或者为了简化计算，人们提出或引入了诸多板理论。这些板理论中未知量数目有的只有四个 [84−99]，有的更多 [100−107]，位移函数的形式各不相同，对板横向剪切变形的描述也是不同的。多数研究 [84,86,89−91,94−98,100−107] 给出的板理论不需要剪切修正。Do 等 [92] 将横向挠度分解为弯曲挠度和剪切挠度两部分，依然用弯曲挠度的相应导数项表示板中面法线的转动，得到了一个修正的 Kirchhoff 板理论。这种将横向挠度分解成两部分的方法，被多个文献采用 [86−87,90]。Thai 等 [108] 选取不同剪切形状函数，总结了四个高阶板理论，这些理论只含四个未知函数，不需要剪切修正，对简支功能梯度板弯曲和自由振动问题进行 Navier 分析，各理论的数值比较结果表明，文献中提及的各理论的结果差别很小，而且与三维、准三维结果吻合良好。

等几何分析是一种新的数值方法，利用 B 样条函数、非均匀有理 B 样条（non-uniform rational B-spline，NURBS）函数以及 T 样条函数等相同基函数来构建几何模型。等几何分析处理要求具有 C^1 连续性（一阶连续可导）的高阶剪切变形板理论问题很容易。等几何分析结合各种剪切理论被用于分析复合材料结构的静态弯曲、屈曲以及自由振动等问题 [95]。Liu 等 [95] 将新型修正板理论与等几何分析结合，研究了功能梯度板的弯曲与屈曲问题。Tran 等 [109] 提出了基于非均匀有理 B 样条函数的等几何分析方法，分析了功能梯度板的静动态和屈曲问题，其中采用了高阶剪切变形板理论，功能梯度材料性质由混合律和 Mori-Tanaka 均匀化法来描述。Valizadeh 等 [110] 基于一阶剪切变形板理论，采用基于非均匀有理 B 样条的 Bubnov-Galerkin 几何有限元法等，研究了功能梯度板的弯曲、振动、屈曲与超声速颤振等问题。Nguyen 等 [91] 将等几何有限元分析法与修正的板理论结合，提出了一个简单而有效的分析功能梯度板弯曲、屈曲和自由振动问题的方法。Yin 等 [111] 提出了基于简单一阶剪切变形板理论的非均匀有理 B 样条基函数等几何分析方法，研究了功能梯度板的弯曲、屈曲和自由振动问题。Lieu 等 [112] 采用基于广义剪切变形理论的等几何分析方法，首次研究了材料性质具有面内双向梯度分布的变厚度功能梯度板的弯曲和自由振动行为。Zhu 等 [106] 提出了一个对数高阶剪切变形板理论，并基于等几何分析方法研究了功能梯度板的弯曲、自由振动和屈曲等问题。

对材料性质非厚度方向梯度变化或双向梯度变化的功能梯度板响应的研究结果并不多。除文献 [112] 外，Amirpour 等 [113] 基于经典板理论，研究了具有变化面内刚度的功能梯度矩形薄板的弯曲问题，获得了 Fourier 级数形式的闭合形式解，同时用梯度有限元法获得了问题的数值解。结果表明，材料梯度方向及其变化对功能梯度板的力学行为有重要影响。Do 等 [114] 基于新型三阶剪切变形板理论，用有限元法研究了材料性质具有双向梯度分布的功能梯度板的弯曲和屈曲行为。Sator 等 [115] 研究了功能梯度板的多梯度耦合效应，分析中将板弯曲理论的三种变体（Kirchhoff-Love 理论、一阶剪切变形板理论和三阶剪切变形板理论）表示为统一公式，功能梯度板的静态方程基于此统一公式。研究结果表明，弹性模量的横向梯度是弯曲和面内变形耦合的必要条件，也是横向载荷作用下的充分条件。如果边界夹紧，板承受纯面内载荷作用时，弹性模量的横向梯度并不是充分条件。

分别基于经典热弹性理论 [116] 和广义热弹性理论 [117]，Sator 等研究了稳态 [116]、瞬态热载荷 [117] 作用下功能梯度板的弯曲问题，板的弯曲方程分别基于经典板理论、一阶及三阶剪切变形板理论。前者给出了功能梯度板热弹性弯曲的全二维分析公式，后者考虑了瞬态热载荷下板弯曲问题中的各种耦合效应。

Thai 等 [118] 基于修正偶应力理论，建立了一个用于分析功能梯度 Kirchhoff 板和 Mindlin 板弯曲、屈曲和振动问题的尺度依赖模型，包含能够反映尺度效应的材料长度尺度参数、几何非线性以及沿板厚度方向两相材料的变化，并用 Navier 解析方法获得了简支功能梯度矩形板弯曲、屈曲和振动等线性问题的解析解，用 Bubnov-Galerkin 法获得了非线性弯曲问题的解。

Akbarzadeh 等 [119] 基于经典板理论和剪切变形板理论，研究了材料性质等效模型对功能梯度板宏观结构响应的影响，具体分析了置于 Pasternak 型弹性地基的简支功能梯度矩形板的弯曲、屈曲、自由振动及强迫振动等问题。基于一阶剪切变形板理论并采用有限元法，Srividhya 等 [120] 研究了不同载荷以及边界条件下，材料的均匀化方案对功能梯度薄板/中厚度板弯曲行为的影响，分析中分别使用了混合律和 Mori-Tanaka 模型。

He 等 [121] 基于经典板理论，研究了具有拉压不同模量的功能梯度板的线性弯曲问题。杨杰等 [122] 用半解析方法研究了热机载荷作用下功能梯度厚矩形板的弯曲问题，这种半解析方法结合了一维微分求积法和 Galerkin 方法。他们又将这一方法拓展到功能梯度板的非线性弯曲问题 [123]。Abrate[124] 研究了功能梯度板的弯曲、屈曲、自由振动等问题，结果表明：功能梯度板的静态量，如挠度、临界载荷以及板的自由振动固有频率，总是与均匀各向同性板的相应结果成比例。

对于计及压电耦合的问题，Almajid 等 [125] 提出了一个在外加电场作用下简化的经典层合板理论，可以用于分析层合压电板的应力以及出面位移。Chen 等 [126] 基于一阶剪切变形板理论，用 Chebyshev-Ritz 方法获得了一类功能梯度多孔板的弯曲挠度和单向、双向以及剪切屈曲载荷。Chen 等提出的板的梯度多孔分布可以消除结构中的应力不匹配问题，改善了结构的弯曲和屈曲性能。Demirhan 等 [127] 基于四变量板理论，采用状态空间法研究了功能梯度多孔板的弯曲和自由振动问题。Li 等 [128] 基于经典板理论，推导出了功能梯度板的弯曲、屈曲以及自由振动问题与均匀各向同性板对应问题的解之间的关系。

以上研究大多未考虑板厚度方向的变形对功能梯度板弯曲等行为的影响。Carrera 等 [129] 通过在改进的板/壳理论的位移场中保留或去掉横向正应变，研究了功能梯度板/壳厚度方向变形对其力学行为的影响。结果表明，除非考虑横向正应变，否则对于包含附加面内变量的经典板理论的改进是没有意义的。Neves 等 [130] 利用广义的 Carrera 统一公式概念，构建了一个计及板厚度方向伸展的混合准三维正弦剪切变形板理论，用于分析功能梯度板的静态和自由振动，指出：横向正应变 ε_z 在厚板分析中显示了重要性，即使对于较薄的功能梯度板，也应该考虑横向正应力 σ_z。文献 [19]、[89]、[96]、[102]、[103]、[105]、[107]、[131]~[134] 在分析中均考虑了板的法向变形或板厚度方向伸展效应的影响。

Amirpour 等 [135] 基于计及板厚度方向伸展的高阶剪切变形板理论，给出了材料刚度沿板长度方向变化的功能梯度板弯曲问题的解析解。Mohammadi 等 [136] 基于 Legendre 多项式形式的高阶剪切及法向变形板理论，研究了不可压缩简支功能梯度矩形厚板的弯曲、屈曲和自由振动问题，将外载荷展开成双三角级数形式，获得了 Navier 形式的解析解。结果表明，静水压力直接影响板厚度方向的正应力分布。Qian 等 [137] 基于高阶剪切及法向变形板理论，用无网格局部 Petrov-Galerkin 方法分析了功能梯度矩形厚板的静动态问题。

2. 功能梯度圆（环）板及其他形状板

关于功能梯度圆板三维弹性解或弯曲解析解的研究结果并不多。Nie 等 [138] 基于三维弹性理论，采用结合状态空间法和微分求积法的半解析方法，研究了材料性质沿圆板的径向和厚度方向按指数函数规律变化的功能梯度圆/环板的轴对称弯曲问题。Li 等 [139] 推导出了在均匀分布横向载荷下周边简支/夹紧功能梯度压电圆板弯曲问题的三维弹性解，可用于验证各种简化结果和数值分析结果。针对材料性质沿两个方向呈梯度分布且置于非均匀双参数弹性地基的功能梯度环板，Rad 等 [140] 基于三维弹性理论，采用状态空间法和微分求积法，研究了法向以及面内剪切载荷作用下环板的弯曲问题。对于可展开成 Fourier-Bessel 级数的横向载荷，Wang 等 [141−142] 基于三维理论，获得了功能梯度圆板和环板的轴对称弯曲解。Wang 等 [143] 基于三维压电理论，将任意横向载荷展开成 Fourier-Bessel 级数，采用半逆方法解析地研究了功能梯度圆板的轴对称弯曲问题。Yang 等 [144]、Jiang 等 [145]、Yang 等 [146]、Liu 等 [147] 基于 Mian 和 Spencer 提出的位移假设和 England 方法，分别给出了横向双谐载荷作用下横观各向同性功能梯度环板、径向边界集中力和力偶作用下横观各向同性功能梯度环扇形板、均匀分布载荷作用下横观各向同性功能梯度椭圆形板，以及边界集中力和力偶作用下横观各向同性功能梯度圆板的三维弹性解。对于弹性柔度系数沿厚度方向任意变化的横观各向同性功能梯度圆板，Li 等 [148] 给出了均匀分布横向载荷作用下板的轴对称弯曲解析解。Li 等 [149] 给出了横观各向同性功能梯度圆板弯曲问题的解析解。Apuzzo 等 [150] 提出了新的类推方法，获得了功能梯度 Kirchhoff 板静态问题的精确解，并以圆板为例进行了分析。

基于经典板理论，Jafari 等 [151] 获得了黏结压电层的功能梯度圆板在轴对称机械载荷作用下瞬态弯曲问题的精确显式解；Fereidoon 等 [152] 采用扩展 Kantorovich 方法获得了功能梯度圆环扇形板小挠度弯曲的闭合形式解。Fallah 等 [153] 基于一阶剪切变形板理论，采取扩展 Kantorovich 方法，研究了功能梯度圆/圆环扇形板在均匀和非均匀横向载荷作用下的弯曲问题，采用广义微分求积（generalized differential quadrature，GDQ）法求解关于径向坐标的变系数常微分方程，采用状态空间法求解关于环向坐标的常系数常微分方程。Mousavi 等 [154] 基于一阶剪切变形板理论，采用多项扩展 Kantorovich 方法，给出了材料性质具有径向梯度分布的功能梯度中厚扇形板弯曲问题的解析解。

基于 Levinson 及一阶剪切变形板理论，Sahraee[155] 得到了功能梯度厚圆扇形板弯曲问题的闭合形式解。Saidi 等放宽了三阶剪切变形板理论中板上下表面的无剪切条件，研究了功能梯度圆板的轴对称弯曲和屈曲问题 [156]，以及功能梯度圆扇形板的弯曲问题 [157]。这种无约束剪切变形板理论对于存在接触摩擦或处于流场情况的板是有用的。Taj 等 [158] 基于 Reddy 三阶剪切变形板理论，采用有限元法研究了功能梯度斜板的静态、屈曲以及振动等问题，分析中采用 Mori-Tanaka 均匀化法描述了材料的等效性质。Joodaky 等 [159] 对于承受均匀分布载荷且置于 Winkler 型地基上的功能梯度斜板，基于物理中面概念，采用扩展 Kantorovich 方法并结合加权残差法，获得了板弯曲的有很高精度的闭合形式近似解。

基于圆板轴对称问题的特殊性，有可能获得小挠度问题的精确解析解。Reddy 等 [160] 在 Mindlin 的一阶剪切变形板理论框架下，建立了功能梯度圆（环）板轴对称弯曲挠度、内力、弯矩与经典板理论下各向同性圆板对应物理量之间的解析关系。Ma 等 [161] 采用三阶板理论，研究了功能梯度圆板的轴对称弯曲问题，结果表明三阶板理论与一阶板理论的结果极为相近，也就是说，对于板的整体响应而言，如挠度等，一阶板理论结果的精度就足够了。

3. *功能梯度夹层板及各种增强功能梯度板*

在三维弹性理论框架下，Alibeigloo 等 [162] 采用状态空间微分求积法，研究了功能梯度夹层板的静态及自由振动问题。Li 等 [163] 基于 Reissner 夹层板假设，研究了在横向分布载荷作用下具有功能梯度夹芯层和正交各向异性面板的简支夹层板的弯曲问题，获得了挠度的三角级数解。Zenkour[164,165] 针对表面为功能梯度材料的简支夹层板，分别基于正弦剪切变形板理论、三阶剪切变形板理论、一阶剪切变形板理论及经典板理论，分析了板的弯曲行为。

人们还发展了新的板理论来研究功能梯度夹层板或增强板的弯曲行为。Thai 等 [84]、Mantari 等 [166] 分别提出了新的一阶剪切变形板理论，把位移场所含未知函数减少到四个，从而使控制方程数目减少，但均未计及板的厚度伸展。前者的位移场中使用了第四个未知量的导数项，能用于分析具有各向同性芯材和功能梯度面板的夹层板的弯曲、屈曲及自由振动问题；后者则使用了第四个未知量的积分项，用于功能梯度夹层板的静态分析。Thai 等 [167] 提出了一个简单的包含板厚度方向变形影响的四变量板理论。该理论只有四个未知函数，且无需剪切修正，基于此分析各向同性以及功能梯度夹层板的静动态弯曲和屈曲问题，结合等几何分析方法，得到了问题的数值结果。Li 等 [168] 将四变量板理论拓展到功能梯度夹层板的热力弯曲问题研究，发展了一个改进的四变量板理论。该理论不需要剪切修正，但未考虑板的厚度伸展。Demirhan 等 [169] 基于四变量板理论，获得了两对边简支功能梯度夹层板弯曲的 Lévy 解。Li 等 [170,171] 基于文献 [168] 开发的改进四变量板理论和 Hoff 假设，采用 Navier 解析法得到了力热载荷、横向分布载荷下功能梯度夹层板弯曲问题的解析解。

Nguyen 等 [172] 提出了新的反三角函数剪切变形板理论、Thai 等 [173] 提出了广义剪切变形板理论，用于分析各向同性板以及功能梯度夹层板的静态、屈曲和自由振动问题。该理论无需剪切修正。文献 [172] 利用该理论给出了板挠度、临界载荷及固有频率的闭合形式解。文献 [173] 结合等几何分析方法，给出了数值结果。Akavci[174] 提出了准三维双曲线剪切变形板理论，计及沿板厚度方向位移的真实变化，不需要剪切修正，适用于分析置于 Pasternak 型弹性地基的功能梯度夹层板的弯曲、屈曲及自由振动问题。Mahi 等 [175] 提出了一个适用于分析功能梯度夹层板弯曲及自由振动问题的双曲线剪切变形板理论，该理论有五个自由度，不需要引入剪切修正系数，但未计及板的厚度伸展。Neves 等 [176] 提出了一个计及板的厚度伸展的准三维高阶剪切变形板理论，不需要剪切修正，可用于各向同性板和功能梯度夹层板的弯曲、屈曲及自由振动分析。基于该理论，文献 [176]

中推导出了板的控制方程和边界条件，并用无网格法求解了板的静态及特征值问题。Mantari 等 [177] 利用 Carrera 统一公式，提出了一个新型优化双曲型位移场，并基于此分析了横向及面内机械载荷作用下功能梯度夹层板的弯曲、屈曲及自由振动行为。Natarajan 等 [178] 基于高阶板理论，研究了热力载荷下功能梯度夹层板的静挠度和自由振动问题。

在等几何分析的框架下，Li 等 [179] 分别基于一阶和三阶剪切变形板理论，分析了石墨烯微片加强的功能梯度金属泡沫板的线性静态弯曲、固有频率及屈曲。结果表明，石墨烯微片的加入有效地改善了功能梯度金属泡沫板的刚度。Sciuva 等 [180] 利用扩展的修正 Zigzag 理论并结合 Ritz 法，研究了碳纳米管增强功能梯度夹层板的弯曲、屈曲及自由振动问题。结果表明，相较于一阶和三阶剪切变形板理论，该理论计算结果的精确度更高。Sobhy[181] 利用改进的四变量剪切变形板理论，研究了热环境下置于双层弹性地基的碳纳米管增强功能梯度板的弯曲问题，获得了闭合形式解。分析中，考虑了多种载荷条件，用 Navier 解析法求解四边简支板，用 Lévy 法求解对边简支板。

1.2.2　功能梯度结构的大挠度热力弯曲

一般来说，在非线性分析中，可以采用两种方式计及几何非线性项：一是直接采用考虑几何非线性的有限变形理论；二是在二维板理论中计入 von Karman 意义下的几何非线性项。本书多采用后一种方法，即将中面应变换成

$$
\begin{aligned}
\left\{\varepsilon^{(0)}\right\} &= \left\{ \varepsilon_x^{(0)} \quad \varepsilon_y^{(0)} \quad \gamma_{xy}^{(0)} \right\}^{\mathrm{T}} \\
&= \left\{ \frac{\partial u}{\partial x} + \frac{1}{2}\left(\frac{\partial w}{\partial x}\right)^2 \quad \frac{\partial v}{\partial y} + \frac{1}{2}\left(\frac{\partial w}{\partial y}\right)^2 \quad \frac{\partial u}{\partial y} + \frac{\partial v}{\partial x} + \frac{\partial w}{\partial x}\frac{\partial w}{\partial y} \right\}^{\mathrm{T}}
\end{aligned}
\tag{1.2.5}
$$

1. 功能梯度矩形板

Woo 等 [42] 基于经典板理论，推导出的功能梯度矩形板及扁壳的大挠度方程，考虑了力和非耦合的一维温度场作用，对于简支边界条件，得到了级数解。Yang 等 [182] 考虑双参数地基模型，基于经典板理论，半解析地研究了横向及面内载荷作用下功能梯度矩形板的大挠度和过屈曲。分析过程中假设板的两个对边夹紧，另两个对边或简支，或夹紧，或有弹性转动约束。

基于一阶剪切变形板理论，Cheng[183] 利用混合 Fourier 级数法求解了具有各种边界条件的非均匀矩形板的非线性弯曲问题。在分析中，认为板的材料性质是横观各向同性的并沿板的厚度方向变化。考虑物理中面并基于一阶剪切变形板理论，Singha 等 [184] 用有限元法研究了横向分布载荷作用下功能梯度板的非线性弯曲问题。

Reddy[41] 基于三阶剪切变形板理论，并计入 von Karman 意义下的几何非线性项，利用有限元法研究了功能梯度板的热弹性问题。研究结果表明：对于非线性问题，在力载荷作用下，具有中间材料性质的板，也具有中间值的响应（如挠度等），而在热载荷参与情况下，并非如此。诸多文献 [9,46,123,185] 都曾获得类似的结论。Zhang[186] 基于高阶剪切变形板理论和物理中面概念，采用 Ritz 方法近似获得了功能梯度矩形板非线性弯曲、过屈曲及振动问题的解。值得注意的是，如果材料性质与温度相关，则物理中面的位置就会发生变化。Zhang[187] 将上述研究拓展到置于双参数弹性地基功能梯度矩形板的非线性弯曲问题。Dong 等 [188] 基于高阶剪切变形板理论，利用 Navier 解形式给出了热载荷作用下简支功能梯度矩形板弯曲、屈曲及振动问题的非线性统一解析解。Ghannadpour 等 [189] 基于 von Karman 非线性框架下的一阶剪切变形板理论，研究了具有裂纹功能梯度矩形板的非线性弯曲和过屈曲问题。Navazi 等 [190] 给出了剪切变形功能梯度板非线性圆柱弯曲的精确解，研究结果表明，对于压缩载荷作用下的简支功能梯度板，不存在分支点。Fahsi 等 [191] 将新型四变量剪切变形板理论拓展到简支功能梯度板在热力作用下的非线性圆柱弯曲研究。

Behjat 等 [192] 利用有限元法研究了力和电载荷作用下功能梯度压电板的非线性静态和自由振动问题。基于 Mindlin-Reissner 板理论，Behjat 等 [193] 采用有限元法研究了有压电层的功能梯度板在力和电载荷作用下的非线性弯曲问题。基于计及热压电影响的高阶剪切变形板理论，Shen[194] 研究了有/没有压电层的功能梯度简支板的非线性热弯曲问题。该板受热电载荷联合作用，材料性质与温度相关。结果表明，热致弯曲与机械载荷下的弯曲行为极为不同；在热弯曲分析中，材料性质的温度依赖影响不能忽略。采用与文献 [194] 相同的分析方法，Shen 等 [195] 研究了置于 Pasternak 型弹性地基的简支功能梯度板的非线性弯曲问题。基于修正偶应力理论，Reddy 等 [196] 提出了广义非线性三阶板理论，该理论考虑了几何非线性、微结构依赖尺度效应及沿板厚度方向两相材料的变化，可用于分析弹性板的弯曲及过屈曲响应。

2. 功能梯度圆（环）板及其他形状板

在经典板理论框架下，Ma 等 [46] 分析了力和热载荷下功能梯度圆板的非线性弯曲问题，发现在热载荷单独作用下，不同的边界条件对功能梯度板的行为有重要影响。采用一阶剪切变形板理论并计入 von Karman 非线性项，Fallah 等 [197] 用两参数摄动法并结合 Fourier 级数法，获得了在不对称的横向载荷和沿厚度方向的热传导作用下功能梯度圆板非线性弯曲问题的解析解，发现热机载荷作用下横向简支径向不可移的圆板存在跃越屈曲现象。进一步研究还发现，即使是小挠度情形，线性理论也不适合用于分析热载荷作用下具有径向不可移边界条件的功能梯度板和均匀板。Zhang 等 [198] 将文献 [186] 的研究方法拓展到功能梯度圆板的非线性弯曲问题。基于一阶（三阶）剪切变形板理论，Golmakani 等 [199−202] 利用动力松弛法并结合有限差分法，研究了功能梯度环板 [199]、具有加强环的功能梯度圆板 [200]、材料性质径向梯度分布且置于双参数弹性地基的功能梯度扇形板 [201] 以及功能梯度实心/空心旋转圆盘 [202] 的非线性弯曲问题。基于一阶剪切变形板理论并计入 von Karman 非线性项，Alinaghizadeh 等 [203−204] 用广义微分求积法研究了中等厚度功能梯度圆环扇形板的非线性弯曲问题。文献 [203] 假设板的材料性质具有径向梯度分布且部分或全部置于双参数 (Pasternak 型) 弹性地基。

基于正弦剪切变形板理论，Farhatnia 等 [205] 采用微分求积法研究了置于 Winkler 型弹性地基功能梯度厚圆板的非线性热力弯曲问题。在修正的偶应力理论框架下，并考虑 von Karman 几何非线性，Reddy 等 [206] 提出了一个非线性板理论。修正的偶应力理论中含有材料尺度参数，因此可用于计及功能梯度板的尺度效应。该板理论也可用于功能梯度圆板线性轴对称问题（弯曲、屈曲和自由振动）的解析分析以及非线性轴对称问题的有限元模型建立 [207]。Ashoori 等 [208] 根据修正的偶应力理论，采用有限元法研究了具有尺度依赖的功能梯度压电圆板的非线性弯曲、过屈曲及跃越失稳行为，重点关注预加热圆板在横向载荷作用下的跃越失稳现象。Zhang[209] 基于 Reddy 高阶剪切变形板理论，采用 Ritz 方法，获得了置于双参数弹性地基且具有不可移简支边界的功能梯度椭圆板的非线性弯曲问题的解。

3. *功能梯度夹层板及各种增强功能梯度板*

采用文献 [194] 的分析方法，Shen[210] 研究了热力载荷作用下碳纳米管增强功能梯度板的非线性弯曲问题。在高阶剪切变形板理论框架下，Shen 等 [211] 用二次摄动法研究了热环境下置于弹性地基的石墨烯增强功能梯度复合材料层合板的非线性弯曲问题。假设板受到均匀分布或正弦分布的横向载荷作用，在面内有初始边界压力作用。Keleshteri 等 [212] 基于三阶剪切变形板理论，用广义微分求积法研究了置于 Pasternak 型弹性地基的碳纳米管增强功能梯度层合变厚度圆环板的非线性弯曲问题。

1.3　功能梯度结构的热力屈曲与过屈曲

1.3.1　功能梯度结构的热力屈曲

当一个平直均匀材料板在其中面内受到边界压力时，只要压力足够小且板没有几何缺陷，则该平板虽然会变形但仍将保持平直状态。但是，随着载荷的增大，板逐渐进入不稳定状态而轻微弯曲。使板进入这种不稳定状态的最小面内边界压力即为板的临界屈曲载荷。

一般来说，板的屈曲方程可以从相应的非线性方程经过线性化处理得到，也可以利用 Terriftz 准则直接推导出：

$$L_{11}(u_1) + L_{12}(v_1) + L_{13}(w_1) = 0 \tag{1.3.1a}$$

$$L_{12}(u_1) + L_{22}(v_1) + L_{23}(w_1) = 0 \tag{1.3.1b}$$

$$L_{13}(u_1) + L_{23}(v_1) + L_{33}(w_1) = N_{x0}w_{1,xx} + N_{y0}w_{1,yy} + 2N_{xy0}w_{1,xy} \tag{1.3.1c}$$

方程 (1.3.1) 基于经典板理论，其中 $L_{ij}(\cdot)$ 为线性算子，N_{x0}、N_{y0} 和 N_{xy0} 为初始（屈曲前）薄膜内力，需要注意的是，u_1 和 v_1 并非随初始薄膜内力产生的面内位移，而是当这些初始薄膜内力达到临界屈曲值且板进入无限小屈曲变形模态时产生的附加位移，w_1 是这个无限小屈曲变形模态中的挠度。

功能梯度板的材料性质具有沿板厚度方向梯度变化的特点，使得这种板在厚度方向具有不均匀性，因此，这类板是否存在通常意义上的屈曲现象，仍是一个需要研究的问题。以下工作中，大多没有考虑前屈曲耦合挠度对板屈曲问题的可能影响。

1. 功能梯度矩形板

关于功能梯度板屈曲问题的三维解或精确解析解的研究结果并不多。基于三维线弹性理论，Uymaz 等 [213−214] 采用 Ritz 法并结合切比雪夫多项式，研究了功能梯度板在剪切载荷 [213]、各种面内载荷 [214] 作用下的屈曲问题。Asemi 等 [215] 针对材料性质具有面内正交各向异性而横向非均匀的功能梯度板，采用有限元正交积分方程研究了单向压缩和双向拉压载荷作用下板的屈曲问题。Shariyat 等 [216] 采用三维 B 样条有限元法研究了非均匀面内压力下功能梯度板的三维弹性屈曲问题。Na 等 [217] 采用有限元法分析了功能梯度层合板的三维热机屈曲问题。

较早时，Feldman 等 [218] 基于经典板理论，研究了单向面内压力作用下功能梯度矩形板的分支屈曲问题。采用微观力学和宏观力学相结合的方法，得到了任意点处的等效本构行为，并提供了屈曲判据，以分析任意分布形式下功能梯度板的屈曲载荷。后续又有不少文献 [219−224] 在经典板理论框架下，研究了功能梯度板的屈曲问题，研究方法各异，如相邻平衡准则 [219−220] 、有限条法 [222]、有限元法 [224]、Fourier 级数法和 Stokes 变换 [225]。在经典板理论下，Shariat 等 [226] 研究了面内压缩载荷作用下具有几何缺陷功能梯度矩形板的屈曲问题；Rad 等、Shahraki 等采用有限元法，分别研究了含有裂纹的功能梯度板 [227]、含有裂纹并置于 Pasternak 型弹性地基的功能梯度板 [228] 在拉伸载荷下的屈曲问题，并获得了板的临界屈曲载荷；Bouazza 等 [229] 用解析方法研究了简支功能梯度板的热屈曲问题；Chu 等 [20] 针对面内材料非均匀的功能梯度薄板，采用径向基函数结合配置方法，研究了面内载荷作用下功能梯度板的屈曲问题；Beikmohammadlou 等 [230] 采用广义微分求积法，研究了功能梯度矩形薄板的弹塑性屈曲问题。

在一阶剪切变形板理论框架下，Wu[231] 解析分析了简支功能梯度中厚度矩形板的热屈曲问题，并考虑了均匀以及沿厚度方向变化温度场作用；Mozafari 等 [232] 给出了面内压力作用下简支功能梯度板临界屈曲载荷的闭合形式解；Lee 等 [233] 采用有限元法研究了一维稳态热传导下功能梯度板的热屈曲问题；Kandasamy 等 [234] 采用有限元法研究了功能梯度中厚度板、柱面板以及壳在热环境下的屈曲和自由振动等问题；Zhao 等 [235] 用无单元 Ritz 法分析了任意形状功能梯度板的热机屈曲行为，包括中心有方孔和圆孔的板；Shahbaztabar 等 [236] 采用微分求积单元法分析了部分置于 Pasternak 型弹性地基的功能梯度板在均匀面内载荷作用下的屈曲问题；Jadhav 等 [237] 采用有限元法研究了上下表面黏结压电执行器和传感器的金属基功能梯度材料板在力电载荷作用下的稳定性问题；Morimoto 等 [238] 研究了面内部分加热而横向均温功能梯度矩形板的热屈曲问题，分析中假设板横向简支而面内完全固定，先求解平面热弹性的非均匀薄膜内力，然后用 Galerkin 法求得了临界屈曲温度；Abolghasemi 等 [239] 采用有限元法研究了力热载荷联合作用下含有椭圆缺口的功能梯度板的屈曲问题。

基于 Reddy 三阶剪切变形板理论，Bodaghi 等 [240] 解析求解了两对边简支功能梯度矩形厚板的热屈曲问题；Thai 等 [241] 针对置于 Pasternak 型弹性地基上的功能梯度厚板在面内载荷作用下的屈曲问题，用 Lévy 法获得了问题的闭合形式解，其中还考虑了物理中面的概念。Bodaghi 等 [242] 利用边界层函数解析研究了两对边简支功能梯度矩形厚板在面内载荷作用下的屈曲问题，并给出了问题的 Lévy 解。针对表面黏结压电层的功能梯度板热屈曲问题，Mirzavand 等 [243] 采用 Reitz 方法获得了闭合形式的解。Javaheri 等 [45] 用变分方法推导了在面内压力及热载荷作用下功能梯度矩形板屈曲以及非线性平衡方程，两者均类似于均匀各向同性板的相应方程。Shariat 等 [244] 给出了功能梯度板临界载荷的闭合形式解，该板承受了三种形式的面内力载荷以及两种形式的温度场。Moita 等 [245] 采用有限元法研究了力热载荷作用下功能梯度板的屈曲和非线性静态问题。Do 等 [246] 采用无网格法研究了热载荷作用下功能梯度板的非线性屈曲行为。Singh 等 [247] 采用 Navier 方法获得了功能梯度板在面内载荷作用下屈曲问题的精确显式解，分别考虑了指数型和混合律两类材料性质模型，以及均匀分布、线性分布和非线性分布三种面内载荷形式。Abdollahi 等 [248] 采用相邻平衡准则，解析求解了简支功能梯度压电矩形厚板在面内载荷作用下的屈曲方程，并获得了板的临界载荷。对于受均匀温度场和沿厚度方向变化温度场作用的简支功能梯度矩形板，Matsunaga[249] 提出了二维全面的高阶剪切变形板理论，用幂级数展开法求得了板的临界屈曲温度。

Thai 等 [250] 用两变量精化板理论计算了不同边界条件下功能梯度矩形板的

临界屈曲载荷。Thai 等 [251] 用简单而有效的改进板理论，分析了面内载荷作用下功能梯度板的屈曲问题，得到了闭合形式解。该理论含有四个未知函数，并不需要剪切修正。Bateni 等 [252] 基于改进的四变量板理论，采用多项 Galerkin 方法，研究了夹紧功能梯度矩形厚板在均匀剪切载荷、均匀单向压缩载荷、均匀双向拉压载荷、均匀温度载荷和沿厚度方向热传导等载荷条件下的屈曲问题，推导出了板的临界屈曲载荷。Trabelsi 等 [253] 基于改进的一阶剪切变形板理论，采用四结点有限壳单元研究了功能梯度板和圆柱壳的热屈曲问题。

Do 等 [254] 提出了一个准三维高阶剪切变形板理论，采用改进的无网格径向点插值法，研究了热环境下功能梯度板的屈曲问题。该理论只有四个未知函数，并计及板厚度变形的影响。Yaghoobi 等 [255] 提出了修正的 n 阶剪切变形板理论，分析了置于弹性地基的简支功能梯度板的热机屈曲响应，获得了 Navier 形式的解，无需剪切修正。Do 等 [256] 提出了改进的高阶剪切变形板理论，采用等几何分析方法，研究了功能梯度板在多种不同分布温度场下的屈曲响应。等几何分析方法采用了非均匀有理 B 样条基函数，能够实现任意连续阶次光滑性，可以满足所用板理论位移场需要的 C^1 连续性要求。除文献 [256] 外，Tran 等 [257]、Do 等 [258]、Yin 等 [259]、Tan 等 [260] 也采用等几何分析方法研究了功能梯度板屈曲问题。Oyekoya 等 [261] 开发了两类单元用于研究功能梯度层合板的屈曲和自由振动问题。其中，Mindlin 型单元用 Lagrangian 插值函数模拟板横向剪切分布的均值，Reissner 型单元则采用 Lagrangian 和 Hermitian 插值函数模拟板横向剪切的抛物线分布。

Wu 等 [262] 采用移动最小二乘微分求积法，研究了受气动热机载荷作用的功能梯度板的动力稳定性，获得了失稳区域的边界。Chen 等 [263] 针对承受非均匀分布载荷、热及电压作用的压电功能梯度矩形板的屈曲问题，首先求解了前屈曲平面应力问题，然后用无单元 Galerkin 法求得了临界屈曲载荷及温度。Talha 等 [264] 基于计及厚度变形的改进高阶剪切变形板理论，采用基于随机摄动的有限元法，对具有待定材料性质的功能梯度板进行了屈曲统计分析。

Abrate[265] 的研究指出，尽管功能梯度板的材料性质沿厚度方向的变化会引起面内与弯曲变形的耦合，使此类板问题的分析变得复杂，但是合理选择参考面会消除这类耦合，从而可以按均匀板同类问题处理，并不需要更特别的工具。基于上述思想，Kennedy 等 [266] 开发了一个等效两层模型，可以采用基于经典板理论和一阶剪切变形板理论的、适用于各向同性板的已有方法，获得功能梯度板的临界屈曲载荷和无阻尼固有频率。该模型拓展和改进了现有的各向同性板模型。

2. 功能梯度圆（环）板及其他形状板

由于圆板结构的特殊性，可以得到功能梯度板屈曲问题的解析解。Najafizadeh 等 [267] 基于经典板理论，并利用 Terriftz 准则，推导出了线性屈曲方程，进而将屈曲方程转化为标准的 Bessel 方程，得到了问题的闭合形式解。后来，Najafizadeh 等 [44] 将其研究拓展到了功能梯度圆板的热弹性稳定性分析，给出了非线性热弯曲方程及线性热屈曲方程，得到了闭合形式的临界温度解。Kiani 等 [268] 基于经典板理论，采用相邻平衡准则，解析研究了部分置于 Winkler 型弹性地基的功能梯度圆板的热屈曲问题，讨论了周边不可移夹紧边界条件下圆板分支屈曲的存在性，认为只有在某些特殊情况下，当热内力矩消失或边界条件能够处理这些额外力矩时，板才可能发生屈曲。Yousefitabar 等 [269] 在研究功能梯度薄环板的热屈曲时，也获得了类似的结论。

基于三维弹性理论，Asemi 等 [270] 分析了面内均匀分布压力作用下全部或部分置于 Winkler 型弹性地基的功能梯度环扇形板的屈曲问题，获得了板的临界载荷。Malekzadeh[271] 用微分求积法研究了任意直边四边形功能梯度板的热屈曲问题，考虑了材料的温度依赖性质。

基于经典板理论,Kiani 等 [272] 忽略了前屈曲耦合挠度,研究了置于 Pasternak 型弹性地基的功能梯度环板的热屈曲问题，获得了各种边界条件下热屈曲载荷的解析解。Hashemi 等 [273] 采用微分求积法，研究了面内均匀分布压力作用下功能梯度圆、圆环扇形板的屈曲和自由振动问题，分析中假设扇形板具有径向梯度，且置于 Pasternak 型弹性地基。Jabbari 等 [274] 分析了径向受载饱和多孔材料功能梯度圆板的屈曲问题。Levyakov[275] 基于 von Karman 非线性板理论和物理中面概念，研究了均匀分布法向压力和均匀热载荷作用下功能梯度圆薄板轴对称平衡构型的稳定性问题。研究结果表明，当圆板进入轴对称屈曲状态后，边界处的环向应力会增大，最后会导致圆板进入非对称平衡构型，这就是二次屈曲或皱曲。其中还分析了轴对称已变形圆板发生皱曲的可能性。

基于一阶剪切变形板理论，Ma 等 [276] 采用打靶法研究了边界均匀分布径向压力下功能梯度圆（环）板的屈曲问题，在分析中忽略了前屈曲耦合变形的影响。Ghiasian 等 [277] 研究了均匀温度场和沿板厚度方向变化温度场作用下功能梯度中厚度圆/环板的分支屈曲问题。Saidi 等 [278] 用解析方法分析了功能梯度圆环扇形板的热屈曲问题，其中假设板的径向是简支约束，环向具有任意约束。Najafizadeh 等 [279−280] 基于三阶剪切变形板理论，获得了各种不同形式热载荷、均匀分布径向压力作用下功能梯度圆板屈曲问题的闭合形式解。结果表明，一阶板理论和经典板理论均高估了板的临界屈曲载荷。Bagheri 等 [281] 分析了部分置于 Winkler 型弹性地基的功能梯度环板的非对称热屈曲问题，其中在环向采用了 Fourier 展式，在径向采用了广义微分求积法。对于材料性质具有径向梯度的功能梯度圆环板，Sepahi 等 [282] 用微分求积法研究了径向变化温度场作用下的屈曲和过屈曲问题，分析中假设材料性质与温度相关。Ganapathi 等 [283−284] 用有限元法分别研究了简支功能梯度斜板的热屈曲和受压屈曲问题，在热屈曲分析中考虑了温度场沿板厚度方向呈线性和非线性分布。Mansouri 等 [285] 采用微分求积法，研究了置于 Winkler-Pasternak 型弹性地基的正交各向异性负泊松比功能梯度四边形板的热屈曲问题。Naderi 等 [286] 给出了置于 Winkler 型弹性地基的中厚度功能梯度扇形板屈曲问题的解析解，并首次获得了这类板的临界屈曲载荷，分析中假设该扇形板的直线边具有简支约束。由于在功能梯度板平衡方程中存在拉弯耦合，即使作用在中面内的载荷小于临界屈曲载荷，板也会有挠度产生。文献 [286] 还研究了功能梯度板在前屈曲状态保持平直的条件，并基于这个条件建立了板的稳定性方程。

Heydari 等 [287] 研究了均匀径向压力下置于 Pasternak 型弹性地基的变厚度功能梯度圆板的屈曲问题。在经典板理论下，采用插值法获得了临界屈曲载荷的一般形式；在高阶板理论下，采用 Ritz 谱方法求解了稳定方程。Do 等 [288] 基于具有指数型横向剪切函数的高阶剪切变形板理论，采用无网格法研究了功能梯度圆板的热屈曲问题。采用 Reddy 三阶剪切变形板理论，Mojahedin 等 [289] 分析了径向受载功能梯度饱和多孔材料圆板的屈曲问题。Ghomshei 等 [290] 采用有限元法研究了功能梯度变厚度环板在热载荷作用下的轴对称屈曲问题，首先用有限元法求解了圆板前屈曲平面弹性问题，然后在 Kirchhoff 板理论下再次用有限元法求解了板的稳定方程，并获得了板的临界热载荷。Alipour 等 [291] 研究了材料性质分别沿横向和径向具有梯度分布的变厚度功能梯度圆板的屈曲问题，分析中假设圆板置于 Winkler-Pasternak 型弹性地基上，并承受均匀分布径向边界压力作用，基于 Mindlin 板理论，采用微分变换法给出了问题级数形式的解。

利用不同板理论之间屈曲控制方程在数学上的相似性，Ma 等 [161] 推导出了功能梯度圆板在 Reddy 三阶板理论下的临界屈曲载荷与各向同性圆板在经典板理论下临界屈曲载荷之间的解析关系。根据这个关系，不需要复杂的运算就能求得功能梯度圆板的临界屈曲载荷。Cheng 等 [292] 建立了薄膜振动的特征值问题与简支功能梯度多边形板受压屈曲、湿热屈曲及振动等特征值问题的类比关系，分别就经典板理论和一阶剪切变形板理论进行了研究。Shahrestani 等 [293] 采用等参样条有限条法研究了置于弹性地基并有切口的功能梯度方板和斜板的弹性和非弹性屈曲问题。

文献 [286] 认为：对于简支功能梯度材料板，即使外加面内载荷小于临界屈曲载荷，板也会有挠度产生。Ma 等 [46] 在研究功能梯度圆板的热过屈曲问题时曾指出，在温度场作用下，夹紧功能梯度板存在通常的分支屈曲现象，而简支功能梯度板不是这样，表现出的是外因素作用下的弯曲平衡问题，然而这种行为也并非功能梯度材料板所独有。文献 [294] 在评述复合材料层合板的屈曲问题时曾指出：对于面内载荷作用下的非对称层合板，可能不存在分支屈曲的特征值问题，而是在性质上类似于由偏心载荷或者几何缺陷导致的弯曲平衡问题。文献 [182]、

[190]、[295]~[299] 也给出了类似的结论。显然，面内载荷作用下简支功能梯度板的前屈曲构型并不一定能保持平直。Aydogdu[300] 在经典板理论框架下研究功能梯度板的分支屈曲时指出：在面内载荷作用下，简支功能梯度板要保持平直状态需要施加额外的弯矩才能实现，而夹紧边界条件本身就提供了所需的弯矩。Naderi 等 [301] 也指出，由于功能梯度板中拉伸与弯曲高度耦合，即使作用在板中面的面内载荷数值极小，板也会弯曲。因此，当面内载荷作用在功能梯度板中面时，板无法保持平直状态，也就不能出现分支屈曲现象。尽管如此，有些研究者在研究功能梯度板的屈曲问题时，依然采用了前屈曲功能梯度板保持平直的假设。Ma 等 [302] 在研究径向压力作用下功能梯度圆板的稳定性问题时发现：与上述现象有所不同，力载荷作用下的简支功能梯度圆板虽然有前屈曲耦合挠度产生，但是数值很小，而且当外载荷达到一定数值后，挠度会急剧增大，这个阶段类似于通常的分支屈曲现象。但是，Naderi 等 [303] 的研究结果表明，当面内载荷重合于某个特殊平面位置时，屈曲前板的几何中面将保持平面状态。这个特殊平面即为板的物理中面。可见，对于功能梯度材料结构的这类异于传统均匀材料结构的特殊问题，还需要更深入的研究。

3. 功能梯度夹层板及各种增强功能梯度板

Zenkour[304] 建立了一种正弦剪切变形板理论，可以将高阶剪切变形板理论、一阶剪切变形板理论及经典板理论看作该理论的特例。人们基于该理论，研究了简支功能梯度夹层板的屈曲和自由振动问题 [304]，以及热屈曲问题 [305]。Meiche 等 [306] 提出了一种新的双曲剪切变形板理论，不同于其他板理论，它只含四个未知函数，因此所得控制方程也只有四个，且不需要剪切修正。他们基于该理论并利用 Navier 解，给出了功能梯度厚夹层板屈曲和自由振动问题闭合形式的解，所得结果不仅远比经典板理论结果精确，而且几乎与包含更多未知函数的高阶剪切变形板理论结果相差无几。Mantari 等 [177] 基于优化双曲统一表达式，研究了简支功能梯度夹层板在横向、轴向载荷作用下的线性屈曲、自由振动和弯曲等问题，获得了问题的 Navier 解。为了分析复合材料夹层板的弯曲、屈曲和振动等力学行为，Xuan 等 [307] 提出了一个基于五阶剪切变形理论并结合等几何有限元分析的方法，用于功能梯度板的分析 [109]。针对由压电面层和饱和多孔材料功能梯度芯层组成的夹层圆板，Jabbari 等 [308] 基于高阶剪切变形板理论，获得了周边夹紧条件下板热屈曲问题的闭合形式解。

文献 [309] 分别基于有 12 个未知函数和 9 个未知函数的高阶剪切变形板理论，给出了关于几何中面材料性质对称的简支功能梯度夹层板屈曲问题的 Navier 解，其中具有 12 个未知函数的高阶剪切变形板理论考虑了横向正应变的影响。另外，所得结果还分别与基于 Reddy 三阶板理论和一阶剪切变形板理论的相应结果做了比较，比较结果显示，具有 12 个未知函数的高阶剪切变形板理论给出的临界屈曲载荷更准确。基于高阶剪切变形板理论，Do 等 [310] 采用改进的无网格径向点插值方法研究了功能梯度夹层板的热屈曲问题。

Jiao 等 [311] 采用微分求积方法，研究了任意分布局部边界压缩载荷作用下，功能梯度碳纳米管增强层合薄矩形板的屈曲问题，求得了板前屈曲面内应力分布，获得了板的临界屈曲载荷及屈曲模态。基于一阶剪切变形板理论，Lei 等 [312] 采用无网格 kp-Ritz 方法分析了功能梯度碳纳米管增强层合板的屈曲行为，Ansari 等 [313] 采用广义微分求积法研究了功能梯度碳纳米管增强四边形板的热屈曲问题，Kiani[314] 忽略前屈曲横向变形，采用 Ritz 法并结合 Chebyshev 多项式研究了功能梯度碳纳米管增强层合板在抛物线分布的边界压缩载荷作用下的屈曲问题。Farzam 等 [315] 基于改进的双曲剪切变形板理论，应用修正偶应力理论和等几何分析方法研究了功能梯度碳纳米管增强层合板的热机屈曲问题，无需剪切修正。等几何分析方法应用了 B 样条函数或非均匀有理 B 样条函数。

1.3.2　功能梯度结构的热力过屈曲

1. 功能梯度矩形板

Woo 等 [316] 基于 von Karman 大挠度板理论，分析了功能梯度矩形板和圆柱壳的力热过屈曲，并用混合级数法求解了耦合方程。考虑双参数地基模型，Yang 等 [182] 基于经典板理论，采用半解析方法研究了功能梯度矩形板在面内载荷作用下的过屈曲响应，在分析中假设板的两个对边夹紧，另两个对边或简支或夹紧或有弹性转动约束。Xu 等 [317] 基于经典板理论，采用半解析方法分析了面内载荷作用下功能梯度矩形板的弹塑性屈曲和过屈曲行为。

Liew 等 [318] 基于一阶剪切变形板理论，采用微分求积法分析了功能梯度中厚度矩形板在均匀热载荷作用下的过屈曲行为，考虑了与屈曲模态相同的初始缺陷和温度依赖材料性质。基于含有 von Karman 大挠度项的一阶剪切变形板理论，Park 等 [319] 用有限元法研究了功能梯度板的热过屈曲和振动问题。同样，基于含有 von Karman 大挠度项的一阶剪切变形板理论，Wu 等 [320] 用能快速收敛的有限双切比雪夫多项式，解析地研究了热机载荷作用下功能梯度矩形板的过屈曲问题，考虑了多种形式的边界条件，结果表明，板的临界温度和屈曲载荷随着材料梯度指数的增加而增加，且当这个指数达到 2 时，对板屈曲和过屈曲的影响尤甚。同样地，Lee 等 [321] 用无单元 Ritz 法研究了边界压力和温度场作用下功能梯度板的过屈曲问题。基于 Reissner-Mindlin 板理论，Auad 等 [322] 将非均匀有理 B 样条作为等几何公式的基函数，对功能梯度板的屈曲和过屈曲问题进行了研究。

Liew 等 [296] 基于 Reddy 三阶板理论，采用半解析的一维 DQ 方法，分析了热、力、电联合载荷作用下，表面装有压电片的功能梯度矩形板的过屈曲行为，结果表明，对于未全部夹紧的混杂板，由于拉弯耦合效应的存在，其分叉屈曲不存在，这是因为弯曲曲率从开始加载就出现了。Shen[297] 基于高阶剪切变形板理论，采用两步摄动方法，分析了简支功能梯度板的热过屈曲行为，考虑了温度在面内呈非均匀抛物线分布及热传导温度场两种温度场，并计及材料的温度依赖性质和板的初始缺陷，结果再次表明，在热传导情况下，对于几何完善的功能梯度板，其过屈曲路径也不再是分支型的。基于含有 von Karman 大挠度项的高阶剪切变形板理论，Woo 等 [323] 用混合 Fourier 级数研究了受边界压力和温度场作用的功能梯度中厚度矩形板及扁壳的热机过屈曲，结果表明，力热耦合因素与边界条件均有重要影响。对于置于 Pasternak 型弹性地基且分别承受面内压力、热载荷及热机载荷作用的功能梯度板，Duc 等 [324] 基于含有 von Karman 大挠度项的高阶剪切变形板理论，用 Galerkin 方法获得了简支条件下板屈曲载荷闭合形式的解和过屈曲路径。基于高阶剪切变形板理论，Do 等 [325] 采用基于径向点插值法的无网格近似法，研究了功能梯度板在边界压力作用下的过屈曲问题；Jari 等 [326] 采用基于非均匀有理 B 样条函数的等几何分析方法，研究了功能梯度板非线性热机屈曲问题，以及静态弯曲和自由振动等问题；Yang 等 [327] 采用结合一维微分求积法和 Galerkin 方法的半解析法，研究了在边界压力和均匀热载荷作用下功能梯度板的缺陷灵敏度对其过屈曲行为的影响。Zhang 等 [328] 基于高阶剪切变形板理论和物理中面概念，采用多项 Ritz 方法，研究了置于非线性弹性地基上的功能梯度矩形板的热力过屈曲问题。基于考虑热压电效应的高阶剪切变形板理论，Shen[329–330] 研究了简支功能梯度板的过屈曲问题，考虑了力、电、热等多种载荷条件，并假设功能梯度板含有压电致动器，还考虑了材料的温度依赖性以及板的初始缺陷。基于 Reddy 高阶剪切变形板理论，Lal 等 [331] 研究了力热载荷作用下具有随机分布材料性质的功能梯度板的过屈曲响应，采用非线性有限元法并结合中心平均一阶摄动法，数值计算了功能梯度板的过屈曲路径；Cong 等 [332] 采用 Galerkin 方法，研究了功能梯度多孔板的热机屈曲和过屈曲问题，考虑了板的初始缺陷和 Pasternak 型弹性地基等因素的影响。Kolakowski 等 [333] 采用三种不同方法研究了由五个等厚度长条组成面内梯度分布的功能梯度方板的屈曲和过屈曲问题，假设每一个长条的材料组分含量不同，考虑了面内压缩和剪切载荷的作用。

Han 等 [334] 基于四变量三阶剪切变形板理论和物理中面概念，研究了具有 S 形分布材料性质的功能梯度板的动力稳定性问题。分析中，将控制方程改写成 Mathieu-Hill 方程形式，采用 Bolotin 方法确定了板的失稳区域。Alijani 等 [335] 基于非线性高阶剪切变形板理论，采用多自由度能量法研究了热环境下简支功能梯度板在面内静态和简谐激励下的非线性动力失稳行为。分析中，用伪弧长延拓和配置法对问题进行了分支数值分析，并详细研究了板的次谐波、准周期和混沌运动等强超临界及复杂的非线性动力行为。Lee 等 [336] 基于一阶剪切变形板理论，研究了高超声速气流作用下功能梯度面板的热过屈曲和跃越失稳问题。分析中，考虑了三种不同类型的梯度分布函数，用 Newton-Raphson 迭代方法对过屈曲问题进行了数值研究。结果表明，当热或气动载荷超过临界值时，面板会跃越到相反的平衡位置，发生跃越失稳。

Kolakowski 等 [337] 改进了经典层合板理论，以计入全部惯性力，研究了面内脉动载荷作用下功能梯度方板的动力稳定性问题，采用半解析法分析了板的过屈曲行为，采用 Runge-Kutta 法求解了非线性动力稳定性方程。结果表明，功能梯度板的过屈曲平衡路径是非对称稳定的。

2. 功能梯度圆（环）板及其他形状板

基于三维弹性理论以及非线性 Green 应变张量，Asemi 等 [338] 研究了面内剪切载荷作用下功能梯度圆环扇形板的过屈曲问题，考虑了四种边界条件，并采用梯度有限元法求解了问题的控制方程。

基于经典板理论，Ma 等 [46,302] 采用打靶法研究了热载荷及面内均匀分布径向压力作用下功能梯度圆板的过屈曲问题；Li 等 [339] 求解了有缺陷功能梯度圆板的力热过屈曲问题；Kiani 等 [340] 研究了均匀热载荷作用下旋转功能梯度薄圆板的线性及非线性稳定性问题，在线性分析中考察了分支现象的存在性，并分别用 Coulomb 波函数和幂级数法获得了问题的精确解，在非线性分析中用打靶法获得了板的非线性平衡路径。基于 von Karman 非线性板理论，Zhang 等 [341] 研究了热冲击载荷作用下非完善功能梯度环板的动力热屈曲和过屈曲问题，分析中假设板边界夹紧，首先采用 Laplace 变换并结合级数法获得了瞬态温度分布，然后用级数法数值求解了板的轴对称非线性动力方程。

基于一阶剪切变形板理论，Kiani 等 [299] 采用多项 Ritz 法研究了功能梯度圆板的过屈曲行为，分别考虑了 Voigt 法、Mori-Tanaka 均匀化方法和自洽法等不同等效材料模型，并计及板的初始挠度缺陷，结果再次表明，完善夹紧功能梯度圆板呈现分支屈曲并有稳定的过屈曲路径，非完善夹紧功能梯度圆板或完善/非完善简支功能梯度圆板不会出现分支失稳现象。Fallah 等 [342] 基于一阶剪切变形板理论，并计及 von Karman 非线性项，研究了非对称横向载荷和面内载荷作用下功能梯度圆板的过屈曲行为，将非线性控制方程表示为应力函数和边界层函数形式，用多参数摄动法和 Fourier 级数法进行了求解。结果表明，面内压力下产生初始向上较大挠度的简支功能梯度圆板，在向下横向载荷作用下，会发生跃越屈曲现象。Kiani[343] 研究了热过屈曲功能梯度圆板在静态/突加均匀分布侧向压力作用下的跃越屈曲现象，用圆柱拱长技术描述跳跃现象以及极值点后的路径。Prakash 等 [344] 采用有限元法研究了物理中面位置对功能梯度斜板在面内载荷作用下非线性稳定性行为的影响。

基于高阶剪切变形板理论，Upadhyay 等 [345] 采用有限次双切比雪夫级数法，分析了功能梯度斜板在各种联合边界压力作用下的过屈曲行为。Prakash 等 [346] 用剪切变形有限元法，研究了功能梯度斜板的热过屈曲问题，分析中采用 Mori-Tanaka 均匀化方法表征材料的等效性质，并设温度场在板表面均匀且只沿厚度方向变化。

3. 功能梯度夹层板及各种增强功能梯度板

基于经典板理论，Trang 等 [347] 用 Galerkin 方法分析了边界压力及力热载荷作用下单壁碳纳米管增强功能梯度板的屈曲和过屈曲行为，分析中分别考虑了几何缺陷、弹性地基参数和面内边界的弹性约束等的影响；Duc 等 [348] 采用 Galerkin 方法分析了热载荷作用下，置于弹性地基的非完善偏心加强功能梯度薄板的过屈曲问题。

基于一阶剪切变形板理论，Tung[349] 研究了均匀外部压力、热载荷以及热机载荷作用下，置于 Pasternak 型弹性地基的功能梯度夹层板的非线性弯曲以及过屈曲问题，分析中考虑了板的初始几何缺陷和边界切向约束，采用 Galerkin 方法获得了弯曲近似解，用迭代算法给出了过屈曲问题的解；Kiani 等 [350] 采用 Galerkin 方法，给出了均匀温度载荷作用下置于 Pasternak 型弹性地基的非完善简支功能梯度夹层板的屈曲和过屈曲问题的近似闭合形式解；Mao 等 [351] 采用微分求积法并结合直接迭代方法，研究了在外部电势和单向/双向压力作用下，功能梯度石墨烯增强压电板的屈曲和过屈曲问题；Keleshteri 等 [352] 采用广义微分求积法，研究了在面内压力作用下黏结压电层的功能梯度碳纳米管增强层合矩形板的过屈曲行为，结果表明，在过屈曲状态下，板会发生跃越失稳；Taczala 等 [353] 采用有限元法研究了在力热载荷作用下，增强功能梯度板的非线性屈曲和过屈曲问题。

基于高阶剪切变形板理论，Do 等 [354] 采用无网格方法，研究了面内边界压力下非完善功能梯度夹层板的过屈曲行为。采用与文献 [297] 同样的方法，Shen 等 [298] 分析了有功能梯度面板的简支夹层板在热环境下的压缩过屈曲以及由热传导导致的热过屈曲问题，其中计及了材料的温度依赖性质和板的初始缺陷，并得出了与文献 [297] 类似的结论。Shen 等 [355]、Song 等 [356]、Shen 等 [357] 分别基于 Reddy 高阶剪切变形板理论 [355] 和一阶剪切变形板理论 [356,357]，采用二次摄动法研究了热环境下置于弹性地基的功能梯度石墨烯增强层合板在单向压力作用下的过屈曲问题 [355]、双轴压缩的功能梯度多层石墨烯微片增强聚合物层合板的屈曲和过屈曲问题 [356]，以及置于弹性地基的功能梯度石墨烯增强层合板在面内变化温度场作用下的过屈曲问题 [357]。Adhikari 等 [358] 基于准三维高阶剪切变形板理论，采用有限元法分析了碳纳米管增强功能梯度板的动力响应，其中考虑了弹性地基参数以及板厚度方向变形的影响。Dung 等 [359] 基于 Reddy 三阶剪切变形板理论，采用 Galerkin 方法得到了在面内压力/热载荷/热力载荷作用下，置于弹性地基的偏心加强功能梯度矩形板屈曲和过屈曲问题的解析解。

1.4　功能梯度结构的热力振动

结构振动分析是常规而重要的研究课题，了解结构的固有频率可以使结构免于发生共振等。

1.4.1　功能梯度结构的线性热力振动

1. 功能梯度矩形板

基于三维弹性理论，Reddy 等 [360] 采用传递矩阵形式的渐进逼近法，给出四边简支功能梯度矩形板谐振动的高阶渐近解。Hashemi 等 [361] 获得了功能梯度厚矩形板面内和横向自由振动的闭合形式解。Jin 等 [362] 将位移分量展开成 Fourier 余弦级数并辅以闭合形式的辅助函数，采用 Rayleigh-Ritz 方法，给出了具有任意厚度、一般边界条件的功能梯度矩形板自由振动的三维精确解。Zhao 等 [363] 给出了任意边界条件下功能梯度多孔厚矩形板振动问题的三维精确解，分析中将板的位移展开成标准三维 Fourier 余弦级数并辅以闭合形式的辅助函数，用 Rayleigh-Ritz 方法获得了频率和模态函数的精确解。Malekzadeh[364] 研究了置于双参数弹性地基的简支功能梯度板的自由振动问题，分析中假设板两对边简支，其余边具有任意约束，利用由微分求积法和级数解组合成的半解析法求解了所得运动方程。Moghaddam 等 [365] 采用无网格局部 Petrov-Galerkin 法，研究了功能梯度厚矩形板的三维自由振动。Vel 等 [366] 用级数法得到了简支功能梯度矩形板自由及强迫振动的精确解，所得固有频率、位移及应力可以用来评判功能梯度一阶剪切变形板及三阶剪切变形板理论结果的精确程度，分析中材料的等效性质用 Mori-Tanaka 均匀化方法或自洽法来表征，引起强迫振动的外压力作用在板的上表面且按正弦规律变化。Reddy 等 [367] 采用级数法给出了简支功能梯度矩形板自由振动的精确解，分析中材料的等效性质用指数函数来表征。

Liang 等 [368] 采用状态空间法、微分求积法以及拉普拉斯变换数值反演法，获得了不同瞬态载荷作用下简支功能梯度薄板三维瞬态响应的显式解。对于置于 Winkler-Pasternak 线性粘弹性地基且具有任意厚度的简支功能梯度板的瞬态振动问题，Hasheminejad 等 [369] 采用结合全局传递矩阵和 Durbin 数值拉普拉斯反演法的状态空间解，给出了一般形式的半解析解。采用分层模型，陈伟球等 [370−371] 将功能梯度板沿厚度方向离散为分片均匀形式，研究了横观各向同性功能梯度材料矩形板以及球面各向同性功能梯度材料球壳的自由振动问题。

基于经典板理论，Chakraverty 等 [372] 采用 Rayleigh-Ritz 方法，得到了热环境下功能梯度板自由振动问题的特征频率方程，然后将位移展开成简单的代数多项式形式，此展开式可用于应对任意的边界条件；还研究了材料组分体积含量等因素对板频率的影响。Saini 等 [373] 采用广义微分求积法，研究了均匀面内力和沿板厚度方向非线性分布热载荷作用下，功能梯度圆板的轴对称自由振动和屈曲问题。基于经典板理论及物理中面概念，Kumar 等 [374] 采用动力刚度法，研究了 Lévy 型（两对边简支，其余边具有任意支承条件）功能梯度矩形板的自由振动问题。基于 Kirchhoff 板理论，Song 等 [375] 采用改进的 Rayleigh-Ritz 解并结合罚函数法和微分求积法，分析了移动质量下功能梯度板的振动行为。

基于一阶剪切变形板理论，Ferreira 等 [376] 采用全局配置法，研究了功能梯度板的自由振动，其中材料等效性质用 Mori-Tanaka 均匀化方法来表征，而近似的试函数解含有多元二次径向基函数。Zhao 等 [377] 采用无单元 Ritz 法，研究了四种类型的功能梯度矩形板和斜板的自由振动问题。Kandasamy 等 [234] 采用有限元法，研究了中厚度功能梯度结构，包括板、柱面板以及壳等的自由振动和热屈曲问题，并讨论了初始热应力对板和壳振动行为的影响。Malekzadeh 等 [378] 研究了移动热源下功能梯度板的动力响应，分析中首先采用三维有限元法获得了沿板厚度方向的瞬态温度分布，然后用有限元法并结合 Newmark 时间积分方法将运动方程离散化。Hong[379] 采用广义微分求积法，研究了简支磁致伸缩功能梯度矩形板由快速加热所致的热振动问题。Zhao 等 [380] 研究了功能梯度多孔矩形板的自由振动问题，分析中用改进的 Fourier 级数法得到了位移容许函数，然后用 Rayleigh-Ritz 方法求得了固有频率和模态函数。Hashemi 等 [381] 给出了置于 Winkler/Pasternak 型弹性地基的功能梯度中厚度矩形板自由振动的解析解，分析中假设板两对边简支，其余两边可以是自由、简支和夹紧的任意组合。Shahbaztabar 等 [382] 采用 Ritz 方法研究了置于双参数弹性地基并与流体垂直耦合的功能梯度板的自由振动问题。基于 Mindlin 剪切变形板理论，Bargh 等 [383] 给出了功能梯度矩形板自由振动问题的解析模型。Hashemi 等 [384] 基于 Reissner-Mindlin 板理论，提出了一种新的精确方法，用于分析两对边简支的 Lévy 型功能梯度中厚度矩形板的自由振动问题，通过引入辅助和势函数，解析地得到了板的位移场，所得精确解可作为评判其他解析方法和数值方法精确性的基准。

基于高阶剪切变形板理论，Atmane 等 [385] 研究了简支功能梯度板的自由振动问题。Roque 等 [386] 采用多元二次径向基函数方法，研究了功能梯度板的自由振动。多元二次径向基函数方法是一种真正的无网格方法，可以实现快速而简单的区域和边界离散化。Matsunaga[387] 研究了功能梯度板的自由振动和稳定性问题，在分析中考虑了横向剪切、法向变形及转动惯性效应，将位移分量展开成幂级数形式，通过 Hamilton 原理得到一组关于功能梯度板二维高阶板理论的动态基本方程，用于准确地计算简支功能梯度板的固有频率和屈曲应力。采用与文献 [385] 同样的分析方法，Hashemi 等 [388] 基于 Reddy 三阶剪切变形板理论，研究了 Lévy 型功能梯度厚矩形板的自由振动问题，通过引入辅助和势函数并使用分离变量法，精确地求解了问题的控制方程，所得精确解能准确预测功能梯度板的出面模态和面内模态。Ungbhakorn 等 [389] 分析了热环境下具有分布质量的功能梯度板的热弹性振动问题，用能量法获得了板的频率。Baferani 等 [390] 研究了置于双参数弹性地基的功能梯度厚矩形板的自由振动问题，分析中假设板具有 Lévy 型边界条件，并用解析方法求解了解耦的方程组。Akavci[391] 研究了置于 Pasternak 型弹性地基的简支功能梯度厚板的自由振动问题，用 Navier 方法获得了问题的闭合形式解。Benferhat 等 [392] 基于修正的高阶剪切变形板理论和物理中面概念，获得了置于 Winkler-Pasternak 型弹性地基的简支功能梯度板自由振动问题的解析解。

Xue 等 [393] 基于修正的四变量板理论并结合等几何分析方法，研究了材料性质沿面内方向梯度分布的功能梯度板的自由振动问题。Thai 等 [394] 开发了改进的板理论，研究了置于双参数弹性地基的功能梯度矩形板的振动问题。该理论有四个变量，考虑了沿板厚度方向按二次方分布的横向剪切应变，能够满足板上下表面零切向力的条件，无需引入剪切修正系数。Thai 等 [395] 开发了修正剪切变形板理论，分析了置于弹性地基上功能梯度板的自由振动问题。该理论假设面内位移分量均由拉伸、弯曲和剪切三部分组成，横向位移分量由弯曲和剪切两部分组成，只有四个未知函数，也无需剪切修正。Jung 等 [396] 开发了改进的高阶剪切变形板理论，用于研究材料性质沿厚度方向呈 S 形变化功能梯度板的自由振动与强迫振动。该理论有四个未知函数，且无需剪切修正。Jung 等还给出了强迫振动问题的解析解。Ta 等 [397] 开发了一个新的改进板理论，用于分析横向载荷作用下置于 Pasternak 型弹性地基的功能梯度矩形板的动力响应，采用状态空间法给出了简支板的解析解。该理论有四个未知函数，不需要剪切修正。

在功能梯度板的振动分析中，考虑横向正应变的影响是十分必要的。但要做到这一点，往往需要重新构造位移场，构建新的板理论。Jha 等 [398] 提出了一个高阶剪切变形板理论，该理论包含了法向变形的影响。Jha 等采用 Navier 法研究了简支功能梯度矩形板的自由振动。Han 等 [399] 开发了一个含五变量的改进高阶剪切变形及法向变形板理论，用于分析置于弹性地基的功能梯度板的自由和强迫振动问题。该理论中将面内位移展开成厚度坐标的三次函数，横向位移沿板厚度方向按抛物线变化，计及了横向正应变的影响，且无需剪切修正。分析中假设材料性质沿板厚度方向按幂律或 S 形变化。Shahsavari 等 [400] 提出了一个准三维双曲剪切变形板理论，用于分析置于各类型弹性地基上功能梯度多孔板的自由振动，用 Galerkin 方法获得了特征值问题的解。该理论有五个未知函数，考虑了板横向变形的影响。Zaoui 等 [401] 提出了二维和准三维剪切变形板理论，采用 Navier 方法获得了置于 Pasternak 型弹性地基的功能梯度板自由振动问题闭合形式的解。该理论有五个未知函数，含有待定的积分项，考虑了板横向正应变，也无需剪切修正。

基于 Batra 和 Vidol 提出的高阶剪切变形及法向变形板理论，Sheikholeslami 等 [402] 研究了置于双参数弹性地基的简支功能梯度矩形板的自由振动问题。该理论将各位移分量展开成厚度坐标的 Legendre 多项式形式。基于包含法向变形影响的高阶剪切变形板理论，Jha 等 [403−404] 分别研究了简支功能梯度矩形板的自由振动 [403]、简支功能梯度厚矩形板的自由振动 [404] 等问题。Dozio[405] 在 Carrera 统一公式框架下，基于高阶剪切变形及法向变形板理论，给出了至少有一对边简支（Lévy 板）功能梯度板自由振动的精确解。Gupta 等 [406−407] 基于包含横向正应变的高阶剪切变形板理论，用有限元法分别研究了具有各种边界约束的功能梯度板的振动特性 [407] 和置于 Pasternak 型弹性地基的功能梯度板的自由振动问题 [406]。基于具有八个未知函数的高阶剪切变形板理论，Tu 等 [408] 研究了在沿厚度方向变化的稳态温度场下功能梯度板的自由振动问题，分析中考虑了板厚度方向变形的影响。

Yang 等 [185,409] 分别基于经典板理论及 Reddy 三阶板理论，研究了横向冲击载荷以及均匀热环境下一个初应力功能梯度矩形板的动力响应、自由振动和强迫振动问题。假设材料性质与温度有关，板的两对边夹紧，其余边任意。他们提出了一个结合一维 DQ 法、Galerkin 法和模态叠加法的半解析法，用于确定板的动力响应。Kim[410] 基于含有转动惯性影响的三阶剪切变形板理论，研究了热环境下初始压紧功能梯度矩形板的振动问题，分析中假设材料性质沿板厚度方向按幂律分布，并将位移展开成满足边界条件的双 Fourier 级数形式，用 Rayleigh-Ritz 法获得板的频率方程。

Shariyat[411] 基于高阶剪切变形板理论，研究了承受热、电、机械载荷作用且表面黏结或嵌入压电传感器和致动器的功能梯度矩形板的振动和动力屈曲问题，计及了材料的温度依赖性质和板的初始缺陷。采用有限元法求解了由突加热或机械载荷导致的板动力屈曲问题，该板已经预先被其他形式的载荷压紧。基于一阶剪切变形板理论，Hong[412] 用广义微分求积法，研究了在随时间呈正弦变化的热载荷作用下，有磁致伸缩层的简支功能梯度板的热振动及瞬态响应。

Altay 等 [413] 建立了用于分析功能梯度压电磁板振动问题的变分原理，并推导出了二维近似振动方程，推导过程中，将场变量展开成厚度坐标的幂级数形式。不变、微分和完全变分形式的板方程组，能够用于研究板所有形式的低、高频率振动问题。Bhangale 等 [414] 用半解析有限元法，研究了功能梯度及叠层磁电弹性板的自由振动问题，将面内量设为级数解，板厚度方向则采用有限元法分析，这样就保留了解的三维特征。分析过程中考虑了磁电弹性材料的本构关系，计及了弹性、电与磁之间的耦合效应后，推导出了相应的有限元模型。Chen 等 [415] 采用状态空间法，求解了功能梯度板、磁电弹性板及叠层板的自由振动问题，推导出了以位移和应力作为状态变量的结构振动状态方程，求得了板振动的固有频率和模态。Rouzegar 等 [416] 基于修正的四变量板理论，采用 Navier 方法研究了上下表面黏结压电层的功能梯度板的自由振动问题。Abad 等 [417] 基于一阶剪切变形板理论，采用谱元法研究了上下表面附有压电层的功能梯度板的自由振动问题，并获得了问题的闭合形式解。Su 等 [418] 基于一阶剪切变形板理论，给出了不同边界条件下功能梯度压电板的自由振动和瞬态响应分析的统一方法。

Kitipornchai 等 [419] 基于三阶剪切变形板理论，研究了热载荷作用下功能梯度层合板的随机自由振动问题，采用半解析法推导出了关于挠度、中面转动及应力函数的标准特征值问题，最后用中心平均一阶摄动法得到了振动频率的二阶统计数据，并进行了详细的参数研究。

基于经典板理论，Haciyev 等 [420] 采用 Galerkin 方法，研究了置于 Pasternak 型弹性地基且材料性质分别沿面内方向和厚度方向变化的功能梯度矩形板的自由弯曲振动问题。Liu 等 [421] 针对具有面内材料非均匀性的功能梯度各向同性弹性矩形板，假设板平行于材料梯度方向的两对边具有简支约束，给出了其自由振动的 Lévy 解。Benachour 等 [422] 提出了改进的四变量板理论，可用于具有任意梯度分布的功能梯度矩形板的自由振动分析。该理论与其他板理论不同，只有四个变量，并考虑了沿板厚度方向按抛物线分布的横向剪切应变，无需进行剪切修正。针对夹紧功能梯度板情况，将四个位移分量设为一组简单的代数多项式，用 Ritz 方法得到了板自由振动频率。Uymaz 等 [423] 基于有五个未知函数的剪切变形板理论，采用 Ritz 法并将位移函数设为 Chebyshev 多项式双级数形式，获得了材料性质具有面内梯度分布的功能梯度板的自由振动频率和模态。

针对侧面裂纹功能梯度厚矩形板的自由振动问题，Huang 等 [424] 开发了一种包含特殊容许函数的新型 Ritz 方法，其中特殊容许函数适当地计及了裂纹尖端附近的应力奇异行为和裂纹尖端位移及转动的不连续，得到了简支和悬臂功能梯度板的一阶固有频率。Natarajan 等 [425] 采用扩展有限元法，研究了简支、夹紧裂纹功能梯度方板和矩形板的线性自由弯曲振动问题。类似地，Natarajan 等 [426] 基于一阶剪切变形板理论，用有限元法研究了热环境下裂纹功能梯度板的线性自由弯曲振动问题。Li 等 [427] 利用具有动态刚化效应的动力模型，分析了旋转悬臂功能梯度矩形板的自由振动问题。

Cheng 等 [428] 根据不同板理论之间特征值问题的控制方程在数学上的相似性，推导出了 Reddy 三阶板理论下多边形简支功能梯度板的特征值（临界载荷、固有频率）与经典板理论下相应板特征值之间的解析关系。Reddy 等 [429] 将文

献 [428] 的研究方法拓展延伸到了平板和扁球壳问题，推导出了功能梯度扁球壳在不同理论（经典板理论、一阶板理论以及三阶板理论）下的精确频率关系。

2. 功能梯度圆（环）板及其他形状板

Nie 等 [430] 在三维弹性理论框架下，研究了功能梯度圆板的三维自由和强迫振动问题，分析中采用半解析法获得了板的振动频率和动力响应，该半解析法结合了状态空间法和一维微分求积法。Nie 等 [431] 还用半解析法研究了功能梯度环板的自由振动问题。采用相同的分析方法，Kermani 等 [432] 研究了材料性质具有多向梯度分布功能梯度圆/环板的三维自由振动问题。Dong[433] 采用 Chebyshev-Ritz 法，研究了具有不同边界条件功能梯度环板的三维自由振动问题。在 Chebyshev-Ritz 法中，位移分量的试函数是由完全相同的 Chebyshev 多项式级数乘以满足边界条件的边界函数得到的。Shi 等 [434] 将文献 [433] 的方法拓展到热环境下具有混合边界条件功能梯度环板的三维自由振动问题。针对具有一般边界条件的功能梯度厚圆环扇形板的自由振动问题，Zhao 等 [435] 将板的位移表示成改进的 Fourier 级数形式，由标准 Fourier 余弦级数和辅助多项式函数构成，最后采用 Ritz 法获得了问题的精确解。采用结合了状态空间法和一维微分求积法的半解析法，Jodaei 等 [436] 研究了功能梯度环板的三维自由振动问题。Jodaei 等 [437] 采用基于状态空间的微分求积法，分析了置于弹性地基的功能梯度环板的三维自由振动问题。Tahouneh 等 [438] 采用二维微分求积法，分析了置于弹性地基的功能梯度环扇形厚板的三维自由振动问题，研究了功能梯度厚环扇形板的自由振动问题 [439]，获得了级数解。Wu 等 [440] 将有限环棱镜法拓展到材料性质具有双向梯度分布功能梯度环板的三维自由振动问题。

基于经典板理论，Mirtalaie[441] 采用微分求积法，研究了热环境下功能梯度圆环扇形薄板的自由振动问题；Lal 等 [442] 采用广义微分求积法，研究了面内机械载荷和温度场作用下，置于 Pasternak 型弹性地基的功能梯度圆板的轴对称自由振动问题。对于在板表面均匀且只沿厚度方向变化温度场作用下的功能梯度圆板，Prakash 等 [443] 用有限元法研究了其非对称自由振动和热弹性稳定性问题。Lal 等 [444] 采用微分变换法研究了均匀分布面内力作用下功能梯度圆板的轴对称振动问题，并在固有频率为零时获得了板的屈曲载荷。Ebrahimi 等 [445] 研究了融入两个均匀分布压电材料致动器层的功能梯度薄圆板的自由振动，解析求解了具有夹紧边界条件板的运动微分方程。基于 Mindlin 一阶剪切变形板理论，Hashemi 及其合作者分别研究了功能梯度中厚度圆/环板 [446]、有压电层的功能梯度中厚圆/环板 [447] 以及阶梯变厚度的功能梯度圆/环板 [448] 的自由振动问题，获得了相应问题的解析解。Saidi 等 [449] 基于一阶剪切变形板理论，将位移分量展开成级数形式，获得了径向边界简支功能梯度中厚度圆环扇形板自由振动问题的精确解。

基于经典板理论，Zur 分别针对弹性支撑于同心环的功能梯度圆板 [450] 和圆环板 [451]，采用准 Green 函数法获得了两种形式板自由振动问题的解析解和数值解。针对置于 Pasternak 型弹性地基并具有弹性约束边界的功能梯度厚圆板，Shaban 等 [452] 基于一阶剪切变形板理论，用称为微分变换法的半解析方法，将所得控制微分方程变换为代数递推方程，然后求解了任意边界条件下板自由振动的特征方程。Mehrabadi 等 [453] 解析求解了黏结压电层功能梯度圆板的自由振动问题。Ebrahimi 等 [454−456] 基于 Mindlin 板理论或一阶剪切变形板理论，解析研究了黏结压电层功能梯度中/厚度环板、中厚圆板的自由振动问题。

采用三维弹性理论，Malekzadeh 等 [457] 研究了热环境下功能梯度厚环板的自由振动问题，分析了初始热应力的影响，用微分求积法求解了板的热弹性平衡方程及自由振动方程。针对变厚度的各向同性和功能梯度厚环板，Efraim 等 [458] 基于一阶剪切变形板理论，在各种组合边界条件下，用精确单元法获得了板精确的振动频率和振动模态。对于剪切因素引起的振动，Sharma 等 [459] 基于改进的 Mindlin 板理论，用广义微分求积法研究了功能梯度压电环板的振动行为。

Jin 等 [460]、Su 等 [461] 分别基于三维弹性理论和一阶剪切变形板理论，用修正 Fourier 级数法并结合 Ritz 法，研究了功能梯度圆环扇形板自由振动问题。采用与上述文献相同的方法，Wang 等 [462] 基于一阶剪切变形板理论，给出了功能梯度圆板、圆环板及扇形板自由振动统一形式的解。Civalek 等 [463] 基于一阶剪切变形板理论和 Love 锥壳理论，分别采用离散奇异卷积法和调和微分求积法，得到了功能梯度圆环扇形板和圆扇形板自由振动问题的数值解。

针对置于 Pasternak 型弹性地基且具有径向材料梯度分布的变厚度功能梯度圆/圆环扇形板，Hashemi 等 [464] 基于经典板理论，用微分求积法求得了简支和夹紧板的固有频率。针对置于 Winkler 型弹性地基且具有双向材料梯度分布的功能梯度圆环板，Kumar 等 [465] 用微分求积法和 Chebyshev 配置法，求得了板轴对称自由振动的固有频率。基于经典板理论并采用广义微分求积法，Ahlawat 等 [466] 研究了在均匀分布面内载荷作用下置于弹性地基功能梯度圆板的轴对称振动和屈曲问题，其中材料性质分别沿径向和厚度方向呈梯度分布。Shariyat 等 [467−468] 分别研究了置于双参数弹性地基且沿厚度方向和径向双向梯度分布的功能梯度圆板、变厚度粘弹性功能梯度圆板的自由振动问题，采用微分变换法求得问题的半解析解。

关于其他形状板振动问题的研究较少。Asemi 等 [469] 基于三维弹性理论，采用梯度有限元法，研究了功能梯度椭圆板的三维静动态问题。采用与文献 [457] 类似的分析方法，Malekzadeh 等 [470] 基于一阶剪切变形板理论，研究了热环境下任意直边四边形功能梯度板的自由振动问题。Chakraverty 等 [471] 基于经典板理论，采用 Rayleigh-Ritz 方法，研究了置于弹性地基的功能梯度斜板的自由振动问题。

3. 功能梯度夹层板及各种增强功能梯度板

基于三维弹性理论，Liu 等 [472] 采用结合了状态空间法和微分求积法的半解析法，研究了石墨烯微片增强的多层功能梯度环板的自由振动、轴对称和非轴对称弯曲问题，得到了板的固有频率与弯曲响应的数值结果。

基于一阶剪切变形板理论，Song 等 [473] 给出了简支石墨烯微片增强功能梯度聚合物层合板自由及强迫振动的 Navier 解。基于一阶剪切变形板理论及分层理论，Pandey 等 [474] 采用有限元法研究了热环境下功能梯度夹层板的自由振动问题，在分析过程中分别考虑了具有功能梯度面板和均匀材料芯层，以及具有均匀材料面层和功能梯度芯层的夹层板。采用类似的方法，Pandey 等 [475] 研究了具有均匀材料面层和功能梯度芯层的夹层板及壳面板的热致振动问题，与文献 [474] 不同的是，芯层采用了高阶位移场。

基于 Reddy 高阶剪切变形板理论，Selim 等 [476] 采用无单元 kp-Ritz 法研究了热环境下碳纳米管增强功能梯度板的自由振动问题。Khalili 等 [477] 基于改进的高阶夹层板理论，并考虑芯层的面内应力，分析了热环境下有功能梯度面板和均匀材料芯层的夹层板自由振动问题。对于同样的三层夹层板的自由振动问题，Xiang 等 [478] 在研究中采用了 n 阶剪切变形板理论和基于薄板样条径向基函数的无网格全局配置法。Dozio[479] 结合经典 Ritz 法与 Carrera 统一公式，将位移表示为 Chebyshev 多项式与恰当的边界函数的乘积形式，得到了具有功能梯度材料芯层的夹层矩形薄/厚板振动问题的固有频率。

基于改进的四变量板理论并结合等几何分析方法，Thai 等 [480] 研究了石墨烯微片增强的多层功能梯度板的自由振动、屈曲及静态弯曲问题，用非均匀有理 B 样条函数获得了问题的数值结果。Sobhy[481] 提出了一个新的四变量剪切变形板理论，研究了置于弹性地基的功能梯度夹层板的湿热振动和屈曲问题，获得了频率和屈曲温度的精确解。该理论计及了湿热效应，且无需剪切修正。Fazzolari[482] 将递阶三角 Ritz 公式拓展到功能梯度夹层板自由振动与热稳定性研究，利用在 Carrera 统一公式框架下构建的计及了板厚度方向变形的高阶板理论，分析了多种形式温度场下夹层板的固有频率和临界温度。

1.4.2 功能梯度结构的非线性热力振动

1. 功能梯度矩形板

基于大挠度 von Karman 板理论，Woo 等 [483] 给出了功能梯度薄矩形板非线性自由振动问题的混合 Fourier 级数形式解析解。基于经典层合板理论，Yazdi[484] 采用同伦摄动法得到了功能梯度薄板非线性振动的近似解析解。Allahverdizadeh 等 [485] 基于 Kirchhoff 板理论，用模态函数的级数形式将功能梯度板非线性振动的控制方程化为 Duffing 方程，获得了 Duffing 方程的同伦摄动解，最后用

Green 函数和 Schauder 不动点定理获得了板周期振动存在的充分条件。基于经典板理论，Dogan[486] 研究了热力载荷作用下夹紧功能梯度板的非线性动力响应，分析了随机载荷下板的随机振动、屈曲以及跃越失稳行为；Du 等 [487] 根据 von Karman 大挠度理论，建立了平面内扰动单轴惯性力作用下功能梯度板的动力学模型，讨论了来自环境的平面内惯性扰动对功能梯度矩形板动力学行为的影响。Kant 等 [488] 基于高阶板理论并考虑厚度变形效应，研究了功能梯度板的振动问题。Rezaee 等 [489] 分析了简支功能梯度压电矩形板的大振幅及混沌振动和稳定性问题，其中假设板分别承受面内单向谐振力、横向压电激励以及气动载荷作用，通过 Galerkin 法将运动方程转化为一组非线性常微分方程。Sundararajan 等 [490] 基于 von Karman 假设，利用有限元法并结合直接迭代法，研究了热环境下功能梯度矩形板和斜板的非线性自由振动问题，其中假设热传导的温度场在板表面均匀且只沿厚度方向变化，用 Mori-Tanaka 均匀化方法表征材料的等效性质。

基于一阶板理论并计及 von Karman 意义下的非线性中面应变，Praveen 等 [9] 得到了直角坐标下板的非线性瞬态热弹性运动方程，采用有限元法分析了非耦合的一维温度场问题。基于一阶剪切变形板理论，Prakash 等 [491] 用有限元法研究了气动载荷作用下功能梯度板的大振幅弯曲振动问题。

基于高阶剪切变形板理论，Huang 等 [492] 研究了热环境下功能梯度矩形板的非线性振动和动力响应问题，假设热传导的温度场只沿板厚度方向变化，板的四边简支且无面内位移，采用改进的摄动法求得了板的非线性频率和动力响应。Kitipornchai 等 [493] 用半解析方法分析了功能梯度层合板的非线性振动问题。这种半解析法结合一维微分求积法、Galerkin 法和一个迭代过程，通过该方法获得了各种边界条件下板的振动频率。他们特别关注了正弦型缺陷、局部化和整体性缺陷对板的线性和非线性振动行为的影响，结果显示，板的振动频率极为依赖振幅以及缺陷模态。Talha 等 [494] 用非线性有限元法研究了功能梯度板的大幅自由弯曲振动问题，分析中考虑了含有所有高阶非线性应变项的 Green-Lagrange 非线性应变–位移关系。Chaudhari 等 [495] 利用有限元法研究了功能梯度板的非线性自由振动问题。Kumar 等 [496] 研究了面内非均匀动态载荷作用下功能梯度板的线性及非线性动力失稳问题，通过 Galerkin 法将运动方程转化为一组非线性常微分方程，用 Bolotin 法获得了动力失稳区域的边界。Huang 等 [497]、Xia 等 [498] 分别研究了热环境下表面黏结压电层、压电纤维增强层合致动器的功能梯度板的非线性振动及动力响应问题，其中假设热传导的温度场在板表面均匀且只沿厚度方向变化，电场只有横向分量。Fakhari 等 [499] 用有限元法分析了表面黏结压电层功能梯度板的非线性固有频率及时频响应，分别考虑了热、电和力载荷条件，其中温度场和电场如文献 [497]、[498] 所述。Hao 等 [500] 研究了功能梯度悬臂矩形板的非线性动力响应，取板满足边界条件的前两阶振动模态函数作为位移容许函数，用 Galerkin 法将偏微分控制方程转化为联合外激励下含有二次和三次非线性项的两自由度非线性系统，利用渐进摄动法得到了板的四个非线性平均方程，并用 Runge-Kutta 法求得了板的非线性动力响应。结果表明，在一定条件下，功能梯度板存在混沌运动、周期及准周期运动，强迫激励能改变板的运动形式。

Chen 等 [501−502] 分别基于剪切变形板理论和经典板理论，研究了有初始应力功能梯度板的非线性振动问题，分析中采用 Galerkin 法将非线性偏微分控制方程转化为常微分形式，并用 Runge-Kutta 法进行求解。随后，Chen 等将研究拓展到有初始缺陷的初始压紧功能梯度板的非线性振动问题 [503−504]。

Yang 等 [505] 基于 Reddy 高阶板理论，采用一个半解析方法研究了预加应力的功能梯度压电层合板的大幅振动问题。首先，通过求解一个非线性静态问题获得板的初始应力状态，并解决了振前变形问题。然后，预加应力的功能梯度层合板的非线性振动控制方程，通过将一个动态增量加到振前状态中而得到。Hao 等 [506−507] 分别基于经典板理论和 Reddy 三阶剪切变形板理论，用 Galerkin 法研究了功能梯度矩形板的非线性强迫振动。结果表明，对于横向和面内激励以及热载荷下两对边夹紧两对边自由板，板的非线性动力学响应对外横向激励的振幅并不敏感，而外激励的频率有更大的影响；对于作用有与时间相关热力载荷的简支板，在特定条件下会发生混沌运动，而且由于与时间相关热载荷的存在，板的动力学行为有显著不同。Alijani 等 [508] 基于一阶剪切变形板理论，采用多模态能量法研究了热环境下简支功能梯度中厚度矩形板的非线性强迫振动，分析了板的准周期和混沌响应等复杂非线性动力学行为，获得了 Poincaré 映射的分支图与最大 Lyapunov 指数，需特别指出的是，热致变形功能梯度板会出现模态耦合。

Wang 等 [509] 研究了材料性质沿厚度方向呈 S 形变化的多孔功能梯度板的大幅振动问题，其中考虑了均匀和非均匀两种孔隙分布，用修正分段函数表征功能梯度材料性质沿板厚度方向的变化，采用 d'Alembert 原理推导出了板的非线性控制方程，然后用 Galerkin 法将方程离散为三个常微分方程，最后用谐波平衡法求解。结果显示，由于动力系统中非线性模式的相互作用，会发生复杂的多解现象。Wang 等 [510] 采用类似的研究方法，基于非线性 von Karman 板理论，研究了热环境下运动的多孔功能梯度板的振动行为，得到了解析解。Kumar 等 [511] 采用间接方法研究了材料性质具有沿面内某方向呈梯度分布的功能梯度变厚度板的非线性强迫振动问题，假设在激励最大振幅时动力系统满足力平衡条件，从而将原问题简化为静态问题，用多维割线法之一的 Broyden 法求解了非线性方程组。

板厚度方向变形对功能梯度板振动行为的影响，已经越来越受到重视。Gupta 等 [512] 基于新的双曲线剪切变形板理论，采用有限元法研究了功能梯度板的非线性振动问题。该理论中包含四个未知函数，计及了板厚度方向变形的影响，无需剪切修正。该文献在分析过程中采用 Voigt 混合律和 Mori-Tanaka 均匀化方法，并结合幂律和指数模型表征材料的梯度性质。Alijani 等 [513] 基于计及板厚度方向变形影响的高阶剪切变形理论，研究了中等厚度功能梯度矩形板的非线性强迫振动问题。分析中，面内位移展开到厚度坐标的四阶项，横向位移展开到厚度坐标的三阶项，因此计及了横向正应变。在非线性应变位移关系中，保留了位移的全部非线性项。利用多模态能量法推导出了板的运动方程，并用伪弧长延拓和配置法进行了数值分支分析。

对于结构在其静态变形附近的振动问题，即使传统均匀材料结构，研究结果也不多。周又和 [514,515] 利用圆薄板大挠度轴对称弯曲和屈曲（包括过屈曲）解析解，研究了中心承受集中载荷及周边承受均匀分布压力作用的圆薄板在相应非线性静平衡构型附近的轴对称小幅自由振动，用伽辽金法和幂级数法获得了圆板的固有频率。李世荣等 [516] 将非线性静平衡构型解和线性动态解进行分解，再利用打靶法将其联立求解，同时获得静动态问题的数值解。

对于功能梯度板，Xia 等 [517] 基于高阶剪切变形板理论，采用改进的摄动法研究了含有压电致动器的压致过屈曲和热致过屈曲功能梯度板的小幅和大幅振动问题，其中温度场和电场如文献 [497]、[498] 所述。Taczala 等 [518] 基于一阶剪切变形板理论，用有限元法研究了热环境下置于 Pasternak 型双参数弹性地基的功能梯度厚板的非线性自由振动，其中考虑了板的前屈曲状态和过屈曲状态。

2. 功能梯度圆（环）板及其他形状板

Kantorovich 时间平均法是一种求解结构大幅振动问题的较为有效的近似方法。Li 等 [519]、李世荣等 [520] 运用 Kantorovich 时间平均法，分别研究了均匀温升下极正交各向异性环形薄板和具有中心刚性质量的极正交各向异性环形薄板的轴对称非线性振动问题，利用打靶法数值分析了非线性幅–频响应。然而，将 Kantorovich 时间平均法用于功能梯度结构大幅振动问题的研究结果并不多。

马连生 [521] 在研究功能梯度圆板的非线性振动问题时，采用 Kantorovich 时间平均法消去了时间变量，求解了关于空间变量的常微分方程。Allahverdizadeh 等 [522] 提出了一种半解析方法，研究了功能梯度圆板的非线性自由及强迫振动问题，利用 Kantorovich 时间平均法求解了板的谐振动控制方程，分析了均匀热环境下圆板的稳态自由振动和强迫振动。结果表明，板的振动频率依赖于振幅。Allahverdizadeh 等 [523] 进一步研究了振幅和热效应对功能梯度圆板非线性自由振动的影响。Allahverdizadeh 等 [524–525] 基于经典板理论，采用 Kantorovich 时间平均法并结合打靶法，研究了轴对称横向载荷作用下，功能梯度圆板的非线性振动问题以及大振幅对板内应力分布的影响；研究了跳跃现象对功能梯度薄圆板非线性振动的影响 [526]，分析中首先用 Kantorovich 时间平均法消去时间变量，然后采用打靶法进行数值求解。

Hu 等 [527] 研究了热环境中单项和双项横向激励下功能梯度圆板的分支和混沌现象。对于不可移夹紧圆板，用 Galerkin 法推导出了 Duffing 非线性强迫振动方程，用 Melnikov 法给出了单项和双项周期扰动下混沌行为存在的判据。Javani 等 [528] 基于一阶剪切变形板理论，用广义微分求积法分析了快速表面加热导致的功能梯度环板的大振幅强迫振动问题。Hu 等 [529] 基于经典板理论，研究了横向谐激励和热载荷作用下功能梯度圆板的动力分支和混沌行为，分析中采用 Galerkin 法获得了圆板的非线性 Duffing 方程，用多尺度法获得了分支方程。Boutahar 等 [530] 基于经典板理论，研究了置于弹性地基的功能梯度多孔圆环板的非线性轴对称自由振动问题。

Ashooria 等 [531] 基于经典板理论，采用有限元法研究了压电功能梯度圆板在其过屈曲构型上的自由振动问题。分析中，横向载荷作用下受热压缩板的屈曲或是分支屈曲或是极值点屈曲，详细讨论了圆板的两类失稳行为。Ebrahimi 及其合作者 [410,532−534] 基于经典板理论，研究了黏结压电层的功能梯度圆板静态大变形附近的振动问题。他们首先解析求解面内载荷/电载荷作用下板静态大变形问题，然后在板平衡位置附近叠加动态项，采用 Galerkin 法并结合摄动法数值求解动态问题。

3. 功能梯度夹层板及各种增强功能梯度板

针对置于弹性地基上的有功能梯度面板的夹层板，Wang 等 [535] 采用两步摄动法研究了其在热环境下的非线性振动、非线性弯曲及过屈曲问题。结果显示，芯层与面板的厚度比和功能梯度面板的体积百分比分布均对夹层板的固有频率、屈曲载荷以及过屈曲行为有重要影响，但对板的非线性弯曲行为影响不大。

为了分析初始热载荷对环板振动行为的影响，Torabi 等 [536] 基于一阶剪切变形板理论，研究了具有功能梯度分布的碳纳米管增强复合环板的非线性振动问题，用伪弧长延拓法获得了板的频率响应。采用相同方法，Ansari 等 [537] 基于 Reddy 三阶剪切变形板理论，研究了置于弹性地基并具有碳纳米管增强功能梯度面板和均匀材料芯层的夹层板的轴对称大幅自由振动问题。Keleshteri 等 [538] 基于一阶剪切变形板理论，用广义微分求积法研究了表面黏结压电层的功能梯度碳纳米管增强复合环扇形板的大幅振动问题。

针对置于 Winkler-Pasternak 型弹性地基并具有石墨烯微片增强的功能梯度多孔芯层的夹层板，Li 等 [539] 基于经典板理论，用 Galerkin 法以及四阶 Runge-Kutta 法，研究了该夹层板的非线性振动和动力屈曲问题。Duc 等 [540] 基于一阶剪切变形板理论，研究了热、力、电载荷作用下置于 Pasternak 型弹性地基的偏心加强功能梯度压电板的非线性动力响应及振动行为。Kim 等 [541] 基于经典板理论，用半解析法研究了置于弹性地基的偏心斜加劲功能梯度板的非线性振动和动力屈曲问题，用 Galerkin 法推导出了非线性运动方程，用四阶 Runge-Kutta 法获得了板的动力响应。

为了分析面内压力作用下多层功能梯度石墨烯微片增强的聚合物层合矩形板在前屈曲和过屈曲构型上的非线性稳定性和自由振动等问题，Gholami 等[542] 基于抛物线剪切变形板理论，用变分微分求积法获得了离散化运动方程，然后略去惯性项，用伪弧长法得到了板的过屈曲路径。在此基础上，假设一个与时间相关的微小扰动并略去与时间相关的非线性项，得到了前屈曲及过屈曲构型上的频率响应。分析中，假设石墨烯微片均匀分布于每一个单层中，但是沿板厚度方向石墨烯微片的重量分数按不同分布模式呈梯度变化。

1.5 值得关注的几个问题

本章简述了功能梯度板弯曲、屈曲、振动等问题的国内外研究进展，涉及功能梯度矩形板、圆（环）板、其他形状板，以及功能梯度夹层板和各种增强功能梯度板。就功能梯度板问题的分析方法而言，多数研究是将用于各向同性或复合材料板的类似方法拓展到功能梯度板问题。关于功能梯度材料等效性质的描述，多采用幂律、指数模型和 Mori-Tanaka 模型。大多数三维解析解仅限于一些特殊情况，如 Navier 解或 Lévy 解。鉴于此，功能梯度板问题的近似二维分析受到了大多数研究者的关注，一阶和三阶剪切变形板理论的应用尤为广泛。近年来，许多研究者提出或引进了很多改进或修正的板理论，用于分析功能梯度板的力学行为，或提高解的精度，或简化计算。等几何分析法在功能梯度板问题的研究中得到了越来越多的关注。另外，近年来关于各种增强功能梯度板问题的研究逐渐增多，并且已经不限于传统功能梯度概念，如碳纳米管或石墨烯微片在基体材料中呈梯度分布等。

在以后的研究中，下列问题仍需加强关注：

(1) 功能梯度板的三维解析解以及三维分析中更有效的数值方法研究，对于非线性问题尤其如此。

(2) 针对各种应用于功能梯度板的改进高阶板理论的有效性、精确性以及优缺点的研究尚不多见。考虑到等效单层板理论不能很好地反映夹层板的响应，适用于夹层板问题的板理论研究尤为迫切。

(3) 为了更加精确地分析功能梯度板的力学行为，在考虑横向剪切变形的同时，应该计及板厚度方向变形（横向正应变）的影响。

(4) 关于功能梯度板的动力稳定性、跃越失稳以及在过屈曲构型上的振动等问题的研究结果很少。

(5) 关于功能梯度板弯曲、屈曲和振动问题的实验研究值得重视。

(6) 关于功能梯度夹层板和各种增强功能梯度板问题的研究仍有待加强。

(7) 相对于线性问题而言，对几何及物理非线性问题的研究仍然不够。与矩形板相比，其他形状板的研究较少。

1.6　本书主要内容

本书重点介绍功能梯度材料结构的热力变形，包括梁、板、壳这些基本结构单元的弯曲、屈曲、过屈曲和振动，分为以下四个部分。

(1) 功能梯度结构线性和非线性热力变形的国内外研究概况，包括功能梯度材料及其性能表征、功能梯度结构的热力弯曲、功能梯度结构的热力屈曲与过屈曲、功能梯度结构的热力振动等。

(2) 功能梯度梁、板线性分析。这部分的主要内容包括功能梯度梁、板弯曲问题，特征值问题的闭合形式精确解；各类惯性对功能梯度梁、板固有频率的影响等。基于 Reddy 三阶剪切变形板理论，建立了功能梯度板的基本方程。由于不同板理论之间板的基本方程在数学上存在相似性，利用这种相似性可以推导出用各向同性板经典解表示功能梯度板三阶板理论解的解析关系。分析材料的梯度性质等因素对板的挠度、临界屈曲载荷以及固有频率等的影响，并比较了各种理论下相应结果的差异。

(3) 功能梯度梁、圆板非线性分析。这部分的主要内容包括机械载荷、热载荷作用下的大挠度弯曲问题、过屈曲问题，热场作用下的大幅振动问题，热过屈曲梁、板的振动问题，前屈曲耦合变形对板屈曲的影响。对于功能梯度梁的各类非线性问题，给出了闭合形式精确解；对于功能梯度圆板的非线性控制方程，给出了数值结果。分析材料的梯度性质等因素对功能梯度结构非线性力学行为的影响。

(4) 功能梯度壳的线性和非线性分析。这部分的主要内容包括截顶功能梯度圆锥壳的热弹性弯曲问题解析解、带缺陷截顶功能梯度圆锥壳的非线性分析、截顶功能梯度圆锥壳的自由振动。

第 2 章　功能梯度梁的线性弯曲、屈曲和小幅振动

本章讨论功能梯度梁的线性问题，包括线性弯曲、屈曲和小幅振动。

本章的基本思路是利用不同梁理论之间线性问题的基本方程在数学上的相似性，推导用各向同性梁线性问题的经典梁理论结果表示的功能梯度梁在经典梁理论、一阶梁理论和三阶梁理论下相应结果的解析关系。若已知各向同性梁在经典梁理论下某物理量的解（如挠度、临界载荷、固有频率等），利用这些解析关系很容易求得功能梯度梁在各阶梁理论下相应物理量的解，省去了额外的复杂数学求解过程，便于工程应用。另外，本章所建立的解析关系还可以用于检验功能梯度梁数值分析结果的收敛性和精确性等。

2.1　不同梁理论下功能梯度梁线性弯曲问题解之间的解析关系

1995 年，Wang[543] 首先建立了 Euler-Bernoulli 梁与 Timoshenko 梁弯曲问题解之间的解析关系。1996 年，Reddy 等 [544] 把这种解析关系拓展到 Euler-Bernoulli 梁、Timoshenko 梁与 Reddy 三阶梁的弯曲问题。由于三阶剪切变形梁理论的控制方程是六阶的，而经典梁理论的控制方程是四阶的，因此，上述三阶梁理论与经典梁理论之间的解析关系，只有在求解一个二阶微分方程后，方能获得两者之间的挠度、弯矩以及剪力等关系。1997 年，Lim 等 [545] 建立了 Timoshenko 曲梁的挠度和内力，与 Euler-Bernoulli 曲梁的挠度和内力之间的解析关系，但是这些关系只适用于具有常曲率的曲梁。Wang 等 [546] 分析了具有可弹性转动约束端的非均匀材料梁，并建立了 Timoshenko 梁和 Euler-Bernoulli 梁弯曲问题解的解析关系。Reddy 等 [547] 分别建立了 Levinson 梁与经典梁、Levinson 板（Reddy 三阶板的一种简化形式）与经典板弯曲问题解之间的解析关系，并给出了一些数值实例。Li 等 [548] 利用均匀材料梁的经典弯曲问题解表示了功能梯度 Timoshenko 梁的弯曲问题解。徐华等 [549] 建立了功能梯度 Timoshenko 梁弯曲问题解与均匀材料梁弯曲问题解的线性转换关系。

2.1.1　三阶梁理论下功能梯度梁的基本方程

考虑一个高度为 h、长度为 l、横截面面积为 A 的矩形截面功能梯度梁。x 轴在梁的几何中面内，并重合于轴线方向；z 轴和 y 轴分别沿梁的高度和宽度方向。该梁作用有分布载荷 q（其量纲为 [力]/[长度]）、端部轴向压力 p 和温度场 $T(z)$。

针对两种材料组成的功能梯度梁，假设材料组分沿梁的高度方向连续变化，材料性质 P（如弹性模量 E、质量密度 ρ、热膨胀系数 α 等）只沿梁的高度方向变化，且服从以下规律 [40]：

$$P(z) = (P_{\mathrm{m}} - P_{\mathrm{c}})\left(\frac{h-2z}{2h}\right)^n + P_{\mathrm{c}} \tag{2.1.1}$$

式中，m 和 c 分别表示不同材料组分；幂指数 n 表示材料的梯度指数，可以反映材料组分对功能梯度材料性质的影响。如无特别声明，本书中均设泊松比 ν 为常数，且取 $\nu = 0.28$。

不失一般性，对于由氮化硅 (Si_3N_4) 和不锈钢 (SUS304) 构成的功能梯度梁（各组分材料的性质见表 2.1.1），图 2.1.1 给出了式 (2.1.1) 表示的功能梯度梁的弹性模量沿梁高度方向的变化情况。显然，梯度指数 n 不同，功能梯度梁的弹性模量沿梁高度方向的变化规律也不同。

表 2.1.1　Si_3N_4 和 SUS304 的性质

组分材料	性质 (T = 300K)		
	E/Pa	α/(1/K)	ρ/(kg/m^3)
Si_3N_4	3.2227×10^{11}	7.4746×10^{-6}	2.370×10^{3}
SUS304	2.0779×10^{11}	1.5321×10^{-5}	8.166×10^{3}

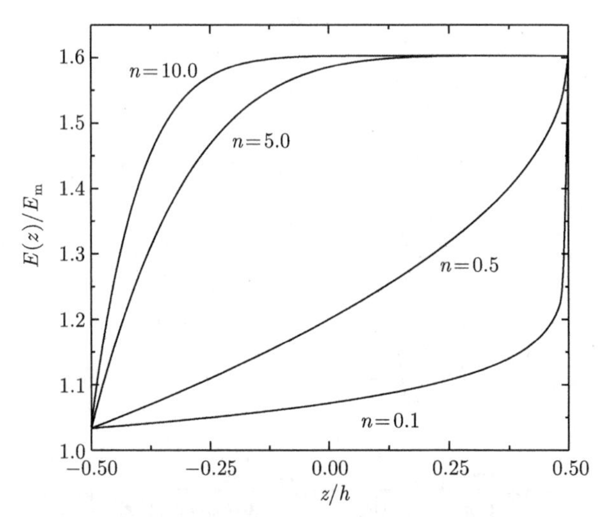

图 2.1.1　功能梯度梁的弹性模量沿梁高度方向的变化情况 (T = 300K)

三阶梁理论的位移场 [543]：

$$U_x(x,z,t)=u(x,t)+z\phi(x,t)-\beta z^3\left[\phi(x,t)+\frac{\partial w}{\partial x}\right] \tag{2.1.2a}$$

$$U_z(x,z,t)=w(x,t) \tag{2.1.2b}$$

式中，$u(x,t)$ 和 $w(x,t)$ 分别表示梁中面上的点沿 x、z 方向的位移；$\phi(x,t)$ 表示变形前梁中面法线的转动角度；$\beta=4/(3h^2)$。与式 (2.1.2) 对应的应变分量为

$$\varepsilon_x=\varepsilon_x^{(0)}+z\varepsilon_x^{(1)}+z^3\varepsilon_x^{(3)}=\frac{\partial u}{\partial x}+z\frac{\partial \phi}{\partial x}-\beta z^3\left(\frac{\partial \phi}{\partial x}+\frac{\partial^2 w}{\partial x^2}\right) \tag{2.1.3a}$$

$$\gamma_{xz}=\gamma_{xz}^{(0)}+z^2\gamma_{xz}^{(2)}=\phi+\frac{\partial w}{\partial x}-3\beta z^2\left(\phi+\frac{\partial w}{\partial x}\right) \tag{2.1.3b}$$

令式 (2.1.2) 和式 (2.1.3) 中的 $\beta=0$，便可得到一阶梁理论的位移场及应变分量。

材料的应力应变关系：

$$\sigma_x=E\left(\varepsilon_x-\alpha T\right) \tag{2.1.4a}$$

$$\tau_{xz}=\frac{E}{2(1+\nu)}\gamma_{xz} \tag{2.1.4b}$$

梁横截面内力的定义：

$$(N_x,M_x,P_x)=\int_A \sigma_x\left(1,z,z^3\right)\mathrm{d}A \tag{2.1.5a}$$

$$(Q_x,R_x)=\int_A \tau_{xz}\left(1,z^2\right)\mathrm{d}A \tag{2.1.5b}$$

根据以上关系，可将梁的内力分量表示为位移的函数形式：

$$N_x=A_x\frac{\partial u}{\partial x}+B_x\frac{\partial \phi}{\partial x}-\beta E_x\left(\frac{\partial \phi}{\partial x}+\frac{\partial^2 w}{\partial x^2}\right)-N_x^T \tag{2.1.6a}$$

$$M_x=B_x\frac{\partial u}{\partial x}+D_x\frac{\partial \phi}{\partial x}-\beta F_x\left(\frac{\partial \phi}{\partial x}+\frac{\partial^2 w}{\partial x^2}\right)-M_x^T \tag{2.1.6b}$$

$$P_x=E_x\frac{\partial u}{\partial x}+F_x\frac{\partial \phi}{\partial x}-\beta H_x\left(\frac{\partial \phi}{\partial x}+\frac{\partial^2 w}{\partial x^2}\right)-P_x^T \tag{2.1.6c}$$

$$Q_x=A_{xz}\left(\phi+\frac{\partial w}{\partial x}\right)-3\beta D_{xz}\left(\phi+\frac{\partial w}{\partial x}\right) \tag{2.1.6d}$$

$$R_x = D_{xz}\left(\phi + \frac{\partial w}{\partial x}\right) - 3\beta F_{xz}\left(\phi + \frac{\partial w}{\partial x}\right) \tag{2.1.6e}$$

式中，$\left(N_x^T, M_x^T, P_x^T\right) = \int_A E\alpha T\left(1, z, z^3\right)\mathrm{d}A$ 为温度 T 引起的内力，各系数的定义为

$$(A_x, B_x, D_x, E_x, F_x, H_x) = \int_A E\left(1, z, z^2, z^3, z^4, z^6\right)\mathrm{d}A$$

$$(A_{xz}, D_{xz}, F_{xz}) = \int_A \frac{E}{2(1+\nu)}\left(1, z^2, z^4\right)\mathrm{d}A$$

Hamilton 原理：

$$\int_0^t \delta(E_k - U - V)\mathrm{d}t = 0 \tag{2.1.7}$$

式中，应变能的变分为

$$\begin{aligned}\delta U &= \delta\left[\frac{1}{2}\int_\Omega \left(\sigma_x\varepsilon_x + \tau_{xz}\gamma_{xz} - \sigma_x\alpha T\right)\mathrm{d}\Omega\right] \\ &= \int_0^l \left[N_x\delta\varepsilon_x^{(0)} + Q_x\delta\gamma_{xz}^{(0)} + M_x\delta\varepsilon_x^{(1)} + P_x\delta\varepsilon_x^{(3)} + R_x\delta\gamma_{xz}^{(2)}\right]\mathrm{d}x\end{aligned} \tag{2.1.8}$$

外力势能的变分为

$$\delta V = -\delta\int_0^l \left[qw + \frac{1}{2}p\left(\frac{\partial w}{\partial x}\right)^2\right]\mathrm{d}x \tag{2.1.9}$$

动能的变分为

$$\begin{aligned}\delta E_k &= \delta\left\{\frac{1}{2}\int_\Omega \rho(z)\left[\left(\frac{\partial U_x}{\partial t}\right)^2 + \left(\frac{\partial U_z}{\partial t}\right)^2\right]\mathrm{d}\Omega\right\} \\ &= \delta\left(\frac{1}{2}\int_0^l \left\{I_0\left[\left(\frac{\partial u}{\partial t}\right)^2 + \left(\frac{\partial w}{\partial t}\right)^2\right] + 2I_1\frac{\partial u}{\partial t}\frac{\partial \phi}{\partial t} + 2I_2\left(\frac{\partial \phi}{\partial t}\right)^2\right.\right. \\ &\quad - 2\beta I_3\frac{\partial u}{\partial t}\left(\frac{\partial \phi}{\partial t} + \frac{\partial^2 w}{\partial x\partial t}\right) - 2\beta I_4\frac{\partial \phi}{\partial t}\left(\frac{\partial \phi}{\partial t} + \frac{\partial^2 w}{\partial x\partial t}\right) \\ &\quad \left.\left. + \beta^2 I_6\left[\left(\frac{\partial \phi}{\partial t}\right)^2 + 2\frac{\partial \phi}{\partial t}\frac{\partial^2 w}{\partial x\partial t} + \left(\frac{\partial^2 w}{\partial x\partial t}\right)^2\right]\right\}\mathrm{d}x\right)\end{aligned}$$

$$
\begin{aligned}
=\int_0^l\Bigg[&\left(I_0\frac{\partial u}{\partial t}+\bar{I}_1\frac{\partial \phi}{\partial t}-\beta I_3\frac{\partial^2 w}{\partial x\partial t}\right)\delta\left(\frac{\partial u}{\partial t}\right)+I_0\frac{\partial w}{\partial t}\delta\left(\frac{\partial w}{\partial t}\right)\\
&+\left(\bar{I}_1\frac{\partial u}{\partial t}+\tilde{I}_2\frac{\partial \phi}{\partial t}-\beta \bar{I}_4\frac{\partial^2 w}{\partial x\partial t}\right)\delta\left(\frac{\partial \phi}{\partial t}\right)\\
&-\left(\beta I_3\frac{\partial u}{\partial t}+\beta\bar{I}_4\frac{\partial \phi}{\partial t}-\beta^2 I_6\frac{\partial^2 w}{\partial x\partial t}\right)\delta\left(\frac{\partial^2 w}{\partial x\partial t}\right)\Bigg]\mathrm{d}x
\end{aligned}\tag{2.1.10}
$$

式中，惯性矩的定义为

$$
(I_0,\ I_1,\ I_2,\ I_3,\ I_4,\ I_6)=\int_A \rho(z)\left(1,z,z^2,z^3,z^4,z^6\right)\mathrm{d}A
$$

$$
\bar{I}_1=I_1-\beta I_3,\quad \bar{I}_4=I_4-\beta I_6,\quad \tilde{I}_2=I_2-\beta I_4+\beta^2 I_6
$$

根据上述 Hamilton 原理，经过变分运算，可得梁的运动方程如下：

$$
\frac{\partial N_x}{\partial x}-I_0\frac{\partial^2 u}{\partial t^2}-\bar{I}_1\frac{\partial^2 \phi}{\partial t^2}+\beta I_3\frac{\partial^3 w}{\partial x\partial t^2}=0 \tag{2.1.11a}
$$

$$
\frac{\partial \bar{M}_x}{\partial x}-\bar{Q}_x-\bar{I}_1\frac{\partial^2 u}{\partial t^2}-\tilde{I}_2\frac{\partial^2 \phi}{\partial t^2}+\beta\bar{I}_4\frac{\partial^3 w}{\partial x\partial t^2}=0 \tag{2.1.11b}
$$

$$
\frac{\partial \bar{Q}_x}{\partial x}+\beta\frac{\partial^2 P_x}{\partial x^2}-p\frac{\partial^2 w}{\partial x^2}+q-I_0\frac{\partial^2 w}{\partial t^2}-\beta I_3\frac{\partial^3 u}{\partial x\partial t^2}-\beta\bar{I}_4\frac{\partial^3 \phi}{\partial x\partial t^2}+\beta^2 I_6\frac{\partial^4 w}{\partial x^2\partial t^2}=0 \tag{2.1.11c}
$$

式中，$\bar{M}_x=M_x-\beta P_x$；$\bar{Q}_x=Q_x-3\beta R_x$。

2.1.2 不同梁理论下功能梯度梁弯曲问题解

下面讨论中仅考虑分布载荷与温度场的作用，并设各量均与时间无关。

Euler-Bernouli 梁理论下，各向同性梁的平衡方程以及弯矩–位移关系 [543] 是

$$
\frac{\mathrm{d}^2 M_x^{\mathrm{E}}}{\mathrm{d}x^2}+q=0 \tag{2.1.12}
$$

$$
M_x^{\mathrm{E}}=-D\frac{\mathrm{d}^2 w^{\mathrm{E}}}{\mathrm{d}x^2} \tag{2.1.13}
$$

弯矩–剪力关系：

$$
Q_x^{\mathrm{E}}=\frac{\mathrm{d}M_x^{\mathrm{E}}}{\mathrm{d}x} \tag{2.1.14}
$$

式中，$D = E\int_A z^2 \mathrm{d}A$; 上标 E 表示 Euler-Bernouli 梁理论下的量。由式 (2.1.11b)、式 (2.1.11c) 和关系 $\bar{M}_x = M_x - \beta P_x$ 可以得到：

$$\frac{\mathrm{d}^2 M_x}{\mathrm{d}x^2} + q = 0 \tag{2.1.15}$$

从式 (2.1.12) 和式 (2.1.15) 可得弯矩关系：

$$M_x(x) = M_x^{\mathrm{E}}(x) + C_1 x + C_2 \tag{2.1.16}$$

三阶梁理论下的等效剪力记为

$$V_x(x) = \bar{Q}_x + \beta\frac{\mathrm{d}P_x}{\mathrm{d}x} \tag{2.1.17}$$

从式 (2.1.11b)、式 (2.1.14) 和式 (2.1.16) 可以得到以下剪力关系：

$$V_x(x) = Q_x^{\mathrm{E}}(x) + C_1 \tag{2.1.18}$$

从式 (2.1.11a) 可得

$$N_x = C_3 \tag{2.1.19}$$

或

$$\frac{\mathrm{d}u}{\mathrm{d}x} = -\frac{B_x}{A_x}\frac{\mathrm{d}\phi}{\mathrm{d}x} + \beta\frac{E_x}{A_x}\left(\frac{\mathrm{d}\phi}{\mathrm{d}x} + \frac{\mathrm{d}^2 w}{\mathrm{d}x^2}\right) + \frac{N_x^T}{A_x} - \frac{C_3}{A_x} \tag{2.1.20}$$

把式 (2.1.20) 代入式 (2.1.6b) 以及式 (2.1.6c) 得到：

$$M_x = \varOmega_{x1}\frac{\mathrm{d}\phi}{\mathrm{d}x} - \beta\varOmega_{x2}\left(\frac{\mathrm{d}\phi}{\mathrm{d}x} + \frac{\mathrm{d}^2 w}{\mathrm{d}x^2}\right) - \bar{M}_x^T \tag{2.1.21a}$$

$$P_x = \varOmega_{x2}\frac{\mathrm{d}\phi}{\mathrm{d}x} - \beta\varOmega_{x3}\left(\frac{\mathrm{d}\phi}{\mathrm{d}x} + \frac{\mathrm{d}^2 w}{\mathrm{d}x^2}\right) - \bar{P}_x^T \tag{2.1.21b}$$

式中，各系数为

$$\varOmega_{x1} = D_x - \frac{B_x^2}{A_x},\quad \varOmega_{x2} = F_x - \frac{B_x E_x}{A_x},\quad \varOmega_{x3} = H_x - \frac{E_x^2}{A_x}$$

$$\bar{M}_x^T = M_x^T - \frac{B_x}{A_x}\left(N_x^T - C_3\right),\quad \bar{P}_x^T = P_x^T - \frac{E_x}{A_x}\left(N_x^T - C_3\right)$$

由式 (2.1.6d)、式 (2.1.6e) 和式 (2.1.21) 可得

$$M_x = \bar{\Omega}_{x1}\frac{\mathrm{d}Q_x}{\mathrm{d}x} - \Omega_{x1}\frac{\mathrm{d}^2 w}{\mathrm{d}x^2} - \bar{M}_x^T \tag{2.1.22a}$$

$$R_x = \frac{\bar{D}_{xz}}{\bar{A}_{xz}}Q_x \tag{2.1.22b}$$

$$P_x = \frac{\bar{\Omega}_{x2}}{\bar{A}_{xz}}\frac{\mathrm{d}Q_x}{\mathrm{d}x} - \Omega_{x2}\frac{\mathrm{d}^2 w}{\mathrm{d}x^2} - \bar{P}_x^T \tag{2.1.22c}$$

式中，$\bar{\Omega}_{x1} = \Omega_{x1} - \beta\Omega_{x2}$；$\bar{\Omega}_{x2} = \Omega_{x2} - \beta\Omega_{x3}$；$\bar{A}_{xz} = A_{xz} - 3\beta D_{xz}$；$\bar{D}_{xz} = D_{xz} - 3\beta F_{xz}$。再由式 (2.1.22a) 和式 (2.1.22c) 可得

$$P_x = -\beta\frac{\Omega}{\Omega_{x1}\bar{A}_{xz}}\frac{\mathrm{d}Q_x}{\mathrm{d}x} + \frac{\Omega_{x2}}{\Omega_{x1}}M_x - \tilde{P}_x^T \tag{2.1.22d}$$

式中，$\Omega = \Omega_{x1}\Omega_{x3} - \Omega_{x2}^2$；$\tilde{P}_x^T = \bar{P}_x^T - \dfrac{\Omega_{x2}}{\Omega_{x1}}\bar{M}_x^T$。

将式 (2.1.11b) 改写为

$$\frac{\mathrm{d}M_x}{\mathrm{d}x} = Q_x + \beta\frac{\mathrm{d}P_x}{\mathrm{d}x} - 3\beta R_x \tag{2.1.23}$$

然后，用式 (2.1.22b) 和式 (2.1.22d) 分别代替式 (2.1.23) 中的 R_x 和 P_x，可得

$$\frac{\bar{\Omega}_{x1}}{\Omega_{x1}}\frac{\mathrm{d}M_x}{\mathrm{d}x} = \frac{\tilde{A}_{xz}}{\bar{A}_{xz}}Q_x - \beta^2\frac{\Omega}{\Omega_{x1}\bar{A}_{xz}}\frac{\mathrm{d}^2 Q_x}{\mathrm{d}x^2} \tag{2.1.24}$$

式中，$\tilde{A}_{xz} = \bar{A}_{xz} - 3\beta\bar{D}_{xz}$。利用式 (2.1.14) 和式 (2.1.16) 最终将式 (2.1.24) 化为

$$\beta^2\Omega\frac{\mathrm{d}^2 Q_x}{\mathrm{d}x^2} + \tilde{A}_{xz}\Omega_{x1}Q_x = \tilde{A}_{xz}\bar{\Omega}_{x1}\left(Q_x^{\mathrm{E}} + C_1\right) \tag{2.1.25}$$

这是一个关于 Q_x 的二阶常微分方程，一旦 Q_x 被确定，位移量 u、w 和 ϕ 也将随之被确定。

由式 (2.1.21a)、式 (2.1.6d)、式 (2.1.13) 和式 (2.1.16)，可得 ϕ 的表达式如下：

$$\Omega_{x1}\phi(x) = -D\frac{\mathrm{d}w^{\mathrm{E}}}{\mathrm{d}x} + \beta\frac{\Omega_{x2}}{\bar{A}_{xz}}Q_x + C_1\frac{x^2}{2} + \left(C_2 + \bar{M}_x^T\right)x + C_4 \tag{2.1.26}$$

由式 (2.1.6d) 和式 (2.1.26)，可得 w 的表达式如下：

$$\Omega_{x1}w(x) = Dw^{\mathrm{E}}(x) + \frac{\bar{\Omega}_{x1}}{\bar{A}_{xz}}\int Q_x\mathrm{d}x - C_1\frac{x^3}{6} - \left(C_2 - \bar{M}_x^T\right)\frac{x^2}{2} - C_4 x + C_5 \tag{2.1.27}$$

以上各式中的积分常数可以根据边界条件确定。

三阶梁理论下各种支承形式的横向边界条件如下所述。

(1) 横向夹紧：

$$w = 0 \tag{2.1.28a}$$

$$\phi = 0 \tag{2.1.28b}$$

$$\frac{\mathrm{d}w}{\mathrm{d}x} = 0 \tag{2.1.28c}$$

(2) 横向简支：

$$w = 0 \tag{2.1.29a}$$

$$\bar{M}_x = 0 \tag{2.1.29b}$$

$$P_x = 0 \tag{2.1.29c}$$

(3) 自由端：

$$\bar{Q}_x + \beta\frac{\mathrm{d}P_x}{\mathrm{d}x} = 0 \tag{2.1.30a}$$

$$\bar{M}_x = 0 \tag{2.1.30b}$$

$$P_x = 0 \tag{2.1.30c}$$

面内边界条件如下所述。

(1) 支承端面内固定：

$$u = 0 \tag{2.1.31}$$

(2) 支承端面内自由：

$$N_x = 0 \tag{2.1.32}$$

通过与上述过程类似的分析，可以得到以下一阶梁理论和经典梁理论下的结果：

$$\begin{aligned}\Omega_{x1}w^{\mathrm{F}}(x) = {} & Dw^{\mathrm{E}}(x) + \frac{\Omega_{x1}}{k_{\mathrm{s}}A_{xz}}M_x^{\mathrm{E}}(x) + C_1\left(\frac{\Omega_{x1}}{k_{\mathrm{s}}A_{xz}}x - \frac{1}{6}x^3\right) \\ & - \frac{1}{2}\left(C_2 + \bar{M}_x^T\right)x^2 - C_3x + C_4\end{aligned} \tag{2.1.33}$$

$$\Omega_{x1}\phi^{\mathrm{F}}(x) = -D\frac{\mathrm{d}w^{\mathrm{E}}}{\mathrm{d}x} + \frac{1}{2}C_1x^2 + C_2x + C_3 \tag{2.1.34}$$

$$M_x^{\mathrm{F}}(x) = M_x^{\mathrm{E}}(x) + C_1x + C_2 \tag{2.1.35}$$

$$Q_x^{\mathrm{F}}(x) = Q_x^{\mathrm{E}}(x) + C_1 \tag{2.1.36}$$

$$\Omega_{x1} w_{\mathrm{f}}^{\mathrm{E}}(x) = D w^{\mathrm{E}}(x) - \frac{1}{6} C_1 x^3 - \frac{1}{2}\left(C_2 + \bar{M}_x^T\right) x^2 - C_3 x + C_4 \tag{2.1.37}$$

$$M_{x\mathrm{f}}^{\mathrm{E}}(x) = M_x^{\mathrm{E}}(x) + C_1 x + C_2 \tag{2.1.38}$$

式中，k_{s} 表示剪切修正系数；上标 F 表示一阶梁理论；上标 E 表示经典梁理论。

为了说明上述梁的弯曲关系的有效性，考虑一个受均匀分布载荷 q 的功能梯度矩形截面简支（面内可动）梁，相应功能梯度材料的性质如表 2.1.2 所示。分别利用式 (2.1.27)、式 (2.1.33)、式 (2.1.37) 以及相应的边界条件，可得该功能梯度矩形截面简支梁各种理论下的挠度关系：

$$\Omega_{x1} w(x) = D w^{\mathrm{E}}(x) + \frac{\bar{\Omega}_{x1} C_0}{\lambda^4 \bar{A}_{xz}} q \left[\frac{\mathrm{e}^{-\lambda l} - 1}{\mathrm{e}^{-\lambda l} - \mathrm{e}^{\lambda l}} \mathrm{e}^{\lambda x} - \frac{\mathrm{e}^{\lambda l} - 1}{\mathrm{e}^{-\lambda l} - \mathrm{e}^{\lambda l}} \mathrm{e}^{-\lambda x} + \frac{1}{2}\lambda^2 x (l - x) - 1\right] \tag{2.1.39}$$

$$\Omega_{x1} w^{\mathrm{F}}(x) = D w^{\mathrm{E}}(x) + \frac{\Omega_{x1}}{2 k_{\mathrm{s}} A_{xz}} q l^2 \left[\frac{x}{l} - \left(\frac{x}{l}\right)^2\right] \tag{2.1.40}$$

$$\Omega_{x1} w_{\mathrm{f}}^{\mathrm{E}}(x) = D w^{\mathrm{E}}(x) \tag{2.1.41}$$

式中，$\lambda^2 = \dfrac{\tilde{A}_{xz} \Omega_{x1}}{\beta^2 \Omega}$；$C_0 = \dfrac{\bar{\Omega}_{x1}}{\Omega_{x1}} \lambda^2$；$w^{\mathrm{E}}(x) = \dfrac{q l^4}{24 D}\left[\dfrac{x}{l} - 2\left(\dfrac{x}{l}\right)^3 + \left(\dfrac{x}{l}\right)^4\right]$。

表 2.1.2 功能梯度材料的性质 [9]

成分	$\rho/(\mathrm{kg/m^3})$	E/GPa	ν	K/(W/mK)	α/(1/℃)
铝	2707	70	0.3	204	2.3×10^{-5}
氧化锆	3000	151	0.3	2.09	1×10^{-5}

根据式 (2.1.39)～ 式 (2.1.41)，可得不同的 h/l 和 n 值情况下各理论下梁的挠度结果，如图 2.1.2 所示。图中梁中部的挠度比 δ 为

$$\delta = w(l/2)/w^{\mathrm{E}}(l/2) \text{ 或 } \delta = w^{\mathrm{F}}(l/2)/w^{\mathrm{E}}(l/2) \text{ 或 } \delta = w_{\mathrm{f}}^{\mathrm{E}}(l/2)/w^{\mathrm{E}}(l/2)$$

图中 EBT、FBT 和 RBT 分别表示 Euler-Bernouli 梁理论（经典梁理论）、一阶梁理论和三阶梁理论下的结果（以下均同）。可以看出，随着 n 的增大，各理论下的挠度结果均在降低，这是因为梯度梁刚度在不断增大。剪切变形梁理论下的挠度结果均高于经典梁理论下挠度结果，这显然是因为经典梁理论忽略了横向剪切变形而人为增大了梁的横向剪切刚度。从图中还可以看出，随着梁高长比的增大，剪切变形的影响也在增大。但是，一阶梁理论结果与三阶梁理论结果的差别并不明显。

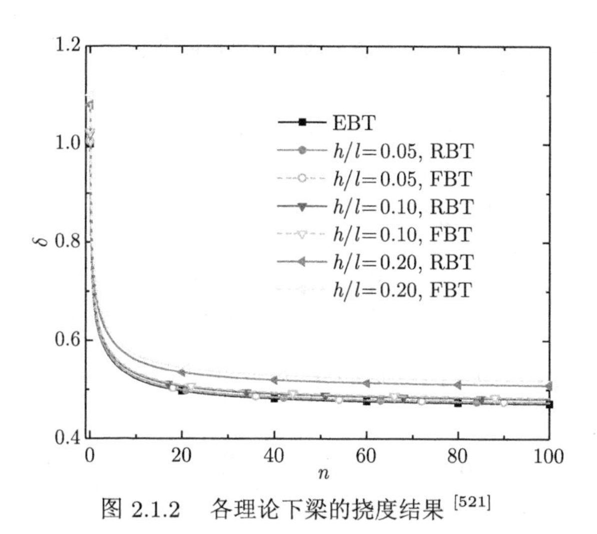

图 2.1.2　各理论下梁的挠度结果 [521]

2.2　不同梁理论下功能梯度梁特征值问题解之间的解析关系

2.2.1　功能梯度梁的特征值问题

2006 年，马连生等 [550] 研究了简支经典梁和一阶剪切变形梁的特征值之间的解析关系。随后，他们将上述研究推广到经典梁、一阶剪切变形梁和 Reddy 三阶剪切变形梁 [551]。Li 等 [552] 获得了轴向压力作用下功能梯度 Timoshenko 梁的临界屈曲载荷与均匀材料梁经典结果之间的解析关系。Li 等 [553] 给出了经典梁理论下功能梯度梁固有频率与均匀材料梁固有频率之间的解析关系。王瑄等 [554] 给出了简支功能梯度材料梁在 Levinson 高阶剪切变形梁理论下的固有频率与均匀材料梁相应经典梁理论结果之间的解析关系。

下面讨论功能梯度梁的特征值问题。在式 (2.1.11) 中，略去分布载荷和温度场相关项，不计面内惯性项和耦合惯性项，只考虑横向惯性，并将位移函数设为如下形式：

$$(u,\phi,w)=[\bar{u}(x),\bar{\phi}(x),\bar{w}(x)]\mathrm{e}^{\mathrm{i}\omega t} \tag{2.2.1}$$

式中，ω 为固有频率。将式 (2.2.1) 代入式 (2.1.11)，仍以 (u,ϕ,w) 代替 $(\bar{u},\bar{\phi},\bar{w})$，可得功能梯度梁的准静态运动方程：

$$\frac{\mathrm{d}N_x}{\mathrm{d}x}=0 \tag{2.2.2a}$$

$$\frac{\mathrm{d}\bar{M}_x}{\mathrm{d}x}-\bar{Q}_x=0 \tag{2.2.2b}$$

$$\frac{\mathrm{d}\bar{Q}_x}{\mathrm{d}x}+\beta\frac{\mathrm{d}^2P_x}{\mathrm{d}x^2}-p\frac{\mathrm{d}^2w}{\mathrm{d}x^2}+I_0\omega^2w=0 \tag{2.2.2c}$$

式 (2.2.2) 中的量均为静态量。将式 (2.2.2b) 对 x 求导，然后与式 (2.2.2c) 相加，可得

$$\frac{\mathrm{d}^2 M_x}{\mathrm{d}x^2}-p\frac{\mathrm{d}^2 w}{\mathrm{d}x^2}+I_0\omega^2 w=0 \tag{2.2.3}$$

将式 (2.1.6a) 代入式 (2.2.2a) 得

$$\frac{\mathrm{d}^2 u}{\mathrm{d}x^2}=-\frac{B_x}{A_x}\frac{\mathrm{d}^2\phi}{\mathrm{d}x^2}+\beta\frac{E_x}{A_x}\left(\frac{\mathrm{d}^2\phi}{\mathrm{d}x^2}+\frac{\mathrm{d}^3 w}{\mathrm{d}x^3}\right) \tag{2.2.4}$$

利用式 (2.1.6b)～ 式 (2.1.6e) 和式 (2.2.4)，可以把式 (2.2.3) 和式 (2.2.2b) 改写为

$$-\beta\Omega_{x2}\frac{\mathrm{d}^4 w}{\mathrm{d}x^4}+\bar{\Omega}_{x1}\frac{\mathrm{d}^3\phi}{\mathrm{d}x^3}-p\frac{\mathrm{d}^2 w}{\mathrm{d}x^2}+I_0\omega^2 w=0 \tag{2.2.5}$$

$$-\beta\bar{\Omega}_{x2}\frac{\mathrm{d}^3 w}{\mathrm{d}x^3}+\tilde{\Omega}_{x1}\frac{\mathrm{d}^2\phi}{\mathrm{d}x^2}-\tilde{A}_{xz}\frac{\mathrm{d}w}{\mathrm{d}x}-\tilde{A}_{xz}\phi=0 \tag{2.2.6}$$

式中，$\tilde{\Omega}_{x1}=\bar{\Omega}_{x1}-\beta\bar{\Omega}_{x2}$。

将式 (2.2.6) 对 x 求导一次，然后与式 (2.2.5) 一起写成以下矩阵形式：

$$[K]\{Y\}=0 \tag{2.2.7}$$

式中，$\{Y\}=\left\{w\quad \dfrac{\mathrm{d}\phi}{\mathrm{d}x}\right\}^{\mathrm{T}}$；$[K]$ 是二阶算子矩阵，其元素如下：

$$K_{11}\left(\frac{\mathrm{d}^2}{\mathrm{d}x^2}\right)=-\beta\Omega_{x2}\frac{\mathrm{d}^4}{\mathrm{d}x^4}-p\frac{\mathrm{d}^2}{\mathrm{d}x^2}+I_0\omega^2 \tag{2.2.8a}$$

$$K_{12}\left(\frac{\mathrm{d}^2}{\mathrm{d}x^2}\right)=\bar{\Omega}_{x1}\frac{\mathrm{d}^2}{\mathrm{d}x^2} \tag{2.2.8b}$$

$$K_{21}\left(\frac{\mathrm{d}^2}{\mathrm{d}x^2}\right)=-\beta\bar{\Omega}_{x2}\frac{\mathrm{d}^4}{\mathrm{d}x^4}-\tilde{A}_{xz}\frac{\mathrm{d}^2}{\mathrm{d}x^2} \tag{2.2.8c}$$

$$K_{22}\left(\frac{\mathrm{d}^2}{\mathrm{d}x^2}\right)=\tilde{\Omega}_{x1}\frac{\mathrm{d}^2}{\mathrm{d}x^2}-\tilde{A}_{xz} \tag{2.2.8d}$$

消去式 (2.2.7) 中的 $\dfrac{\mathrm{d}\phi}{\mathrm{d}x}$ 可得

$$\det\left[K\left(\frac{\mathrm{d}^2}{\mathrm{d}x^2}\right)\right]w=-\beta^2\Omega\left(\frac{\mathrm{d}^2}{\mathrm{d}x^2}+\lambda_1\right)\left(\frac{\mathrm{d}^2}{\mathrm{d}x^2}+\lambda_2\right)\left(\frac{\mathrm{d}^2}{\mathrm{d}x^2}+\lambda_3\right)w=0 \tag{2.2.9}$$

式中，$\lambda_i\,(i=1,2,3)$ 是以下三次方程的三个根：

$$\det\left[K\left(-\lambda\right)\right]=K_{11}(-\lambda)K_{22}(-\lambda)-K_{12}(-\lambda)K_{21}(-\lambda)=0 \tag{2.2.10}$$

式 (2.2.9) 就是问题的特征方程。结合具体问题的边界条件，可以从上式获得功能梯度梁振动和屈曲问题的特征值和特征向量。下面以两端简支梁为例，推导三阶梁理论下功能梯度梁特征值与经典梁理论下各向同性梁特征值之间的解析关系。

两端简支梁的边界条件可表示为

$$w=0 \tag{2.2.11a}$$

$$\bar{M}_x=0 \tag{2.2.11b}$$

$$P_x=0 \tag{2.2.11c}$$

从式 (2.2.11b) 和式 (2.2.11c) 可得

$$\left.\frac{\mathrm{d}\phi}{\mathrm{d}x}\right|_{\Gamma}=0 \tag{2.2.12a}$$

$$\left.\frac{\mathrm{d}^2 w}{\mathrm{d}x^2}\right|_{\Gamma}=0 \tag{2.2.12b}$$

利用式 (2.2.12)、式 (2.2.2b) 和式 (2.2.3) 可得

$$\left.\frac{\mathrm{d}^2\bar{M}_x}{\mathrm{d}x^2}\right|_{\Gamma}=0,\quad \left.\frac{\mathrm{d}^2 M_x}{\mathrm{d}x^2}\right|_{\Gamma}=0$$

利用 $\bar{M}_x$ 和 M_x 的定义可得

$$\left.\frac{\mathrm{d}^4 w}{\mathrm{d}x^4}\right|_{\Gamma}=0 \tag{2.2.13}$$

将式 (2.2.9) 改写为

$$\left(\frac{\mathrm{d}^2}{\mathrm{d}x^2}+\lambda_1\right)y=0 \tag{2.2.14a}$$

式中，$y\equiv-\beta^2\varOmega\left(\frac{\mathrm{d}^2}{\mathrm{d}x^2}+\lambda_2\right)\left(\frac{\mathrm{d}^2}{\mathrm{d}x^2}+\lambda_3\right)w$。从式 (2.2.11a)、式 (2.2.12b) 和式 (2.2.13) 可知，y 满足边界条件：

$$y|_{\Gamma}=0 \tag{2.2.14b}$$

经典梁理论下各向同性梁的特征值问题可表示为 [550]

$$\left(\frac{\mathrm{d}^2}{\mathrm{d}x^2}+\lambda_{\mathrm{E}}\right)w^{\mathrm{E}}=0 \tag{2.2.15a}$$

以及

$$w^{\mathrm{E}}\big|_{\Gamma}=0 \tag{2.2.15b}$$

这里，对于梁的屈曲问题 $\lambda_{\mathrm{E}}=\dfrac{pl^2}{D}$，对于梁的振动问题 $\lambda_{\mathrm{E}}=l^2\omega_{\mathrm{E}}\sqrt{\dfrac{\rho A}{D}}$，其中 ω_{E} 是经典梁理论下各向同性梁的固有频率。

比较式 (2.2.14) 和式 (2.2.15) 可得

$$\lambda_1=\lambda_{\mathrm{E}} \tag{2.2.16}$$

将式 (2.2.16) 代入式 (2.2.10) 可得

$$\det\left[K\left(-\lambda_{\mathrm{E}}\right)\right]=A\omega^2+B=0 \tag{2.2.17}$$

式中，$A=-\left(\tilde{\Omega}_{x1}\lambda_{\mathrm{E}}+\tilde{A}_{xz}\right)I_0$；$B=\beta^2\Omega\lambda_{\mathrm{E}}^3+\tilde{A}_{xz}\Omega_{x1}\lambda_{\mathrm{E}}^2-\left(\tilde{A}_{xz}\lambda_{\mathrm{E}}^{+}\tilde{\Omega}_{x1}\lambda_{\mathrm{E}}^2\right)p$。

2.2.2 三阶梁理论下功能梯度梁的临界屈曲载荷和固有频率的解

令式 (2.2.17) 中的 $\omega=0$，得到 $B=0$，从中可以推导出三阶梁理论下功能梯度梁的临界屈曲载荷解与经典梁理论下各向同性梁的临界屈曲载荷解之间的解析关系：

$$P_{\mathrm{f}}^{\mathrm{R}}=\frac{\tilde{A}_{xz}\Omega_{x1}D+\beta^2\Omega P_{\mathrm{i}}^{\mathrm{E}}}{\tilde{A}_{xz}D^2+\tilde{\Omega}_{x1}DP_{\mathrm{i}}^{\mathrm{E}}}P_{\mathrm{i}}^{\mathrm{E}} \tag{2.2.18}$$

特别地，将梁端轴向压力变换为温度场作用，从式 (2.2.18) 可得梁的临界屈曲热载荷 T_{cr} 的解为

$$T_{\mathrm{cr}}=\frac{1}{\Lambda_{\mathrm{b}}}\left(\frac{\tilde{A}_{xz}\Omega_{x1}D+\beta^2\Omega P_{\mathrm{i}}^{\mathrm{E}}}{\tilde{A}_{xz}D^2+\tilde{\Omega}_{x1}DP_{\mathrm{i}}^{\mathrm{E}}}P_{\mathrm{i}}^{\mathrm{E}}\right) \tag{2.2.19}$$

式中，Λ_{b} 是与材料性质以及温度分布有关的常数，即

$$\int_A E(z)\alpha(z)T(z)\mathrm{d}A=\Lambda_{\mathrm{b}}T_{\mathrm{cr}} \tag{2.2.20}$$

从式 (2.2.17) 可以推导出三阶梁理论下功能梯度梁的固有频率解 ω_{fR} 与经典梁理论下各向同性梁的固有频率解 ω_{E} 之间的解析关系：

$$\omega^2=-\frac{B}{A}=\frac{\beta^2\Omega\lambda_{\mathrm{E}}+\tilde{A}_{xz}\Omega_{x1}}{\left(\tilde{\Omega}_{x1}\lambda_{\mathrm{E}}+\tilde{A}_{xz}\right)I_0}\lambda_{\mathrm{E}}^2-\frac{\lambda_{\mathrm{E}}}{I_0}p \tag{2.2.21}$$

2.2.3 一阶梁理论下功能梯度梁的临界屈曲载荷和固有频率的解

一阶梁理论下梁的特征方程在形式上与式 (2.2.7) 相同。令式 (2.2.8) 所示相应元素中 $\beta=0$，然后消去 $\phi_{,x}$，可得一阶梁理论下梁的特征方程为

$$\Omega_{x1}\left(k_{\mathrm{s}}A_{xz}-P\right)\left(\frac{\mathrm{d}^2}{\mathrm{d}x^2}+\lambda_1\right)\left(\frac{\mathrm{d}^2}{\mathrm{d}x^2}+\lambda_2\right)w=0 \tag{2.2.22}$$

对于两端简支梁，利用边界条件式 (2.2.11a) 和式 (2.2.12b)，经过类似推导，可得一阶梁理论下功能梯度梁的临界屈曲载荷解为

$$P_{\mathrm{f}}^{\mathrm{F}}=\frac{\Omega_{x1}}{D+\dfrac{\Omega_{x1}}{k_{\mathrm{s}}A_{xz}}P_{\mathrm{i}}^{\mathrm{E}}}P_{\mathrm{i}}^{\mathrm{E}} \tag{2.2.23}$$

式 (2.2.23) 也可以通过在式 (2.2.18) 中令 $\beta=0$ 并将 A_{xz} 变成 $k_{\mathrm{s}}A_{xz}$ 而得到。

一阶梁理论下功能梯度梁的固有频率关系仍然由式 (2.2.17) 决定，只不过 A 和 B 应由下式求得

$$A=-\left(\Omega_{x1}\lambda_{\mathrm{E}}+A_{xz}\right)I_0 \tag{2.2.24a}$$

$$B=A_{xz}\Omega_{x1}\lambda_{\mathrm{E}}^2-\left(A_{xz}\lambda_{\mathrm{E}}+\Omega_{x1}\lambda_{\mathrm{E}}^2\right)p \tag{2.2.24b}$$

因此，

$$\omega^2=-\frac{B}{A}=\frac{\Omega_{x1}}{\left(1+\dfrac{\Omega_{x1}}{k_{\mathrm{s}}A_{xz}}\lambda_{\mathrm{E}}\right)I_0}\lambda_{\mathrm{E}}^2-\frac{\lambda_{\mathrm{E}}}{I_0}p \tag{2.2.25}$$

2.2.4　经典梁理论下功能梯度梁的临界屈曲载荷和固有频率的解

若使式 (2.2.23) 和式 (2.2.25) 中的 $k_{\mathrm{s}}A_{xz}\to\infty$，便可以推导出经典梁理论下功能梯度梁的临界屈曲载荷解、固有频率解与各向同性梁相应解之间的解析关系：

$$P_{\mathrm{f}}^{\mathrm{E}}=\frac{\Omega_{x1}}{D}P_{\mathrm{i}}^{\mathrm{E}} \tag{2.2.26}$$

$$\omega^2=\frac{\Omega_{x1}\rho A}{DI_0}\omega_{\mathrm{E}}^2-\frac{1}{I_0}\sqrt{\frac{\rho A}{D}}p \tag{2.2.27}$$

2.2.5　讨论

对于各向同性材料，$n=0$ 和 $E(z)=E$，式 (2.2.18)、式 (2.2.21)、式 (2.2.23) 和式 (2.2.25) 可以退化为各向同性梁的三阶梁理论解、一阶梁理论解与经典梁理论解之间的解析关系：

$$P_{\mathrm{i}}^{\mathrm{R}}=\frac{1+\dfrac{P_{\mathrm{i}}^{\mathrm{E}}}{70GA}}{1+\dfrac{P_{\mathrm{i}}^{\mathrm{E}}}{\dfrac{14}{17}GA}}P_{\mathrm{i}}^{\mathrm{E}} \tag{2.2.28}$$

$$\omega_{\mathrm{iR}}^2=\frac{1+\dfrac{D}{70GA}\sqrt{\dfrac{\rho A}{D}}\omega_{\mathrm{E}}}{1+\dfrac{D}{\dfrac{14}{17}GA}\sqrt{\dfrac{\rho A}{D}}\omega_{\mathrm{E}}}\omega_{\mathrm{E}}^2 \tag{2.2.29}$$

$$P_{\mathrm{i}}^{\mathrm{F}}=\frac{P_{\mathrm{i}}^{\mathrm{E}}}{1+\dfrac{P_{\mathrm{i}}^{\mathrm{E}}}{k_{\mathrm{s}}GA}} \tag{2.2.30}$$

$$\omega_{\mathrm{iF}}^2=\frac{\omega_{\mathrm{E}}^2}{1+\dfrac{D}{k_{\mathrm{s}}GA}\lambda_{\mathrm{E}}} \tag{2.2.31}$$

式中，$P_{\mathrm{i}}^{\mathrm{R}}$ 和 $P_{\mathrm{i}}^{\mathrm{F}}$ 分别表示三阶梁理论下和一阶梁理论下各向同性梁的临界载荷；ω_{iR} 和 ω_{iF} 分别表示三阶梁理论下和一阶梁理论下各向同性梁的固有频率。

通过以上分析（包括 2.1 节），获得了不同梁理论下功能梯度梁的挠度解、临界屈曲载荷解、固有频率解与各向同性梁经典梁理论下相应解之间的解析关系。在简支边界条件下，比较式 (2.1.39)、式 (2.1.40) 和式 (2.1.41)，不同梁理论下功能梯度梁的挠度解可通过式 (2.2.32) 联系：

$$\begin{aligned}w_{\mathrm{f}}^{\mathrm{E}}(x)=w^{\mathrm{F}}(x)-\frac{qx}{2k_{\mathrm{s}}A_{xz}}(l-x)=w(x)-\frac{\bar{\Omega}_{x1}C_0}{\lambda^4\bar{A}_{xz}\Omega_{x1}}q\\ \times\left[\frac{\mathrm{e}^{-\lambda l}-1}{\mathrm{e}^{-\lambda l}-\mathrm{e}^{\lambda l}}\mathrm{e}^{\lambda x}-\frac{\mathrm{e}^{\lambda l}-1}{\mathrm{e}^{-\lambda l}-\mathrm{e}^{\lambda l}}\mathrm{e}^{-\lambda x}+\frac{1}{2}\lambda^2x(l-x)-1\right]\end{aligned} \tag{2.2.32}$$

同理，比较式 (2.2.18)、式 (2.2.23) 和式 (2.2.26) 以及式 (2.2.21)、式 (2.2.25) 和式 (2.2.27)，不同梁理论下功能梯度梁的临界屈曲载荷解、固有频率解分别可以通过式 (2.2.33) 和式 (2.2.34) 联系：

$$P_{\mathrm{f}}^{\mathrm{E}}=P_{\mathrm{f}}^{\mathrm{F}}+\frac{\Omega_{x1}^2\lambda_{\mathrm{E}}^2}{k_{\mathrm{s}}A_{xz}+\Omega_{x1}\lambda_{\mathrm{E}}}=P_{\mathrm{f}}^{\mathrm{R}}+\frac{\bar{\Omega}_{x1}^2\lambda_{\mathrm{E}}^2}{\tilde{A}_{xz}+\tilde{\Omega}_{x1}\lambda_{\mathrm{E}}} \tag{2.2.33}$$

$$\omega_{f\mathrm{E}}^2=\omega_{f\mathrm{F}}^2+\frac{\Omega_{x1}^2\lambda_{\mathrm{E}}^3}{(k_{\mathrm{s}}A_{xz}+\Omega_{x1}\lambda_{\mathrm{E}})I_0}=\omega_{f\mathrm{R}}^2+\frac{\bar{\Omega}_{x1}^2\lambda_{\mathrm{E}}^3}{\left(\tilde{A}_{xz}+\tilde{\Omega}_{x1}\lambda_{\mathrm{E}}\right)I_0} \tag{2.2.34}$$

式 (2.2.32)～ 式 (2.2.34) 给出了不同梁理论下梁的挠度、临界屈曲载荷及固有频率的差别，定量表达了横向剪切变形对梁弯曲、屈曲与振动的影响。可见，经典梁理论总是高估梁的特征值，而低估梁的挠度。

图 2.2.1 给出了简支功能梯度梁的临界载荷随梯度指数 n 的变化；图 2.2.2 给出了固有频率随梯度指数的变化。从图 2.2.2 可以知道，对于给定剪切修正系数 5/6，梁固有频率的三阶梁理论解和一阶梁理论解几乎相同。

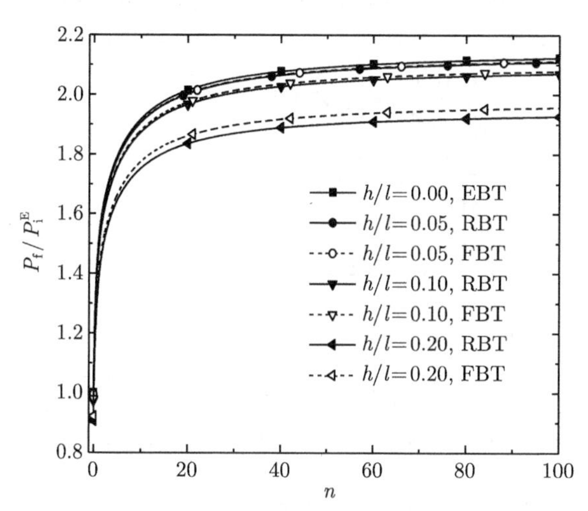

图 2.2.1　梯度指数对临界载荷的影响曲线 [521]

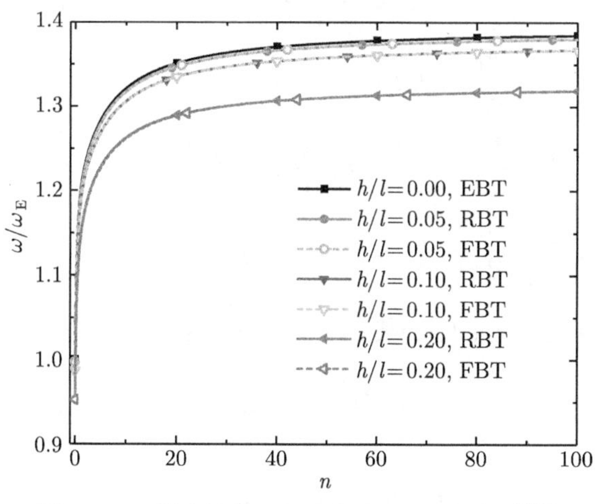

图 2.2.2　梯度指数对固有频率的影响曲线 [521]

2.3　惯性对功能梯度梁固有频率的影响

2.2 节研究了功能梯度材料梁的横向振动问题，仅讨论了横向惯性及横向剪切变形对功能梯度材料梁振动的影响。本节将讨论其他惯性（包括转动惯性、面内惯性和耦合惯性等）对功能梯度材料梁振动的影响。本节讨论仅限于一阶梁理论，其他理论暂不涉及。

令式 (2.1.2)、式 (2.1.3)、式 (2.1.6)、式 (2.1.11) 中的 $\beta=0$，即可得到一阶梁理论下梁的位移场、应变分量、内力位移关系以及运动方程。对谐振动而言，梁的准静态运动方程为

$$\frac{\mathrm{d}N_x}{\mathrm{d}x}+I_0\omega^2u+I_1\omega^2\phi=0 \tag{2.3.1a}$$

$$\frac{\mathrm{d}M_x}{\mathrm{d}x}-Q_x+I_1\omega^2u+I_2\omega^2\phi=0 \tag{2.3.1b}$$

$$\frac{\mathrm{d}Q_x}{\mathrm{d}x}+I_0\omega^2w=0 \tag{2.3.1c}$$

由式 (2.3.1c) 可得

$$k_{\mathrm{s}}A_{xz}\frac{\mathrm{d}\phi}{\mathrm{d}x}=-I_0\omega^2w-k_{\mathrm{s}}A_{xz}\frac{\mathrm{d}^2w}{\mathrm{d}x^2} \tag{2.3.2}$$

先把式 (2.3.2) 代入式 (2.3.1a)，再把式 (2.3.2) 代入式 (2.3.1b)，得到

$$\begin{aligned}&-k_{\mathrm{s}}A_{xz}B_x\frac{\mathrm{d}^4w}{\mathrm{d}x^4}+k_{\mathrm{s}}A_{xz}A_x\frac{\mathrm{d}^3u}{\mathrm{d}x^3}-\left(k_{\mathrm{s}}A_{xz}I_1+B_xI_0\right)\omega^2\frac{\mathrm{d}^2w}{\mathrm{d}x^2}\\&+k_{\mathrm{s}}A_{xz}I_0\omega^2\frac{\mathrm{d}u}{\mathrm{d}x}-I_0I_1\omega^4w=0\end{aligned} \tag{2.3.3}$$

$$\begin{aligned}&-k_{\mathrm{s}}A_{xz}D_x\frac{\mathrm{d}^4w}{\mathrm{d}x^4}+k_{\mathrm{s}}A_{xz}B_x\frac{\mathrm{d}^3u}{\mathrm{d}x^3}-\left(k_{\mathrm{s}}A_{xz}I_2+D_xI_0\right)\omega^2\frac{\mathrm{d}^2w}{\mathrm{d}x^2}\\&+k_{\mathrm{s}}A_{xz}I_2\omega^2\frac{\mathrm{d}u}{\mathrm{d}x}-\left(I_2\omega^2-k_{\mathrm{s}}A_{xz}\right)I_0\omega^2w=0\end{aligned} \tag{2.3.4}$$

将式 (2.3.3) 和式 (2.3.4) 写成如下矩阵形式：

$$[K]\{Y\}=0 \tag{2.3.5}$$

式中，$\{Y\}=\left\{w\quad\dfrac{\mathrm{d}u}{\mathrm{d}x}\right\}^{\mathrm{T}}$；$[K]$ 是一个二阶算子矩阵，各元素含义如下：

$$K_{11}\left(\frac{\mathrm{d}^2}{\mathrm{d}x^2}\right)=-k_{\mathrm{s}}A_{xz}B_x\frac{\mathrm{d}^4}{\mathrm{d}x^4}-\left(k_{\mathrm{s}}A_{xz}I_1+B_xI_0\right)\omega^2\frac{\mathrm{d}^2}{\mathrm{d}x^2}-I_0I_1\omega^4 \tag{2.3.6a}$$

$$K_{12}\left(\frac{\mathrm{d}^2}{\mathrm{d}x^2}\right)=k_{\mathrm{s}}A_{xz}A_x\frac{\mathrm{d}^2}{\mathrm{d}x^2}+k_{\mathrm{s}}A_{xz}I_0\omega^2 \tag{2.3.6b}$$

$$K_{21}\left(\frac{\mathrm{d}^2}{\mathrm{d}x^2}\right)=-k_{\mathrm{s}}A_{xz}D_x\frac{\mathrm{d}^4}{\mathrm{d}x^4}-\left(k_{\mathrm{s}}A_{xz}I_2+D_xI_0\right)\omega^2\frac{\mathrm{d}^2}{\mathrm{d}x^2}+\left(k_{\mathrm{s}}A_{xz}-I_2\omega^2\right)I_0\omega^2 \tag{2.3.6c}$$

$$K_{22}\left(\frac{\mathrm{d}^2}{\mathrm{d}x^2}\right)=k_{\mathrm{s}}A_{xz}B_x\frac{\mathrm{d}^2}{\mathrm{d}x^2}+k_{\mathrm{s}}A_{xz}I_1\omega^2 \tag{2.3.6d}$$

消去式 (2.3.5) 中的 $\dfrac{\mathrm{d}u}{\mathrm{d}x}$ 可得

$$\det\left[K\left(\frac{\mathrm{d}^2}{\mathrm{d}x^2}\right)\right]w=k_{\mathrm{s}}A_{xz}A_x\Omega_{x1}\left(\frac{\mathrm{d}^2}{\mathrm{d}x^2}+\lambda_1\right)\left(\frac{\mathrm{d}^2}{\mathrm{d}x^2}+\lambda_2\right)\left(\frac{\mathrm{d}^2}{\mathrm{d}x^2}+\lambda_3\right)w=0 \tag{2.3.7}$$

式中，$\lambda_i\,(i=1,2,3)$ 是以下三次方程的三个根：

$$\det\left[K\left(-\lambda\right)\right]=K_{11}(-\lambda)K_{22}(-\lambda)-K_{12}(-\lambda)K_{21}(-\lambda)=0 \tag{2.3.8}$$

式 (2.3.8) 就是问题的特征方程。结合具体问题的边界条件，可从中求得一阶剪切变形梁理论下功能梯度梁振动问题的特征值和特征向量。

对于两端简支功能梯度梁，经过与 2.2 节相应部分类似的推导，可得关于固有频率的代数方程：

$$\det\left[K\left(-\lambda_{\mathrm{E}}\right)\right]=A\omega^6+B\omega^4+C\omega^2+D=0 \tag{2.3.9}$$

这里，

$$A=\left(I_0I_2-I_1^2\right)I_0 \tag{2.3.10a}$$

$$B=-k_{\mathrm{s}}A_{xz}\left(I_0I_2-I_1^2\right)\lambda_{\mathrm{E}}-\left(A_xI_2-2B_xI_1+D_xI_0\right)I_0\lambda_{\mathrm{E}}-k_{\mathrm{s}}A_{xz}I_0^2 \tag{2.3.10b}$$

$$C=k_{\mathrm{s}}A_{xz}\left(A_xI_2-2B_xI_1+D_xI_0\right)\lambda_{\mathrm{E}}^2+A_x\Omega_{x1}I_0\lambda_{\mathrm{E}}^2+k_{\mathrm{s}}A_{xz}A_xI_0\lambda_{\mathrm{E}} \tag{2.3.10c}$$

$$D=-k_{\mathrm{s}}A_{xz}A_x\Omega_{x1}\lambda_{\mathrm{E}}^3 \tag{2.3.10d}$$

求解式 (2.3.9)，可以得到功能梯度梁振动问题的固有频率解，这些解包含各种惯性的影响，与功能梯度梁横向振动频率解（式 (2.2.25)，$p=0$）所得结果的比较见图 2.3.1。图中虚线表示式 (2.3.9) 的计算结果，实线表示式 (2.2.25) 的计算结果。可以看出，惯性降低了功能梯度梁的固有频率，并且这种影响会随着功能梯度梁高长比 h/l 的增大而增强。

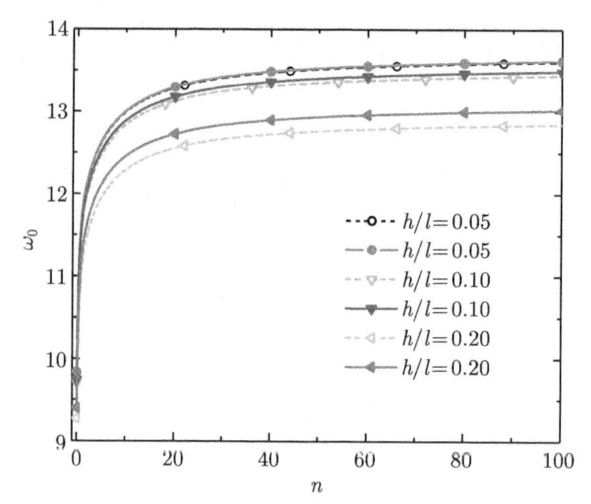

图 2.3.1　转动惯性对梁固有频率的影响 [521]

虚线表示式 (2.3.9) 的计算结果；实线表示式 (2.2.25) 的计算结果

2.4　本 章 小 结

本章前两节介绍了不同梁理论下功能梯度梁的弯曲、屈曲和横向弯曲振动问题。利用不同梁理论下梁特征值问题在数学上的相似性，将特征值问题的求解转化为一个简单的代数方程问题的求解，推导出了功能梯度梁分别在三阶梁理论、一阶梁理论以及经典梁理论下的解与各向同性梁经典梁理论解之间的解析关系。如果已知各向同性梁经典梁理论的解，便可以根据这些解析关系获得功能梯度梁在各阶梁理论下的相应解。此外，这些解析关系可以用来检验功能梯度梁数值解的有效性、收敛性等。

不同梁理论下功能梯度梁特征值的解析关系，定量反映了横向剪切变形的影响。从中可以看出，经典梁理论下梁的特征值总是高于剪切梁。

从理论分析和几个算例可以看出，一阶梁理论解和三阶梁理论解非常接近。因此，分析梁的特征值问题时，无需高阶梁理论，在一阶梁理论下就可以得到足够精确的结果。这样相对简单，计算量又小。

本章 2.3 节讨论了一阶梁理论下惯性对功能梯度梁固有频率的影响。包含惯性影响的功能梯度梁振动控制方程要比其横向振动控制方程复杂，得出的关于梁固有频率的代数方程由两次提升到了六次，因此无法获得关于固有频率的显式表达式。研究结果显示，惯性会使功能梯度梁的固有频率降低，而且这种影响随着功能梯度梁高长比 h/l 的增大而增强。另外，惯性对梁的高阶振动频率的影响更显著。

第 3 章　功能梯度梁的非线性热力弯曲与过屈曲

由于梁问题的特殊性，通过解析方法获得其非线性问题闭合形式解是可能的。闭合形式解可以显式地描述梁的非线性平衡路径，使人能够更好地理解梁的非线性变形现象。

本章解析研究功能梯度梁的非线性静动态力学行为，包括弯曲、屈曲、过屈曲以及过屈曲构型附近的小幅振动等。通过得到的闭合形式解析解，讨论材料性质、外部因素以及其他条件对功能梯度梁非线性静动态响应的影响。本章在本书作者工作 [555−563] 基础上进行系统论述。

3.1　基 本 方 程

考虑一个高度为 h、宽度为 b、长度为 l 的矩形截面功能梯度材料梁，如图 3.1.1 所示。xOy 面置于梁的几何中面上，原点位于轴线的左端；x 轴重合于轴线，z 轴和 y 轴分别沿梁的高度方向和宽度方向。功能梯度材料性质 P 沿梁的高度方向按式 (2.1.1) 所示函数规律变化。

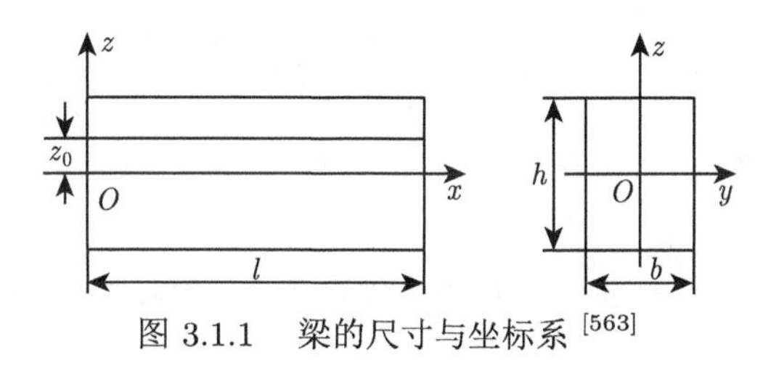

图 3.1.1　梁的尺寸与坐标系 [563]

当坐标轴位于梁或板的物理中面上时，本构关系中就不会出现拉–弯耦合效应项 [43,239]，因此功能梯度梁或板的控制方程和边界条件可以得到简化。取功能梯度梁的物理中面为 $z=z_0$：

$$z_0=\frac{\displaystyle\int_{-h/2}^{h/2} zE(z)\mathrm{d}z}{\displaystyle\int_{-h/2}^{h/2} E(z)\mathrm{d}z} \tag{3.1.1}$$

显然，对于均匀各向同性梁，其物理中面和几何中面是重合的。

利用物理中面的概念，一阶梁理论的位移场具有如下形式：

$$U_x(x,z,t)=u(x,t)+(z-z_0)\,\phi(x,t) \tag{3.1.2a}$$

$$U_z(x,z,t)=w(x,t) \tag{3.1.2b}$$

式中，$u(x,t)$ 和 $w(x,t)$ 分别表示梁物理中面上任意一点的轴向位移和横向位移；$\phi(x,t)$ 表示变形前梁物理中面的法线在变形过程中的转动角度。很明显，当 $\phi(x,t)=-\dfrac{\partial w}{\partial x}$ 时，式 (3.1.2) 便成为经典梁理论的位移场。

基于位移场（式 (3.1.2)）的非线性几何方程为

$$\varepsilon_x=\varepsilon_x^0+(z-z_0)\,\varepsilon_x^1=\left[\frac{\partial u}{\partial x}+\frac{1}{2}\left(\frac{\partial w}{\partial x}\right)^2\right]+(z-z_0)\,\frac{\partial \phi}{\partial x} \tag{3.1.3a}$$

$$\gamma_{xz}=\gamma_{xz}^0=\phi+\frac{\partial w}{\partial x} \tag{3.1.3b}$$

式中，ε_x^0、ε_x^1 分别是梁物理中面的面内应变和出面应变；γ_{xz}^0 是切应变。

功能梯度梁的物理关系为

$$\sigma_x=E(z)\left[\varepsilon_x-\alpha(z)T\right] \tag{3.1.4a}$$

$$\tau_{xz}=\frac{E(z)}{2(1+\nu)}\gamma_{xz} \tag{3.1.4b}$$

梁的各内力定义为

$$(N_x,M_x)=\int_A\sigma_x\left\{1,(z-z_0)\right\}\mathrm{d}A,\quad Q_x=\int_A\tau_{xz}\mathrm{d}A$$

式中，积分区域 A 为梁的横截面面积。将式 (3.1.3) 和式 (3.1.4) 分别代入各内力定义，经积分运算可得基于物理中面时功能梯度梁的本构方程为

$$N_x=A_x\varepsilon_x^0-N^T=A_x\left[\frac{\partial u}{\partial x}+\frac{1}{2}\left(\frac{\partial w}{\partial x}\right)^2\right]-N^T \tag{3.1.5a}$$

$$M_x=D_x\varepsilon_x^1-M^T=D_x\frac{\partial \phi}{\partial x}-M^T \tag{3.1.5b}$$

$$Q_x=A_{xz}\gamma_{xz}^0=A_{xz}\left(\phi+\frac{\partial w}{\partial x}\right) \tag{3.1.5c}$$

式中，$A_x = \int_A E(z)\mathrm{d}A$；$D_x = \int_A (z - z_0)^2 E(z)\mathrm{d}A$；$A_{xz} = k_\mathrm{s}\int_A \dfrac{E(z)}{2(1+\nu)}\mathrm{d}A$，$k_\mathrm{s}$ 为剪切修正系数；$\left(N^T, M^T\right) = \int_A E\alpha T\{1, (z - z_0)\}\mathrm{d}A$，$T$ 为梁的温升。很显然，面内量与出面量并不耦合。

根据哈密顿原理

$$\int_0^t \delta(E_\mathrm{k} - U - V)\mathrm{d}t = 0 \tag{3.1.6}$$

可推导出功能梯度梁的运动方程。式 (3.1.6) 中动能为

$$\begin{aligned} E_\mathrm{k} &= \frac{1}{2}\int_V \rho(z)\left[\left(\frac{\partial U_x}{\partial t}\right)^2 + \left(\frac{\partial U_z}{\partial t}\right)^2\right]\mathrm{d}V \\ &= \frac{1}{2}\int_l \left\{I_0\left[\left(\frac{\partial u}{\partial t}\right)^2 + \left(\frac{\partial w}{\partial t}\right)^2\right] + 2I_1\frac{\partial u}{\partial t}\frac{\partial \phi}{\partial t} + I_2\left(\frac{\partial \phi}{\partial t}\right)^2\right\}\mathrm{d}x \end{aligned}$$

应变能为

$$U = \frac{1}{2}\int_V (\sigma_x\varepsilon_x + \tau_{xz}\gamma_{xz} - \sigma_x\alpha T)\mathrm{d}V$$

外力势能为

$$V = -W = -\int_l qw\mathrm{d}x + p(-u_1 + u_2)$$

式中，$(I_0, I_1, I_2) = \int_A \rho(z)\{1, z - z_0, (z - z_0)^2\}\mathrm{d}A$；$q$ 为垂直于梁轴线的分布载荷；p 为端边界压力。经运算，可推导出如下一阶梁理论下梁的非线性运动方程：

$$\frac{\partial N_x}{\partial x} - \left(I_0\frac{\partial^2 u}{\partial t^2} + I_1\frac{\partial^2 \phi}{\partial t^2}\right) = 0 \tag{3.1.7a}$$

$$Q_x - \frac{\partial M_x}{\partial x} + I_1\frac{\partial^2 u}{\partial t^2} + I_2\frac{\partial^2 \phi}{\partial t^2} = 0 \tag{3.1.7b}$$

$$\frac{\partial Q_x}{\partial x} + \frac{\partial}{\partial x}\left(N_x\frac{\partial w}{\partial x}\right) + q - I_0\frac{\partial^2 w}{\partial t^2} = 0 \tag{3.1.7c}$$

对静态问题而言，方程 (3.1.7) 退化为

$$\frac{\mathrm{d}N_x}{\mathrm{d}x} = 0 \tag{3.1.8a}$$

$$\frac{\mathrm{d}Q_x}{\mathrm{d}x}+\frac{\mathrm{d}}{\mathrm{d}x}\left(N_x\frac{\mathrm{d}w}{\mathrm{d}x}\right)+q=0 \tag{3.1.8b}$$

$$Q_x-\frac{\mathrm{d}M_x}{\mathrm{d}x}=0 \tag{3.1.8c}$$

梁的横向边界条件为

$$w=0,\quad \phi=0 \quad (\text{夹紧端}) \tag{3.1.9a}$$

$$w=0,\quad M_x=0 \quad (\text{简支端}) \tag{3.1.9b}$$

经类似运算，可推导出经典梁理论下梁的运动方程：

$$\frac{\partial N_x}{\partial x}-\left(I_0\frac{\partial^2 u}{\partial t^2}-I_1\frac{\partial^3 w}{\partial x\partial t^2}\right)=0 \tag{3.1.10a}$$

$$\frac{\partial^2 M_x}{\partial x^2}+\frac{\partial}{\partial x}\left(N_x\frac{\partial w}{\partial x}\right)+\left(-I_1\frac{\partial^3 u}{\partial x\partial t^2}+I_2\frac{\partial^4 w}{\partial x^2\partial t^2}\right)-I_0\frac{\partial^2 w}{\partial t^2}+q=0 \tag{3.1.10b}$$

梁的静态平衡方程：

$$\frac{\mathrm{d}N_x}{\mathrm{d}x}=0 \tag{3.1.11a}$$

$$\frac{\mathrm{d}^2 M_x}{\mathrm{d}x^2}+\frac{\mathrm{d}}{\mathrm{d}x}\left(N_x\frac{\mathrm{d}w}{\mathrm{d}x}\right)+q=0 \tag{3.1.11b}$$

横向边界条件：

$$w=0,\quad \frac{\mathrm{d}w}{\mathrm{d}x}=0 \quad (\text{夹紧端}) \tag{3.1.12a}$$

$$w=0,\quad M_x=0 \quad (\text{简支端}) \tag{3.1.12b}$$

其中，经典梁理论下梁的本构方程为

$$N_x=A_x\left[\frac{\partial u}{\partial x}+\frac{1}{2}\left(\frac{\partial w}{\partial x}\right)^2\right]-N^T \tag{3.1.13a}$$

$$M_x=-D_x\frac{\partial^2 w}{\partial x^2}-M^T \tag{3.1.13b}$$

3.2 轴向压力和横向载荷作用下功能梯度梁的非线性弯曲

随着科学技术的发展，工程领域有很多场合需要精确计算大挠度梁的非线性静态响应。对于梁的大挠度问题而言，由于其控制方程中几何非线性项的复杂性，难以得到非线性方程的精确解。到目前为止，关于梁非线性问题精确解的文献极少。

本节基于 3.1 节的基本方程，讨论轴向压力和横向载荷作用下功能梯度梁的非线性弯曲问题。该问题的三个方程可以化为一个关于横向变形的非线性四阶微分–积分方程，不用进行任何数学近似，直接求解该非线性方程，即可求得功能梯度梁弯曲变形解。该解描述了梁变形的非线性平衡路径，可使人们深入理解功能梯度梁的变形行为。研究结果表明，当轴向压力和纵横向载荷共同作用时，功能梯度梁存在无穷多个可能的解支（载荷–挠度曲线）。

对力作用下的静态问题而言，略去式 (3.1.5) 中的温度项，并将其代入式 (3.1.8)，可得位移形式梁的平衡方程如下：

$$\frac{\mathrm{d}}{\mathrm{d}x}\left\{A_x\left[\frac{\mathrm{d}u}{\mathrm{d}x}+\frac{1}{2}\left(\frac{\mathrm{d}w}{\mathrm{d}x}\right)^2\right]\right\}=0 \tag{3.2.1}$$

$$D_x\frac{\mathrm{d}^2\phi}{\mathrm{d}x^2}-A_{xz}\left(\phi+\frac{\mathrm{d}w}{\mathrm{d}x}\right)=0 \tag{3.2.2}$$

$$A_{xz}\left(\frac{\mathrm{d}\phi}{\mathrm{d}x}+\frac{\mathrm{d}^2w}{\mathrm{d}x^2}\right)+A_x\left[\frac{\mathrm{d}u}{\mathrm{d}x}+\frac{1}{2}\left(\frac{\mathrm{d}w}{\mathrm{d}x}\right)^2\right]\frac{\mathrm{d}^2w}{\mathrm{d}x^2}+q=0 \tag{3.2.3}$$

令 $\varphi=\phi+\dfrac{\mathrm{d}w}{\mathrm{d}x}$，方程 (3.2.2) 和方程 (3.2.3) 分别可写为

$$\frac{\mathrm{d}^2\varphi}{\mathrm{d}x^2}-\frac{\mathrm{d}^3w}{\mathrm{d}x^3}-\frac{A_{xz}}{D_x}\varphi=0 \tag{3.2.4}$$

$$A_{xz}\frac{\mathrm{d}\varphi}{\mathrm{d}x}+A_x\left\{\frac{\mathrm{d}u}{\mathrm{d}x}+\frac{1}{2}\left(\frac{\mathrm{d}w}{\mathrm{d}x}\right)^2\right\}\frac{\mathrm{d}^2w}{\mathrm{d}x^2}+q=0 \tag{3.2.5}$$

从式 (3.2.4) 可得

$$D_x\frac{\mathrm{d}^3\varphi}{\mathrm{d}x^3}-D_x\frac{\mathrm{d}^4w}{\mathrm{d}x^4}=A_{xz}\frac{\mathrm{d}\varphi}{\mathrm{d}x} \tag{3.2.6}$$

将式 (3.2.6) 代入式 (3.2.5) 可得

$$D_x\frac{\mathrm{d}^4w}{\mathrm{d}x^4}-D_x\frac{\mathrm{d}^3\varphi}{\mathrm{d}x^3}-A_x\left\{\frac{\mathrm{d}u}{\mathrm{d}x}+\frac{1}{2}\left(\frac{\mathrm{d}w}{\mathrm{d}x}\right)^2\right\}\frac{\mathrm{d}^2w}{\mathrm{d}x^2}-q=0 \tag{3.2.7}$$

将式 (3.2.5) 升阶两次可得

$$A_{xz}\frac{\mathrm{d}^3\varphi}{\mathrm{d}x^3}=-A_x\left\{\frac{\mathrm{d}u}{\mathrm{d}x}+\frac{1}{2}\left(\frac{\mathrm{d}w}{\mathrm{d}x}\right)^2\right\}\frac{\mathrm{d}^4w}{\mathrm{d}x^4} \tag{3.2.8}$$

将式 (3.2.8) 代入式 (3.2.7) 可得

$$D_x\left\{1+\frac{A_x}{A_{xz}}\left[\frac{\mathrm{d}u}{\mathrm{d}x}+\frac{1}{2}\left(\frac{\mathrm{d}w}{\mathrm{d}x}\right)^2\right]\right\}\frac{\mathrm{d}^4w}{\mathrm{d}x^4}-A_x\left\{\frac{\mathrm{d}u}{\mathrm{d}x}+\frac{1}{2}\left(\frac{\mathrm{d}w}{\mathrm{d}x}\right)^2\right\}\frac{\mathrm{d}^2w}{\mathrm{d}x^2}-q=0 \tag{3.2.9}$$

积分式 (3.2.1) 可得

$$A_x\left[\frac{\mathrm{d}u}{\mathrm{d}x}+\frac{1}{2}\left(\frac{\mathrm{d}w}{\mathrm{d}x}\right)^2\right]=C_1 \tag{3.2.10}$$

将式 (3.2.10) 改写为

$$\frac{\mathrm{d}u}{\mathrm{d}x}=-\frac{1}{2}\left(\frac{\mathrm{d}w}{\mathrm{d}x}\right)^2+\frac{C_1}{A_x} \tag{3.2.11}$$

积分式 (3.2.11) 可得

$$u=-\frac{1}{2}\int_0^x\left(\frac{\mathrm{d}w}{\mathrm{d}\eta}\right)^2\mathrm{d}\eta+\frac{C_1}{A_x}x+C_2 \tag{3.2.12}$$

利用轴向位移边界条件：

$$u=0,\ \text{在}\ x=0\ \text{处};\ u=-\frac{pl}{A_x},\ \text{在}\ x=l\ \text{处}$$

由方程 (3.2.12) 可得

$$C_1=\frac{A_x}{2l}\int_0^l\left(\frac{\mathrm{d}w}{\mathrm{d}x}\right)^2\mathrm{d}x-p \tag{3.2.13}$$

$$C_2=0 \tag{3.2.14}$$

将式 (3.2.13) 和式 (3.2.10) 代入式 (3.2.9) 有

$$D_x\left\{1-\frac{1}{A_{xz}}\left[p-\frac{A_x}{2l}\int_0^l\left(\frac{\mathrm{d}w}{\mathrm{d}x}\right)^2\mathrm{d}x\right]\right\}\frac{\mathrm{d}^4w}{\mathrm{d}x^4}+\left[p-\frac{A_x}{2l}\int_0^l\left(\frac{\mathrm{d}w}{\mathrm{d}x}\right)^2\mathrm{d}x\right]\frac{\mathrm{d}^2w}{\mathrm{d}x^2}-q=0 \tag{3.2.15}$$

式 (3.2.15) 是梁的横向挠度的四阶微分–积分方程，计及了轴向变形的影响。由式 (3.2.3) 和式 (3.2.10) 得

$$A_{xz}\frac{\mathrm{d}\phi}{\mathrm{d}x}+(A_{xz}+C_1)\frac{\mathrm{d}^2w}{\mathrm{d}x^2}+q=0 \tag{3.2.16}$$

对于两端简支功能梯度梁，$M_x=D_x\left.\dfrac{\mathrm{d}\phi}{\mathrm{d}x}\right|_{x=0,l}=0$，因此，

$$\left.\frac{\mathrm{d}^2w}{\mathrm{d}x^2}\right|_{x=0,l}=-\frac{q}{A_{xz}+C_1} \tag{3.2.17}$$

积分式 (3.2.16) 可得

$$A_{xz}\phi+(A_{xz}+C_1)\frac{\mathrm{d}w}{\mathrm{d}x}+qx+C_3=0 \tag{3.2.18}$$

对于两端夹紧功能梯度梁而言，对称变形模态时，$\phi\left(\dfrac{1}{2}l\right)=0,\quad w'\left(\dfrac{1}{2}l\right)=0$，式 (3.2.18) 变为

$$A_{xz}\phi+(A_{xz}+C_1)\frac{\mathrm{d}w}{\mathrm{d}x}+q\left(x-\frac{l}{2}\right)=0 \tag{3.2.19}$$

于是，对于两端夹紧功能梯度梁，有

$$\left.\frac{\mathrm{d}w}{\mathrm{d}x}\right|_{x=0}=\frac{ql}{2(A_{xz}+C_1)} \tag{3.2.20a}$$

$$\left.\frac{\mathrm{d}w}{\mathrm{d}x}\right|_{x=l}=-\frac{ql}{2(A_{xz}+C_1)} \tag{3.2.20b}$$

不失一般性，定义无量纲量：

$$\xi=\frac{x}{l},\quad W=\frac{w}{h},\quad F_1=\frac{A_xh^2}{D_x},\quad F_2=\frac{D_x}{A_{xz}l^2},$$

$$P=\frac{pl^2}{D_x},\quad P_0=\frac{pl^2}{D_{\mathrm{m}}},\quad Q=\frac{ql^4}{D_xh},\quad Q_0=\frac{ql^4}{D_{\mathrm{m}}h}$$

式中，$D_{\mathrm{m}}=\dfrac{1}{12}bh^3E_{\mathrm{m}}$，$E_{\mathrm{m}}$ 是金属组分的弹性模量。于是，方程 (3.2.15) 变为

$$\frac{\mathrm{d}^4W}{\mathrm{d}\xi^4}+a^2\frac{\mathrm{d}^2W}{\mathrm{d}\xi^2}=\bar{Q} \tag{3.2.21}$$

式中，$\bar{Q}=Q\left(1+F_2a^2\right)$，

$$a^2=\frac{k^2}{1-F_2k^2} \tag{3.2.22}$$

其中，

$$k^2=P-\frac{F_1}{2}\int_0^1\left(\frac{\mathrm{d}W}{\mathrm{d}\xi}\right)^2\mathrm{d}\xi \tag{3.2.23}$$

将式 (3.2.13) 代入式 (3.2.17) 和式 (3.2.20)，然后将式 (3.2.17) 和式 (3.2.20) 无量纲化，可得

$$\left.\frac{\mathrm{d}^2W}{\mathrm{d}\xi^2}\right|_{\xi=0,1}=-\frac{F_2Q}{1-k^2F_2}=-F_2\left(1+F_2a^2\right)Q \tag{3.2.24}$$

$$\left.\frac{\mathrm{d}W}{\mathrm{d}\xi}\right|_{x=0}=\frac{1}{2}F_2\left(1+F_2a^2\right)Q \tag{3.2.25a}$$

$$\left.\frac{\mathrm{d}W}{\mathrm{d}\xi}\right|_{\xi=1}=-\frac{1}{2}F_2\left(1+F_2a^2\right)Q \tag{3.2.25b}$$

直接求解方程 (3.2.21)，并考虑相应的边界条件式 (3.2.24) 或边界条件式 (3.2.25)，可得梁的非线性变形的闭合形式解。

(1) 两端夹紧功能梯度梁：

$$W(\xi)=Q\frac{\Theta^2}{2a^3}\left\{\sin(a\xi)+\frac{\cos a+1}{\sin a}\left[\cos(a\xi)-1\right]+\frac{a}{\Theta}\xi(\xi-1)\right\} \tag{3.2.26}$$

式中，$\Theta=1+F_2a^2$。

(2) 两端简支功能梯度梁：

$$W(\xi)=Q\frac{\Theta^2}{a^4}\left[\frac{1-\cos a}{\sin a}\sin(a\xi)+\cos(a\xi)+\frac{a^2}{2\Theta}\xi(\xi-1)-1\right] \tag{3.2.27}$$

将式 (3.2.26) 和式 (3.2.27) 分别代入式 (3.2.23)，可得参数 a 与外载荷所满足的关系方程。

(1) 两端夹紧功能梯度梁：

$$a^6\left(a^2-P\Theta\right)(\cos a-1)+F_1\frac{Q^2\Theta^3}{24}\left[\left(24\Theta-a^2\right)(1-\cos a)\right.$$
$$\left.-3\Theta^2a(a-\sin a)-12\Theta a\sin a\right]=0 \tag{3.2.28}$$

式中，$a\neq\pm2n\pi(n=0,1,2,\cdots)$。

(2) 两端简支功能梯度梁：

$$a^7\left(a^2-P\Theta\right)(1+\cos a)+F_1\frac{Q^2\Theta^3}{24}\left[a\left(24\Theta+a^2\right)(1+\cos a)\right.$$
$$\left.+12\Theta^2(a-\sin a)-48\Theta\sin a\right]=0 \tag{3.2.29}$$

式中，$a\neq0,\pm(2n-1)\pi(n=1,2,\cdots)$。

式 (3.2.26)~ 式 (3.2.29) 就是纵横向力载荷作用下，可剪切变形功能梯度梁非线性静态问题的闭合形式解，据此可求得外载荷作用下梁的挠度，当然求解时需要首先求得参数 a。

下面首先用数值结果分析参数 a 随纵横向力载荷的变化规律。对于给定的横向载荷 $Q_0=10$、梁的长高比 $l/h=10$ 以及不同数值的梯度指数 n，根据式 (3.2.28) 和式 (3.2.29)，分别可得参数 a 随无量纲轴向载荷 P_0 的变化规律，如图 3.2.1 和图 3.2.2 所示。本节各图中由 Si_3N_4 和 SUS304 组成的功能梯度材料的性质见表 2.1.1。从图 3.2.1 和图 3.2.2 可见，在参数 a 的任意取值区间（图中第一个取值区间除外），对于一定范围内任意给定的载荷 P_0，参数 a 均有两个不同数值（从图 3.2.5 和图 3.2.6 可知，对应参数 a 的这两个不同数值，存在两个不同的变形模态）。

图 3.2.3 和图 3.2.4 分别描述了不同长高比下横向载荷不变时两端夹紧功能梯度梁和两端简支功能梯度梁的无量纲跨中挠度随轴向载荷的变化。由这两个图可见，梁的载荷–挠度解曲线在 a 的不同取值区间是不同的。然而，在参数 a 的同一取值区间，对于任意给定载荷 P_0，梁具有两个数值大小不同的挠度（这两个挠度分别对应同一取值区间两个数值不同的参数 a，如图 3.2.1 和图 3.2.2 所示），它们将分别对应两个不同的变形模态。另外，梯度指数 n 的大小也对各解支数值有影响。

图 3.2.5 和图 3.2.6 分别给出了同一载荷下不同屈曲模态时功能梯度梁的弯曲构型。可见，在参数 a 的某一取值区间，对于同一个轴向载荷 P_0，分别存在两个不同的变形模态。例如，当 $a\in(3\pi,5\pi)$ 时，轴向载荷 $P_0=300$ 分别对

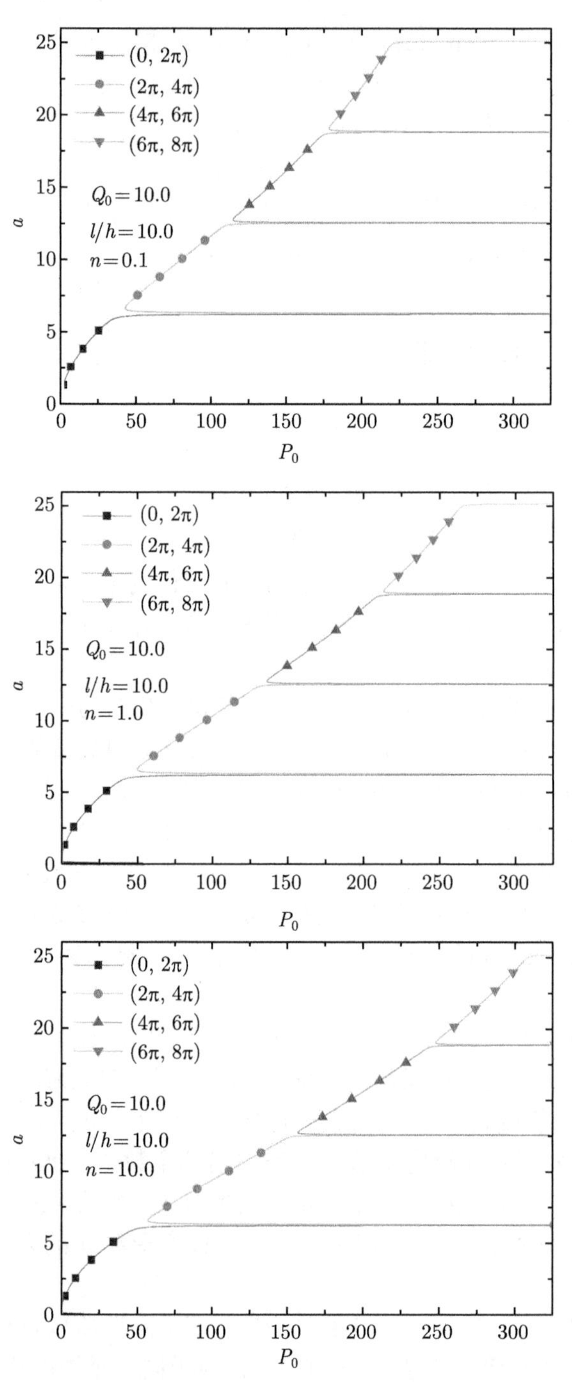

图 3.2.1　两端夹紧功能梯度梁的参数 a 随轴向载荷 P_0 的变化规律 [562]

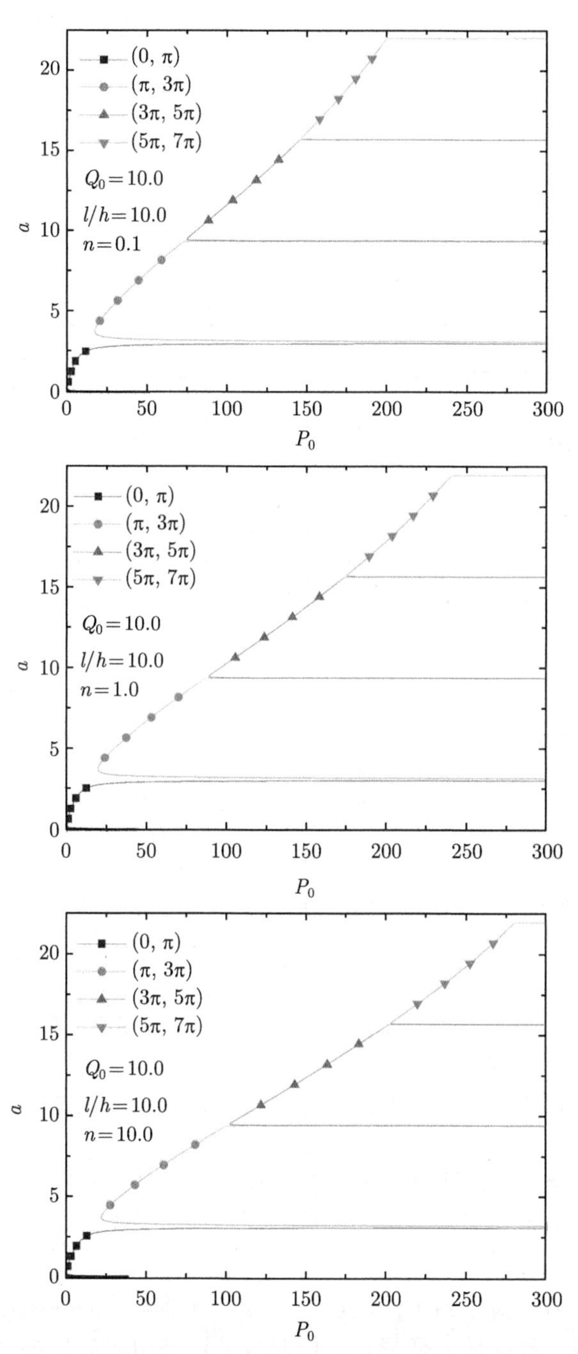

图 3.2.2　两端简支功能梯度梁的参数 a 随轴向载荷 P_0 的变化规律 [562]

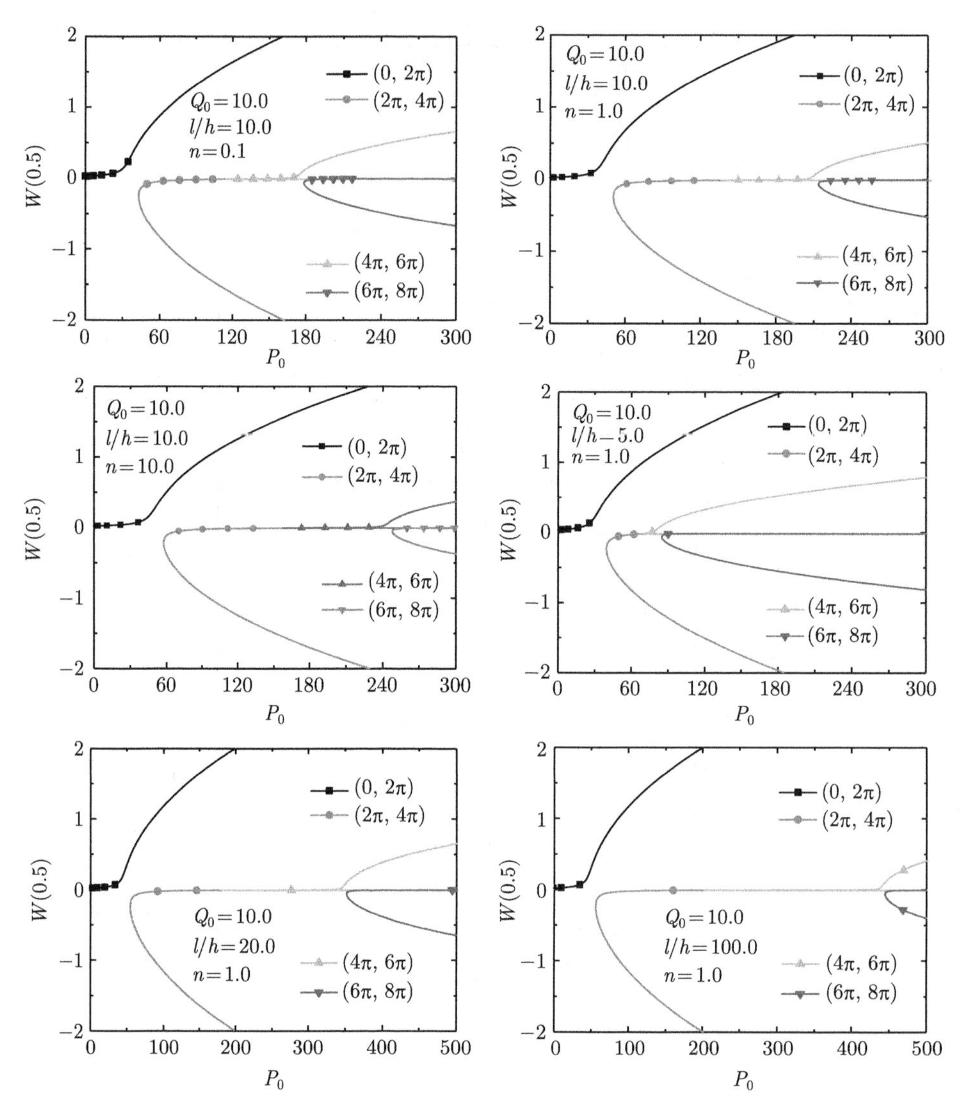

图 3.2.3　横向载荷不变时两端夹紧功能梯度梁的挠度随轴向载荷 P_0 的变化规律 [562]

应简支功能梯度梁的第三阶和第五阶变形模态。另外，除第一阶构型外，简支功能梯度梁的其余构型与夹紧功能梯度梁差别很大。可见，边界条件对梁的力学行为有显著影响。

本节给出了力载荷作用下功能梯度梁非线性静态响应的闭合形式解，并据此讨论了材料参数、横向剪切变形、纵横向载荷以及边界条件等对功能梯度梁非线性力学行为的影响。结果表明：

(1) 当纵向载荷与横向载荷共同作用时，对于参数 a 的不同取值区间，梁的轴向载荷随挠度的变化关系有不同的解支。在理论上，参数 a 的取值区间有无限多个，因此功能梯度梁的轴向载荷–挠度曲线解支也有无限多个。

(2) 当纵向载荷与横向载荷共同作用时，对参数 a 的同一取值区间，梁分别对应两个不同的变形模态。对应于 a 的某一取值区间，同一个轴向载荷有两个不一样的变形构型。

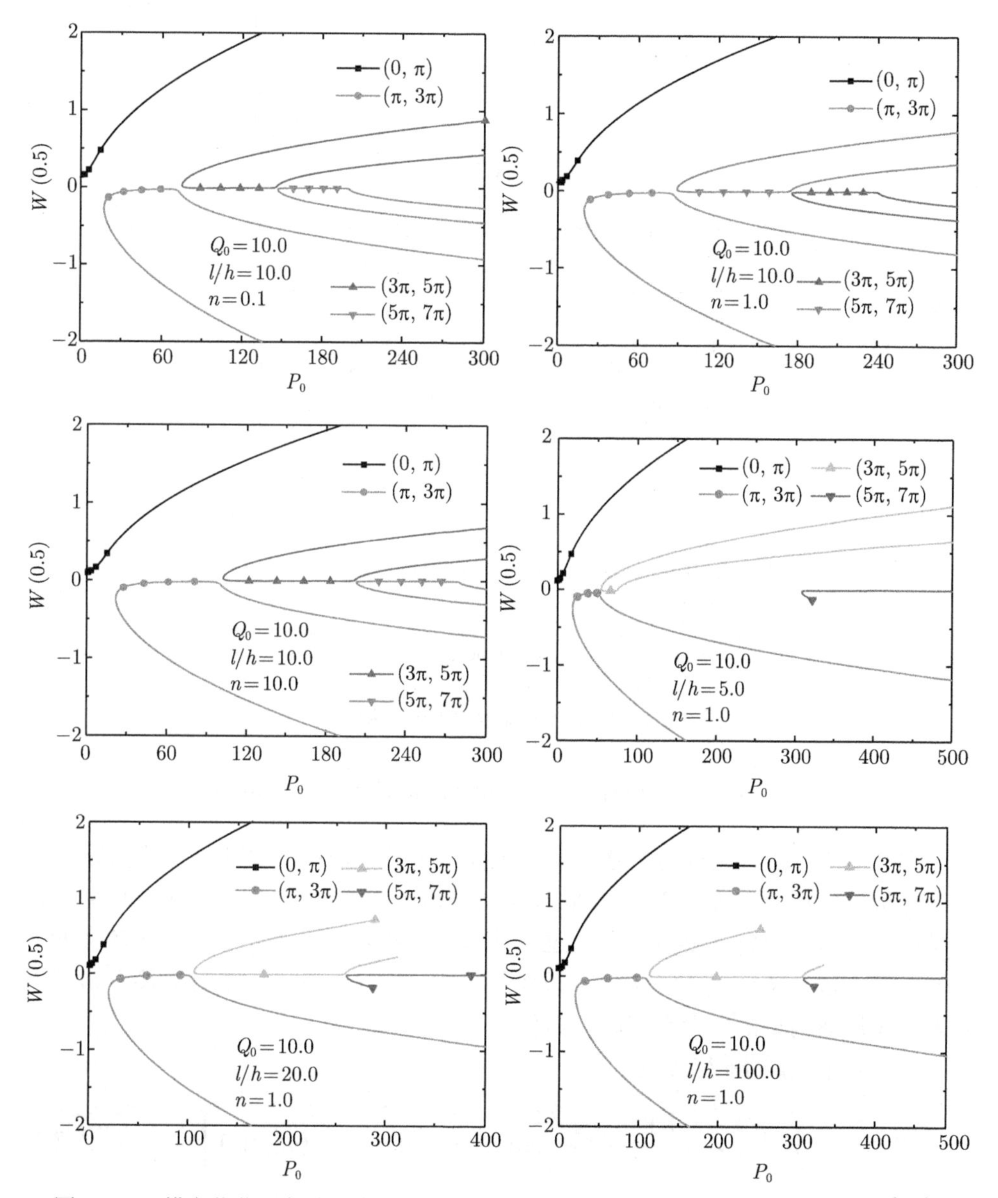

图 3.2.4　横向载荷不变时两端简支功能梯度梁的挠度随轴向载荷 P_0 的变化规律 [562]

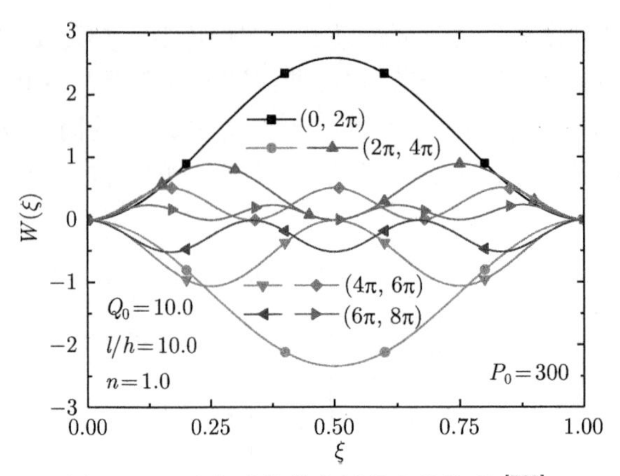

图 3.2.5　夹紧功能梯度梁的弯曲构型 [562]

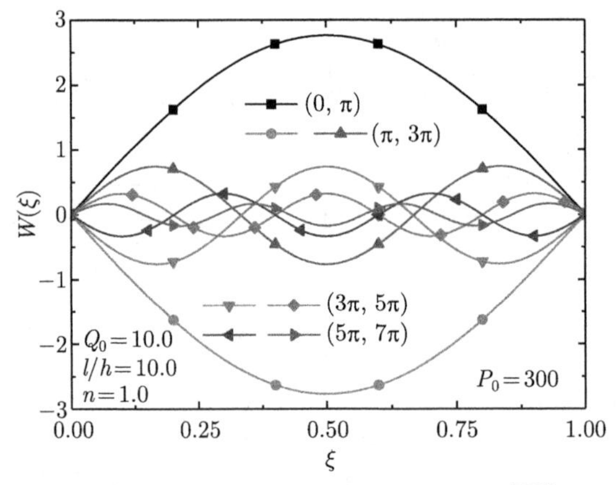

图 3.2.6　简支功能梯度梁的弯曲构型 [562]

3.3　轴向压力下功能梯度梁的过屈曲

本节沿用 3.2 节的分析方法，讨论轴向压力下功能梯度梁的过屈曲问题。

分析时，不能直接令式 (3.2.26)～ 式 (3.2.29) 中的 $Q=0$ 来求轴向压力下功能梯度梁的过屈曲解。要得到梁的过屈曲解，必须重新求解式 (3.2.21) 的齐次方程，并考虑边界条件式 (3.2.24) 或边界条件式 (3.2.25) 的齐次条件。经分析可以得到梁过屈曲构型的闭合形式解，具体如下所述。

(1) 两端夹紧功能梯度梁：

$$W(\xi)=c\left\{\frac{1-\cos a}{a-\sin a}\left[\sin(a\xi)-a\xi\right]-\cos(a\xi)+1\right\} \tag{3.3.1}$$

(2) 两端简支功能梯度梁：

$$W(\xi) = c\sin(a\xi) \tag{3.3.2}$$

式中，c 为过屈曲构型幅值，是一个与轴向载荷有关的常数。上述解中，特征值 a 满足的特征方程如下所述。

(1) 两端夹紧功能梯度梁：

$$2 - 2\cos a - a\sin a = 0 \tag{3.3.3}$$

(2) 两端简支功能梯度梁：

$$\sin a = 0 \tag{3.3.4}$$

分别将式 (3.3.1) 和式 (3.3.2) 代入式 (3.2.23) 和式 (3.2.22)，并利用相应的特征方程 (3.3.3) 和特征方程 (3.3.4)，可得

$$c = \pm\frac{2}{\sqrt{F_1(1+F_2a^2)}}\sqrt{\frac{P}{a^2/(1+F_2a^2)} - 1} \tag{3.3.5}$$

无论是两端夹紧梁还是两端简支梁，其过屈曲构型幅值 c 的表达式都是相同的，即式 (3.3.5)。

从式 (3.3.5) 可见，梁的过屈曲构型幅值 c 与外加的轴向载荷有关。在梁发生屈曲的最初期，其构型无限接近初始的直线状态，此时 $c \to 0$，轴向载荷就是梁的临界屈曲载荷 $P_{0\mathrm{cr}}^{\mathrm{F}}$。因此，令式 (3.3.5) 中 $c = 0$ 可得

$$P_{0\mathrm{cr}}^{\mathrm{F}} = C_n\frac{a_1^2}{1+F_2a_1^2} \tag{3.3.6}$$

式中，a_1 是特征方程 (3.3.3) 或特征方程 (3.3.4) 的最小特征值；C_n 是与材料梯度指数 n 有关的常数。

令式 (3.3.6) 中 $F_2 = 0$，得到横向剪切刚度 $A_{xz} \to \infty$，从而可获得经典梁理论下功能梯度梁的无量纲临界屈曲载荷 $P_{0\mathrm{cr}}^{\mathrm{C}} = C_na_1^2$。更进一步，还可以得到一阶梁理论和经典梁理论下功能梯度梁的无量纲临界屈曲载荷之间的解析关系：

$$P_{0\mathrm{cr}}^{\mathrm{F}} = P_{0\mathrm{cr}}^{\mathrm{C}}\frac{1}{1+F_2a_1^2} \tag{3.3.7}$$

根据式 (3.3.7) 可以很容易地从基于经典梁理论的功能梯度梁的临界屈曲载荷解，获得一阶梁理论下功能梯度梁的临界屈曲载荷解，省去了复杂的数学运算。

当 $n = 0$ 时，功能梯度梁将成为均匀材料梁，从 $P_0 = \dfrac{pl^2}{D_{\mathrm{m}}}$ 以及 $P_{0\mathrm{cr}}^{\mathrm{C}} = C_na_1^2$，很容易得到各向同性经典梁的临界屈曲载荷 $p_{\mathrm{cr}} = a_1^2\dfrac{EI}{l^2}$，这与材料力学给出的结果完全一致。

以下根据式 (3.3.6) 和式 (3.3.7)，分别讨论功能梯度梁的长高比和材料梯度指数对梁临界屈曲载荷的影响。图 3.3.1 和图 3.3.2 分别给出了两端夹紧功能梯度梁和两端简支功能梯度梁的临界载荷与长高比的关系曲线。显然，随着长高比的增大，功能梯度梁的临界载荷趋向于相应经典梁的结果，即 $P_{0\mathrm{cr}}^{\mathrm{C}}=C_n a_1^2$，这是横向剪切变形影响逐渐减小的结果。

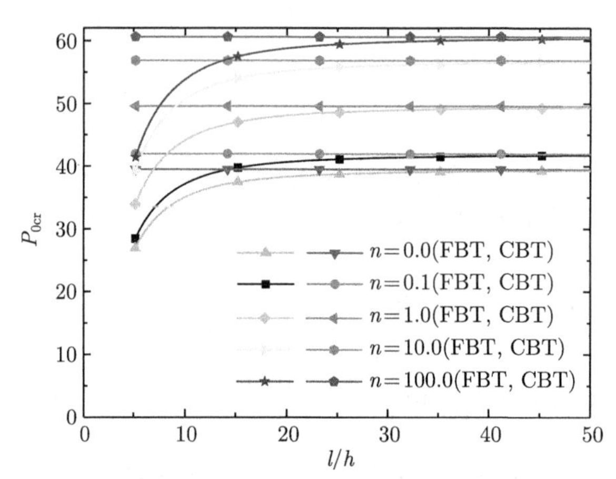

图 3.3.1　两端夹紧功能梯度梁的临界载荷随梁的长高比的变化规律 [562]

CBT 为经典梁理论

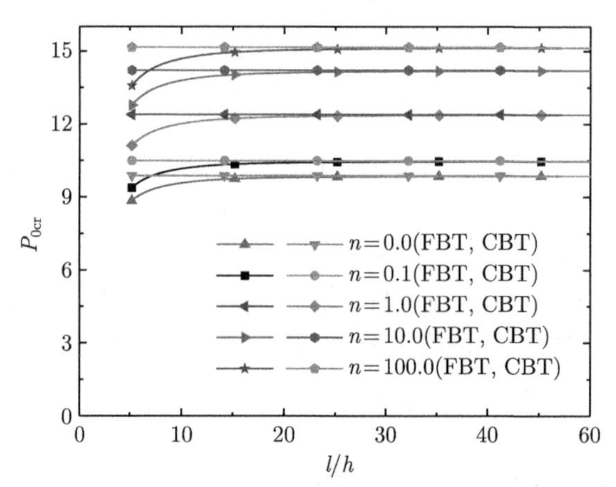

图 3.3.2　两端简支功能梯度梁的临界载荷随梁的长高比的变化规律 [562]

图 3.3.3 和图 3.3.4 分别给出了两种边界条件下，功能梯度梁的临界屈曲载荷随梯度指数 n 的变化曲线。可见，当梯度指数 n 增大时，梁的临界屈曲载荷单调增大，并趋向于相应纯陶瓷梁的结果，这由梁的弹性模量逐渐增大所致。

图 3.3.5 和图 3.3.6 分别展示的是两端夹紧功能梯度梁和两端简支功能梯度

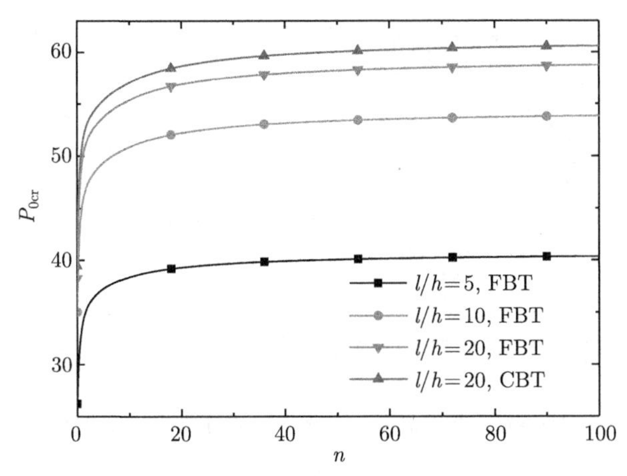

图 3.3.3　夹紧功能梯度梁的临界屈曲载荷随材料梯度指数 n 的变化规律 [562]

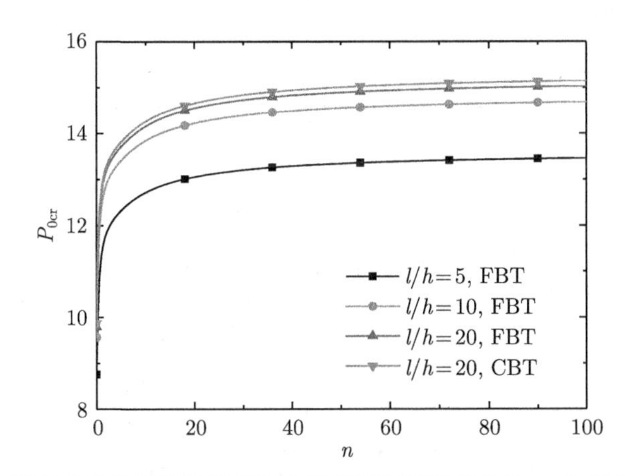

图 3.3.4　简支功能梯度梁的临界屈曲载荷随材料梯度指数 n 的变化规律 [562]

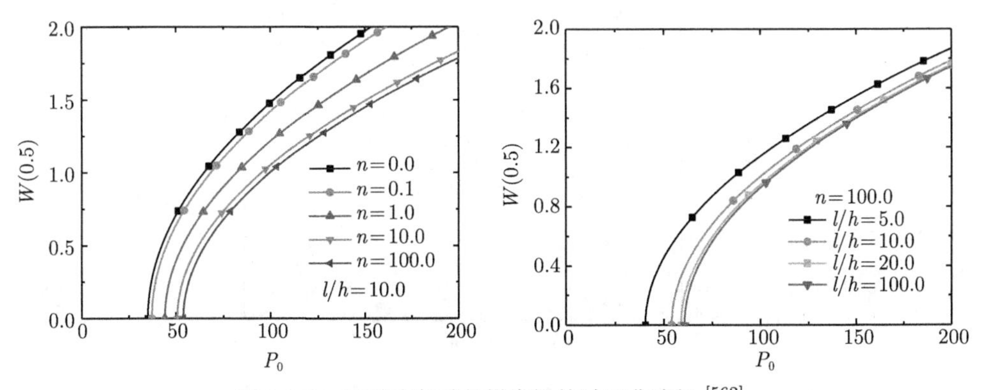

图 3.3.5　两端夹紧功能梯度梁的过屈曲路径 [562]

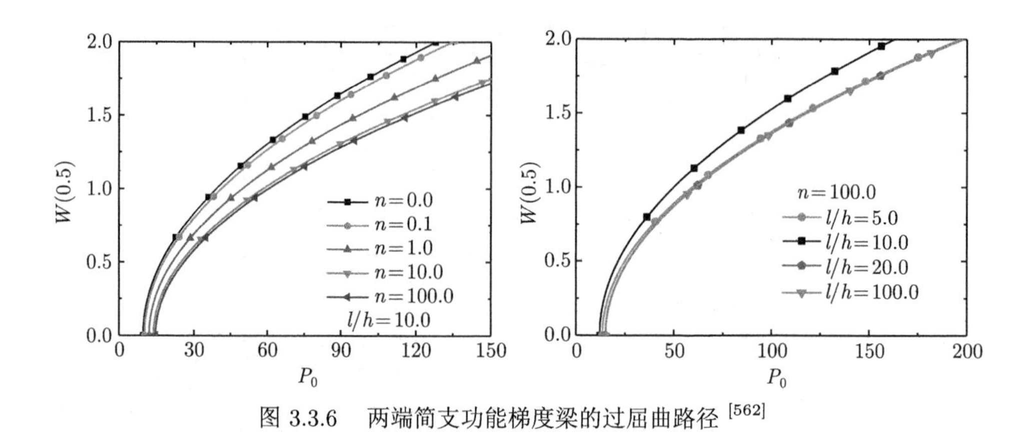

图 3.3.6 两端简支功能梯度梁的过屈曲路径 [562]

梁的过屈曲路径。图 3.3.7 和图 3.3.8 所示分别为两端夹紧功能梯度梁和两端简支功能梯度梁的过屈曲构型。

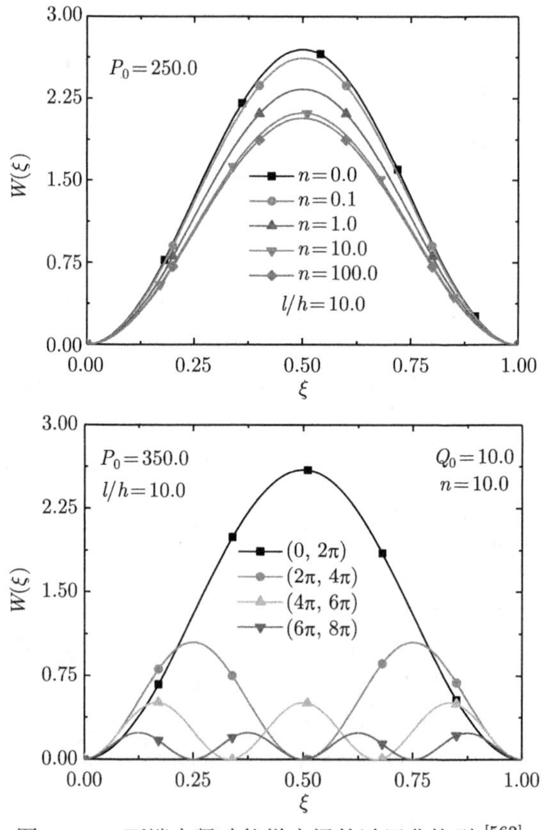

图 3.3.7 两端夹紧功能梯度梁的过屈曲构型 [562]

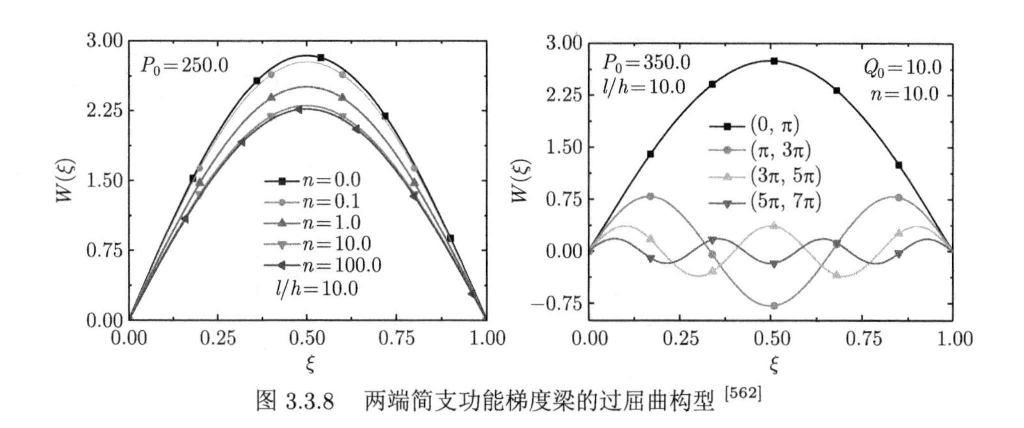

图 3.3.8　两端简支功能梯度梁的过屈曲构型 [562]

图 3.3.9 和图 3.3.10 分别给出了两种边界条件下横向载荷对功能梯度梁过屈曲路径的影响。图中数据均对应于参数 a 的同一个取值区间 (两端夹紧时 $a \in (0, 2\pi)$，两端简支时 $a \in (0, \pi)$)。图中还给出了只有轴向载荷作用时梁的过屈曲路径。可见，对于较小的横向载荷，随着轴向压力从零开始增大，梁的挠度缓慢增大；当轴向压力接近梁的临界屈曲载荷时，梁的挠度急剧增大，这种现象与通常的分支屈曲类似。对于较大的横向载荷，在梁的临界屈曲载荷附近，梁挠度的增大趋缓，可以认为已经不存在通常意义的分支屈曲。显然，横向载荷的存在，不仅影响了横向挠度的大小，还使梁的变形行为发生了本质变化。

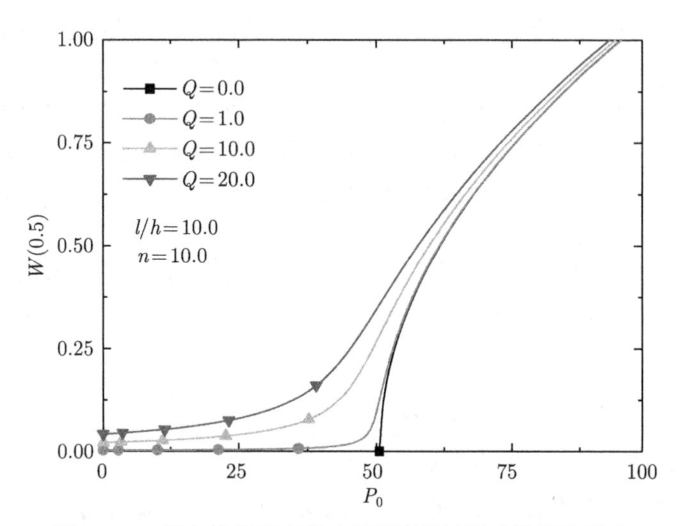

图 3.3.9　横向载荷对夹紧功能梯度梁过屈曲路径的影响

本节给出了轴向载荷作用下功能梯度梁过屈曲问题的闭合形式解，并据此讨论了材料的梯度指数、横向剪切变形、外力以及边界条件等对功能梯度梁过屈曲的影响。结果表明：当只有轴向载荷作用时，功能梯度梁具有典型的过屈曲行为；随着梁长高比的增大，梁的临界屈曲载荷趋向于经典梁理论结果；随着梯度指数的增大，梁的临界屈曲载荷逐渐增大。横向载荷的存在，不仅影响横向挠度的大小，还使得梁的变形行为发生了本质变化。

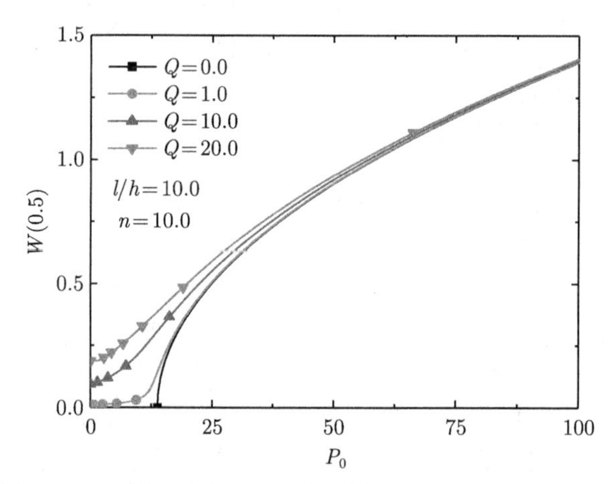

图 3.3.10　横向载荷对简支功能梯度梁过屈曲路径的影响

3.4　热环境下功能梯度梁的过屈曲与弯曲

本节讨论面内均匀热载荷作用下，功能梯度梁的非线性静态响应，包括热过屈曲或热弯曲行为，重点考虑两种情况，一是两端简（铰）支，二是两端夹紧。

由于功能梯度梁的材料性质沿厚度方向是变化的，因此功能梯度梁与均匀材料梁具有不同的力学行为。例如，面内载荷作用下两端简支功能梯度梁的分支屈曲是不存在的，也就是说，载荷施加之始横向挠度便产生。这种现象在层合复合材料结构中是常见的 [294,564−565]。在功能梯度结构的相关研究中，一些研究者也发现了类似现象 [46,300,302,565−567]。目前，关于功能梯度梁的这种特殊行为的研究还不多，也是本节要涉及的内容。

3.4.1　控制方程

首先，根据 3.1 节的基本方程推导出面内均匀热载荷作用下功能梯度梁的静态控制方程，然后将其转化为一个关于横向变形的非线性四阶微分–积分方程。对于梁的静态响应，将式 (3.1.5) 代入式 (3.1.8)，并忽略力载荷 q，可得如下位移形式的梁的平衡方程：

$$\frac{\mathrm{d}}{\mathrm{d}x}\left\{A_x\left[\frac{\mathrm{d}u}{\mathrm{d}x}+\frac{1}{2}\left(\frac{\mathrm{d}w}{\mathrm{d}x}\right)^2\right]-N^T\right\}=0 \tag{3.4.1}$$

$$D_x \frac{\mathrm{d}^2\phi}{\mathrm{d}x^2} - A_{xz}\left(\phi + \frac{\mathrm{d}w}{\mathrm{d}x}\right) = 0 \tag{3.4.2}$$

$$A_{xz}\left(\frac{\mathrm{d}\phi}{\mathrm{d}x} + \frac{\mathrm{d}^2 w}{\mathrm{d}x^2}\right) + \left\{A_x\left[\frac{\mathrm{d}u}{\mathrm{d}x} + \frac{1}{2}\left(\frac{\mathrm{d}w}{\mathrm{d}x}\right)^2\right] - N^T\right\}\frac{\mathrm{d}^2 w}{\mathrm{d}x^2} = 0 \tag{3.4.3}$$

对式 (3.4.1) 进行积分得

$$A_x\left\{\frac{\mathrm{d}u}{\mathrm{d}x} + \frac{1}{2}\left(\frac{\mathrm{d}w}{\mathrm{d}x}\right)^2\right\} - N^T = A_1 \tag{3.4.4}$$

将式 (3.4.4) 代入式 (3.4.3) 得

$$A_{xz}\left(\frac{\mathrm{d}\phi}{\mathrm{d}x} + \frac{\mathrm{d}^2 w}{\mathrm{d}x^2}\right) + A_1\frac{\mathrm{d}^2 w}{\mathrm{d}x^2} = 0 \tag{3.4.5}$$

将式 (3.4.2) 升阶一次可得

$$A_{xz}\left(\frac{\mathrm{d}\phi}{\mathrm{d}x} + \frac{\mathrm{d}^2 w}{\mathrm{d}x^2}\right) = D_x\frac{\mathrm{d}^3\phi}{\mathrm{d}x^3} \tag{3.4.6}$$

将式 (3.4.6) 代入式 (3.4.5) 得

$$D_x\frac{\mathrm{d}^3\phi}{\mathrm{d}x^3} + A_1\frac{\mathrm{d}^2 w}{\mathrm{d}x^2} = 0 \tag{3.4.7}$$

将式 (3.4.5) 升阶两次可得

$$\frac{\mathrm{d}^3\phi}{\mathrm{d}x^3} = -\left(1 + \frac{A_1}{A_{xz}}\right)\frac{\mathrm{d}^4 w}{\mathrm{d}x^4} \tag{3.4.8}$$

将式 (3.4.8) 代入式 (3.4.7) 可得

$$D_x\left(1 + \frac{A_1}{A_{xz}}\right)\frac{\mathrm{d}^4 w}{\mathrm{d}x^4} - A_1\frac{\mathrm{d}^2 w}{\mathrm{d}x^2} = 0 \tag{3.4.9}$$

对式 (3.4.4) 进行积分得

$$u = -\frac{1}{2}\int_0^x \left(\frac{\mathrm{d}w}{\mathrm{d}\xi}\right)^2 \mathrm{d}\xi + \frac{N^T}{A_x}x + \frac{A_1}{A_x}x + A_2 \tag{3.4.10}$$

利用两端轴向固定的条件 $u|_{0,l}=0$，可得

$$A_1=\frac{A_x}{2l}\int_0^l\left(\frac{\mathrm{d}w}{\mathrm{d}x}\right)^2\mathrm{d}x-N^T,\quad A_2=0$$

将式 (3.4.9) 写为

$$D_x\left\{1-\frac{1}{A_{xz}}\left[N^T-\frac{A_x}{2l}\int_0^l\left(\frac{\mathrm{d}w}{\mathrm{d}x}\right)^2\mathrm{d}x\right]\right\}\frac{\mathrm{d}^4w}{\mathrm{d}x^4}+\left[N^T-\frac{A_x}{2l}\int_0^l\left(\frac{\mathrm{d}w}{\mathrm{d}x}\right)^2\mathrm{d}x\right]\frac{\mathrm{d}^2w}{\mathrm{d}x^2}=0\tag{3.4.11}$$

这便是一阶剪切变形梁理论下梁的非线性静态问题的控制方程。

将方程 (3.4.5) 改写为

$$A_{xz}\frac{\mathrm{d}\phi}{\mathrm{d}x}+(A_{xz}+A_1)\frac{\mathrm{d}^2w}{\mathrm{d}x^2}=0\tag{3.4.12}$$

积分式 (3.4.12) 可得

$$A_{xz}\phi=-(A_{xz}+A_1)\frac{\mathrm{d}w}{\mathrm{d}x}+B_1\tag{3.4.13}$$

利用梁中点处的对称性条件 $\phi\left(\frac{l}{2}\right)=0$ 和 $\frac{\mathrm{d}w}{\mathrm{d}x}\left(\frac{l}{2}\right)=0$，从方程 (3.4.13) 可得 $B_1=0$。因此，夹紧端边界条件 $\phi=0$ 可写为 $\frac{\mathrm{d}w}{\mathrm{d}x}=0$，简支端边界条件 $D_x\frac{\mathrm{d}\phi}{\mathrm{d}x}-M^T=0$ 则可写为 $\frac{\mathrm{d}^2w}{\mathrm{d}x^2}+\frac{A_{xz}}{D_x(A_{xz}+A_1)}M^T=0$。

在 3.2 节定义的无量纲量的基础上，本节再增加无量纲量 $N=\frac{N^Tl^2}{D_x}$ 和 $M=\frac{M^Tl^2}{D_xr}$，其中 $r=\sqrt{\frac{I}{A}}$ 是梁横截面的惯性半径。进一步，用 $W=\frac{w}{r}$ 代替 $W=\frac{w}{h}$，用 $F_1'=\frac{A_xr^2}{D_x}$ 代替 $F_1=\frac{A_xh^2}{D_x}$。方程 (3.4.11) 可写为

$$\frac{\mathrm{d}^4W}{\mathrm{d}\xi^4}+a^2\frac{\mathrm{d}^2W}{\mathrm{d}\xi^2}=0\tag{3.4.14}$$

式中，参数 a 的定义见式 (3.2.22)，其中

$$k^2 = N - \frac{F_1'}{2}\int_0^1 \left(\frac{\mathrm{d}W}{\mathrm{d}\xi}\right)^2 \mathrm{d}\xi \tag{3.4.15}$$

两端夹紧功能梯度梁和两端简支功能梯度梁的横向边界条件分别为

$$W = 0, \quad \frac{\mathrm{d}W}{\mathrm{d}\xi} = 0 \quad (\text{当 } \xi = 0, 1) \tag{3.4.16}$$

$$W = 0, \quad \frac{\mathrm{d}^2W}{\mathrm{d}\xi^2} + \left(1 + F_2a^2\right) M = 0 \quad (\text{当 } \xi = 0, 1) \tag{3.4.17}$$

值得指出的是，方程 (3.4.14) 及边界条件式 (3.4.16) 构成了两端夹紧边界条件下功能梯度梁的微分特征值问题。由于两端简支功能梯度梁的边界条件式 (3.4.17) 是非齐次的，故不构成微分特征值问题。这个差异将导致两端夹紧和两端简支功能梯度梁具有完全不同的变形行为，后面会予以详细讨论。

当横向剪切刚度 $A_{xz} \to \infty$，即忽略横向剪切变形时，方程 (3.4.14) 及边界条件式 (3.4.16) 和边界条件式 (3.4.17) 将退化为经典梁理论下梁的相应方程。

3.4.2　两端夹紧功能梯度梁的热过屈曲

从微分方程理论可知，方程 (3.4.14) 具有如下形式的解：

$$W(\xi) = C_1 \sin(a\xi) + C_2 \cos(a\xi) + C_3\xi + C_4 \tag{3.4.18}$$

式中，C_1、C_2、C_3 和 C_4 均为积分常数。考虑边界条件式 (3.4.16) 时，有

$$\begin{aligned}
&W(0) = C_2 + C_4 = 0 \\
&W(1) = C_1 \sin a + C_2 \cos a + C_3 + C_4 = 0 \\
&W'(0) = C_1 a + C_3 = 0 \\
&W'(1) = C_1 a \cos a - C_2 a \sin a + C_3 = 0
\end{aligned}$$

由此可得 $C_1 = \dfrac{\cos a - 1}{\sin a - a}c, C_2 = -c, C_3 = -a\dfrac{\cos a - 1}{\sin a - a}c, C_4 = c$。将 C_1、C_2、C_3 和 C_4 代入式 (3.4.18)，可得两端夹紧功能梯度梁热过屈曲问题的闭合形式解：

$$W(\xi) = c\left\{\frac{\cos a - 1}{\sin a - a}\left[\sin(a\xi) - a\xi\right] - \cos(a\xi) + 1\right\} \tag{3.4.19}$$

相应的特征方程为

$$2-2\cos a-a\sin a=0 \tag{3.4.20}$$

可见，对两端夹紧功能梯度梁而言，其在面内均匀热载荷作用下的过屈曲解，与在力载荷作用下的过屈曲解（式 (3.3.1) 及式 (3.3.3)）在形式上是完全相同的。

将式 (3.4.19) 代入式 (3.4.15)，并考虑式 (3.4.20)，可得梁的过屈曲构型幅值：

$$c=\pm\frac{2}{\sqrt{F_1'\left(1+F_2a^2\right)}}\sqrt{\frac{N}{a^2}\left(1+F_2a^2\right)-1} \tag{3.4.21}$$

令式 (3.4.21) 中 $c=0$，可得梁的临界屈曲热载荷：

$$N_{\rm cr}^{\rm F}=\frac{a_1^2}{1+F_2a_1^2} \tag{3.4.22}$$

式中，$a_1=2\pi$ 是梁的特征方程 (3.4.20) 的最小特征值。

如果定义无量纲载荷参数 $\lambda=12\left(\dfrac{l}{h}\right)^2\alpha_{\rm m}T$，可得两端夹紧功能梯度梁的无量纲临界屈曲载荷 $\lambda_{\rm cr}^{\rm F}$ 与梯度指数 n 的如下关系：

$$\lambda_{\rm cr}^{\rm F}=a_1^2\frac{C_n}{1+F_2a_1^2} \tag{3.4.23}$$

式中，C_n 是仅与梯度指数 n 有关的常数。

若式 (3.4.23) 中 $F_2=0$，则能推导出横向剪切刚度 $A_{xz}\to\infty$，可以得到经典梁理论下两端夹紧功能梯度梁的无量纲临界屈曲载荷 $\lambda_{\rm cr}^{\rm C}=a_1^2C_n$。进一步，将 $\lambda_{\rm cr}^{\rm C}$ 代入式 (3.4.23)，可得经典梁理论和一阶剪切变形梁理论下，两端夹紧功能梯度梁的无量纲临界屈曲载荷解之间的解析关系：

$$\lambda_{\rm cr}^{\rm F}=\lambda_{\rm cr}^{\rm C}\frac{1}{1+F_2a_1^2} \tag{3.4.24}$$

可见，如果已知经典梁理论下功能梯度梁的临界屈曲载荷解，就容易从式 (3.4.24) 求得一阶梁理论下功能梯度梁临界屈曲载荷解，无需经过复杂的数学运算。

当 $n=0$ 时，功能梯度材料梁就退化为均匀材料梁。对于一阶屈曲模态，$a=2\pi$，从方程 (3.4.19) 和方程 (3.4.21)，可以很容易得到一阶剪切变形梁理论下，两端夹紧均匀材料梁的过屈曲构型解：

$$W(\xi)=c\left[1-\cos(2\pi\xi)\right] \tag{3.4.25}$$

式中，$c=\pm\dfrac{2}{\sqrt{1+4\pi^2F_2}}\sqrt{\dfrac{\lambda}{4\pi^2}(1+4\pi^2F_2)-1}$。令 $c=0$，即可求得梁的临界屈曲热载荷为

$$\lambda_{\mathrm{cr}}^{\mathrm{F}}=\frac{4\pi^2}{1+4\pi^2F_2} \tag{3.4.26}$$

式 (3.4.26) 与文献 [552] 的结果完全相同。

接下来，基于上文得到的精确解，分析功能梯度梁的变形过程。

对于第一阶特征值，梁的中点挠度为

$$W\left(\frac{1}{2}\right)=\pm\frac{4}{\sqrt{F_1'(1+F_2a^2)}}\sqrt{\frac{N}{a^2}(1+F_2a^2)-1} \tag{3.4.27}$$

即

$$W^2-\frac{16}{a_1^2}\Delta N=0 \tag{3.4.28}$$

式中，$\Delta N=N-N_{\mathrm{cr}}^{\mathrm{F}}$。由于 $N\geqslant N_{\mathrm{cr}}^{\mathrm{F}}$ 或 $\Delta N\geqslant 0$，因此式 (3.4.27) 或式 (3.4.28) 只能描述梁的过屈曲响应。

为了描述包括前屈曲状态的梁的全局响应，将式 (3.4.28) 与梁的平凡解 $W=0$ 合并为

$$W\left(W^2-\frac{16}{a_1^2}\Delta N\right)=0 \tag{3.4.29}$$

采用分支理论，文献 [568]、[569] 推导出用于描述一维完善结构分支屈曲行为的表达式，该表达式与方程 (3.4.29) 完全一致。显然，当 $\Delta N<0$，即 $N<N_{\mathrm{cr}}^{\mathrm{F}}$ 时，从式 (3.4.27) 或式 (3.4.28) 知道，挠度 W 不存在实数解，因而从式 (3.4.29) 只能获得平凡解 $W=0$。平凡解表示梁前屈曲的直线平衡状态。当 $\Delta N>0$，即 $N>N_{\mathrm{cr}}^{\mathrm{F}}$ 时，式 (3.4.29) 同时存在平凡解 $W=0$ 和非平凡解（式 (3.4.27)）。众多研究结果表明，此时平凡解是不稳定的。式 (3.4.27) 或式 (3.4.28) 以显式精确地描述了功能梯度梁的过屈曲响应，即功能梯度梁的挠度随外载荷呈非线性变化 [555−556,560]。

分别根据式 (3.4.23) 和 $\lambda_{\mathrm{cr}}^{\mathrm{C}}=a_1^2C_n$ 来分析功能梯度梁的长高比如何影响梁的临界屈曲热载荷。图 3.4.1 所示是一阶剪切变形梁理论下，两端夹紧功能梯度梁的无量纲临界屈曲热载荷 $\lambda_{\mathrm{cr}}^{\mathrm{F}}$ 随梁的长高比 l/h 的变化规律，其中虚线表示相应经典梁理论结果。所用材料的性质见表 2.1.1。从图 3.4.1 可见，一阶剪切变形梁理论结果总是低于相应的经典梁理论结果，这说明经典梁理论高估了梁的临界

载荷。随着梁长高比 l/h 的增大，临界屈曲热载荷增加并逐渐接近相应的经典梁理论结果，这意味着剪切变形的影响在减小。

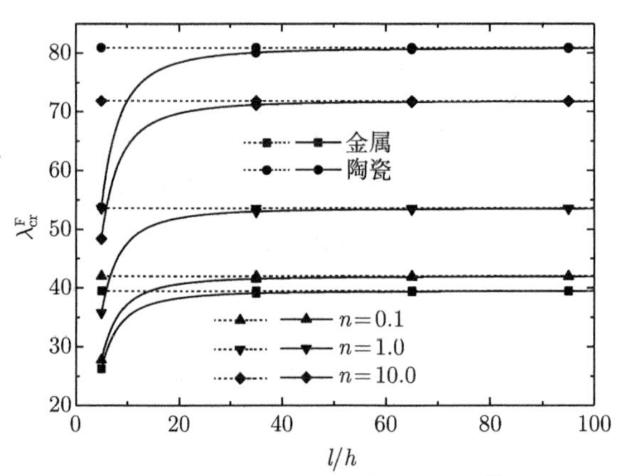

图 3.4.1　两端夹紧功能梯度梁的无量纲临界屈曲热载荷 λ_{cr}^{F} 随梁的长高比 l/h 的变化规律 [560]

图 3.4.2 给出了第一阶特征值下，两端夹紧功能梯度梁典型的热过屈曲路径。图 3.4.2 中，左图表示不同 n 值时的结果，右图表示不同长高比 l/h 时的结果。左图还包括纯金属梁和纯陶瓷梁的相应结果。功能梯度梁的热过屈曲路径曲线完全类似于纯金属梁和纯陶瓷梁，而且功能梯度梁的无量纲中点挠度介于纯金属梁和纯陶瓷梁之间。这显然是因为金属有最小的弹性模量，而陶瓷具有最大的弹性模量。另外，从右图中可以看出，功能梯度梁的热过屈曲挠度随梁长高比的增加而降低。这是因为随梁长高比的增加，剪切变形的影响逐渐降低。图 3.4.3 给出了两端夹紧功能梯度梁的热过屈曲构型。

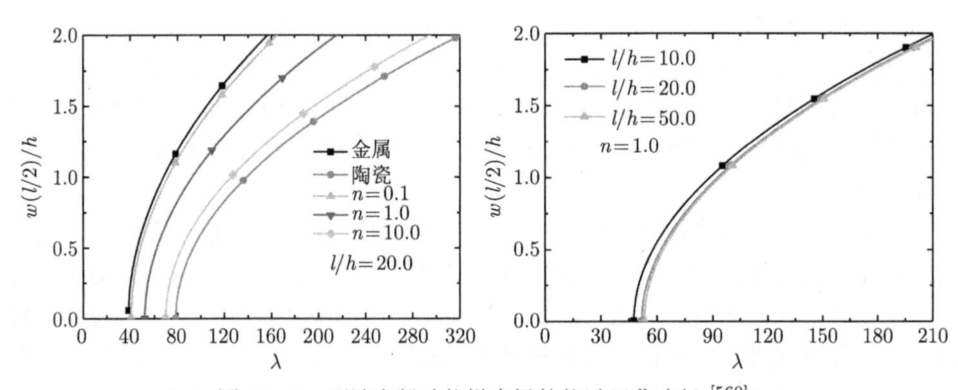

图 3.4.2　两端夹紧功能梯度梁的热过屈曲路径 [560]

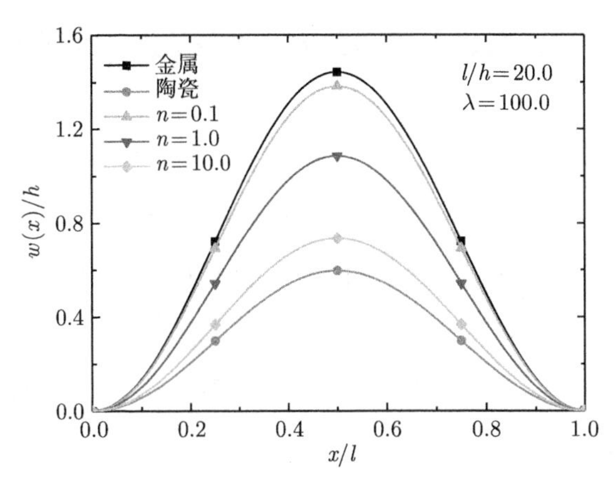

图 3.4.3　两端夹紧功能梯度梁的热过屈曲构型 [560]

3.4.3　两端简支功能梯度梁的热弯曲

下面讨论均匀面内热载荷作用下，两端简支功能梯度梁的非线性热弯曲问题。将式 (3.4.18) 代入边界条件式 (3.4.17) 可得

$$W(0) = C_2 + C_4 = 0$$

$$W''(0) + \left(1 + F_2 a^2\right) M = -C_2 a^2 + \left(1 + F_2 a^2\right) M = 0$$

$$W(1) = C_1 \sin a + C_2 \cos a + C_3 + C_4 = 0$$

$$W''(1) + \left(1 + F_2 a^2\right) M = -C_1 a^2 \sin a - C_2 a^2 \cos a + \left(1 + F_2 a^2\right) M = 0$$

由此可得 $C_1 = c\tan\dfrac{a}{2}$，　$C_2 = c$，　$C_3 = 0$，　$C_4 = -c$，　$c = \left(1 + F_2 a^2\right)\dfrac{M}{a^2}$。将这几个常数代入式 (3.4.18)，即可得到两端简支功能梯度梁热弯曲构型的闭合形式解：

$$W(\xi) = c\left\{\tan\frac{a}{2}\sin(a\xi) + \cos(a\xi) - 1\right\} \tag{3.4.30}$$

把式 (3.4.30) 代入式 (3.4.15)，并考虑 a 的表达式，可得

$$c = \pm\sqrt{\frac{2}{F_1'\left(1 + F_2 a^2\right) f(a)}}\sqrt{\frac{N}{a^2}\left(1 + F_2 a^2\right) - 1} \tag{3.4.31}$$

式中，$f(a) = \dfrac{1}{1+\cos a}\left(1 - \dfrac{\sin a}{a}\right)$。

值得注意的是，式 (3.4.30) 中参数 a 不再是常数，而是随外加热载荷 N 和 M 变化的变量。

将式 (3.4.30) 代入 $\int_0^1\left(\frac{\mathrm{d}W}{\mathrm{d}\xi}\right)^2\mathrm{d}\xi$ 可得

$$\int_0^1\left(\frac{\mathrm{d}W}{\mathrm{d}\xi}\right)^2\mathrm{d}\xi=c^2a^2f(a) \tag{3.4.32}$$

把式 (3.4.32) 代入式 (3.4.15)，并考虑 a 和 $c=\left(1+F_2a^2\right)\dfrac{M}{a^2}$，可得

$$a^5\left(1+\cos a\right)+\frac{F_1'}{2}M^2\left(a-\sin a\right)\left(1+F_2a^2\right)^3-Na^3\left(1+F_2a^2\right)\left(1+\cos a\right)=0 \tag{3.4.33}$$

这里，$a\neq 0,(2m-1)\pi(m=1,2,\cdots)$。

下面首先数值分析参数 a 随热载荷的变化规律。从式 (3.4.33) 可得参数 a 随无量纲热载荷 λ 的变化曲线，如图 3.4.4 所示。可见，对于一个给定的载荷大小，参数 a 可以取多个不同数值。

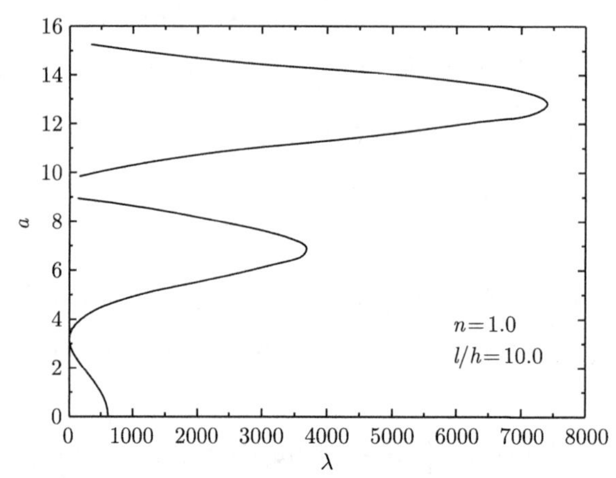

图 3.4.4　参数 a 随无量纲热载荷 λ 的变化曲线 [560]

获得参数 a 的数值后，根据式 (3.4.30) 可分析简支功能梯度梁的热弯曲变形行为。图 3.4.5 所示为两端简支功能梯度梁中点处无量纲挠度随热载荷的变化规律。与图 3.4.2 所示的两端夹紧功能梯度梁的热过屈曲行为相比，面内热载荷作用下两端简支功能梯度梁展现了完全不同的力学行为，无论面内载荷多小，都有横向变形产生，而不会出现分支屈曲现象。这进一步证实了相关文献的结论 [294,564−567]。在图 3.4.5 中，对应于 a 的两个不同取值区间 $a\in(0,\pi)$ (实线) 和 $a\in(\pi,2\pi)$

(虚线)，存在两个不同的解支，这与文献 [569] 中阐述的非完善梁的行为类似。理论上讲，参数 a 的取值区间数目是无限的，即 $(0,\pi),(\pi,3\pi),(3\pi,5\pi),\cdots$。因此，简支功能梯度梁的解支也有无限多个。图 3.4.6 给出了简支功能梯度梁的两个解支，分别对应于参数 a 的两个取值区间 $(\pi,3\pi)$ 和 $(3\pi,5\pi)$，这两个解支均为闭合曲线。很显然，图 3.4.6 所示的结果因为热载荷或挠度数值过大而无实际意义。图 3.4.7 给出了两端简支功能梯度梁的弯曲构型。可见，随着梯度指数的增大，梁的挠度减小。这显然是功能梯度梁刚度增大的原因。

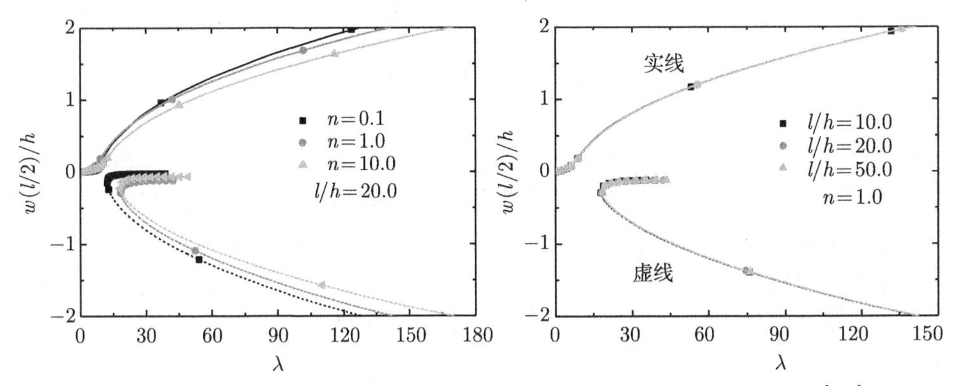

图 3.4.5　两端简支功能梯度梁中点处无量纲挠度随热载荷的变化规律 [560]

实线：$a\in(0,\pi)$；虚线：$a\in(\pi,2\pi)$

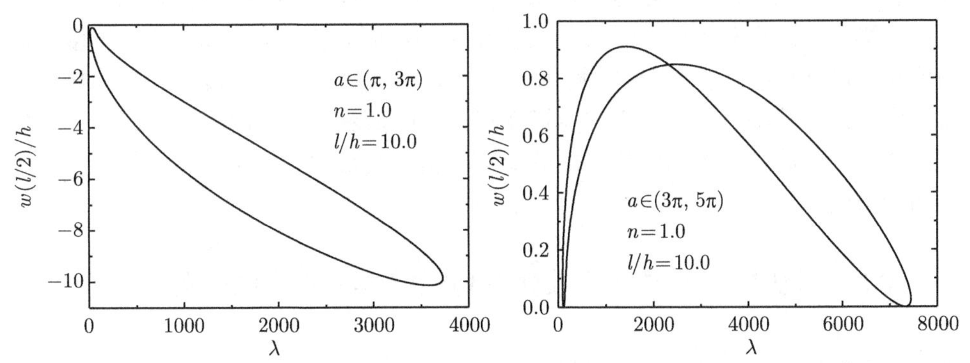

图 3.4.6　对应于参数取值区间 $a\in(\pi,3\pi)$ 和 $a\in(3\pi,5\pi)$ 简支功能梯度梁的挠度–载荷曲线 [560]

本节结果表明，对两端夹紧功能梯度梁而言，控制方程和相应的边界条件构成微分特征值问题；对两端简支功能梯度梁而言，由于边界条件是非齐次的，因此不构成微分特征值问题。这导致两者力学行为显著不同。

本节不用做任何数学近似，直接求解非线性方程，推导出功能梯度梁在面内

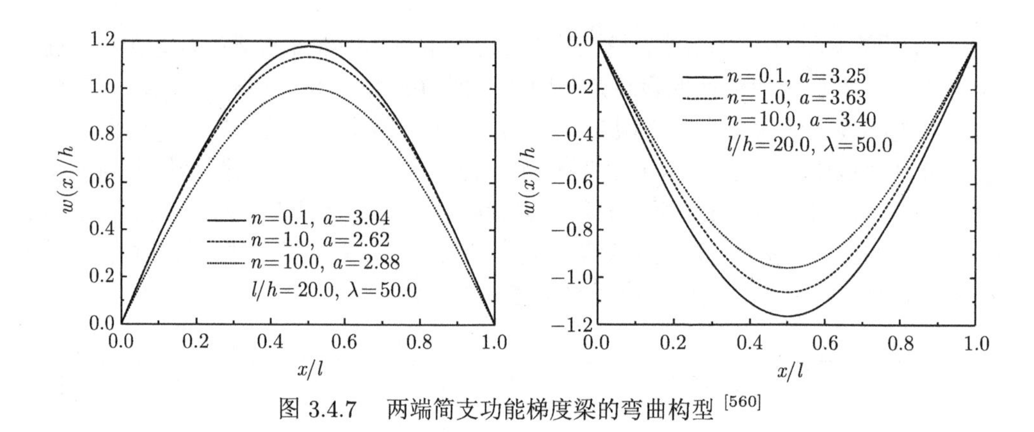

图 3.4.7　两端简支功能梯度梁的弯曲构型 [560]

均匀热载荷作用下的非线性静态响应闭合形式解。对于两端夹紧功能梯度梁而言是过屈曲构型解，对于两端简支功能梯度梁而言是弯曲构型解。这些解均是外加热载荷的函数，显式地描述了已变形梁的非线性平衡路径，这就使得读者可以深入理解功能梯度梁的热变形行为，还可以深入讨论材料梯度指数、横向剪切变形、热载荷以及边界条件等因素对功能梯度梁非线性力学行为的影响。这些解也可以作为基准，来验证或改进各种近似理论或数值方法。

面内热载荷作用下，两端夹紧功能梯度梁展现出了典型的热过屈曲行为。同时，对于材料性质介于陶瓷和金属之间的功能梯度梁而言，其挠度也介于陶瓷梁挠度和金属梁挠度之间。从载荷作用之始，两端简支功能梯度梁便有挠度产生，因此简支梁不会出现分支屈曲现象。在参数 a 的不同取值区间，简支梁有许多不同的载荷–挠度解支。随着梯度指数 n 的增大，两端夹紧功能梯度梁的临界屈曲载荷也增大，但其挠度减小。横向剪切变形的影响随着功能梯度梁长高比 l/h 的增大而降低，因此经典梁的临界屈曲载荷高于剪切变形梁，但是经典梁的挠度低于剪切变形梁。

3.5　材料性质的温度依赖性对功能梯度梁非线性问题的影响

在多数情况下，功能梯度材料性质是与温度相关的，在本章前几节分析中未考虑这种情况。如果考虑材料性质的温度依赖性，会使问题的分析难度加大。本节利用打靶法，数值分析材料性质的温度依赖性对功能梯度梁非线性静态响应的影响，同时考虑横向剪切变形、热载荷以及边界条件等因素。

本节分析中，将图 3.1.1 中的坐标系原点移至梁的轴线中点，其余不变，并且假设组分材料性质是温度的函数。沿用 3.2 节和 3.4 节定义的无量纲量，并增加以下无量纲量：

$$U=\frac{l}{h^2}u,\quad \psi=\frac{l}{h}\phi,\quad \phi=\psi+\frac{\partial W}{\partial \xi},\quad \bar{M}=\frac{M^Tl^2}{D_xh},\quad \beta=\frac{l}{h},\quad \lambda=12\beta^2\alpha_{\mathrm{m0}}T$$

$$F_3=\frac{I_0l^2}{A_x\varLambda},\quad F_4=\frac{I_1l^2}{hA_x\varLambda},\quad F_5=\frac{I_0h^2}{A_{xz}\varLambda},\quad F_6=\frac{I_0l^4}{D_x\varLambda},\quad F_7=\frac{I_1l^2h}{D_x\varLambda},\quad F_8=\frac{I_2l^2}{D_x\varLambda}$$

其中，$\varLambda=\dfrac{\rho_{\mathrm{m}}Al^4}{D_{\mathrm{m0}}}$，$D_{\mathrm{m0}}=\dfrac{1}{12}E_{\mathrm{m0}}bh^3$，参数 E_{m0} 与 α_{m0} 见式 (3.5.6)。略去横向力载荷，利用式 (3.1.5) 将运动方程 (3.1.7) 表示为位移形式，然后将其无量纲化，可得

$$\frac{\partial^2 U}{\partial \xi^2}+\frac{\partial W}{\partial \xi}\frac{\partial^2 W}{\partial \xi^2}-F_3\frac{\partial^2 U}{\partial \tau^2}-F_4\left(\frac{\partial^2 \varphi}{\partial \tau^2}-\frac{\partial^3 W}{\partial \xi\partial \tau^2}\right)=0 \tag{3.5.1a}$$

$$\frac{\partial^2 \varphi}{\partial \xi^2}-\frac{\partial^3 W}{\partial \xi^3}-F_7\frac{\partial^2 U}{\partial \tau^2}-\frac{1}{F_2}\varphi-F_8\left(\frac{\partial^2 \varphi}{\partial \tau^2}-\frac{\partial^3 W}{\partial \xi\partial \tau^2}\right)=0 \tag{3.5.1b}$$

$$\begin{aligned}&(1+F_2\Re)\frac{\partial^4 W}{\partial \xi^4}-\Re\frac{\partial^2 W}{\partial \xi^2}+3F_5\frac{\partial}{\partial \xi}\left(\aleph\frac{\partial^2 W}{\partial \xi^2}\right)\\&+\left(F_5\frac{\partial^2 F_2}{\partial \xi^2}-\frac{F_6}{\beta^2}\aleph\right)\frac{\partial W}{\partial \xi}+F_7\frac{\partial^3 U}{\partial \xi\partial \tau^2}+F_8\left(\frac{\partial^3 \varphi}{\partial \xi\partial \tau^2}-\frac{\partial^4 W}{\partial \xi^2\partial \tau^2}\right)\\&-\beta^2F_5\frac{\partial^4 W}{\partial \xi^2\partial \tau^2}+F_6\frac{\partial^2 W}{\partial \tau^2}=0\end{aligned} \tag{3.5.1c}$$

$$U=0,\quad W=0,\quad \varphi-\frac{\partial W}{\partial \xi}=0\quad (\text{夹紧端}) \tag{3.5.2a}$$

$$U=0,\quad W=0,\quad \frac{\partial \varphi}{\partial \xi}-\frac{\partial^2 W}{\partial \xi^2}-\bar{M}=0\quad (\text{简支端}) \tag{3.5.2b}$$

式中，$\Re=F_1\left\{\dfrac{\partial U}{\partial \xi}+\dfrac{1}{2}\left(\dfrac{\partial W}{\partial \xi}\right)^2\right\}-N$；$\aleph=\dfrac{\partial^2 U}{\partial \tau^2}+\dfrac{F_4}{F_3}\left(\dfrac{\partial^2 \varphi}{\partial \tau^2}-\dfrac{\partial^3 W}{\partial \xi\partial \tau^2}\right)$。

略去方程 (3.5.1) 中的惯性项，可得面内热载荷作用下功能梯度梁的非线性静态问题的平衡方程：

$$\frac{\mathrm{d}^2 U_{\mathrm{s}}}{\mathrm{d}\xi^2}+\frac{\mathrm{d}W_{\mathrm{s}}}{\mathrm{d}\xi}\frac{\mathrm{d}^2 W_{\mathrm{s}}}{\mathrm{d}\xi^2}=0 \tag{3.5.3a}$$

$$\frac{\mathrm{d}^2 \varphi_{\mathrm{s}}}{\mathrm{d}\xi^2}-\frac{\mathrm{d}^3 W_{\mathrm{s}}}{\mathrm{d}\xi^3}-\frac{1}{F_2}\varphi_{\mathrm{s}}=0 \tag{3.5.3b}$$

$$\left(1+F_2\left\{F_1\left[\frac{\mathrm{d}U_{\mathrm{s}}}{\mathrm{d}\xi}+\frac{1}{2}\left(\frac{\mathrm{d}W_{\mathrm{s}}}{\mathrm{d}\xi}\right)^2\right]-N\right\}\right)\frac{\mathrm{d}^4W_{\mathrm{s}}}{\mathrm{d}\xi^4}$$
$$-\left\{F_1\left[\frac{\mathrm{d}U_{\mathrm{s}}}{\mathrm{d}\xi}+\frac{1}{2}\left(\frac{\mathrm{d}W_{\mathrm{s}}}{\mathrm{d}\xi}\right)^2\right]-N\right\}\frac{\mathrm{d}^2W_{\mathrm{s}}}{\mathrm{d}\xi^2}=0 \tag{3.5.3c}$$

$$U_{\mathrm{s}}=0,\quad W_{\mathrm{s}}=0,\quad \varphi_{\mathrm{s}}-\frac{\mathrm{d}W_{\mathrm{s}}}{\mathrm{d}\xi}=0\ \ (\text{夹紧端}) \tag{3.5.4a}$$

$$U_{\mathrm{s}}=0,\quad W_{\mathrm{s}}=0,\quad \frac{\mathrm{d}\varphi_{\mathrm{s}}}{\mathrm{d}\xi}-\frac{\mathrm{d}^2W_{\mathrm{s}}}{\mathrm{d}\xi^2}-\bar{M}=0\ \ (\text{简支端}) \tag{3.5.4b}$$

式中，U_{s}、φ_{s} 和 W_{s} 是功能梯度梁的静态位移。

在以下讨论中，假设泊松比 ν 和质量密度 ρ 均与温度无关，功能梯度材料的其他性质 P 与温度的依赖关系为

$$P=P_0(P_{-1}T^{-1}+1+P_1T+P_2T^2+P_3T^3) \tag{3.5.5}$$

式中，温度项 T (单位为 K) 的系数 P_0、P_{-1}、P_1、P_2 及 P_3 对每一组分都是唯一的，一般来说 $P_{-1}=0$。各组分材料的弹性模量与热膨胀系数为

$$E_{\mathrm{m}}(T,z)=E_{\mathrm{m0}}(1+E_{\mathrm{m1}}T+E_{\mathrm{m2}}T^2+E_{\mathrm{m3}}T^3) \tag{3.5.6a}$$

$$E_{\mathrm{c}}(T,z)=E_{\mathrm{c0}}(1+E_{\mathrm{c1}}T+E_{\mathrm{c2}}T^2+E_{\mathrm{c3}}T^3) \tag{3.5.6b}$$

$$\alpha_{\mathrm{m}}(T,z)=\alpha_{\mathrm{m0}}(1+\alpha_{\mathrm{m1}}T+\alpha_{\mathrm{m2}}T^2+\alpha_{\mathrm{m3}}T^3) \tag{3.5.6c}$$

$$\alpha_{\mathrm{c}}(T,z)=\alpha_{\mathrm{c0}}(1+\alpha_{\mathrm{c1}}T+\alpha_{\mathrm{c2}}T^2+\alpha_{\mathrm{c3}}T^3) \tag{3.5.6d}$$

本节中 Si_3N_4 和 SUS304 的温度依赖性质见表 3.5.1，并设应力自由状态时的温度为 300 K。利用式 (3.5.6a)、式 (3.5.6b) 和表 3.5.1 所示材料性质数据，可得不同温度下功能梯度梁的弹性模量沿梁厚度方向的变化曲线，如图 3.5.1 所示，说明了温度对弹性模量的影响。

表 3.5.1　Si_3N_4 和 SUS304 的温度依赖性质 [40]

性质	组分材料	P_0	P_{-1}	P_1	P_2	P_3
E/Pa		3.4843×10^{11}	0.0	-3.070×10^{-4}	2.160×10^{-7}	-8.946×10^{-11}
α/(1/K)	Si_3N_4	5.8723×10^{-6}	0.0	9.095×10^{-4}	0.0	0.0
ρ/(kg/m^3)		2.37×10^{3}	0.0	0.0	0.0	0.0
E/Pa		2.0104×10^{11}	0.0	3.079×10^{-4}	-6.534×10^{-7}	0.0
α/(1/K)	SUS304	1.233×10^{-5}	0.0	8.086×10^{-4}	0.0	0.0
ρ/(kg/m^3)		8.166×10^{3}	0.0	0.0	0.0	0.0

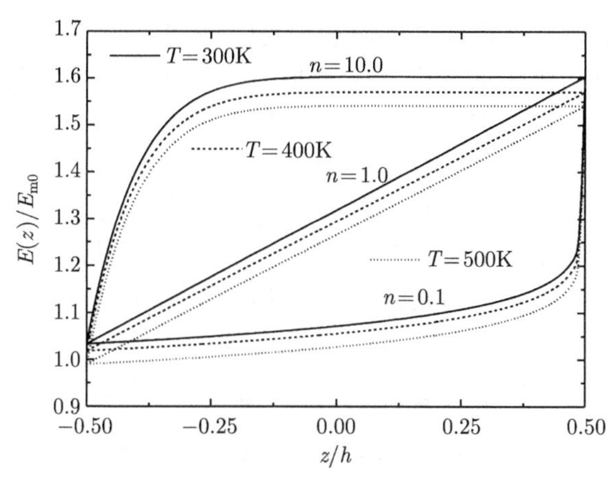

图 3.5.1　不同温度下功能梯度梁的弹性模量沿梁厚度方向的变化曲线 [563]

以下采用打靶法 [46] 数值分析功能梯度梁的静态力学行为。

首先说明打靶法的有效性和可靠性。本节得到的夹紧功能梯度梁的临界屈曲热载荷数值解与 3.3 节所得精确解的比较如图 3.5.2 所示。显然，二者吻合良好，说明打靶法是有效和可靠的。

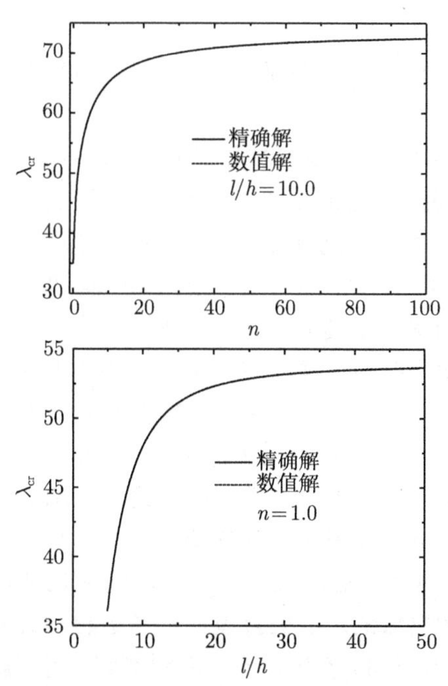

图 3.5.2　本节所得夹紧功能梯度梁的临界屈曲热载荷数值解与 3.3 节所得精确解的比较 [560]

图 3.5.3 所示是一阶梁理论下不同长高比 l/h 时，夹紧功能梯度梁的临界屈曲温度 λ_{cr} 随梯度指数 n 的变化曲线，其中包括了经典梁理论的结果。实线表示不考虑温度依赖性 (用 TID 表示) 时的结果，虚线则是考虑温度依赖性 (用 TD 表示) 时的结果。显然，在梯度指数 n 从 0 开始增加之初，临界屈曲温度急剧增高，然后趋于平缓，直至接近陶瓷梁的结果，这是因为陶瓷的弹性模量高于金属。从图中还可以看出，随着梁长高比 l/h 的增大，临界屈曲温度也增高，直至接近经典梁理论的结果，这是因为经典梁理论忽略了横向剪切变形。

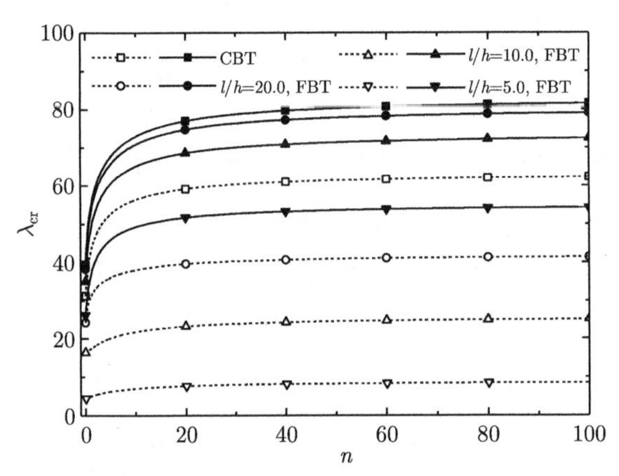

图 3.5.3 夹紧功能梯度梁的临界屈曲温度 λ_{cr} 随梯度指数 n 的变化曲线 [563]

图 3.5.4 所示是两端夹紧功能梯度梁的过屈曲路径。其中，实线表示不考虑温度依赖性 (用 TID 表示) 时的结果，虚线则是考虑温度依赖性 (用 TD 表示) 时的结果。图 3.5.4(a) 表示不同梯度指数 n 时剪切梁的结果；图 3.5.4(b) 是不同长高比 l/h 时剪切梁的结果；图 3.5.4(c) 是不同梯度指数 n 时经典梁的结果；图 3.5.4(d) 是两种不同梁理论结果的比较。图 3.5.4(a) 和 (c) 也给出了纯陶瓷梁和纯金属梁的结果。和预料的一样，图 3.5.4(a) 中功能梯度梁表现出与均匀材料梁类似的过屈曲挠度–载荷曲线，功能梯度梁的无量纲跨中挠度介于陶瓷梁和金属梁之间，这显然是因为陶瓷具有最大的弹性模量而金属具有最小的弹性模量。图 3.5.4(c) 中的经典梁理论结果也有类似的结论。从图 3.5.4(b) 可以看出，随着梁长高比 l/h 的增大，梁的无量纲过屈曲挠度降低，这显然是因为随着梁长高比 l/h 的增大，横向剪切变形的影响减小。因此，与剪切变形梁相比，经典梁有着更高的临界屈曲温度和更低的过屈曲挠度，当考虑材料性质的温度依赖性时，更是如此 (图 3.5.4(d))。在图 3.5.4 中，还可以观察到，考虑材料性质温度依赖性的梁，其临界屈曲温度更低；与临界屈曲温度相反，考虑材料性质温度依赖性的梁具有更大的挠度。

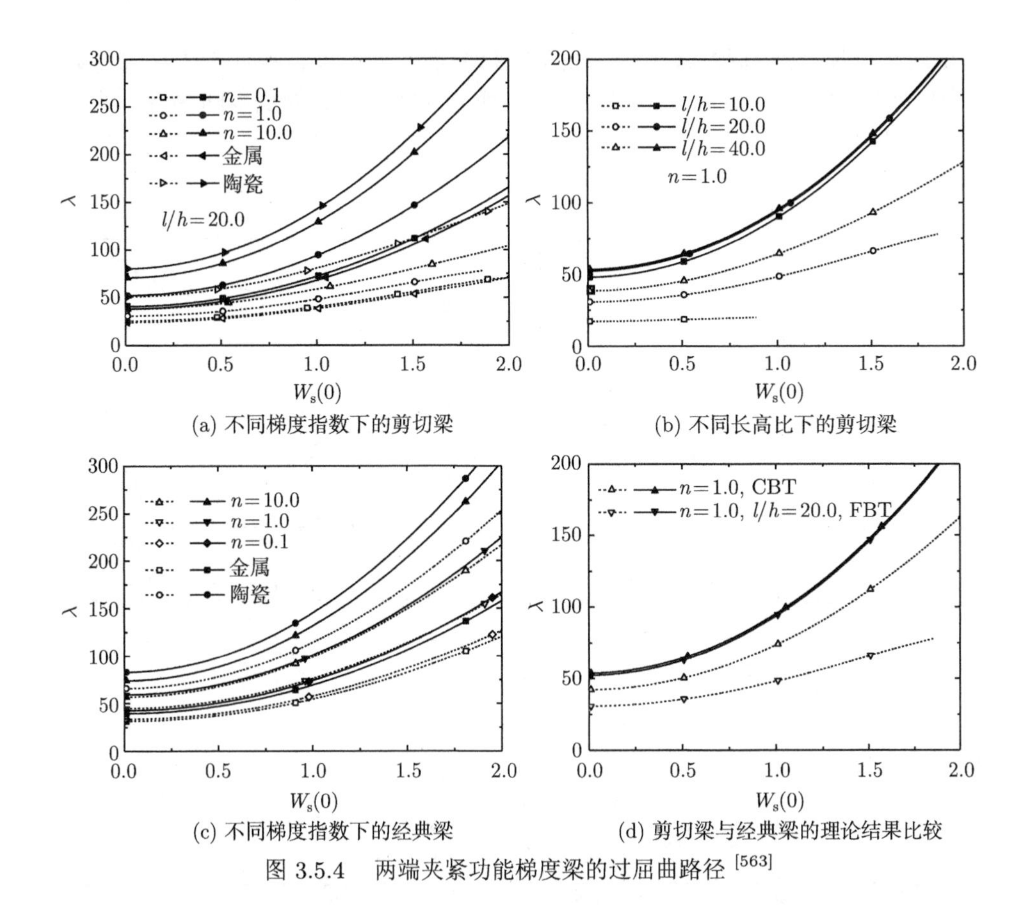

图 3.5.4　两端夹紧功能梯度梁的过屈曲路径 [563]

图 3.5.5 所示为一阶梁理论下两端简支功能梯度梁中点处的无量纲挠度随热载荷的变化规律。在图 3.5.5(d) 中也给出了经典梁理论结果。很明显，在面内热载荷作用下，两端简支功能梯度梁表现出与图 3.5.4 所示两端夹紧功能梯度梁完全不同的热变形行为。无论热载荷多小，总有横向挠度产生，而不会发生分支屈曲现象，这不仅验证了 3.3 节的结果，而且进一步证实了已有文献 [294,564−567] 的结论。另外，在面内热载荷作用下，两端简支功能梯度梁的挠度–热载荷曲线存在两个不同的解支，这非常类似于文献 [569] 中关于非完善梁的力学行为。对某些特定范围的载荷，同一载荷可以对应三个不同的挠度值，也就是说，两端简支功能梯度梁可以存在三个不同的变形构型，如图 3.5.6 所示。如文献 [569] 中所述，三者中挠度最小的构型将是不稳定的。

图 3.5.7 和图 3.5.8 进一步反映了长高比 l/h 和梯度指数 n 这两类参数对简支功能梯度梁挠度–热载荷曲线的影响。很明显，当考虑材料性质温度依赖性 (TD) 时，横向剪切变形对梁挠度–热载荷曲线的影响很强烈。当材料性质与温度无关 (TID) 时，不同长高比 l/h 下的结果几乎没有差别。图 3.5.8 表明，梯度指

数 n 对梁挠度–热载荷曲线的影响几乎与材料性质的温度依赖性无关（挠度数值大小除外）。图 3.5.9 所示是不同梁理论下简支功能梯度梁的挠度随热载荷的变化曲线。很明显，材料性质的温度依赖性更加凸显了横向剪切变形对梁挠度–热载荷曲线的影响。

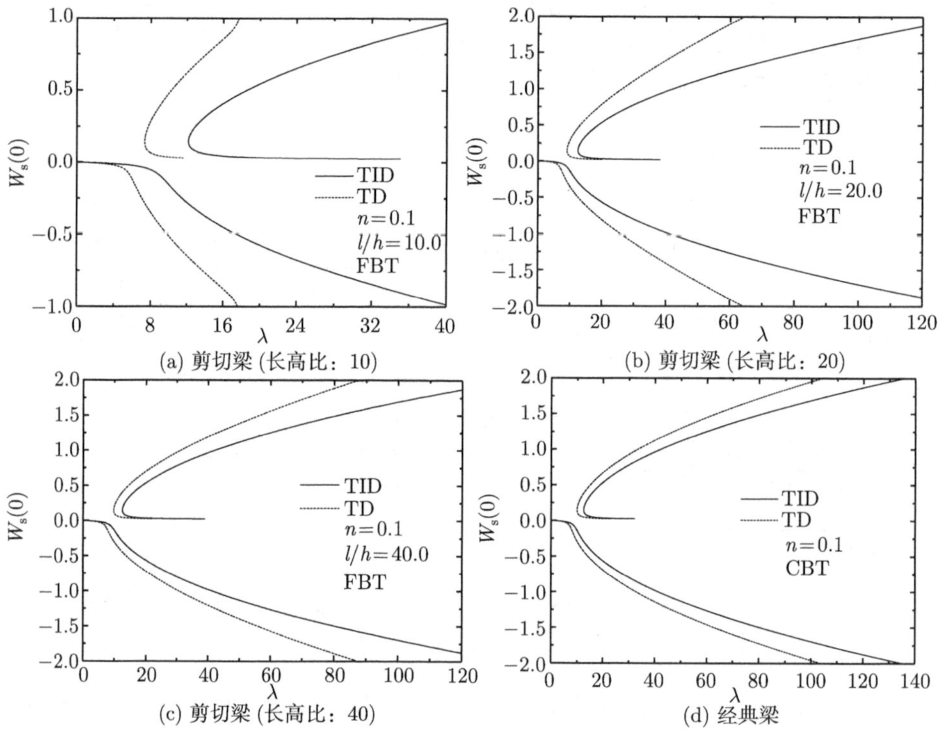

(a) 剪切梁 (长高比：10) (b) 剪切梁 (长高比：20)

(c) 剪切梁 (长高比：40) (d) 经典梁

图 3.5.5 两端简支功能梯度梁中点处的无量纲扰度随热载荷的变化规律（挠度–热载荷曲线）[563]

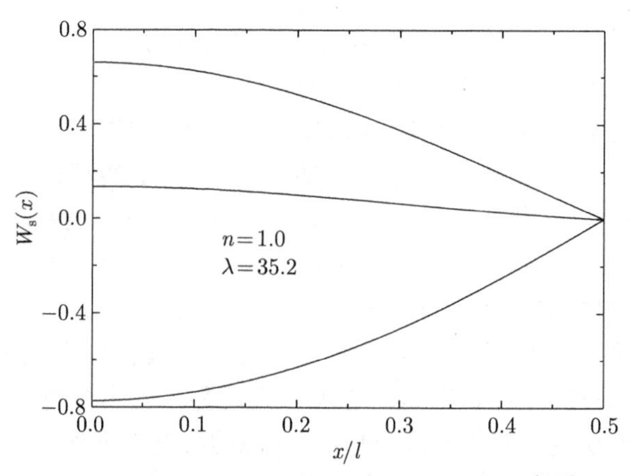

图 3.5.6 两端简支功能梯度梁的弯曲构型 [563]

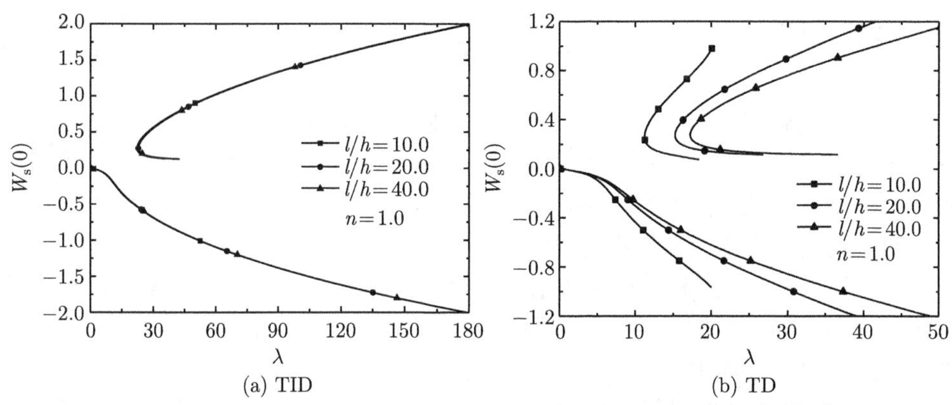

(a) TID (b) TD

图 3.5.7 长高比对简支功能梯度梁挠度–热载荷曲线的影响规律 [563]

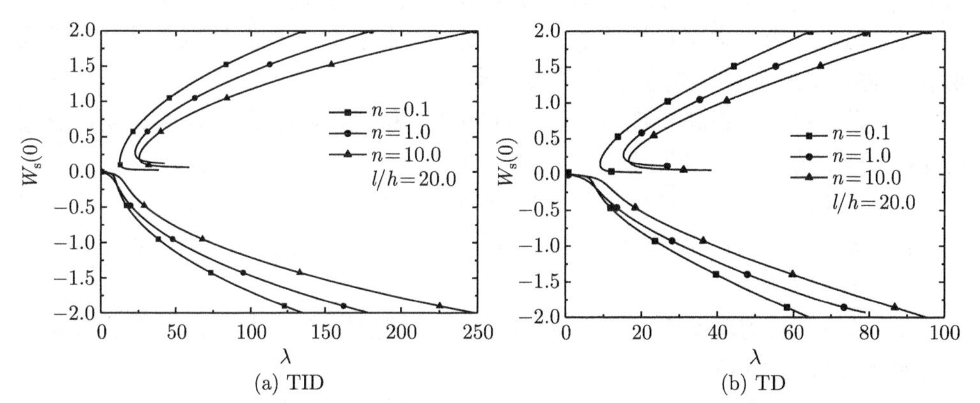

(a) TID (b) TD

图 3.5.8 梯度指数对简支功能梯度梁挠度–热载荷曲线的影响规律 [563]

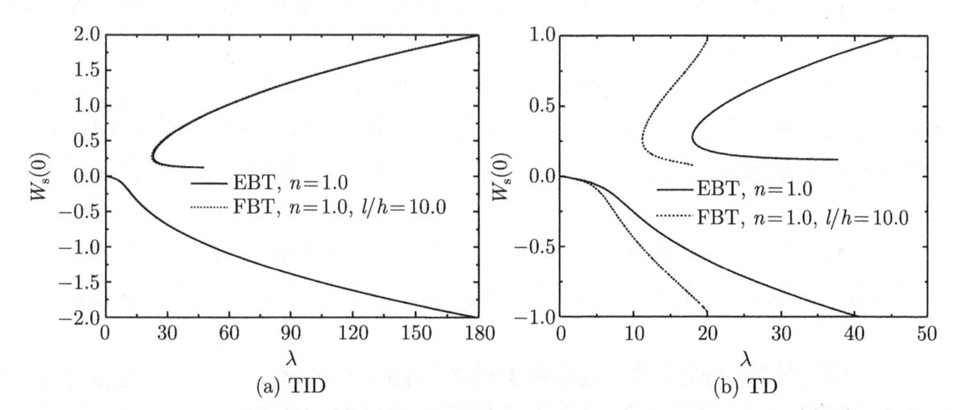

(a) TID (b) TD

图 3.5.9 不同梁理论下简支功能梯度梁的挠度随热载荷的变化规律 [563]

本节讨论得出与 3.3 节相同的结论，即面内热载荷作用下两端简支功能梯度梁具有复杂的弯曲变形行为。

3.6 本章小结

本章首先研究了均匀面内热载荷作用和纵横向力载荷下，功能梯度梁的非线性静态问题，给出了闭合形式的精确解；然后，数值分析了考虑材料性质温度依赖性时，功能梯度梁的非线性静动态问题。

对于均匀面内热载荷作用情况而言：

(1) 无论是否考虑材料性质的温度依赖性，两端夹紧功能梯度梁都具有典型的热过屈曲行为。对材料性质介于陶瓷和金属之间的功能梯度材料梁而言，其挠度也在陶瓷梁和金属梁之间。

(2) 无论是否考虑材料性质的温度依赖性，两端简支功能梯度梁的挠度都从载荷作用之始便会产生，因此两端简支功能梯度梁不会发生分支屈曲。

(3) 无论是否考虑材料性质的温度依赖性，在参数 a 的不同取值区间，简支功能梯度梁都有许多不同的载荷–挠度解支。

(4) 无论是否考虑材料性质的温度依赖性，材料梯度指数 n 越大，两端夹紧功能梯度梁的临界屈曲温度越大，其挠度越小。

(5) 无论是否考虑材料性质的温度依赖性，随着功能梯度梁长高比 l/h 的增大，横向剪切变形的影响降低，因此，经典梁的临界屈曲温度和固有频率均高于剪切变形梁，而挠度正相反。

(6) 材料性质的温度依赖性会使功能梯度梁的挠度增大、临界屈曲热载荷减小。

对于纵横向力载荷作用情况而言：

(1) 在参数 a 的不同取值区间，功能梯度梁的轴向压力–挠度曲线有不同的解支。理论上，a 的取值区间有无限多个，因此功能梯度梁的轴向压力–挠度曲线解支也有无限多个。

(2) 在参数 a 的同一取值区间，梁对应两个不同的屈曲模态。对参数 a 的某一取值区间，同一个轴向载荷分别对应功能梯度梁的两个不同的变形构型。因此，横向载荷不仅影响功能梯度梁的横向挠度，还会使得功能梯度梁的变形行为发生本质变化。

(3) 当只有轴向载荷作用时，功能梯度梁表现出典型的过屈曲行为。

(4) 梁的长高比和材料梯度指数对梁的各解支数值大小以及临界屈曲载荷都有影响。

本章得到的功能梯度梁非线性静态问题的闭合形式解，能够显式地描述梁的非线性平衡路径，使得读者可以深入理解功能梯度梁的变形行为。另外，本章得到的精确解可以作为验证或改进各种近似理论或数值方法的基准。

第 4 章 功能梯度梁的非线性热振动

本章介绍热载荷作用下功能梯度梁的非线性变形构型附近的小幅振动问题。通过解析解和数值解，讨论材料性质、热载荷以及其他条件对功能梯度梁非线性热振动的影响。

4.1 功能梯度梁在热过屈曲构型附近的小幅振动

本节基于经典梁理论，研究面内均匀热载荷下两端夹紧过屈曲功能梯度梁的小幅振动问题。假定功能梯度梁在其静态变形构型附近的振动幅度是无限小的，故非线性偏微分方程 (3.1.10) 可以被简化为两组常微分方程，一组描述功能梯度梁的静态响应问题，另一组描述静态构型上的线性动态响应问题 [570−571]。前者可以单独求解，求解过程与 3.4 节完全类似；后者虽然是小幅振动，但其静动态位移是耦合的，仍然属于非线性问题。

设方程 (3.1.10) 中的位移 $u(x,t)$ 和 $w(x,t)$ 满足：

$$u(x,t)=u_{\mathrm{s}}(x)+u_{\mathrm{d}}(x,t) \tag{4.1.1a}$$

$$w(x,t)=w_{\mathrm{s}}(x)+w_{\mathrm{d}}(x,t) \tag{4.1.1b}$$

式中，$u_{\mathrm{s}}(x)$ 和 $w_{\mathrm{s}}(x)$ 表示静态位移 (静态变形构型)；$u_{\mathrm{d}}(x,t)$ 和 $w_{\mathrm{d}}(x,t)$ 表示静态构型上的动态位移。

考虑方程 (3.1.13)，可将方程 (3.1.10) 改写成位移形式，然后将式 (4.1.1) 代入，并略去关于动态位移 $u_{\mathrm{d}}(x,t)$ 和 $w_{\mathrm{d}}(x,t)$ 的非线性项，得到静态问题的平衡方程：

$$\frac{\mathrm{d}}{\mathrm{d}x}\left\{A_x\left[\frac{\mathrm{d}u_{\mathrm{s}}}{\mathrm{d}x}+\frac{1}{2}\left(\frac{\mathrm{d}w_{\mathrm{s}}}{\mathrm{d}x}\right)^2\right]-N^T\right\}=0 \tag{4.1.2a}$$

$$-D_x\frac{\mathrm{d}^4w_{\mathrm{s}}}{\mathrm{d}x^4}+\left\{A_x\left[\frac{\mathrm{d}u_{\mathrm{s}}}{\mathrm{d}x}+\frac{1}{2}\left(\frac{\mathrm{d}w_{\mathrm{s}}}{\mathrm{d}x}\right)^2\right]-N^T\right\}\frac{\mathrm{d}^2w_{\mathrm{s}}}{\mathrm{d}x^2}+q=0 \tag{4.1.2b}$$

线性动态问题的运动方程：

$$\frac{\partial}{\partial x}\left[A_x\left(\frac{\partial u_{\mathrm{d}}}{\partial x}+\frac{\mathrm{d}w_{\mathrm{s}}}{\mathrm{d}x}\frac{\partial w_{\mathrm{d}}}{\partial x}\right)\right]-\left(I_0\frac{\partial^2u_{\mathrm{d}}}{\partial t^2}-I_1\frac{\partial^3w_{\mathrm{d}}}{\partial x\,\partial t^2}\right)=0 \tag{4.1.3a}$$

$$
\begin{aligned}
&-D_x\frac{\partial^4 w_\mathrm{d}}{\partial x^4}+\left\{A_x\left[\frac{\mathrm{d}u_\mathrm{s}}{\mathrm{d}x}+\frac{1}{2}\left(\frac{\mathrm{d}w_\mathrm{s}}{\mathrm{d}x}\right)^2\right]-N^T\right\}\frac{\partial^2 w_\mathrm{d}}{\partial x^2}\\
&+A_x\left(\frac{\partial u_\mathrm{d}}{\partial x}+\frac{\mathrm{d}w_\mathrm{s}}{\mathrm{d}x}\frac{\partial w_\mathrm{d}}{\partial x}\right)\frac{\mathrm{d}^2 w_\mathrm{s}}{\mathrm{d}x^2}+\left(I_0\frac{\partial^2 u_\mathrm{d}}{\partial t^2}-I_1\frac{\partial^3 w_\mathrm{d}}{\partial x\partial t^2}\right)\frac{\mathrm{d}w_\mathrm{s}}{\mathrm{d}x}\\
&+\left(-I_1\frac{\partial^3 u_\mathrm{d}}{\partial x\partial t^2}+I_2\frac{\partial^4 w_\mathrm{d}}{\partial x^2\partial t^2}\right)-I_0\frac{\partial^2 w_\mathrm{d}}{\partial t^2}=0
\end{aligned}
\tag{4.1.3b}
$$

下面仅考虑横向自由振动。分析过程中，不考虑横向力载荷 q，并略去面内惯性和耦合惯性的影响。方程 (4.1.3) 可以被简化为

$$
\frac{\partial}{\partial x}\left[A_x\left(\frac{\partial u_\mathrm{d}}{\partial x}+\frac{\mathrm{d}w_\mathrm{s}}{\mathrm{d}x}\frac{\partial w_\mathrm{d}}{\partial x}\right)\right]=0 \tag{4.1.4a}
$$

$$
\begin{aligned}
&-D_x\frac{\partial^4 w_\mathrm{d}}{\partial x^4}+\left\{A_x\left[\frac{\mathrm{d}u_\mathrm{s}}{\mathrm{d}x}+\frac{1}{2}\left(\frac{\mathrm{d}w_\mathrm{s}}{\mathrm{d}x}\right)^2\right]-N^T\right\}\frac{\partial^2 w_\mathrm{d}}{\partial x^2}\\
&+A_x\left(\frac{\partial u_\mathrm{d}}{\partial x}+\frac{\mathrm{d}w_\mathrm{s}}{\mathrm{d}x}\frac{\partial w_\mathrm{d}}{\partial x}\right)\frac{\mathrm{d}^2 w_\mathrm{s}}{\mathrm{d}x^2}-I_0\frac{\partial^2 w_\mathrm{d}}{\partial t^2}=0
\end{aligned}
\tag{4.1.4b}
$$

从方程 (4.1.2a) 可得

$$
A_x\left[\frac{\mathrm{d}u_\mathrm{s}}{\mathrm{d}x}+\frac{1}{2}\left(\frac{\mathrm{d}w_\mathrm{s}}{\mathrm{d}x}\right)^2\right]-N^T=A_1 \tag{4.1.5}
$$

式中，积分常数 A_1 为

$$
A_1=\frac{A_x}{2l}\int_0^l\left(\frac{\mathrm{d}w_\mathrm{s}}{\mathrm{d}x^2}\right)^2\mathrm{d}x-N^T \tag{4.1.6}
$$

把式 (4.1.5) 和式 (4.1.6) 代入式 (4.1.2b)，可得

$$
D_x\frac{\mathrm{d}^4 w_\mathrm{s}}{\mathrm{d}x^4}+\left[N^T-\frac{A_x}{2l}\int_0^l\left(\frac{\mathrm{d}w_\mathrm{s}}{\mathrm{d}x}\right)^2\mathrm{d}x\right]\frac{\mathrm{d}^2 w_\mathrm{s}}{\mathrm{d}x^2}=0 \tag{4.1.7}
$$

很显然，式 (4.1.7) 就是方程 (3.4.11) 退化到经典梁理论的结果（忽略横向剪切变形），其中 w_s 表示经典梁理论下受面内热载荷作用的功能梯度梁的过屈曲构型。

对式 (4.1.4a) 关于 x 积分两次，得

$$u_{\mathrm{d}}=-\frac{1}{A_x}\int_0^x\frac{\mathrm{d}w_{\mathrm{s}}}{\mathrm{d}\eta}\frac{\partial w_{\mathrm{d}}}{\partial\eta}\mathrm{d}\eta+\frac{1}{A_x}xC_1(t)+C_2(t)\tag{4.1.8}$$

对两端轴向固定条件有 $u_{\mathrm{d}}(0,t)=u_{\mathrm{d}}(l,t)=0$，进而确定其中的常数：

$$C_1(t)=\frac{1}{l}\int_0^l\frac{\mathrm{d}w_{\mathrm{s}}}{\mathrm{d}x}\frac{\partial w_{\mathrm{d}}}{\partial x}\mathrm{d}x\tag{4.1.9a}$$

$$C_2(t)=0\tag{4.1.9b}$$

分别把式 (4.1.5)、式 (4.1.6)、式 (4.1.8) 和式 (4.1.9) 代入方程 (4.1.4b)，可得

$$\begin{aligned}&-D_x\frac{\partial^4w_{\mathrm{d}}}{\partial x^4}+\left[\frac{A_x}{2l}\int_0^l\left(\frac{\mathrm{d}w_{\mathrm{s}}}{\mathrm{d}x}\right)^2\mathrm{d}x-N^T\right]\frac{\partial^2w_{\mathrm{d}}}{\partial x^2}\\&+\frac{A_x}{l}\frac{\mathrm{d}^2w_{\mathrm{s}}}{\mathrm{d}x^2}\int_0^l\frac{\mathrm{d}w_{\mathrm{s}}}{\mathrm{d}x}\frac{\partial w_{\mathrm{d}}}{\partial x}\mathrm{d}x-I_0\frac{\partial^2w_{\mathrm{d}}}{\partial t^2}=0\end{aligned}\tag{4.1.10}$$

式 (4.1.10) 和式 (4.1.7) 即为两端夹紧功能梯度梁在热过屈曲构型附近小幅横向自由振动问题的控制方程。

假定为谐振动，即

$$w_{\mathrm{d}}(x,t)=\varphi(x)\mathrm{e}^{\mathrm{i}\Omega t}\tag{4.1.11}$$

式中，Ω 为固有频率；$\varphi(x)$ 为线性振动模态函数。利用式 (4.1.11) 消去式 (4.1.10) 中的时间变量，可得如下准静态振动方程：

$$D_x\frac{\mathrm{d}^4\varphi}{\mathrm{d}x^4}-\left[\frac{A_x}{2l}\int_0^l\left(\frac{\mathrm{d}w_{\mathrm{s}}}{\mathrm{d}x}\right)^2\mathrm{d}x-N^T\right]\frac{\mathrm{d}^2\varphi}{\mathrm{d}x^2}-\frac{A_x}{l}\frac{\mathrm{d}^2w_{\mathrm{s}}}{\mathrm{d}x^2}\int_0^l\frac{\mathrm{d}w_{\mathrm{s}}}{\mathrm{d}x}\frac{\mathrm{d}\varphi}{\mathrm{d}x}\mathrm{d}x-I_0\Omega^2\varphi=0\tag{4.1.12}$$

沿用 3.2 节 ~3.5 节定义的无量纲量，本节另外增加以下无量纲量：

$$W_{\mathrm{s}}=\frac{w_{\mathrm{s}}}{r},\quad W=\frac{\varphi}{r},\quad \varpi^2=\frac{I_0\Omega^2l^4}{D_x},$$

$$\omega^2=\frac{\rho_{\mathrm{m}}Al^4\Omega^2}{D_{\mathrm{m}}},\quad \bar{\tau}=t\sqrt{\frac{D_x}{I_0l^4}},\quad \tau=t\Lambda^{-1/2}$$

其中，$\Omega t=\varpi\bar{\tau}=\omega\tau$，$\varpi^2=\omega^2C_n$，$\Lambda=\dfrac{\rho_{\mathrm{m}}Al^4}{D_{\mathrm{m}}}$，$A=bh$，$C_n$ 是仅与材料梯度指数有关的常数。用 $F_1'=\dfrac{A_xr^2}{D_x}$ 代替 $F_1=\dfrac{A_xh^2}{D_x}$。可分别将式 (4.1.7) 和式 (4.1.12)

改写成如下无量纲形式：

$$\frac{\mathrm{d}^4 W_\mathrm{s}}{\mathrm{d}\xi^4}+\left[N-\frac{F_1'}{2}\int_0^l\left(\frac{\mathrm{d}W_\mathrm{s}}{\mathrm{d}\xi}\right)^2\mathrm{d}\xi\right]\frac{\mathrm{d}^2 W_\mathrm{s}}{\mathrm{d}\xi^2}=0 \tag{4.1.13}$$

$$\frac{\mathrm{d}^4 W}{\mathrm{d}\xi^4}+\left[N-\frac{F_1'}{2}\int_0^1\left(\frac{\mathrm{d}W_\mathrm{s}}{\mathrm{d}\xi}\right)^2\mathrm{d}\xi\right]\frac{\mathrm{d}^2 W}{\mathrm{d}\xi^2}-F_1'\frac{\mathrm{d}^2 W_\mathrm{s}}{\mathrm{d}\xi^2}\int_0^1\frac{\mathrm{d}W_\mathrm{s}}{\mathrm{d}\xi}\frac{\mathrm{d}W}{\mathrm{d}\xi}\mathrm{d}\xi-\varpi^2 W=0 \tag{4.1.14}$$

从 3.4 节分析可知，面内热载荷作用下，两端夹紧功能梯度梁无前屈曲耦合挠度，即在梁屈曲之前有 $W_\mathrm{s}(\xi)\equiv 0$。因此，梁屈曲前的横向小幅振动问题可以用下述方程表示：

$$\frac{\mathrm{d}^4 W}{\mathrm{d}\xi^4}+N\frac{\mathrm{d}^2 W}{\mathrm{d}\xi^2}-\varpi^2 W=0 \tag{4.1.15}$$

考虑两端夹紧功能梯度梁静态位移的边界条件：

$$W_\mathrm{s}(0)=W_\mathrm{s}(1)=0,\quad \frac{\mathrm{d}W_\mathrm{s}(0)}{\mathrm{d}\xi}=\frac{\mathrm{d}W_\mathrm{s}(1)}{\mathrm{d}\xi}=0$$

经过与 3.4 节类似的分析，单独求解方程 (4.1.13)，可以得到两端夹紧功能梯度梁的过屈曲构型解：

$$W(\xi)=c\left\{\frac{1-\cos k}{k-\sin k}\left[\sin(k\xi)-k\xi\right]-\cos(k\xi)+1\right\} \tag{4.1.16}$$

相应的特征方程为

$$2-2\cos k-k\sin k=0 \tag{4.1.17}$$

式中，$c=\pm\frac{2}{\sqrt{F_1'}}\sqrt{\frac{N}{k^2}-1}$；$k^2=N-\frac{F_1'}{2}\int_0^1\left(\frac{\mathrm{d}W_\mathrm{s}}{\mathrm{d}\xi}\right)^2\mathrm{d}\xi$ 。

设无量纲模态函数为

$$W(\xi)=W_\mathrm{h}(\xi)+W_\mathrm{p}(\xi) \tag{4.1.18}$$

式中，$W_\mathrm{h}(\xi)$ 为齐次解：

$$W_\mathrm{h}(\xi)=d_1\sin(r_1\xi)+d_2\cos(r_1\xi)+d_3\sinh(r_2\xi)+d_4\cosh(r_2\xi) \tag{4.1.19}$$

$W_\mathrm{p}(\xi)$ 为特解：

$$W_\mathrm{p}(\xi)=d_5\frac{\mathrm{d}^2 W_\mathrm{s}}{\mathrm{d}\xi^2} \tag{4.1.20}$$

式中，$d_i(i=1,2,3,4,5)$ 是常数；参数 r_1 和 r_2 分别为

$$r_1=\left(\frac{k^2}{2}+\frac{1}{2}\sqrt{k^4+4\varpi^2}\right)^{1/2},\quad r_2=\left(-\frac{k^2}{2}+\frac{1}{2}\sqrt{k^4+4\varpi^2}\right)^{1/2} \tag{4.1.21}$$

将式 (4.1.18) 代入方程 (4.1.14)，并注意：

$$\begin{aligned}r_1^4-k^2r_1^2-\varpi^2=r_1^2\left(r_1^2-k^2\right)-\varpi^2=0\\ r_2^4+k^2r_2^2-\varpi^2=r_2^2\left(r_2^2+k^2\right)-\varpi^2=0\end{aligned}$$

便可得

$$\begin{aligned}&d_5\left[\frac{\mathrm{d}^6W_\mathrm{s}}{\mathrm{d}\xi^6}+k^2\frac{\mathrm{d}^4W_\mathrm{s}}{\mathrm{d}\xi^4}-\varpi^2\frac{\mathrm{d}^2W_\mathrm{s}}{\mathrm{d}\xi^2}+F_1'\frac{\mathrm{d}^2W_\mathrm{s}}{\mathrm{d}\xi^2}\int_0^1\left(\frac{\mathrm{d}^2W_\mathrm{s}}{\mathrm{d}\xi^2}\right)^2\mathrm{d}\xi\right]\\ &=F_1'\frac{\mathrm{d}^2W_\mathrm{s}}{\mathrm{d}\xi^2}\int_0^1\frac{\mathrm{d}W_\mathrm{s}}{\mathrm{d}\xi}\frac{\mathrm{d}W_\mathrm{h}}{\mathrm{d}\xi}\mathrm{d}\xi\end{aligned} \tag{4.1.22}$$

考虑式 (4.1.13)，式 (4.1.22) 可简化为

$$d_5\left[\varpi^2-F_1'\int_0^1\left(\frac{\mathrm{d}^2W_\mathrm{s}}{\mathrm{d}\xi^2}\right)^2\mathrm{d}\xi\right]+F_1'\int_0^1\frac{\mathrm{d}W_\mathrm{s}}{\mathrm{d}\xi}\frac{\mathrm{d}W_\mathrm{h}}{\mathrm{d}\xi}\mathrm{d}\xi=0 \tag{4.1.23}$$

对于两端夹紧功能梯度梁，其无量纲模态函数在梁端部有如下条件成立：

$$W(0)=W(1)=0,\quad \frac{\mathrm{d}W(0)}{\mathrm{d}\xi}=\frac{\mathrm{d}W(1)}{\mathrm{d}\xi}=0 \tag{4.1.24}$$

利用这些条件，可以推导出关于常数 d_i 的四个代数方程。为了便于讨论，并不失一般性，这里只考虑第一阶屈曲模态。从式 (4.1.23) 推导出的关于无量纲固有频率 ϖ 的特征方程为

$$d_5\left(\varpi^2-\frac{F_1'}{2}c^2k^4+F_1'c^2k^3f_1\right)=0 \tag{4.1.25}$$

式中，$f_1=-k\left\{\frac{r_1}{r_2^2}\left[-\bar{d}_1\left(\cos r_1-1\right)+\bar{d}_2\sin r_1\right]+\frac{r_2}{r_1^2}\left[\bar{d}_3\left(\cosh r_2-1\right)+\bar{d}_4\sinh r_2\right]\right\}$，

$$\bar{d}_1=-\bar{d}_3\frac{r_2}{r_1},\quad \bar{d}_2=\frac{\varpi\left(1+\cos r_1\right)\left(1-\cosh r_2\right)+r_2^2\sinh r_2\sin r_1}{2\varpi\left(\cosh r_2\cos r_1-1\right)+k^2\sinh r_2\sin r_1},$$

$$\bar{d}_3=-\frac{1}{\sinh r_2-\dfrac{r_2}{r_1}\sin r_1}\Big[1-\cos r_1+\left(\cosh r_2-\cos r_1\right)$$

$$\times \frac{\varpi\left(1-\cos r_1\right)\left(1+\cosh r_2\right)-r_1^2 \sinh r_2 \sin r_1}{2\varpi\left(\cosh r_2 \cos r_1-1\right)+k^2 \sinh r_2 \sin r_1}\Bigg],$$

$$\bar{d}_4=\frac{\varpi\left(1-\cos r_1\right)\left(1+\cosh r_2\right)-r_1^2 \sinh r_2 \sin r_1}{2\varpi\left(\cosh r_2 \cos r_1-1\right)+k^2 \sinh r_2 \sin r_1}$$

从式 (4.1.25) 可得

$$\varpi=2k^2\left[\left(\frac{N}{k^2}-1\right)f_2\right]^{1/2} \tag{4.1.26}$$

此即功能梯度梁过屈曲小幅振动时的频率–载荷关系，其中 $f_2=\dfrac{1}{2}-\dfrac{1}{k}f_1=\dfrac{1}{2}+\dfrac{r_1}{r_2^2}\left[-\bar{d}_1\left(\cos r_1-1\right)+\bar{d}_2\sin r_1\right]+\dfrac{r_2}{r_1^2}\left[\bar{d}_3\left(\cosh r_2-1\right)+\bar{d}_4\sinh r_2\right]$。

对于功能梯度梁屈曲前的横向小幅振动问题，式 (4.1.15) 的解可设为式 (4.1.19)，即

$$W(\xi)=d_1\sin\left(r_1\xi\right)+d_2\cos\left(r_1\xi\right)+d_3\sinh\left(r_2\xi\right)+d_4\cosh\left(r_2\xi\right) \tag{4.1.27}$$

利用条件式 (4.1.24)，可以得到梁屈曲前无量纲固有频率 ϖ 的特征方程：

$$\begin{vmatrix} 0 & 1 & 0 & 1 \\ \sin r_1 & \cos r_1 & \sinh r_2 & \cosh r_2 \\ r_1 & 0 & r_2 & 0 \\ r_1\cos r_1 & -r_1\sin r_1 & r_2\cosh r_2 & r_2\sinh r_2 \end{vmatrix}=0 \tag{4.1.28}$$

式中，$r_1r_2=\varpi, r_2^2-r_1^2=-k^2$。对于前屈曲状态，从 $k^2=N-\dfrac{F_1'}{2}\displaystyle\int_0^1\left(\frac{\mathrm{d}W_{\mathrm{s}}}{\mathrm{d}\xi}\right)^2\mathrm{d}\xi$ 可得，$k^2=N$。进而，从式 (4.1.28) 可得

$$2\varpi-2\varpi\cos r_1\cosh r_2-N\sin r_1\sinh r_2=0 \tag{4.1.29}$$

此即功能梯度梁在前屈曲状态时小幅振动的频率–载荷关系。

令式 (4.1.15) 中 $N=0$，可得功能梯度梁小幅自由振动方程：

$$\frac{\mathrm{d}^4W}{\mathrm{d}\xi^4}-\varpi^2W=0 \tag{4.1.30}$$

从式 (4.1.29) 可以直接得到无量纲固有频率 ϖ 的特征方程：

$$1-\cos\sqrt{\varpi}\cosh\sqrt{\varpi}=0 \tag{4.1.31}$$

首先根据式 (4.1.31) 计算均匀材料梁自由振动的固有频率，以验证本节所得结果。设 $n=0$ 并利用式 (4.1.31)，得到表 4.1.1 所示均匀材料梁自由振动的固有频率，与文献 [572] 的结果吻合良好。

表 4.1.1　均匀材料梁自由振动的固有频率

结果	固有频率 ϖ			
	1	2	3	4
文献 [572] 结果	22.373288	61.672829	120.903395	199.859434
本节结果	22.373290	61.672818	120.903392	199.859448

下面根据式 (4.1.26) 和式 (4.1.29)，计算功能梯度梁小幅振动固有频率。材料性质数据如表 2.1.1 所示，无量纲热载荷 $\lambda=12\left(\dfrac{l}{h}\right)^2\alpha_{\mathrm{m}}T$。图 4.1.1 所示是两端夹紧功能梯度梁的固有频率–热载荷曲线，其中包括屈曲前和屈曲后的结果。屈曲前，梁的固有频率随着热载荷的增加逐渐降低，直至为零。固有频率为零意味着梁的刚度降低为零，此时梁发生分支屈曲。过屈曲梁的固有频率则随着热载荷的增加而增大，说明过屈曲后梁的刚度随着热载荷的增加也在增大。

本节首先假设已屈曲或者过屈曲功能梯度梁的振动幅度无限小，将位移分解为静态和动态两部分，获得了功能梯度梁的静态问题和在静态构型之上线性动态响应问题。这两组问题是相互耦合的，可见，功能梯度梁的热过屈曲响应对其构型之上的动态响应是有影响的。进一步假设动态响应是谐振动，获得了热过屈曲功能梯度梁小幅振动的闭合形式精确解。利用这些解可以得到各阶模态函数和固有频率。

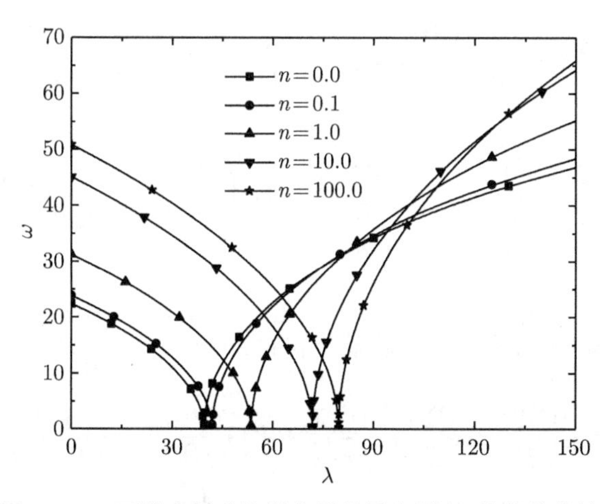

图 4.1.1　两端夹紧功能梯度梁的固有频率–热载荷曲线

4.2　材料性质的温度依赖性对已变形梁小幅振动的影响

在很多情况下，功能梯度材料性质是与温度相关的，4.1 节没有考虑这种情况。考虑材料性质的温度依赖性会使问题的分析难度加大。本节基于一阶剪切变形梁理论，利用打靶法，数值分析材料性质的温度依赖性、横向剪切变形、热载荷以及边界条件等因素对已变形功能梯度梁振动问题的影响。在本书作者工作 [563] 基础上，本节进行系统论述。

本节分析中，将图 3.1.1 中坐标系的原点移至梁轴线的中点，其余不变。组分材料的性质是温度的函数，如式 (3.5.5) 和式 (3.5.6) 所示。与 4.1 节相同，本节考虑一个叠加于功能梯度梁非线性静态变形之上的无限小动态变形，寻求方程 (3.5.1) 和方程 (3.5.2) 的如下形式解 [571−573]：

$$U(\xi,\tau)=U_{\mathrm{s}}(\xi)+U_{\mathrm{d}}(\xi,\tau) \tag{4.2.1a}$$

$$\varphi(\xi,\tau)=\varphi_{\mathrm{s}}(\xi)+\varphi_{\mathrm{d}}(\xi,\tau) \tag{4.2.1b}$$

$$W(\xi,\tau)=W_{\mathrm{s}}(\xi)+W_{\mathrm{d}}(\xi,\tau) \tag{4.2.1c}$$

式中，$U_{\mathrm{d}}(\xi,\tau)$、$\varphi_{\mathrm{d}}(\xi,\tau)$ 和 $W_{\mathrm{d}}(\xi,\tau)$ 是功能梯度梁非线性静态平衡构型附近的动态响应。

将式 (4.2.1) 代入方程 (3.5.1) 和方程 (3.5.2)，略去关于 $U_{\mathrm{d}}(\xi,\tau)$、$\varphi_{\mathrm{d}}(\xi,\tau)$ 和 $W_{\mathrm{d}}(\xi,\tau)$ 的非线性项，再考虑式 (3.5.3) 和式 (3.5.4)，可得如下关于 U_{d}、φ_{d} 和 W_{d} 的微分方程和边界条件：

$$\frac{\partial^2 U_{\mathrm{d}}}{\partial \xi^2}+\frac{\mathrm{d}^2 W_{\mathrm{s}}}{\mathrm{d}\xi^2}\frac{\partial W_{\mathrm{d}}}{\partial \xi}+\frac{\mathrm{d}W_{\mathrm{s}}}{\mathrm{d}\xi}\frac{\partial^2 W_{\mathrm{d}}}{\partial \xi^2}-F_3\frac{\partial^2 U_{\mathrm{d}}}{\partial \tau^2}-F_4\left(\frac{\partial^2 \varphi_{\mathrm{d}}}{\partial \tau^2}-\frac{\partial^3 W_{\mathrm{d}}}{\partial \xi\,\partial \tau^2}\right)=0 \tag{4.2.2a}$$

$$\frac{\partial^2 \varphi_{\mathrm{d}}}{\partial \xi^2}-\frac{\partial^3 W_{\mathrm{d}}}{\partial \xi^3}-\frac{1}{F_2}\varphi_{\mathrm{d}}-F_7\frac{\partial^2 U_{\mathrm{d}}}{\partial \tau^2}-F_8\left(\frac{\partial^2 \varphi_{\mathrm{d}}}{\partial \tau^2}-\frac{\partial^3 W_{\mathrm{d}}}{\partial \xi\,\partial \tau^2}\right)=0 \tag{4.2.2b}$$

$$\begin{aligned}
&(1+F_2\Re_{\mathrm{s}})\frac{\partial^4 W_{\mathrm{d}}}{\partial \xi^4}-\Re_{\mathrm{s}}\frac{\partial^2 W_{\mathrm{d}}}{\partial \xi^2}+F_1F_2\left(\frac{\partial U_{\mathrm{d}}}{\partial \xi}+\frac{\mathrm{d}W_{\mathrm{s}}}{\mathrm{d}\xi}\frac{\partial W_{\mathrm{d}}}{\partial \xi}\right)\frac{\mathrm{d}^4 W_{\mathrm{s}}}{\mathrm{d}\xi^4}\\
&+3F_5\left(\aleph_{\mathrm{d}}\frac{\mathrm{d}^3 W_{\mathrm{s}}}{\mathrm{d}\xi^3}+\frac{\partial \aleph_{\mathrm{d}}}{\partial \xi}\frac{\mathrm{d}^2 W_{\mathrm{s}}}{\mathrm{d}\xi^2}\right)-F_1\left(\frac{\partial U_{\mathrm{d}}}{\partial \xi}+\frac{\mathrm{d}W_{\mathrm{s}}}{\mathrm{d}\xi}\frac{\partial W_{\mathrm{d}}}{\partial \xi}\right)\frac{\mathrm{d}^2 W_{\mathrm{s}}}{\mathrm{d}\xi^2}\\
&+F_5\frac{\partial^2 \aleph_{\mathrm{d}}}{\partial \xi^2}\frac{\mathrm{d}W_{\mathrm{s}}}{\mathrm{d}\xi}-\frac{F_6}{\beta^2}\aleph_{\mathrm{d}}\frac{\mathrm{d}W_{\mathrm{s}}}{\mathrm{d}\xi}-\beta^2F_5\frac{\partial^4 W_{\mathrm{d}}}{\partial \xi^2\,\partial \tau^2}
\end{aligned}$$

$$+F_6\frac{\partial^2 W_{\rm d}}{\partial\tau^2}+F_7\frac{\partial^3 U_{\rm d}}{\partial\xi\partial\tau^2}+F_8\left(\frac{\partial^3\varphi_{\rm d}}{\partial\xi\partial\tau^2}-\frac{\partial^4 W_{\rm d}}{\partial\xi^2\partial\tau^2}\right)=0 \tag{4.2.2c}$$

$$U_{\rm d}=0,\quad W_{\rm d}=0,\quad \varphi_{\rm d}-\frac{\partial W_{\rm d}}{\partial\xi}=0\ \ (\text{夹紧端}) \tag{4.2.3a}$$

$$U_{\rm d}=0,\quad W_{\rm d}=0,\quad \frac{\partial\varphi_{\rm d}}{\partial\xi}-\frac{\partial^2 W_{\rm d}}{\partial\xi^2}=0\ \ (\text{简支端}) \tag{4.2.3b}$$

式中，$\Re_{\rm s}=F_1\left\{\frac{{\rm d}U_{\rm s}}{{\rm d}\xi}+\frac{1}{2}\left(\frac{{\rm d}W_{\rm s}}{{\rm d}\xi}\right)^2\right\}-N$；$\aleph_{\rm d}=\frac{\partial^2 U_{\rm d}}{\partial\tau^2}+\frac{F_4}{F_3}\left(\frac{\partial^2\varphi_{\rm d}}{\partial\tau^2}-\frac{\partial^3 W_{\rm d}}{\partial\xi\partial\tau^2}\right)$。

值得注意的是，这里求解静动态问题的方法并非通常用于线性问题的叠加法，而是一个解的分解过程 [571−572]：当将方程 (4.2.1) 代入方程 (3.5.1) 和方程 (3.5.2) 时，所得静态响应部分就是方程 (3.5.3) 和方程 (3.5.4)，再从原方程中减去这部分静态响应，并考虑非线性静态平衡构型附近的小幅振动，即可得到上述动态方程。求解时，先从方程 (3.5.3) 和方程 (3.5.4) 得到静态解，然后代入方程 (4.2.2) 和方程 (4.2.3) 求得动态解。

如果梁未发生屈曲或弯曲变形，则 $\varphi_{\rm s}(\xi)=W_{\rm s}(\xi)=0$。因此，方程 (4.2.2) 和方程 (4.2.3) 就构成了前屈曲功能梯度梁的线性振动方程。假设方程 (4.2.2) 和方程 (4.2.3) 具有如下形式的解 [571−572,574]：

$$\{U_{\rm d}(\xi,\tau),\varphi_{\rm d}(\xi,\tau),W_{\rm d}(\xi,\tau)\}=\{\bar u(\xi),\bar\varphi(\xi),\bar w(\xi)\}\,{\rm e}^{{\rm i}\omega\tau} \tag{4.2.4}$$

将式 (4.2.4) 代入方程 (4.2.2) 和方程 (4.2.3)，可得如下关于 $\bar u(\xi)$、$\bar\varphi(\xi)$ 和 $\bar w(\xi)$ 的常微分方程：

$$\frac{{\rm d}^2\bar u}{{\rm d}\xi^2}+\frac{{\rm d}^2W_{\rm s}}{{\rm d}\xi^2}\frac{{\rm d}\bar w}{{\rm d}\xi}+\frac{{\rm d}W_{\rm s}}{{\rm d}\xi}\frac{{\rm d}^2\bar w}{{\rm d}\xi^2}+F_3\omega^2\bar u+F_4\omega^2\left(\bar\varphi-\frac{{\rm d}\bar w}{{\rm d}\xi}\right)=0 \tag{4.2.5a}$$

$$\frac{{\rm d}^2\bar\varphi}{{\rm d}\xi^2}-\frac{{\rm d}^3\bar w}{{\rm d}\xi^3}-\frac{1}{F_2}\bar\varphi+F_7\omega^2\bar u+F_8\omega^2\left(\bar\varphi-\frac{{\rm d}\bar w}{{\rm d}\xi}\right)=0 \tag{4.2.5b}$$

$$\begin{aligned}&(1+F_2\Re_{\rm s})\frac{{\rm d}^4\bar w}{{\rm d}\xi^4}-\Re_{\rm s}\frac{{\rm d}^2\bar w}{{\rm d}\xi^2}+F_1F_2\left(\frac{{\rm d}\bar u}{{\rm d}\xi}+\frac{{\rm d}W_{\rm s}}{{\rm d}\xi}\frac{{\rm d}\bar w}{{\rm d}\xi}\right)\frac{{\rm d}^4W_{\rm s}}{{\rm d}\xi^4}\\&-F_1\left(\frac{{\rm d}\bar u}{{\rm d}\xi}+\frac{{\rm d}W_{\rm s}}{{\rm d}\xi}\frac{{\rm d}\bar w}{{\rm d}\xi}\right)\frac{{\rm d}^2W_{\rm s}}{{\rm d}\xi^2}-3F_5\omega^2\frac{\rm d}{{\rm d}\xi}\left(f\frac{{\rm d}^2W_{\rm s}}{{\rm d}\xi^2}\right)\\&-F_5\omega^2\frac{{\rm d}^2f}{{\rm d}\xi^2}\frac{{\rm d}W_{\rm s}}{{\rm d}\xi}+\frac{F_6}{\beta^2}\omega^2 f\frac{{\rm d}W_{\rm s}}{{\rm d}\xi}\end{aligned}$$

$$-F_7\omega^2\frac{\mathrm{d}\bar{u}}{\mathrm{d}\xi}-F_8\omega^2\left(\frac{\mathrm{d}\bar{\varphi}}{\mathrm{d}\xi}-\frac{\mathrm{d}^2\bar{w}}{\mathrm{d}\xi^2}\right)+\beta^2F_5\omega^2\frac{\mathrm{d}^2\bar{w}}{\mathrm{d}\xi^2}-F_6\omega^2\bar{w}=0 \tag{4.2.5c}$$

$$\bar{u}=0,\quad \bar{w}=0,\quad \bar{\varphi}-\frac{\mathrm{d}\bar{w}}{\mathrm{d}\xi}=0\quad (\text{夹紧端}) \tag{4.2.6a}$$

$$\bar{u}=0,\quad \bar{w}=0,\quad \frac{\mathrm{d}\bar{\varphi}}{\mathrm{d}\xi}-\frac{\mathrm{d}^2\bar{w}}{\mathrm{d}\xi^2}=0\quad (\text{简支端}) \tag{4.2.6b}$$

式中，$f=\bar{u}+\left(\bar{\varphi}-\dfrac{\mathrm{d}\bar{w}}{\mathrm{d}\xi}\right)$。

方程 (4.2.5)、方程 (4.2.6) 和功能梯度梁具有初始变形 U_{s}、φ_{s}、W_{s} 时的自由振动方程是相同的。这里的“初始变形”是未知的，必须通过求解耦合非线性问题式 (3.5.3) 和式 (3.5.4) 才能得到。同时，求解边值问题式 (3.5.3)、式 (3.5.4) 与式 (4.2.5)、式 (4.2.6)，即可得到梁的固有频率和模态函数。

以下采用打靶法进行数值分析。图 4.2.1 所示是本节数值解与 4.1 节精确解的比较，二者符合很好，说明打靶法用于本节的准静态问题求解也是可靠的。图 4.2.2 给出了热载荷 $\lambda=0$ 时，梁的无量纲固有频率随材料梯度指数 n 的变化曲线，其中包括经典梁理论结果。类似于图 3.5.3 给出的临界屈曲温度，功能梯度梁的固有频率也随着梯度指数 n 的增大而单调升高。

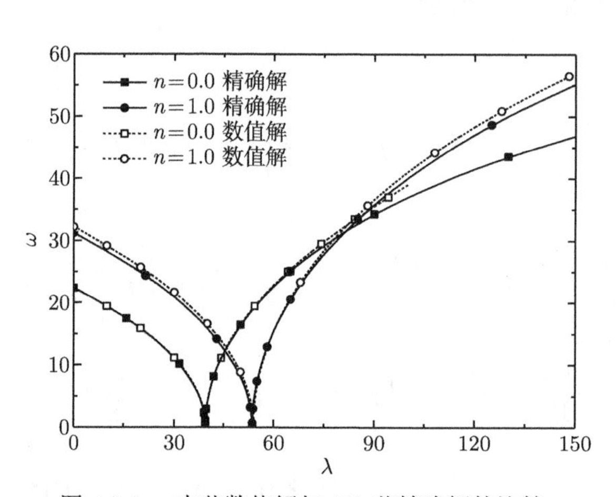

图 4.2.1　本节数值解与 4.1 节精确解的比较

图 4.2.3 给出了热载荷 $\lambda=0$ 时，梁的无量纲固有频率随长高比的变化曲线。正如所预想的，随着长高比的增大，梁的固有频率增大。这是因为随着梁长高比的增大，横向剪切变形的影响降低，梁的横向剪切刚度增大。图 4.2.4 所示是功能梯度梁的振动模态函数，它与材料梯度指数 n 无关。

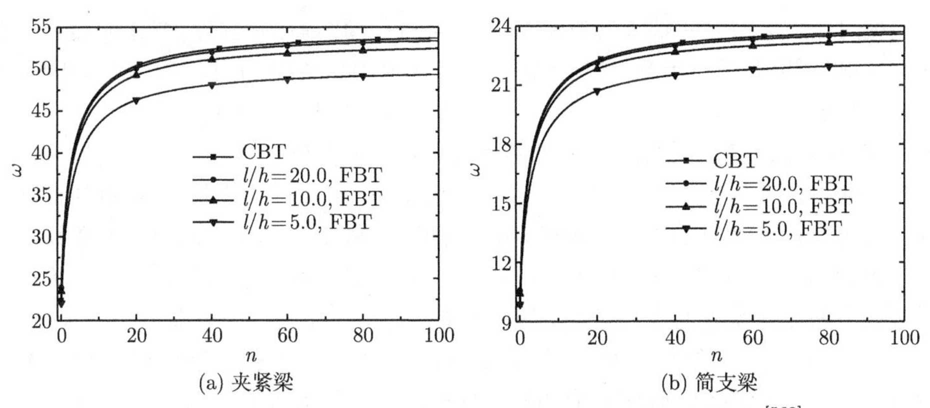

图 4.2.2　梁的无量纲固有频率随材料梯度指数 n 的变化曲线 [563]

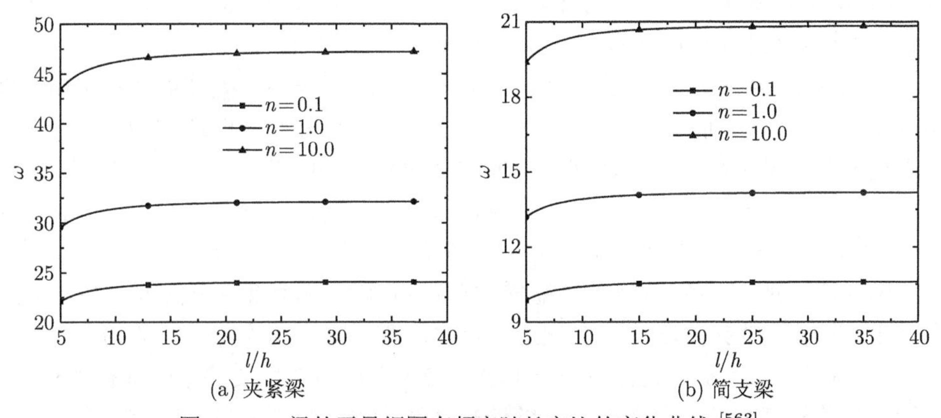

图 4.2.3　梁的无量纲固有频率随长高比的变化曲线 [563]

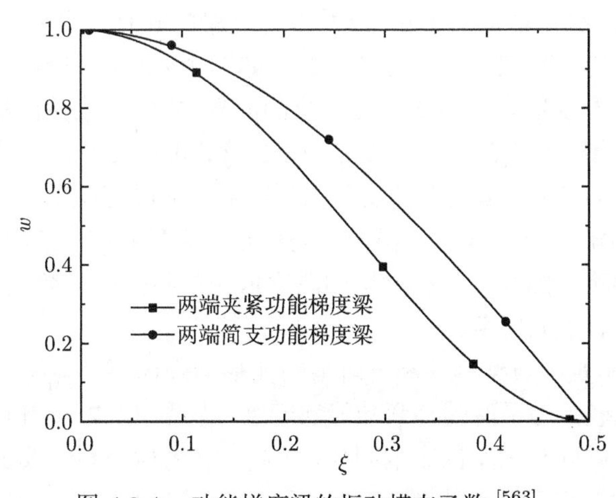

图 4.2.4　功能梯度梁的振动模态函数 [563]

图 4.2.5 所示为两端夹紧功能梯度梁的固有频率随热载荷的变化曲线，包括前屈曲和过屈曲两种状态。前四个分图为一阶梁理论的结果，后两个分图是经典梁理论的结果。在前屈曲状态下，固有频率随热载荷的增大而降低，直至趋于零，这时梁开始发生屈曲。无论材料性质是否依赖温度，这个现象都会发生。固有频率随着热载荷的增大而降低是因为热致压应力减弱了梁刚度。在过屈曲状态下，当考虑材料性质的温度依赖性时，梁的固有频率随热载荷的增大而单调升高(图 4.2.5(a)、图 4.2.5(c) 和图 4.2.5(e))，这与均匀材料梁或复合材料梁类似 [570,573]。固有频率随热载荷的增大而升高，表明已屈曲梁可以继续承受载荷而不是失效。类似分析也适用于考虑材料性质的温度依赖性时的经典梁理论结果（图 4.2.5(f)）。然而，当同时考虑横向剪切变形和材料性质的温度依赖性时，随着热载荷的增大，梁的固有频率先升高然后迅速降低，尤其是当梁的长高比 l/h 较小时，更是如此(图 4.2.5(b) 和图 4.2.5(d))。这个现象与图 4.2.5(a)、图 4.2.5(c) 和图 4.2.5(e) 所示情况不同，也与均匀材料梁或复合材料梁不同 [570,573]。

从图 4.2.5 可见，梁的固有频率–热载荷曲线在 $\lambda = \lambda_{\mathrm{cr}}$ 处连续而不可微，联系到图 3.5.4，不难看出，$\lambda = \lambda_{\mathrm{cr}}$ 是分支点，从该点开始梁就从初始的直线平衡状态进入第二平衡路径，即屈曲后的曲线平衡状态。可见，梁的前屈曲构型和过屈曲构型完全不同。从图 4.2.5(c) 可见，对于任意给定的热载荷 λ，梁的长高比 l/h 越大，其前屈曲频率也越高，而过屈曲频率则越低。

图 4.2.6 所示为两端简支功能梯度梁的固有频率随热载荷的变化曲线。与图 4.2.5 所示两端夹紧功能梯度梁结果相比，两端简支功能梯度梁的动态行为也很不同。从图 4.2.6(a) 和图 4.2.6(c) 可见，当不考虑材料性质的温度依赖性时，两端简支功能梯度梁的固有频率先是随着热载荷增加而降低，达到固有频率的最低值后，又随着热载荷的增加而升高。当同时考虑材料性质的温度依赖性和横向剪切变形时，随着热载荷增加，两端简支功能梯度梁的固有频率完全非单调变化。尤其是当梁的长高比 l/h 较小时，更是如此，如图 4.2.6(b) 和图 4.2.6(d) 所示。但是，材料性质的温度依赖性对简支经典梁的固有频率–热载荷曲线影响并不显著，如图 4.2.6(e) 及图 4.2.6(f) 所示。从图 4.2.6(c) 和图 4.2.6(d) 可以看出，考虑材料性质的温度依赖性时，横向剪切变形强烈影响梁的固有频率–热载荷曲线。当不考虑材料性质的温度依赖性时，横向剪切变形对功能梯度梁的固有频率–热载荷曲线几乎没有影响。因此，材料性质的温度依赖性和横向剪切变形均对功能梯度梁的动态行为具有重要影响。

图 4.2.7 所示是经典梁理论和一阶剪切变形梁理论下功能梯度梁的固有频率–热载荷曲线的比较。对于两端夹紧功能梯度梁，从图 4.2.7(a) 和图 4.2.7(b) 可见，横向剪切变形对梁固有频率的影响明显，尤其是在考虑材料性质的温度依赖性时。对于两端简支功能梯度梁，从图 4.2.7(c) 可见，横向剪切变形对梁的固有频率几

乎没有影响。同时考虑材料性质的温度依赖性和横向剪切变形时，横向剪切变形强烈影响梁的固有频率，如图 4.2.7(d) 所示。

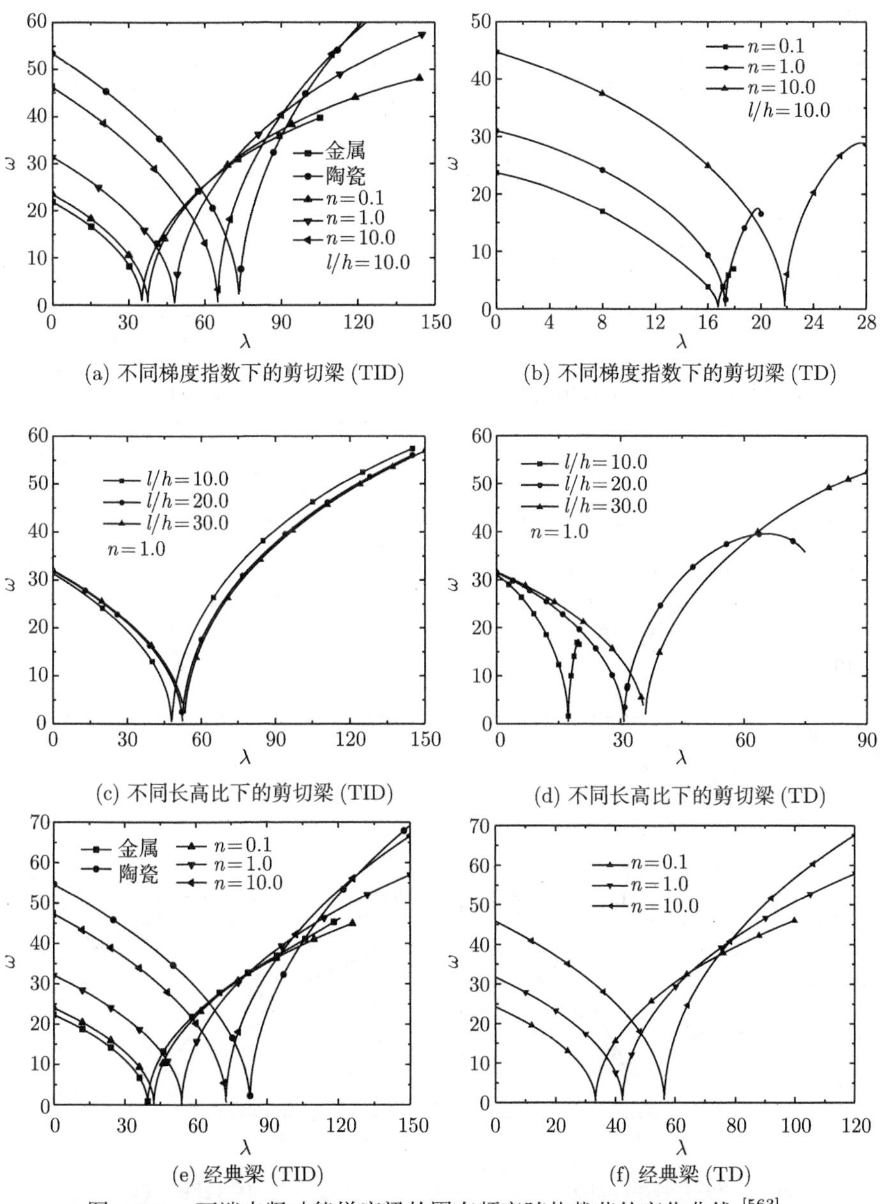

(a) 不同梯度指数下的剪切梁 (TID)　(b) 不同梯度指数下的剪切梁 (TD)

(c) 不同长高比下的剪切梁 (TID)　(d) 不同长高比下的剪切梁 (TD)

(e) 经典梁 (TID)　(f) 经典梁 (TD)

图 4.2.5　两端夹紧功能梯度梁的固有频率随热载荷的变化曲线 [563]

上述结果表明，同时考虑材料性质的温度依赖性和横向剪切变形时，功能梯度梁的固有频率–热载荷响应完全不同于均匀材料梁。文献 [563] 也有类似的结论。

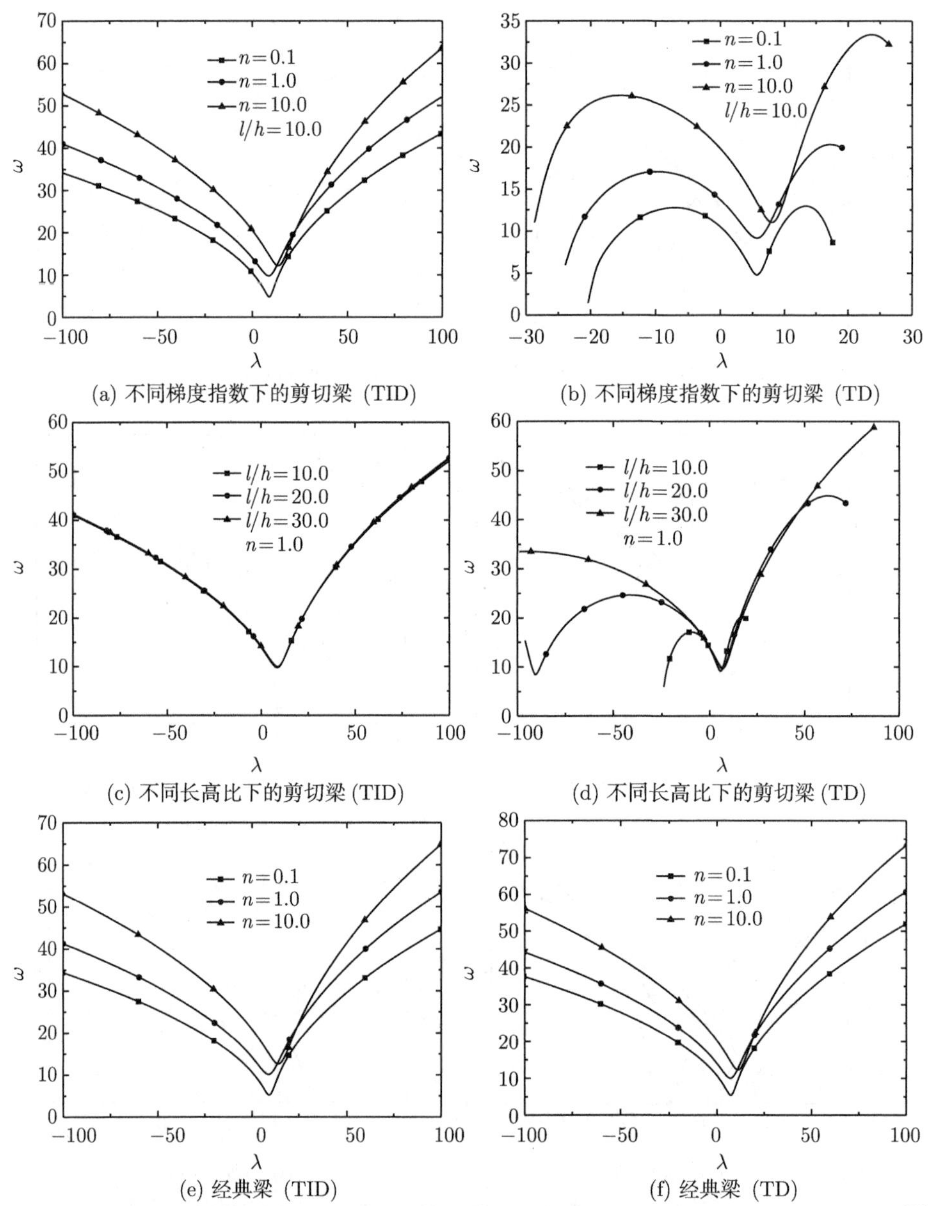

图 4.2.6　两端简支功能梯度梁的固有频率随热载荷的变化曲线（固有频率–热载荷曲线）[563]

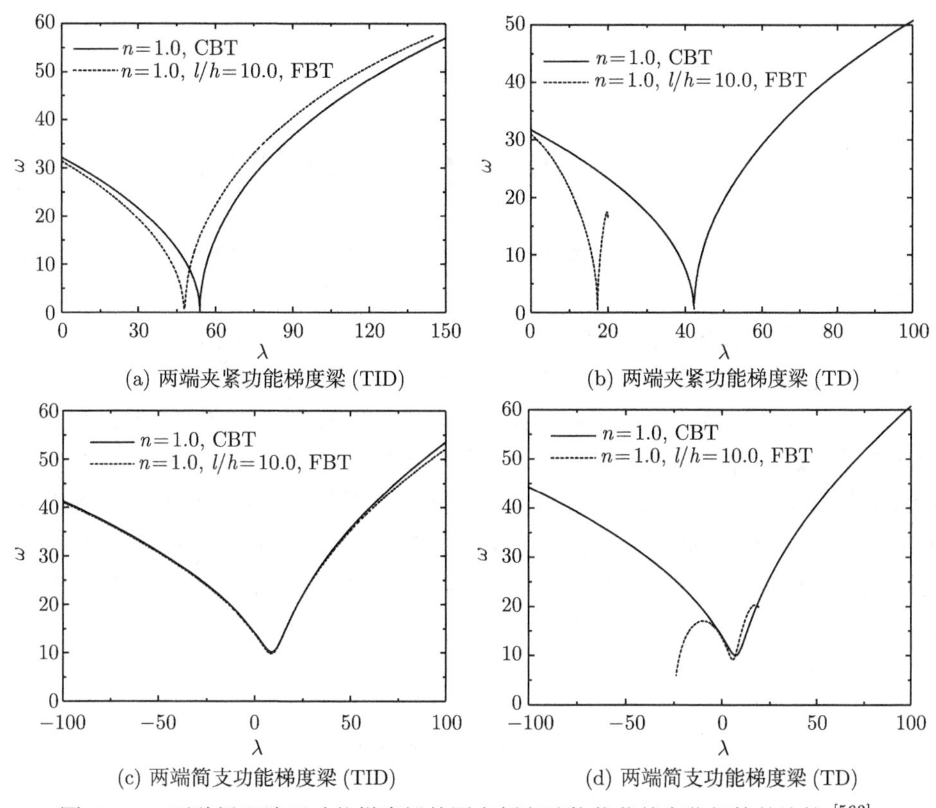

(a) 两端夹紧功能梯度梁 (TID)

(b) 两端夹紧功能梯度梁 (TD)

(c) 两端简支功能梯度梁 (TID)

(d) 两端简支功能梯度梁 (TD)

图 4.2.7 两种梁理论下功能梯度梁的固有频率随热载荷的变化规律的比较 [563]

4.3 本 章 小 结

本章解析和数值分析了均匀面内热载荷作用下，功能梯度梁非线性静态变形附近的小幅振动问题。结果表明：无论是否考虑材料性质的温度依赖性，随着梁长高比 l/h 的增大，横向剪切变形对梁固有频率的影响降低，因此经典梁的固有频率均高于剪切变形梁；当不考虑材料性质的温度依赖性时，随着材料梯度指数 n 的增加，功能梯度梁的无量纲固有频率升高；一般来说，材料性质的温度依赖性会使得梁的固有频率降低；功能梯度梁的热过屈曲变形对其过屈曲构型上的动态响应是有影响的。

第 5 章 功能梯度板的线性弯曲

第 5 章和第 6 章将研究功能梯度板的线性变形问题，包括弯曲、屈曲和小幅振动。

本章基于 Reddy 三阶剪切变形板理论 [47,574]，建立功能梯度板小挠度问题的基本方程，然后利用不同板理论之间板弯曲问题的基本方程在数学上的相似性，推导出各向同性板弯曲的经典板理论解与功能梯度板弯曲的三阶板理论解之间的解析关系。这些解析关系可以退化为功能梯度板弯曲的一阶板理论解及经典板理论解与各向同性板弯曲的经典板理论解之间的解析关系。假如已知各向同性板弯曲的经典板理论解（如挠度、临界载荷、固有频率等），利用这些解析关系就很容易得到功能梯度板弯曲在三阶、一阶以及经典板理论下的相应解，方便工程应用。此外，本章所建立的这些解析关系，还可以作为验证或改进各种近似理论或数值方法的基准。

5.1 常用的板理论

本节简要介绍几种常用的板理论。与各向同性均匀结构不同，层合复合结构分析会遇到理论模型的挑战。层合复合结构的性质会导致许多独特现象的出现，如层合复合结构整体变形在拉伸、弯曲及剪切等方面具有复杂的耦合效应。与面内刚度相比，这类结构的横向剪切刚度低，因此，即使在较小厚宽比的情况下，复合层合板也会表现出明显的横向剪切变形。横向剪切变形在层合复合结构分析中具有重要作用，需要更高阶的层合板理论 [575]。为此，人们提出了许多方法，以计入横向剪切变形及其他经典板理论所忽略的因素，如横向正应变等。这些方法大多用于各向同性板分析理论的拓展 [576]，如三维弹性模型、准三维模型以及各种二维剪–弯模型等。这些方法有其各自的优缺点 [577]。

本书仅讨论一类二维剪切变形板理论，其构造基于“假设法 (method of hypotheses)”。假设法是对 Kirchhoff 方法的延拓，引入一个厚度方向上关于位移、应变和（或）应力的假设。假设法的特点是物理概念清晰、使用简单，但是无法给出响应预测的误差估计。以下讨论的三种板理论均是通过引入厚度方向关于全局位移、应变和（或）应力的近似式，用等效单层各向异性板来代替层合板，即等效单层理论 (ESL)。等效单层理论把非均匀层合板静力等效为一个具有复杂本构行为的单层板，将连续的三维问题简化为二维问题 [576,578−579]。它通过假设一个关于板厚度坐标至少是 C^1 的位移场，利用虚位移原理，将控制方程用沿厚度方向积分后得到的应力合力（矩）表示。这些方程是二维的，其参考平面重合于层合板中面。

这类理论包括基于面内位移沿厚度方向呈线性分布的经典板理论和一阶板理论，也包括那些假设位移和（或）应变沿厚度方向呈非线性分布的高阶板理论。

（1）经典层合板理论（或称“经典板理论”）（classical laminated plate theory, CLPT）[578,580−584]。将 Kirchhoff 板理论 (classical plate theory, CPT) 拓展到复合层合板，其位移场为

$$\begin{cases} u(x,y,z,t) = u_0(x,y,t) - z\dfrac{\partial w_0}{\partial x} \\ v(x,y,z,t) = v_0(x,y,t) - z\dfrac{\partial w_0}{\partial y} \\ w(x,y,z,t) = w_0(x,y,t) \end{cases} \tag{5.1.1}$$

式中，$u_0(x,y,t)$、$v_0(x,y,t)$、$w_0(x,y,t)$ 分别表示板中面上任意一点沿 x、y、z 方向的位移。该位移场依然采用了 Kirchhoff 假设，即变形前垂直于中面的法线变形后还是法线，依然垂直于变形后的中面且保持为直线。Kirchhoff 假设排除了横向剪切变形以及横向法线拉伸变形的影响，也就是说，板的变形全都是由弯曲和面内拉伸引起的。横向剪切变形的影响被排除意味着完全排除了横向应力对结构力学行为的影响，正是这个原因限制了经典层合板理论的使用范围，导致它仅对薄复合层合板才能给出足够精确的结果。

（2）一阶剪切变形板理论（或称“一阶板理论”）（first-order shear deformation plate theory, FSPT）[578−580,585−587]。这个理论所基于的位移场为

$$\begin{cases} u(x,y,z,t) = u_0(x,y,t) + z\phi_x \\ v(x,y,z,t) = v_0(x,y,t) + z\phi_y \\ w(x,y,z,t) = w_0(x,y,t) \end{cases} \tag{5.1.2}$$

式中，ϕ_x 和 ϕ_y 分别表示横向法线关于 y 轴和 x 轴的转动角度。可见，一阶剪切变形板理论考虑了粗略的横向剪切变形，拓展了经典层合板理论的应用范围。一阶剪切变形板理论采用了板横截面上横向剪切应变为常数的假设。由于引入了这个关于剪切变形的假设，因此经典层合板理论中的法向约束得以放松。但也正是因为板横截面上的常数横向剪切应变假设，必须对一阶剪切变形板理论进行剪切修正 [588]，剪切修正系数与板的材料、几何参数、载荷以及边界条件都有关。

一阶剪切变形板理论和经典层合板理论的不同之处在于 ϕ_x 和 ϕ_y 均为独立的位移函数。从几何角度看，变形前板的中面法线在变形后仍然为直线，但产生了

偏转角度，不再是弯曲变形后板中面的法线了，这就反映了横向剪切变形的影响。

（3）三阶剪切变形板理论（或称“三阶板理论”）。如前所述，一阶剪切变形板理论仅引入了剪切变形的初步形式，无法反映板弯曲后横截面不再保持平面而发生翘曲的现象。为了能够精确地刻画层合板弯曲后的真实位移场，采用高阶位移模式是最直接的方法。在二阶以及高阶板理论中，板厚度方向的位移分量表达式采用了高次多项式（平方项或立方项）[47,574,589−599]。下面是一个广义三阶剪切变形板理论的位移场：

$$\begin{cases} u(x,y,z,t) = u_0 + z\phi_x + z^2\beta_x + z^3\gamma_x \\ v(x,y,z,t) = v_0 + z\phi_y + z^2\beta_y + z^3\gamma_y \\ w(x,y,z,t) = w_0 + z\phi_z + z^2\beta_z \end{cases} \tag{5.1.3}$$

式 (5.1.3) 所示位移场包含可供选择的 11 个未知函数，u_0、v_0、w_0 的意义同前；ϕ_x 和 ϕ_y 表示 $z=0$ 平面上横向法线的转动角度，即 $\phi_x = \dfrac{\partial u}{\partial z}(x,y,0,t)$，$\phi_y = \dfrac{\partial v}{\partial z}(x,y,0,t)$；$\phi_z$ 具有横向法线伸长的含义；β_x、β_y、β_z、γ_x 和 γ_y 表示高阶转动项。值得注意的是，由于高次多项式的使用，在高阶板理论中包含一些物理意义难以解释的附加未知量。

下面是 Reddy 给出的高阶板位移场 [595]：

$$\begin{cases} u(x,y,z,t) = u_0 + z\phi_x - z^2\left(\dfrac{1}{2}\dfrac{\partial \phi_z}{\partial x}\right) - z^3\left[c_1\left(\dfrac{\partial w_0}{\partial x} + \phi_x\right) + \dfrac{1}{3}\dfrac{\partial \beta_z}{\partial x}\right] \\ v(x,y,z,t) = v_0 + z\phi_y - z^2\left(\dfrac{1}{2}\dfrac{\partial \phi_z}{\partial y}\right) - z^3\left[c_1\left(\dfrac{\partial w_0}{\partial y} + \phi_y\right) + \dfrac{1}{3}\dfrac{\partial \beta_z}{\partial y}\right] \\ w(x,y,z,t) = w_0 + z\phi_z + z^2\beta_z \end{cases} \tag{5.1.4}$$

式中，$c_1=4/3h^2$，h 为板的厚度。式 (5.1.4) 所示位移场包含 7 个未知函数，提供了平方变化的横向剪应变，在板的上下表面横向剪应力为零。可见，三阶板理论无需进行剪切修正。

一般认为，位移模式的选取对于计算精度有很大影响。上述一阶板理论的缺陷在于，位移函数 u 和 v 只取到 z 的一次项。尽管所设取的两个角度是独立的，但由于无法描述横截面的翘曲现象，所给出的横向剪切变形仅是沿厚度方向的平均量。因此，对于横向剪切变形影响较大的平板弯曲问题，还需要进一步修正。从理论上讲，可以通过在位移函数中选取含有较高幂次项来达到一定的精度，但这样选取的未知位移函数增多，求解的方程数目也随之增多，使问题变得更复杂。因此，人们希望寻求一个既能较好地描述实际情况，保证一定的精度，又便于求解的简单易行的位移模式 [600]。

首先分析位移函数中二次项对计算精度的影响。取下面的位移函数：

$$\begin{cases} u(x,y,z) = u_0(x,y) + z\alpha_1 + z^2\beta_1 \\ v(x,y,z) = v_0(x,y) + z\alpha_2 + z^2\beta_2 \\ w(x,y,z) = w_0(x,y) + z\alpha_3 + z^2\beta_3 \end{cases} \tag{5.1.5}$$

从形式上看，式 (5.1.5) 要比一阶剪切变形板理论精确，但实际上，面内位移函数 u 和 v 中所含的二次项没有对剪切变形的影响提供更高的修正精度。这是因为，在剪切变形的影响下，位移函数 u 和 v 沿厚度方向的变化通常是反对称的形式，而二次项很难反映出横截面的翘曲情况。

下面再来分析另一种高阶板位移模式：

$$\begin{cases} u(x,y,z) = z\alpha_1 + z^3\beta_1 \\ v(x,y,z) = z\alpha_2 + z^3\beta_2 \\ w(x,y,z) = w_0 + z^2\beta_3 \end{cases} \tag{5.1.6}$$

式 (5.1.6) 包含了 z 的奇次方项，较好地描述了横截面由于剪切变形而引起的翘曲现象，同时，考虑了横向挤压变形的影响。但是，由于该位移模式忽略了面内变形模型的分布（z 的偶次方项），因此仅对于那些面内位移较小的问题才能给出满意的精度，对于面内、面外同时受载荷作用的弯曲问题，将会带来较大的误差。

文献 [577] 指出，为了减少高阶板理论未知函数的数量，可以采用两类简化方法：一是“半逆法”，首先假设横向剪应力的分布形式，然后或是采用本构关系推导面内位移的表达式，或是采用关于位移和横向应力的混合变分原理推导板的控制方程；二是在板的上下表面，给横向剪应力（剪应变）施加强迫型条件，这个方法首先被引入各向同性板中，后来许多研究者又将其用到了复合层合板中 [47,589,592,601–604]，尽管面内位移被假设成厚度坐标的三次函数，但是总的未知函数只有 5 个，与一阶板理论相同。

下面是 Reddy 基于第二类简化方法给出的简化高阶板理论 [47],其位移函数为

$$\begin{cases} u(x,y,z,t) = u_0 + z\phi_x - c_1 z^3\left(\dfrac{\partial w_0}{\partial x} + \phi_x\right) \\ v(x,y,z,t) = v_0 + z\phi_y - c_1 z^3\left(\dfrac{\partial w_0}{\partial y} + \phi_y\right) \\ w(x,y,z,t) = w_0 \end{cases} \tag{5.1.7}$$

这一理论能比较精确地描述层合板的变形，而且分析过程也不太复杂。它与式 (5.1.3) 所示位移场的区别仅在于把横向挠度在全板厚度上取为常数。由于横向

正应力的量级是面内正应力乘以板的厚宽比平方的量级，所以假设 w 沿板厚度方向不变是合理的 [605]。正是因为挠度函数的这一假设，独立变量的个数大为减少，从而简化了计算过程。广义位移的个数与一阶剪切变形板理论 (式 (5.1.2)) 相同，也是 5 个。这个位移模式在许多场合是合理的，如在弯曲问题中垂直于中面的载荷较小的情况、稳定问题和振动问题等。但是，在板很厚而且垂直于中面的载荷相当大时，ε_z 可达千分之几量级，这会引起较大误差，采用 $w(x,y,z,t)=w_0+z\phi_z+z^2\beta_z$ 为宜 [606]。另外，由于保留了 z^3 项，实质上式 (5.1.7) 相当于具有 7 个位移函数的位移模式。位移模式中 z^2 项为零，这对于对称铺层板壳的弯曲、稳定和振动问题，可以精确地得到满足；但对于不对称铺层板壳的弯曲问题，会带来一定的误差，不过在大多数场合误差较小，还是可以接受的。

从实用角度看，高于三阶的板理论没有太大价值，因为与求解复杂的方程所付出的代价相比，所得结果的精度提高太小 [575]。本章采用 Reddy 三阶剪切变形板理论 (式 (5.1.7))，以及一阶板理论位移场 (式 (5.1.2)) 和经典板理论位移场 (式 (5.1.1))。

5.2 功能梯度矩形板线性弯曲问题的解析关系

如同本章开篇所述，不同板理论之间，板弯曲问题的基本方程在数学上存在相似性。利用这种相似性，可以获得均匀各向同性板弯曲的经典解与功能梯度板弯曲的各阶理论解之间的解析关系，即用各向同性板弯曲的经典板理论解表示功能梯度板弯曲的经典板理论解、一阶板理论解和三阶板理论解。

下面简要总结各向同性板在不同板理论下弯曲问题解之间的关系。

5.2.1 不同板理论下各向同性板弯曲问题解之间的解析关系

Wang 等 [607−611] 分别研究了 Mindlin 板与 Kirchhoff 板弯曲问题解之间的解析关系。在文献 [607] 中给出了如下的挠度关系：

$$w^{\mathrm{M}}=w^{\mathrm{K}}+\frac{M^{\mathrm{K}}}{k^2G\bar{h}} \tag{5.2.1}$$

式中，上标 M 和 K 分别表示 Mindlin 板和 Kirchhoff 板理论下的物理量；$\bar{h}$ 表示等厚度板的厚度；k^2 表示剪切修正系数；M^{K} 为 Kirchhoff“矩和”(其具体含义见下文)；G 表示剪切弹性模量。这个关系仅适用于具有直线简支边界的多边形板，其边界上矩和 M^{K} 为零。对于具有自由边界的圆板或环板，矩和 M^{K} 在板边界上并不为零，文献 [609] 给出的结果是

$$w^{\mathrm{M}}=w^{\mathrm{K}}+\frac{M^{\mathrm{K}}-\bar{M}^{\mathrm{K}}}{k^2G\bar{h}} \tag{5.2.2}$$

式中，$\bar{M}^{\mathrm{K}}$ 是简支边上的 Kirchhoff “矩和”。

式 (5.2.1) 和式 (5.2.2) 显式地表达了剪切变形的影响。当不考虑剪切变形时，即取横向剪切模量为无穷大时，此两式均退化为经典板理论结果。

文献 [608] 将文献 [609] 的结果推广到变截面圆板或环板中。文献 [610] 延续了文献 [607] 的思路，将这种关系用到了 Lévy 板，并讨论了特定载荷形式下的结果。文献 [611] 分析了一类径向边界简支的环形扇面板。Wang 等 [612] 研究了两类较简单的考虑剪切变形的板理论——Reissner 板理论和 Mindlin 板理论之间的弯曲关系。尽管两者的基本假设以及具体公式有着本质的不同，但许多研究者还是“感觉”它们基本相似，因为不少文献中有“Reissner 一阶剪切变形板理论”的说法，或者将两者合在一起称为“Reissner-Mindlin 板理论”。两者最主要的区别在于，Reissner 板理论是在板横截面上的正应力呈线性分布和剪应力呈抛物线形式分布的假设下，利用应变余能的变分原理推导而出；Mindlin 板理论是在位移沿板厚度方向呈线性分布，且板横向不可伸长的假设下得到的。一般认为，一阶板理论即指位移沿板厚度方向呈线性分布。文献 [612] 所得到的弯曲关系显示出了两种理论的差别：

$$w^{\mathrm{Reissner}} - w^{\mathrm{M}} = -\frac{3\nu}{5Gh}M^{\mathrm{K}} \tag{5.2.3}$$

这是简支矩形板的结果。文献 [613] 也提到了类似的问题。Wang[614] 综述了关于 Mindlin 板与 Kirchhoff 板之间挠度、内力、屈曲载荷以及固有频率等解析关系的研究状况。

关于高阶板理论解与经典板理论解之间的关系，Reddy 等 [615] 研究了圆板轴对称弯曲问题，得到了三阶板理论解、一阶板理论解与经典板理论解之间的精确关系。要获得三阶板理论下圆板的轴对称弯曲问题的解，就必须先求解一个二阶微分方程。Reddy 等 [615] 求解了一个关于横向剪力的方程，获得了三阶板理论、一阶板理论与经典板理论下圆板轴对称弯曲问题解之间的精确关系。需要说明的是，除圆板的轴对称弯曲外，由于问题的复杂性，很难对其他形式板求得简单的代数关系式。针对具有简支边界的多边形板，Reddy 等 [616] 得到了三阶板理论与经典板理论下关于挠度的微分关系：

$$w^{\mathrm{K}} = w^{\mathrm{R}} - \frac{1}{Gh}\left(c_1 c_2 D\nabla^2 w^{\mathrm{R}} + c_5 M^{\mathrm{K}}\right) \tag{5.2.4}$$

式中，c_1、c_2 和 c_5 表示与材料性质以及板尺寸有关的常数；上标 K 和 R 分别表示 Kirchhoff 板理论和 Reddy 三阶板理论下的物理量；D 表示板的抗弯刚度；D^2 表示拉普拉斯算子。显然，当 c_1=0，c_5=1，并引入剪切修正系数，式 (5.2.4) 便可退化为一阶板理论解与经典板理论解之间的关系 (式 (5.2.1))。简支矩形板的具体算例表明，三阶板理论和一阶板理论几乎给出了同一个挠度值。文献 [617] 综述了一阶板理论解、三阶板理论解与经典板理论解之间的代数关系。

以上扼要地介绍了各向同性板在不同板理论下弯曲问题解之间的解析关系。2004 年，马连生 [521] 研究了功能梯度矩形板、圆板以及梁的小挠度弯曲问题，给出了不同板理论下弯曲问题解之间的解析关系。Li 等 [128] 基于经典板理论，推导了功能梯度板与均匀各向同性板弯曲、屈曲以及自由振动问题相应解之间的解析关系。万泽青等 [618] 研究了 Levinson 剪切变形板理论下功能梯度圆板弯曲挠度与经典板理论下均匀圆板弯曲挠度之间的解析关系。下面介绍功能梯度矩形板的线性弯曲问题。

5.2.2 三阶板理论下功能梯度矩形板的基本方程

考虑长度为 a、宽度为 b、厚度为 h 的金属–陶瓷功能梯度矩形板。在板的表面作用有分布横向载荷 q、面内边界压力 p_x 和 p_y，以及温度场 $T(z)$。

假设在板的厚度方向金属–陶瓷组分连续变化，板的材料性质 P（如弹性模量 E、质量密度 ρ、热膨胀系数 α 等）只沿板的厚度方向按式 (2.1.1) 变化。

下面考虑 Reddy 三阶剪切变形板理论下，功能梯度矩形板的线性弯曲问题。Reddy 三阶剪切变形板理论的位移场为 [47,574]

$$U_x(x,y,z,t)=u(x,y,t)+z\phi_x(x,y,t)-\beta z^3\left(\phi_x+\frac{\partial w}{\partial x}\right) \tag{5.2.5a}$$

$$U_y(x,y,z,t)=v(x,y,t)+z\phi_y(x,y,t)-\beta z^3\left(\phi_y+\frac{\partial w}{\partial y}\right) \tag{5.2.5b}$$

$$U_z(x,y,z,t)=w(x,y,t) \tag{5.2.5c}$$

式中，$u(x,y,t)$、$v(x,y,t)$、$w(x,y,t)$ 分别是板中面内任意一点沿 x、y、z 方向的位移；ϕ_x、ϕ_y 是变形前板的中面法线在变形中的转动角度；t 是时间；$\beta=4/(3h^2)$。令式 (5.2.5) 中 $\beta=0$，该式就退化为一阶剪切变形板理论的位移场。进一步，令一阶剪切变形板理论位移场中的 $\phi_x=-\dfrac{\partial w}{\partial x}$ 和 $\phi_y=-\dfrac{\partial w}{\partial y}$，该位移场就退化为经典板理论的位移场。

基于式 (5.2.5) 所示位移场的应变场为

$$\{\varepsilon\}=\left\{\varepsilon^{(0)}\right\}+z\left\{\varepsilon^{(1)}\right\}+z^3\left\{\varepsilon^{(3)}\right\} \tag{5.2.6a}$$

$$\{\gamma\}=\left\{\gamma^{(0)}\right\}+z^2\left\{\gamma^{(2)}\right\} \tag{5.2.6b}$$

式中，各量的具体表达式为

$$\left\{\varepsilon^{(0)}\right\}=\left\{\begin{array}{ccc}\varepsilon_x^{(0)} & \varepsilon_y^{(0)} & \gamma_{xy}^{(0)}\end{array}\right\}^{\mathrm{T}}=\left\{\begin{array}{ccc}\dfrac{\partial u}{\partial x} & \dfrac{\partial v}{\partial y} & \dfrac{\partial u}{\partial y}+\dfrac{\partial v}{\partial x}\end{array}\right\}^{\mathrm{T}} \tag{5.2.6c}$$

$$\{\varepsilon^{(1)}\}=\left\{\begin{array}{ccc}\varepsilon_x^{(1)} & \varepsilon_y^{(1)} & \gamma_{xy}^{(1)}\end{array}\right\}^{\mathrm{T}}=\left\{\begin{array}{ccc}\dfrac{\partial\phi_x}{\partial x} & \dfrac{\partial\phi_y}{\partial y} & \dfrac{\partial\phi_x}{\partial y}+\dfrac{\partial\phi_y}{\partial x}\end{array}\right\}^{\mathrm{T}} \tag{5.2.6d}$$

$$\begin{aligned}\{\varepsilon^{(3)}\}&=\left\{\begin{array}{ccc}\varepsilon_x^{(3)} & \varepsilon_y^{(3)} & \gamma_{xy}^{(3)}\end{array}\right\}^{\mathrm{T}}\\&=-\beta\left\{\begin{array}{ccc}\dfrac{\partial\phi_x}{\partial x}+\dfrac{\partial^2 w}{\partial x^2} & \dfrac{\partial\phi_y}{\partial y}+\dfrac{\partial^2 w}{\partial y^2} & \dfrac{\partial\phi_x}{\partial y}+\dfrac{\partial\phi_y}{\partial x}+2\dfrac{\partial^2 w}{\partial x\partial y}\end{array}\right\}^{\mathrm{T}}\end{aligned} \tag{5.2.6e}$$

$$\{\gamma^{(0)}\}=\left\{\begin{array}{cc}\gamma_{yz}^{(0)} & \gamma_{xz}^{(0)}\end{array}\right\}^{\mathrm{T}}=\left\{\begin{array}{cc}\phi_y+\dfrac{\partial w}{\partial y} & \phi_x+\dfrac{\partial w}{\partial x}\end{array}\right\}^{\mathrm{T}} \tag{5.2.6f}$$

$$\{\gamma^{(2)}\}=\left\{\begin{array}{cc}\gamma_{yz}^{(2)} & \gamma_{xz}^{(2)}\end{array}\right\}^{\mathrm{T}}=-3\beta\left\{\begin{array}{cc}\phi_y+\dfrac{\partial w}{\partial y} & \phi_x+\dfrac{\partial w}{\partial x}\end{array}\right\}^{\mathrm{T}} \tag{5.2.6g}$$

功能梯度板内力与应变的关系为

$$\left\{\begin{array}{c}\{N\}\\\{M\}\\\{P\}\end{array}\right\}=\left[\begin{array}{ccc}[A] & [B] & [E]\\ [B] & [D] & [F]\\ [E] & [F] & [H]\end{array}\right]\left\{\begin{array}{c}\{\varepsilon^{(0)}\}\\\{\varepsilon^{(1)}\}\\\{\varepsilon^{(3)}\}\end{array}\right\}-\left\{\begin{array}{c}\{N^T\}\\\{M^T\}\\\{P^T\}\end{array}\right\} \tag{5.2.7a}$$

$$\left\{\begin{array}{c}\{Q\}\\\{R\}\end{array}\right\}=\left[\begin{array}{cc}[A_1] & [D_1]\\ [D_1] & [F_1]\end{array}\right]\left\{\begin{array}{c}\{\gamma^{(0)}\}\\\{\gamma^{(2)}\}\end{array}\right\} \tag{5.2.7b}$$

式中，各量的具体表达式为

$$\{N\}=\{N_x\quad N_y\quad N_{xy}\}^{\mathrm{T}}=\int_{-h/2}^{h/2}\{\sigma_x\quad \sigma_y\quad \tau_{xy}\}^{\mathrm{T}}\,\mathrm{d}z \tag{5.2.7c}$$

$$\{M\}=\{M_x\quad M_y\quad M_{xy}\}^{\mathrm{T}}=\int_{-h/2}^{h/2}z\,\{\sigma_x\quad \sigma_y\quad \tau_{xy}\}^{\mathrm{T}}\,\mathrm{d}z \tag{5.2.7d}$$

$$\{P\}=\{P_x\quad P_y\quad P_{xy}\}^{\mathrm{T}}=\int_{-h/2}^{h/2}z^3\,\{\sigma_x\quad \sigma_y\quad \tau_{xy}\}^{\mathrm{T}}\,\mathrm{d}z \tag{5.2.7e}$$

$$\{Q\}=\{Q_y\quad Q_x\}^{\mathrm{T}}=\int_{-h/2}^{h/2}\{\tau_{yz}\quad \tau_{xz}\}^{\mathrm{T}}\,\mathrm{d}z \tag{5.2.7f}$$

$$\{R\}=\{R_y\quad R_x\}^{\mathrm{T}}=\int_{-h/2}^{h/2}z^2\,\{\tau_{yz}\quad \tau_{xz}\}^{\mathrm{T}}\,\mathrm{d}z \tag{5.2.7g}$$

$$\left\{N^T\right\}=\left\{N_x^T \quad N_y^T \quad N_{xy}^T\right\}^{\mathrm{T}}=\int_{-h/2}^{h/2}\frac{E\alpha T}{1-\nu}\left\{1 \quad 1 \quad 0\right\}^{\mathrm{T}}\mathrm{d}z \tag{5.2.7h}$$

$$\left\{M^T\right\}=\left\{M_x^T \quad M_y^T \quad M_{xy}^T\right\}^{\mathrm{T}}=\int_{-h/2}^{h/2}\frac{E\alpha T}{1-\nu}z\left\{1 \quad 1 \quad 0\right\}^{\mathrm{T}}\mathrm{d}z \tag{5.2.7i}$$

$$\left\{P^T\right\}=\left\{P_x^T \quad P_y^T \quad P_{xy}^T\right\}^{\mathrm{T}}=\int_{-h/2}^{h/2}\frac{E\alpha T}{1-\nu}z^3\left\{1 \quad 1 \quad 0\right\}^{\mathrm{T}}\mathrm{d}z \tag{5.2.7j}$$

式中，各刚度矩阵为

$$[A]=\begin{bmatrix}A_{11} & A_{12} & 0\\ A_{12} & A_{11} & 0\\ 0 & 0 & A_{66}\end{bmatrix},[B]=\begin{bmatrix}B_{11} & B_{12} & 0\\ B_{12} & B_{11} & 0\\ 0 & 0 & B_{66}\end{bmatrix},[D]=\begin{bmatrix}D_{11} & D_{12} & 0\\ D_{12} & D_{11} & 0\\ 0 & 0 & D_{66}\end{bmatrix}$$

$$[E]=\begin{bmatrix}E_{11} & E_{12} & 0\\ E_{12} & E_{11} & 0\\ 0 & 0 & E_{66}\end{bmatrix},[F]=\begin{bmatrix}F_{11} & F_{12} & 0\\ F_{12} & F_{11} & 0\\ 0 & 0 & F_{66}\end{bmatrix},[H]=\begin{bmatrix}H_{11} & H_{12} & 0\\ H_{12} & H_{11} & 0\\ 0 & 0 & H_{66}\end{bmatrix}$$

$$[A_1]=\begin{bmatrix}A_{44} & 0\\ 0 & A_{55}\end{bmatrix},[D_1]=\begin{bmatrix}D_{44} & 0\\ 0 & D_{55}\end{bmatrix},[F_1]=\begin{bmatrix}F_{44} & 0\\ 0 & F_{55}\end{bmatrix}$$

式中，$(A_{ij},B_{ij},D_{ij},E_{ij},F_{ij},H_{ij})=\int_{-h/2}^{h/2}Q_{ij}\left(1,z,z^2,z^3,z^4,z^6\right)\mathrm{d}z$，$Q_{11}=\dfrac{E}{1-\nu^2}$，$Q_{12}=\nu Q_{11}$，$Q_{44}=Q_{55}=Q_{66}=\dfrac{E}{2(1+\nu)}$。$A_{ij}$、$B_{ij}$ 和 $D_{ij}(i,\ j=1,\ 2,\ 6)$ 分别表示拉伸刚度、耦合刚度以及弯曲刚度，E_{ij}、F_{ij} 和 $H_{ij}(i,\ j=1,\ 2,\ 6)$ 表示更高阶的刚度，A_{ij}、D_{ij} 和 F_{ij} $(i,\ j=4,\ 5)$ 表示各阶剪切刚度。

内力与位移的关系可表述为

$$\begin{aligned}N_x=&A_{11}\left(\frac{\partial u}{\partial x}+\nu\frac{\partial v}{\partial y}\right)+\bar{B}_{11}\left(\frac{\partial \phi_x}{\partial x}+\nu\frac{\partial \phi_y}{\partial y}\right)\\&-\beta E_{11}\left(\frac{\partial^2 w}{\partial x^2}+\nu\frac{\partial^2 w}{\partial y^2}\right)-N_x^T\end{aligned} \tag{5.2.8a}$$

$$\begin{aligned}N_y=&A_{11}\left(\nu\frac{\partial u}{\partial x}+\frac{\partial v}{\partial y}\right)+\bar{B}_{11}\left(\nu\frac{\partial \phi_x}{\partial x}+\frac{\partial \phi_y}{\partial y}\right)\\&-\beta E_{11}\left(\nu\frac{\partial^2 w}{\partial x^2}+\frac{\partial^2 w}{\partial y^2}\right)-N_y^T\end{aligned} \tag{5.2.8b}$$

$$N_{xy} = A_{66}\left(\frac{\partial u}{\partial y} + \frac{\partial v}{\partial x}\right) + B_{66}\left(\frac{\partial \phi_x}{\partial y} + \frac{\partial \phi_y}{\partial x}\right) - \beta E_{66}\left(\frac{\partial \phi_x}{\partial y} + \frac{\partial \phi_y}{\partial x} + 2\frac{\partial^2 w}{\partial x \partial y}\right) \tag{5.2.8c}$$

$$M_x = B_{11}\left(\frac{\partial u}{\partial x} + \nu\frac{\partial v}{\partial y}\right) + \bar{D}_{11}\left(\frac{\partial \phi_x}{\partial x} + \nu\frac{\partial \phi_y}{\partial y}\right) - \beta F_{11}\left(\frac{\partial^2 w}{\partial x^2} + \nu\frac{\partial^2 w}{\partial y^2}\right) - M_x^T \tag{5.2.8d}$$

$$M_y = B_{11}\left(\nu\frac{\partial u}{\partial x} + \frac{\partial v}{\partial y}\right) + \bar{D}_{11}\left(\nu\frac{\partial \phi_x}{\partial x} + \frac{\partial \phi_y}{\partial y}\right) - \beta F_{11}\left(\nu\frac{\partial^2 w}{\partial x^2} + \frac{\partial^2 w}{\partial y^2}\right) - M_y^T \tag{5.2.8e}$$

$$M_{xy} = B_{66}\left(\frac{\partial u}{\partial y} + \frac{\partial v}{\partial x}\right) + D_{66}\left(\frac{\partial \phi_x}{\partial y} + \frac{\partial \phi_y}{\partial x}\right) - \beta F_{66}\left(\frac{\partial \phi_x}{\partial y} + \frac{\partial \phi_y}{\partial x} + 2\frac{\partial^2 w}{\partial x \partial y}\right) \tag{5.2.8f}$$

$$P_x = E_{11}\left(\frac{\partial u}{\partial x} + \nu\frac{\partial v}{\partial y}\right) + \bar{F}_{11}\left(\frac{\partial \phi_x}{\partial x} + \nu\frac{\partial \phi_y}{\partial y}\right) - \beta H_{11}\left(\frac{\partial^2 w}{\partial x^2} + \nu\frac{\partial^2 w}{\partial y^2}\right) - P_x^T \tag{5.2.8g}$$

$$P_y = E_{11}\left(\nu\frac{\partial u}{\partial x} + \frac{\partial v}{\partial y}\right) + \bar{F}_{11}\left(\nu\frac{\partial \phi_x}{\partial x} + \frac{\partial \phi_y}{\partial y}\right) - \beta H_{11}\left(\nu\frac{\partial^2 w}{\partial x^2} + \frac{\partial^2 w}{\partial y^2}\right) - P_y^T \tag{5.2.8h}$$

$$P_{xy} = E_{66}\left(\frac{\partial u}{\partial y} + \frac{\partial v}{\partial x}\right) + F_{66}\left(\frac{\partial \phi_x}{\partial y} + \frac{\partial \phi_y}{\partial x}\right) - \beta H_{66}\left(\frac{\partial \phi_x}{\partial y} + \frac{\partial \phi_y}{\partial x} + 2\frac{\partial^2 w}{\partial x \partial y}\right) \tag{5.2.8i}$$

$$Q_y = \bar{A}_{44}\left(\phi_y + \frac{\partial w}{\partial y}\right) \tag{5.2.8j}$$

$$Q_x = \bar{A}_{55}\left(\phi_x + \frac{\partial w}{\partial x}\right) \tag{5.2.8k}$$

$$R_y = \bar{D}_{44}\left(\phi_y + \frac{\partial w}{\partial y}\right) \tag{5.2.8l}$$

$$R_x = \bar{D}_{55}\left(\phi_x + \frac{\partial w}{\partial x}\right) \tag{5.2.8m}$$

式中，$\bar{B}_{11} = B_{11} - \beta E_{11}$，$\bar{D}_{11} = D_{11} - \beta F_{11}$，$\bar{F}_{11} = F_{11} - \beta H_{11}$，$\bar{A}_{44} = A_{44} - 3\beta D_{44}$，$\bar{A}_{55} = A_{55} - 3\beta D_{55}$，$\bar{D}_{44} = D_{44} - 3\beta F_{44}$，$\bar{D}_{55} = D_{55} - 3\beta F_{55}$。

利用 Hamilton 原理

$$\int_0^t \delta(E_\mathrm{k} - U - V)\mathrm{d}t = 0 \tag{5.2.9}$$

可推导出功能梯度矩形板的运动方程，其中应变能的变分为

$$\begin{aligned}\delta U =& \delta\left[\frac{1}{2}\int_\Omega \left(\sigma_x\varepsilon_x + \sigma_y\varepsilon_y + \tau_{xy}\gamma_{xy} + \tau_{yz}\gamma_{yz} + \tau_{xz}\gamma_{xz} - \sigma_x\alpha T - \sigma_y\alpha T\right)\mathrm{d}\Omega\right]\\ =& \iint_A \left[N_x\delta\varepsilon_x^{(0)} + N_y\delta\varepsilon_y^{(0)} + N_{xy}\delta\varepsilon_{xy}^{(0)} + Q_y\delta\gamma_{yz}^{(0)} + Q_x\delta\gamma_{xz}^{(0)} + M_x\delta\varepsilon_x^{(1)}\right.\\ &+ M_y\delta\varepsilon_y^{(1)} + M_{xy}\delta\varepsilon_{xy}^{(1)} + P_x\delta\varepsilon_x^{(3)} + P_y\delta\varepsilon_y^{(3)} + P_{xy}\delta\varepsilon_{xy}^{(3)} + R_y\delta\gamma_{yz}^{(2)}\\ &\left.+ R_x\delta\gamma_{xz}^{(2)}\right]\mathrm{d}A\end{aligned} \tag{5.2.10}$$

外力势能的变分为

$$\delta V = -\delta\iint_A \left[qw + \frac{1}{2}p_x\left(\frac{\partial w}{\partial x}\right)^2 + \frac{1}{2}p_y\left(\frac{\partial w}{\partial y}\right)^2\right]\mathrm{d}A \tag{5.2.11}$$

动能的变分为

$$\begin{aligned}\delta E_\mathrm{k} =& \delta\left\{\frac{1}{2}\int_\Omega \rho(z)\left[\left(\frac{\partial U_x}{\partial t}\right)^2 + \left(\frac{\partial U_y}{\partial t}\right)^2 + \left(\frac{\partial U_z}{\partial t}\right)^2\right]\mathrm{d}\Omega\right\}\\ =& \delta\left(\frac{1}{2}\iint_A \left\{I_0\left[\left(\frac{\partial u}{\partial t}\right)^2 + \left(\frac{\partial v}{\partial t}\right)^2 + \left(\frac{\partial w}{\partial t}\right)^2\right]\right.\right.\\ &+ 2I_1\left(\frac{\partial u}{\partial t}\frac{\partial \phi_x}{\partial t} + \frac{\partial v}{\partial t}\frac{\partial \phi_y}{\partial t}\right) + I_2\left[\left(\frac{\partial \phi_x}{\partial t}\right)^2 + \left(\frac{\partial \phi_y}{\partial t}\right)^2\right]\end{aligned}$$

$$
\begin{aligned}
&-2\beta I_3\left(\frac{\partial u}{\partial t}\frac{\partial \phi_x}{\partial t}+\frac{\partial v}{\partial t}\frac{\partial \phi_y}{\partial t}+\frac{\partial u}{\partial t}\frac{\partial^2 w}{\partial x\partial t}+\frac{\partial v}{\partial t}\frac{\partial^2 w}{\partial y\partial t}\right)\\
&-2\beta I_4\left[\left(\frac{\partial \phi_x}{\partial t}\right)^2+\left(\frac{\partial \phi_y}{\partial t}\right)^2+\frac{\partial \phi_x}{\partial t}\frac{\partial^2 w}{\partial x\partial t}+\frac{\partial \phi_y}{\partial t}\frac{\partial^2 w}{\partial y\partial t}\right]\\
&+\beta^2 I_6\left[\left(\frac{\partial \phi_x}{\partial t}\right)^2+\left(\frac{\partial \phi_y}{\partial t}\right)^2+2\frac{\partial \phi_x}{\partial t}\frac{\partial^2 w}{\partial x\partial t}\right.\\
&\left.\left.\left.+2\frac{\partial \phi_y}{\partial t}\frac{\partial^2 w}{\partial y\partial t}+\left(\frac{\partial^2 w}{\partial x\partial t}\right)^2+\left(\frac{\partial^2 w}{\partial y\partial t}\right)^2\right]\right\}\mathrm{d}A\right)\\
=&\iint_A\left[\left(I_0\frac{\partial u}{\partial t}+\bar{I}_1\frac{\partial \phi_x}{\partial t}-\beta I_3\frac{\partial^2 w}{\partial x\partial t}\right)\delta\left(\frac{\partial u}{\partial t}\right)\right.\\
&+\left(I_0\frac{\partial v}{\partial t}+\bar{I}_1\frac{\partial \phi_y}{\partial t}-\beta I_3\frac{\partial^2 w}{\partial y\partial t}\right)\delta\left(\frac{\partial v}{\partial t}\right)+I_0\frac{\partial w}{\partial t}\delta\left(\frac{\partial w}{\partial t}\right)\\
&+\left(\bar{I}_1\frac{\partial u}{\partial t}+\tilde{I}_2\frac{\partial \phi_x}{\partial t}-\beta\bar{I}_4\frac{\partial^2 w}{\partial x\partial t}\right)\delta\left(\frac{\partial \phi_x}{\partial t}\right)\\
&+\left(\bar{I}_1\frac{\partial v}{\partial t}+\tilde{I}_2\frac{\partial \phi_y}{\partial t}-\beta\bar{I}_4\frac{\partial^2 w}{\partial y\partial t}\right)\delta\left(\frac{\partial \phi_y}{\partial t}\right)\\
&-\left(\beta I_3\frac{\partial u}{\partial t}+\beta\bar{I}_4\frac{\partial \phi_x}{\partial t}-\beta^2 I_6\frac{\partial^2 w}{\partial x\partial t}\right)\delta\left(\frac{\partial^2 w}{\partial x\partial t}\right)\\
&\left.-\left(\beta I_3\frac{\partial v}{\partial t}+\beta\bar{I}_4\frac{\partial \phi_y}{\partial t}-\beta^2 I_6\frac{\partial^2 w}{\partial y\partial t}\right)\delta\left(\frac{\partial^2 w}{\partial y\partial t}\right)\right]\mathrm{d}A
\end{aligned}
\tag{5.2.12}
$$

式中，$(I_0,I_1,I_2,I_3,I_4,I_6)=\int_{-h/2}^{h/2}\rho(2)\left(1,z,z^2,z^3,z^4,z^6\right)\mathrm{d}z$；$\bar{I}_1=I_1-\beta I_3$；$\bar{I}_4=I_4-\beta I_6$；$\tilde{I}_2=I_2-\beta I_4+\beta^2 I_6$。

经过变分运算，可得板的运动方程如下：

$$
\frac{\partial N_x}{\partial x}+\frac{\partial N_{xy}}{\partial y}=I_0\frac{\partial^2 u}{\partial t^2}+\bar{I}_1\frac{\partial^2 \phi_x}{\partial t^2}-\beta I_3\frac{\partial^3 w}{\partial t^2\partial x}
\tag{5.2.13a}
$$

$$
\frac{\partial N_{xy}}{\partial x}+\frac{\partial N_y}{\partial y}=I_0\frac{\partial^2 v}{\partial t^2}+\bar{I}_1\frac{\partial^2 \phi_y}{\partial t^2}-\beta I_3\frac{\partial^3 w}{\partial t^2\partial y}
\tag{5.2.13b}
$$

$$\frac{\partial \bar{Q}_x}{\partial x}+\frac{\partial \bar{Q}_y}{\partial y}+\beta\left(\frac{\partial^2 P_x}{\partial x^2}+\frac{\partial^2 P_y}{\partial y^2}+2\frac{\partial^2 P_{xy}}{\partial x\partial y}\right)-\left(p_x\frac{\partial^2 w}{\partial x^2}+p_y\frac{\partial^2 w}{\partial y^2}\right)+q$$
$$=I_0\frac{\partial^2 w}{\partial t^2}+\beta I_3\frac{\partial^2}{\partial t^2}\left(\frac{\partial u}{\partial x}+\frac{\partial v}{\partial y}\right)+\beta\bar{I}_4\frac{\partial^2}{\partial t^2}\left(\frac{\partial \phi_x}{\partial x}+\frac{\partial \phi_y}{\partial y}\right)-\beta^2 I_6\frac{\partial^2}{\partial t^2}\nabla^2 w \tag{5.2.13c}$$

$$\frac{\partial \bar{M}_x}{\partial x}+\frac{\partial \bar{M}_{xy}}{\partial y}-\bar{Q}_x=\bar{I}_1\frac{\partial^2 u}{\partial t^2}+\tilde{I}_2\frac{\partial^2 \phi_x}{\partial t^2}-\beta\bar{I}_4\frac{\partial^3 w}{\partial t^2\partial x} \tag{5.2.13d}$$

$$\frac{\partial \bar{M}_{xy}}{\partial x}+\frac{\partial \bar{M}_y}{\partial y}-\bar{Q}_y=\bar{I}_1\frac{\partial^2 v}{\partial t^2}+\tilde{I}_2\frac{\partial^2 \phi_y}{\partial t^2}-\beta\bar{I}_4\frac{\partial^3 w}{\partial t^2\partial y} \tag{5.2.13e}$$

式中，$\bar{M}_x=M_x-\beta P_x$；$\bar{M}_y=M_y-\beta P_y$；$\bar{M}_{xy}=M_{xy}-\beta P_{xy}$；$\bar{Q}_x=Q_x-3\beta R_x$；$\bar{Q}_y=Q_y-3\beta R_y$。

5.2.3 不同板理论下功能梯度矩形板的弯曲问题解

为了简洁并不失一般性，在分析过程中先略去板边界上的面内压力和温度场，并设式 (5.2.13) 中各量均与时间无关。将式 (5.2.13d) 和式 (5.2.13e) 分别对 x 和 y 微分一次，并代入式 (5.2.13c)，可得

$$\frac{\partial^2 M_x}{\partial x^2}+\frac{\partial^2 M_y}{\partial y^2}+2\frac{\partial^2 M_{xy}}{\partial x\partial y}+q=0 \tag{5.2.14}$$

引入“矩和”概念 [615]：

$$M=\frac{M_x+M_y}{1+\nu} \tag{5.2.15a}$$

$$P=\frac{P_x+P_y}{1+\nu} \tag{5.2.15b}$$

$$M^{\mathrm{K}}=\frac{M_x^{\mathrm{K}}+M_y^{\mathrm{K}}}{1+\nu} \tag{5.2.15c}$$

利用式 (5.2.5d) 和式 (5.2.8e)，式 (5.2.15) 可表示为

$$M=B_{11}\xi+\bar{D}_{11}\zeta-\beta F_{11}\nabla^2 w \tag{5.2.16}$$

式中，$\xi=\dfrac{\partial u}{\partial x}+\dfrac{\partial v}{\partial y}$；$\zeta=\dfrac{\partial \phi_x}{\partial x}+\dfrac{\partial \phi_y}{\partial y}$。根据式 (5.2.8d)~ 式 (5.2.8f) 及式 (5.2.16)，可以将式 (5.2.14) 表示为

$$\nabla^2 M+q=0 \tag{5.2.17}$$

把式 (5.2.8g)~ 式 (5.2.8m) 代入式 (5.2.13c)，并注意 $B_{66}=\dfrac{1-\nu}{2}B_{11}$，$D_{66}=\dfrac{1-\nu}{2}D_{11}$，$E_{66}=\dfrac{1-\nu}{2}E_{11}$，$F_{66}=\dfrac{1-\nu}{2}F_{11}$，$H_{66}=\dfrac{1-\nu}{2}H_{11}$，$A_{44}=A_{55}=\dfrac{1-\nu}{2}A_{11}$，$D_{44}=D_{55}=\dfrac{1-\nu}{2}D_{11}$，$F_{44}=F_{55}=\dfrac{1-\nu}{2}F_{11}$，$\tilde{A}_{44}=\overline{A}_{44}-3\beta\overline{D}_{44}$，可得

$$\tilde{A}_{44}\left(\zeta+\nabla^2 w\right)+\beta E_{11}\nabla^2\xi+\beta\bar{F}_{11}\nabla^2\zeta-\beta^2 H_{11}\nabla^2\nabla^2 w+q=0 \tag{5.2.18}$$

把式 (5.2.8a)~ 式 (5.2.8c) 分别代入式 (5.2.13a) 和式 (5.2.13b)，然后将式 (5.2.13a) 和式 (5.2.13b) 分别对 x 和 y 微分一次，并相加，可得

$$A_{11}\nabla^2\xi+\bar{B}_{11}\nabla^2\zeta-\beta E_{11}\nabla^2\nabla^2 w=0 \tag{5.2.19}$$

由式 (5.2.16) 可得

$$B_{11}\nabla^2\xi+\bar{D}_{11}\nabla^2\zeta=\nabla^2 M+\beta F_{11}\nabla^2\nabla^2 w \tag{5.2.20}$$

利用式 (5.2.19) 消去式 (5.2.18) 和式 (5.2.20) 中的 $\nabla^2\xi$ 项，可得

$$\tilde{A}_{44}\zeta+\beta\bar{\Omega}_2\nabla^2\zeta-\beta^2\Omega_3\nabla^2\nabla^2 w+\tilde{A}_{44}\nabla^2 w+q=0 \tag{5.2.21}$$

$$\bar{\Omega}_1\nabla^2\zeta=\nabla^2 M+\beta\Omega_2\nabla^2\nabla^2 w \tag{5.2.22}$$

式中，$\bar{\Omega}_1=\Omega_1-\beta\Omega_2$，$\Omega_1=D_{11}-\dfrac{B_{11}^2}{A_{11}}$；$\bar{\Omega}_2=\Omega_2-\beta\Omega_3$；$\Omega_2=F_{11}-\dfrac{B_{11}E_{11}}{A_{11}}$；$\Omega_3=H_{11}-\dfrac{E_{11}^2}{A_{11}}$。

对式 (5.2.21) 进行 ∇^2 运算，利用式 (5.2.22) 消去 ζ 项，并考虑式 (5.2.17)，可得

$$\nabla^2\nabla^2\left[\Omega_1 w-\frac{1}{\tilde{A}_{44}}\left(\beta^2\Omega\nabla^2 w+\tilde{\Omega}_1 M\right)\right]=q \tag{5.2.23}$$

式中，$\Omega=\Omega_1\Omega_3-\Omega_2^2$；$\tilde{\Omega}_1=\bar{\Omega}_1-\beta\bar{\Omega}_2$。

式 (5.2.23) 是功能梯度矩形板小挠度问题的控制方程。考虑如下三阶板理论下功能梯度矩形板的各类边界条件。

(1) 简支边界：

$$w=0 \tag{5.2.24a}$$

$$\bar{M}_{\mathrm{n}}=0 \tag{5.2.24b}$$

$$P_{\mathrm{n}}=0 \tag{5.2.24c}$$

$$\phi_{\mathrm{s}}=0 \tag{5.2.24d}$$

边界上面内（法向）可动时，

$$N_{\mathrm{n}}=0 \tag{5.2.24e}$$

$$u_{\mathrm{s}}=0 \tag{5.2.24f}$$

边界上面内不可动时，

$$u_{\mathrm{n}}=0 \tag{5.2.24g}$$

$$u_{\mathrm{s}}=0 \tag{5.2.24h}$$

(2) 夹紧边界：

$$w=0 \tag{5.2.25a}$$

$$\frac{\partial w}{\partial n}=0 \tag{5.2.25b}$$

$$\phi_{\mathrm{n}}=0 \tag{5.2.25c}$$

$$\phi_{\mathrm{s}}=0 \tag{5.2.25d}$$

边界上面内 (法向) 可动时，

$$N_{\mathrm{n}}=0 \tag{5.2.25e}$$

$$u_{\mathrm{s}}=0 \tag{5.2.25f}$$

边界上面内不可动时，

$$u_{\mathrm{n}}=0 \tag{5.2.25g}$$

$$u_{\mathrm{s}}=0 \tag{5.2.25h}$$

(3) 自由边界：

$$N_{\mathrm{n}}=0 \tag{5.2.26a}$$

$$N_{\mathrm{ns}}=0 \tag{5.2.26b}$$

$$\bar{M}_{\mathrm{n}}=0 \tag{5.2.26c}$$

$$\bar{M}_{\mathrm{ns}}=0 \tag{5.2.26d}$$

$$P_{\mathrm{n}}=0 \tag{5.2.26e}$$

$$V_{\mathrm{n}}=0 \tag{5.2.26f}$$

以上各边界量的含义为

$$u_{\mathrm{n}}=u\cos\theta+v\sin\theta, \quad u_{\mathrm{s}}=-u\sin\theta+v\cos\theta$$

$$\phi_{\mathrm{n}} = \phi_x \cos\theta + \phi_y \sin\theta, \quad \phi_{\mathrm{s}} = \phi_y \cos\theta - \phi_x \sin\theta$$

$$\left\{\begin{array}{c} N_{\mathrm{n}} \\ N_{\mathrm{s}} \\ N_{\mathrm{ns}} \end{array}\right\} = \left[\begin{array}{ccc} \cos^2\theta & \sin^2\theta & 2\sin\theta\cos\theta \\ \sin^2\theta & \cos^2\theta & -2\sin\theta\cos\theta \\ -\sin\theta\cos\theta & \sin\theta\cos\theta & \cos^2\theta - \sin^2\theta \end{array}\right] \left\{\begin{array}{c} N_x \\ N_y \\ N_{xy} \end{array}\right\}$$

$$\bar{M}_{\mathrm{n}} = \bar{M}_x \cos^2\theta + \bar{M}_y \sin^2\theta + 2\bar{M}_{xy} \sin\theta\cos\theta$$

$$\bar{M}_{\mathrm{ns}} = \left(\bar{M}_y - \bar{M}_x\right)\sin\theta\cos\theta + \bar{M}_{xy}\left(\cos^2\theta - \sin^2\theta\right)$$

$$P_{\mathrm{n}} = P_x \cos^2\theta + P_y \sin^2\theta + 2P_{xy} \sin\theta\cos\theta$$

$$P_{\mathrm{s}} = P_x \sin^2\theta + P_y \cos^2\theta - 2P_{xy} \sin\theta\cos\theta$$

$$P_{\mathrm{ns}} = (P_y - P_x)\sin\theta\cos\theta + P_{xy}\left(\cos^2\theta - \sin^2\theta\right)$$

$$V_{\mathrm{n}} = \left(\bar{Q}_x \cos\theta + \bar{Q}_y \sin\theta\right) + \beta\left[\left(\frac{\partial P_x}{\partial x} + \frac{\partial P_{xy}}{\partial y}\right)\cos\theta + \left(\frac{\partial P_y}{\partial y} + \frac{\partial P_{xy}}{\partial x}\right)\sin\theta\right] + \beta\frac{\partial P_{\mathrm{ns}}}{\partial s}$$

另外，根据二阶方向导数的定义 [619]，有

$$\frac{\partial^2 w}{\partial n^2} = \cos^2\theta\frac{\partial^2 w}{\partial x^2} + \sin^2\theta\frac{\partial^2 w}{\partial y^2} + 2\sin\theta\cos\theta\frac{\partial^2 w}{\partial x\partial y}$$

$$\frac{\partial^2 w}{\partial s^2} = \sin^2\theta\frac{\partial^2 w}{\partial x^2} + \cos^2\theta\frac{\partial^2 w}{\partial y^2} - 2\sin\theta\cos\theta\frac{\partial^2 w}{\partial x\partial y}$$

在上述各边界量的表达式中，θ 是外法线 n 与 x 轴正向的夹角，当从 x 轴正向转到外法线 n 正向和从 x 轴正向按右手法则转到 y 轴正向的转向一致时，θ 取正号，反之 θ 取负号，如图 5.2.1 所示。

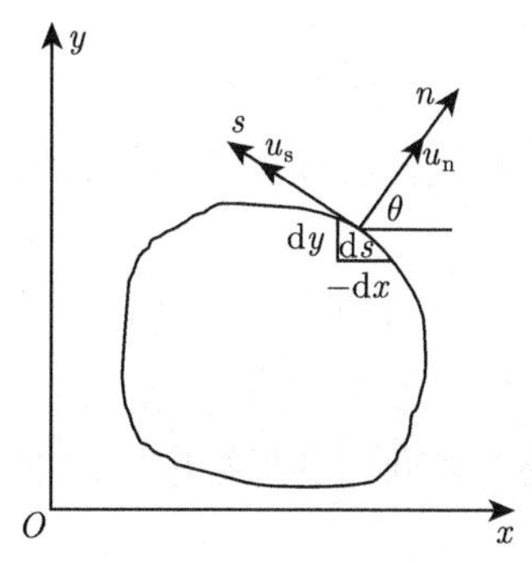

图 5.2.1　坐标及边界上各量正向示意图 [521]

基于经典板理论，均匀各向同性板的基本方程为

$$M^{\mathrm{K}} = -D\nabla^2 w^{\mathrm{K}} \tag{5.2.27}$$

$$\nabla^2 M^{\mathrm{K}} + q = 0 \tag{5.2.28}$$

$$\nabla^2\nabla^2\left(Dw^{\mathrm{K}}\right) = q \tag{5.2.29}$$

式中，$D = \dfrac{Eh^3}{12(1-\nu^2)}$；上标 K 表示经典板理论下的各量。

对于面内可移简支边界条件，式 (5.2.24a)、式 (5.2.24d) 和式 (5.2.24f) 意味着：

$$\frac{\partial^2 w}{\partial s^2} = 0, \quad \frac{\partial \phi_{\mathrm{s}}}{\partial s} = 0, \quad \frac{\partial u_{\mathrm{s}}}{\partial s} = 0 \tag{5.2.30a-c}$$

利用式 (5.2.8a)～ 式 (5.2.8i) 和条件式 (5.2.24b)、条件式 (5.2.24c) 和条件式 (5.2.24e)，可得

$$\frac{\partial^2 w}{\partial n^2} = 0, \quad \frac{\partial \phi_{\mathrm{n}}}{\partial n} = 0, \quad \frac{\partial u_{\mathrm{n}}}{\partial n} = 0 \tag{5.2.31a-c}$$

最后可以获得以下条件：

$$w\big|_{\Gamma} = 0, \quad \nabla^2 w\big|_{\Gamma} = 0, \quad M\big|_{\Gamma} = 0 \tag{5.2.32a-c}$$

对于各向同性板，也有类似条件成立 [620]：

$$w^{\mathrm{K}}\big|_{\Gamma} = 0, \quad \nabla^2 w^{\mathrm{K}}\big|_{\Gamma} = 0, \quad M^{\mathrm{K}}\big|_{\Gamma} = 0 \tag{5.2.33a-c}$$

因此，可以得到：

$$\varOmega_1 w - \frac{1}{\tilde{A}_{44}}\left(\beta^2 \varOmega \nabla^2 w + \tilde{\varOmega}_1 M\right) = Dw^{\mathrm{K}} \tag{5.2.34a}$$

$$M = M^{\mathrm{K}} \tag{5.2.34b}$$

于是便得到了三阶板理论下功能梯度板挠度与经典板理论下各向同性板挠度的微分关系：

$$\beta^2 \varOmega \nabla^2 w - \tilde{A}_{44}\varOmega_1 w = -D\tilde{A}_{44} w^{\mathrm{K}} - \tilde{\varOmega}_1 M^{\mathrm{K}} \tag{5.2.35}$$

令 $\beta = 0$，并引入剪切修正系数，由式 (5.2.35) 很容易得到一阶板理论下功能梯度板挠度与经典板理论下各向同性板挠度之间的代数关系：

$$\varOmega_1 w^{\mathrm{F}} = Dw^{\mathrm{K}} + \frac{\varOmega_1}{k_{\mathrm{s}} A_{44}} M^{\mathrm{K}} \tag{5.2.36}$$

很明显，如果式 (5.2.36) 中 $k_{\mathrm{s}}A_{44}\to\infty$，该式便退化为经典板理论下功能梯度板挠度 $w_{\mathrm{f}}^{\mathrm{K}}$ 与各向同性板挠度之间的关系：

$$\Omega_1 w_{\mathrm{f}}^{\mathrm{K}} = Dw^{\mathrm{K}} \tag{5.2.37}$$

令式 (5.2.36) 中 $E(z)=E$，以上结果便退化为式 (5.2.1) 所示各向同性 Mindlin 板挠度与 Kirchhoff 板挠度之间的解析关系：

$$w^{\mathrm{M}} = w^{\mathrm{K}} + \frac{1}{k_{\mathrm{s}}A_{44}}M^{\mathrm{K}} \tag{5.2.38}$$

下面考虑横向载荷 $q(x,y)=q_0\sin\dfrac{\pi x}{a}\sin\dfrac{\pi y}{b}$ 作用下，四边简支功能梯度矩形板的挠度解。在同样条件下，各向同性板的 Navier 解为 [621]

$$w^{\mathrm{K}}(x,y) = \frac{q_0}{D\mu^2}\sin\frac{\pi x}{a}\sin\frac{\pi y}{b} \tag{5.2.39}$$

式中，$\mu=\dfrac{\pi^2}{a^2}+\dfrac{\pi^2}{b^2}$。

设功能梯度矩形板的解具有如下形式：

$$w^{\mathrm{R}}(x,y) = A\sin\frac{\pi x}{a}\sin\frac{\pi y}{b} \tag{5.2.40}$$

把式 (5.2.39) 和式 (5.2.40) 代入式 (5.2.35)，并利用式 (5.2.27)，可得

$$w^{\mathrm{R}}(x,y) = \frac{\tilde{A}_{44}+\tilde{\Omega}_1\mu}{\tilde{A}_{44}\Omega_1+\beta^2\Omega\mu}\frac{q_0}{\mu^2}\sin\frac{\pi x}{a}\sin\frac{\pi y}{b} \tag{5.2.41a}$$

类似地，将式 (5.2.39) 代入式 (5.2.36)，并利用式 (5.2.27)，可得一阶板理论解：

$$w^{\mathrm{F}}(x,\ y) = \frac{q_0}{\mu^2}\left(\frac{1}{\Omega_1}+\frac{\mu}{k_{\mathrm{s}}A_{44}}\right)\sin\frac{\pi x}{a}\sin\frac{\pi y}{b} \tag{5.2.41b}$$

考虑由铝和氧化锆组成的功能梯度材料板，各组分材料性质如表 2.1.2 所示。从式 (5.2.41) 和式 (5.2.37) 可以得到 b/a=1 和 $b/a=\sqrt{2}$ 时，各种板理论下功能梯度矩形板的无量纲中心挠度随材料梯度指数 n 的变化曲线，分别如图 5.2.2 和图 5.2.3 所示。图中 CLPT、FSPT 和 RPT 分别表示经典板理论、一阶板理论和 Reddy 三阶板理论的相应结果 (以下均同)。板的无量纲中心挠度为

$$w^* = 100\frac{w\left(a/2,b/2\right)D_{\mathrm{c}}}{q_0a^4}$$

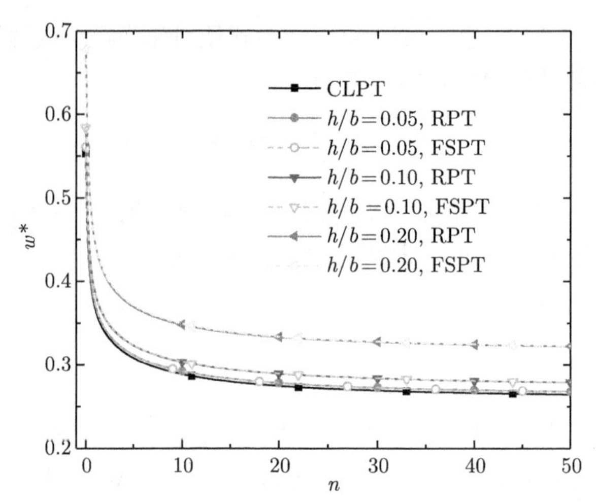

图 5.2.2　功能梯度矩形板 (b/a=1) 中心处无量纲挠度随材料梯度指数 n 的变化曲线 [521]

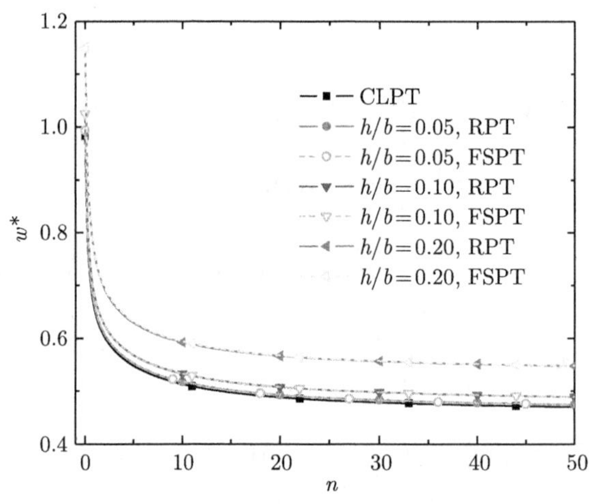

图 5.2.3　功能梯度矩形板 ($b/a=\sqrt{2}$) 中心处无量纲挠度随材料梯度指数 n 的变化曲线 [521]

从图 5.2.2 和图 5.2.3 可以看到，随着材料梯度指数 n 的增大，各理论下功能梯度板的挠度均在降低，这是功能梯度板的刚度在不断增大的原因。剪切变形板理论下的挠度均高于经典板理论下的挠度，这显然是因为经典板理论忽略了横向剪切变形而人为增大了板的横向剪切刚度。从图 5.2.2 和图 5.2.3 中还可以看出，随着板的厚度与宽度比 (h/b) 的增大，板的挠度也在增大，其原因是随着板的厚度与宽度比的增大，剪切变形的影响也在增大。三阶板理论与一阶板理论的结果很相近。

5.3　功能梯度圆板线性弯曲问题的解析关系

5.2 节介绍了各向同性圆板在不同板理论下解之间的关系。Reddy 等 [160] 推导了功能梯度圆板弯曲的一阶板理论解与各向同性圆板弯曲的经典板理论解之间的解析关系。Ma 等 [161] 得到了功能梯度圆板弯曲的三阶板理论解与各向同性板弯曲的经典板理论解之间的解析关系，这个解板关系可以退化为文献 [160] 的结果，还可以退化为文献 [615] 的结果。文献 [622] 基于一阶剪切变形板理论，给出了功能梯度中厚圆/环板轴对称线性弯曲问题的解析解。李世荣等 [623−624] 基于一阶板及经典板理论，推导出了功能梯度圆板与均匀材料圆板轴对称弯曲问题解之间的线性转换关系。下面在上述研究的基础上，讨论功能梯度圆板的轴对称弯曲问题。

5.3.1　三阶板理论下功能梯度圆板的基本方程

设功能梯度圆板的厚度为 h，半径为 b，材料性质 P 沿板厚度方向按照式 (2.1.1) 变化。作用在板上的外部因素有均匀分布径向边界压力 p、均匀分布横向载荷 q 和温度场 T。三阶板理论下，功能梯度圆板轴对称问题的基本方程如下 [160]。

（1）位移场：

$$U_r(r,z,t)=u(r,t)+z\phi(r,t)-\beta z^3\left(\phi+\frac{\partial w}{\partial r}\right) \tag{5.3.1a}$$

$$U_z(r,z,t)=w(r,t) \tag{5.3.1b}$$

式中，$u(r,t)$ 和 $w(r,t)$ 分别表示板中面内任一点的径向位移和横向位移；ϕ 表示原中面法线的转角；$\beta=4/(3h^2)$。

(2) 几何方程：

$$\varepsilon_r=\varepsilon_r^{(0)}+z\varepsilon_r^{(1)}+z^3\varepsilon_r^{(3)}=\frac{\partial u}{\partial r}+z\frac{\partial \phi}{\partial r}-\beta z^3\left(\frac{\partial \phi}{\partial r}+\frac{\partial^2 w}{\partial r^2}\right) \tag{5.3.2a}$$

$$\varepsilon_\theta=\varepsilon_\theta^{(0)}+z\varepsilon_\theta^{(1)}+z^3\varepsilon_\theta^{(3)}=\frac{u}{r}+z\frac{\phi}{r}-\beta z^3\frac{1}{r}\left(\phi+\frac{\partial w}{\partial r}\right) \tag{5.3.2b}$$

$$\gamma_{rz}=\gamma_{rz}^{(0)}+z^2\gamma_{rz}^{(2)}=\phi+\frac{\partial w}{\partial r}-3\beta z^2\left(\phi+\frac{\partial w}{\partial r}\right) \tag{5.3.2c}$$

如果式 (5.3.1) 和式 (5.3.2) 中 $\beta=0$，它们就分别退化为一阶板理论的位移场和几何方程。进一步，令一阶板理论的位移场和几何方程中 $\phi=-\dfrac{\partial w}{\partial r}$，式 (5.3.1) 和式 (5.3.2) 就退化为经典板理论的位移场和几何方程。

(3) 内力–位移关系：

$$N_r = A_{11}\left(\frac{\partial u}{\partial r}+\nu\frac{u}{r}\right)+\bar{B}_{11}\left(\frac{\partial\phi}{\partial r}+\nu\frac{\phi}{r}\right)$$
$$-\beta E_{11}\left(\frac{\partial^2 w}{\partial r^2}+\frac{\nu}{r}\frac{\partial w}{\partial r}\right)-N^T \tag{5.3.3a}$$

$$N_\theta = A_{11}\left(\nu\frac{\partial u}{\partial r}+\frac{u}{r}\right)+\bar{B}_{11}\left(\nu\frac{\partial\phi}{\partial r}+\frac{\phi}{r}\right)$$
$$-\beta E_{11}\left(\nu\frac{\partial^2 w}{\partial r^2}+\frac{1}{r}\frac{\partial w}{\partial r}\right)-N^T \tag{5.3.3b}$$

$$M_r = B_{11}\left(\frac{\partial u}{\partial r}+\nu\frac{u}{r}\right)+\bar{D}_{11}\left(\frac{\partial\phi}{\partial r}+\nu\frac{\phi}{r}\right)$$
$$-\beta F_{11}\left(\frac{\partial^2 w}{\partial r^2}+\frac{\nu}{r}\frac{\partial w}{\partial r}\right)-M^T \tag{5.3.3c}$$

$$M_\theta = B_{11}\left(\nu\frac{\partial u}{\partial r}+\frac{u}{r}\right)+\bar{D}_{11}\left(\nu\frac{\partial\phi}{\partial r}+\frac{\phi}{r}\right)$$
$$-\beta F_{11}\left(\nu\frac{\partial^2 w}{\partial r^2}+\frac{1}{r}\frac{\partial w}{\partial r}\right)-M^T \tag{5.3.3d}$$

$$Q_r = \bar{A}_{44}\left(\phi+\frac{\partial w}{\partial r}\right) \tag{5.3.3e}$$

$$P_r = E_{11}\left(\frac{\partial u}{\partial r}+\nu\frac{u}{r}\right)+\bar{F}_{11}\left(\frac{\partial\phi}{\partial r}+\nu\frac{\phi}{r}\right)$$
$$-\beta H_{11}\left(\frac{\partial^2 w}{\partial r^2}+\frac{\nu}{r}\frac{\partial w}{\partial r}\right)-P^T \tag{5.3.3f}$$

$$P_\theta = E_{11}\left(\nu\frac{\partial u}{\partial r}+\frac{u}{r}\right)+\bar{F}_{11}\left(\nu\frac{\partial\phi}{\partial r}+\frac{\phi}{r}\right)-\beta H_{11}\left(\nu\frac{\partial^2 w}{\partial r^2}+\frac{1}{r}\frac{\partial w}{\partial r}\right)-P^T \tag{5.3.3g}$$

$$R_r = \bar{D}_{44}\left(\phi+\frac{\partial w}{\partial r}\right) \tag{5.3.3h}$$

式中，各刚度系数的定义同前。内力定义为

$$(N_r, M_r, P_r) = \int_{-h/2}^{h/2}\sigma_r\left(1, z, z^3\right)\mathrm{d}z,\quad (N_\theta, M_\theta, P_\theta) = \int_{-h/2}^{h/2}\sigma_\theta\left(1, z, z^3\right)\mathrm{d}z$$

$$(Q_r, R_r) = \int_{-h/2}^{h/2} \tau_{rz}\left(1, z^2\right) \mathrm{d}z, \quad \left\{N^T, M^T, P^T\right\} = \int_{-h/2}^{h/2} \frac{E\alpha T}{1-\nu}\left\{1, z, z^3\right\} \mathrm{d}z$$

(4) 板的运动方程:

根据 Hamilton 原理

$$\int_0^t \delta(E_\mathrm{k} - U - V)\mathrm{d}t = 0 \tag{5.3.4}$$

可推导出板的运动方程，上式中应变能的变分为

$$\begin{aligned}\delta U &= \delta\left[\frac{1}{2}\int_\Omega (\sigma_r\varepsilon_r + \sigma_\theta\varepsilon_\theta + \tau_{rz}\gamma_{rz} - \sigma_r\alpha T - \sigma_\theta\alpha T)\,\mathrm{d}\Omega\right] \\ &= \iint_A \left[N_r\delta\varepsilon_r^{(0)} + N_\theta\delta\varepsilon_\theta^{(0)} + Q_r\delta\gamma_{rz}^{(0)} + M_r\delta\varepsilon_r^{(1)} + M_\theta\delta\varepsilon_\theta^{(1)}\right. \\ &\quad \left. + P_r\delta\varepsilon_r^{(3)} + P_\theta\delta\varepsilon_\theta^{(3)} + R_r\delta\gamma_{rz}^{(2)}\right]\mathrm{d}A\end{aligned} \tag{5.3.5}$$

外力势能的变分为

$$\delta V = -\delta\iint_A \left[qw + \frac{1}{2}p\left(\frac{\partial w}{\partial r}\right)^2\right]\mathrm{d}A \tag{5.3.6}$$

动能的变分为

$$\begin{aligned}\delta E_\mathrm{k} &= \delta\left\{\frac{1}{2}\int_\Omega \rho(z)\left[\left(\frac{\partial U_r}{\partial t}\right)^2 + \left(\frac{\partial U_z}{\partial t}\right)^2\right]\mathrm{d}\Omega\right\} \\ &= \delta\left(\frac{1}{2}\iint_A \left\{I_0\left[\left(\frac{\partial u}{\partial t}\right)^2 + \left(\frac{\partial w}{\partial t}\right)^2\right]\right.\right. \\ &\quad + 2I_1\frac{\partial u}{\partial t}\frac{\partial \phi}{\partial t} + 2I_2\left(\frac{\partial \phi}{\partial t}\right)^2 - 2\beta I_3\frac{\partial u}{\partial t}\left(\frac{\partial \phi}{\partial t} + \frac{\partial^2 w}{\partial r\partial t}\right) \\ &\quad - 2\beta I_4\frac{\partial \phi}{\partial t}\left(\frac{\partial \phi}{\partial t} + \frac{\partial^2 w}{\partial r\partial t}\right) \\ &\quad \left.\left. + \beta^2 I_6\left[\left(\frac{\partial \phi}{\partial t}\right)^2 + 2\frac{\partial \phi}{\partial t}\frac{\partial^2 w}{\partial r\partial t} + \left(\frac{\partial^2 w}{\partial r\partial t}\right)^2\right]\right\}\mathrm{d}A\right) \\ &= \iint_A \left[\left(I_0\frac{\partial u}{\partial t} + \bar{I}_1\frac{\partial \phi}{\partial t} - \beta I_3\frac{\partial^2 w}{\partial r\partial t}\right)\delta\left(\frac{\partial u}{\partial t}\right) + I_0\frac{\partial w}{\partial t}\delta\left(\frac{\partial w}{\partial t}\right)\right.\end{aligned}$$

$$+\left(\bar{I}_1\frac{\partial u}{\partial t}+\tilde{I}_2\frac{\partial \phi}{\partial t}-\beta\bar{I}_4\frac{\partial^2 w}{\partial r\partial t}\right)\delta\left(\frac{\partial \phi}{\partial t}\right)$$
$$\left.-\left(\beta I_3\frac{\partial u}{\partial t}+\beta\bar{I}_4\frac{\partial \phi}{\partial t}-\beta^2 I_6\frac{\partial^2 w}{\partial r\partial t}\right)\delta\left(\frac{\partial^2 w}{\partial r\partial t}\right)\right]\mathrm{d}A \tag{5.3.7}$$

式 (5.3.7) 中惯性矩 I_i 的定义与功能梯度矩形板相同。

经过变分运算，可得板的运动方程为

$$\frac{N_\theta}{r}-\frac{\partial(rN_r)}{r\partial r}-=-I_0\frac{\partial^2 u}{\partial t^2}-\bar{I}_1\frac{\partial^2 \phi}{\partial t^2}+\beta I_3\frac{\partial^3 w}{\partial r\partial t^2} \tag{5.3.8a}$$

$$\frac{\bar{M}_\theta}{r}-\frac{1}{r}\frac{\partial}{\partial r}\left(r\bar{M}_r\right)+\bar{Q}_r=-\bar{I}_1\frac{\partial^2 u}{\partial t^2}-\tilde{I}_2\frac{\partial^2 \phi}{\partial t^2}+\beta\bar{I}_4\frac{\partial^3 w}{\partial r\partial t^2} \tag{5.3.8b}$$

$$-\beta\frac{1}{r}\frac{\partial^2}{\partial r^2}\left(rP_r\right)+\beta\frac{1}{r}\frac{\partial P_\theta}{\partial r}-\frac{1}{r}\frac{\partial}{\partial r}\left(r\overline{Q}_r\right)+p\frac{1}{r}\frac{\partial}{\partial r}\left(r\frac{\partial w}{\partial r}\right)=-I_0\frac{\partial^2 w}{\partial t^2}$$
$$-\beta I_3\frac{1}{r}\frac{\partial}{\partial r}\left(r\frac{\partial^2 u}{\partial t^2}\right)-\beta\bar{I}_4\frac{1}{r}\frac{\partial}{\partial r}\left(r\frac{\partial^2 \phi}{\partial t^2}\right)+\beta^2 I_6\frac{1}{r}\frac{\partial}{\partial r}\left(r\frac{\partial^3 w}{\partial r\partial t^2}\right) \tag{5.3.8c}$$

式中，$\bar{M}_r=M_r-\beta P_r$；$\bar{M}_\theta=M_\theta-\beta P_\theta$；$\bar{Q}_r=Q_r-3\beta R_r$。

在以下分析中，只考虑均匀分布横向载荷 q 的作用，并设式 (5.3.8) 中各量均与时间无关。

5.3.2 各向同性圆板的基本方程

经典板理论下，各向同性圆板的基本方程如下所述 [160]。

(1) 位移场：

$$U(r,z,t)=u(r,t)-z\frac{\partial w}{\partial r} \tag{5.3.9a}$$

$$U_z(r,z,t)=w(r,t) \tag{5.3.9b}$$

(2) 静态平衡方程：

$$\frac{\mathrm{d}(rN_r^{\mathrm{K}})}{\mathrm{d}r}-N_\theta^{\mathrm{K}}=0 \tag{5.3.10a}$$

$$\frac{\mathrm{d}}{\mathrm{d}r}\left(rM_r^{\mathrm{K}}\right)-M_\theta^{\mathrm{K}}-rQ_r^{\mathrm{K}}=0 \tag{5.3.10b}$$

$$\frac{\mathrm{d}}{\mathrm{d}r}\left(rQ_r^{\mathrm{K}}\right)+rq=0 \tag{5.3.10c}$$

(3) 弯矩–位移关系：

$$M_r^{\mathrm{K}} = -D\left(\frac{\mathrm{d}^2 w^{\mathrm{K}}}{\mathrm{d}r^2} + \nu\frac{1}{r}\frac{\mathrm{d}w^{\mathrm{K}}}{\mathrm{d}r}\right) \tag{5.3.11a}$$

$$M_\theta^{\mathrm{K}} = -D\left(\nu\frac{\mathrm{d}^2 w^{\mathrm{K}}}{\mathrm{d}r^2} + \frac{1}{r}\frac{\mathrm{d}w^{\mathrm{K}}}{\mathrm{d}r}\right) \tag{5.3.11b}$$

5.3.3　不同板理论下功能梯度圆板的弯曲问题解

从方程 (5.3.8a)、方程 (5.3.3a) 和方程 (5.3.3b) 可得

$$u = \beta\frac{E_{11}}{A_{11}}\frac{\mathrm{d}w}{\mathrm{d}r} - \frac{\bar{B}_{11}}{A_{11}}\phi + C_1 r + C_2\frac{1}{r} \tag{5.3.12}$$

式中，C_1 和 C_2 均为积分常数。将方程 (5.3.12) 代入方程 (5.3.3c)、方程 (5.3.3d)、方程 (5.3.3f) 和方程 (5.3.3g)，可得弯矩以及高阶弯矩的表达式为

$$\begin{aligned} M_r =& \bar{\Omega}_1\left(\frac{\mathrm{d}\phi}{\mathrm{d}r} + \nu\frac{\phi}{r}\right) - \beta\Omega_2\left(\frac{\mathrm{d}^2 w}{\mathrm{d}r^2} + \nu\frac{1}{r}\frac{\mathrm{d}w}{\mathrm{d}r}\right) \\ &+ B_{11}(1+\nu)C_1 - \frac{1}{r^2}B_{11}(1-\nu)C_2 \end{aligned} \tag{5.3.13a}$$

$$\begin{aligned} M_\theta =& \bar{\Omega}_1\left(\nu\frac{\mathrm{d}\phi}{\mathrm{d}r} + \frac{\phi}{r}\right) - \beta\Omega_2\left(\nu\frac{\mathrm{d}^2 w}{\mathrm{d}r^2} + \frac{1}{r}\frac{\mathrm{d}w}{\mathrm{d}r}\right) \\ &+ B_{11}(1+\nu)C_1 + \frac{1}{r^2}B_{11}(1-\nu)C_2 \end{aligned} \tag{5.3.13b}$$

$$\begin{aligned} P_r =& \bar{\Omega}_2\left(\frac{\mathrm{d}\phi}{\mathrm{d}r} + \nu\frac{\phi}{r}\right) - \beta\Omega_3\left(\frac{\mathrm{d}^2 w}{\mathrm{d}r^2} + \nu\frac{1}{r}\frac{\mathrm{d}w}{\mathrm{d}r}\right) \\ &+ E_{11}(1+\nu)C_1 - E_{11}(1-\nu)C_2\frac{1}{r^2} \end{aligned} \tag{5.3.13c}$$

$$\begin{aligned} P_\theta =& \bar{\Omega}_2\left(\nu\frac{\mathrm{d}\phi}{\mathrm{d}r} + \frac{\phi}{r}\right) - \beta\Omega_3\left(\nu\frac{\mathrm{d}^2 w}{\mathrm{d}r^2} + \frac{1}{r}\frac{\mathrm{d}w}{\mathrm{d}r}\right) \\ &+ E_{11}(1+\nu)C_1 + E_{11}(1-\nu)C_2\frac{1}{r^2} \end{aligned} \tag{5.3.13d}$$

利用前述“矩和”的概念，即 $M^{\mathrm{K}} = \dfrac{M_r^{\mathrm{K}} + M_\theta^{\mathrm{K}}}{1+\nu}$，$M = \dfrac{M_r + M_\theta}{1+\nu}$ 和 $P = \dfrac{P_r + P_\theta}{1+\nu}$，从式 (5.3.10b) 和式 (5.3.11) 可得

$$M^{\mathrm{K}} = -D\frac{1}{r}\frac{\mathrm{d}}{\mathrm{d}r}\left(r\frac{\mathrm{d}w^{\mathrm{K}}}{\mathrm{d}r}\right) \tag{5.3.14}$$

$$r\frac{\mathrm{d}M^{\mathrm{K}}}{\mathrm{d}r}=rQ_r^{\mathrm{K}} \tag{5.3.15}$$

与式 (5.3.14) 和式 (5.3.15) 的推导过程类似，从式 (5.3.13) 可得

$$M=\bar{\Omega}_1\frac{1}{r}\frac{\mathrm{d}}{\mathrm{d}r}(r\phi)-\beta\Omega_2\frac{1}{r}\frac{\mathrm{d}}{\mathrm{d}r}\left(r\frac{\mathrm{d}w}{\mathrm{d}r}\right)+B_{11}C_1 \tag{5.3.16}$$

$$P=\bar{\Omega}_2\frac{1}{r}\frac{\mathrm{d}}{\mathrm{d}r}(r\phi)-\beta\Omega_3\frac{1}{r}\frac{\mathrm{d}}{\mathrm{d}r}\left(r\frac{\mathrm{d}w}{\mathrm{d}r}\right)+E_{11}C_1 \tag{5.3.17}$$

$$r\frac{\mathrm{d}M}{\mathrm{d}r}=\frac{\mathrm{d}}{\mathrm{d}r}(rM_r)-M_\theta \tag{5.3.18}$$

$$r\frac{\mathrm{d}P}{\mathrm{d}r}=\frac{\mathrm{d}}{\mathrm{d}r}(rP_r)-P_\theta \tag{5.3.19}$$

三阶板理论下的等效剪力为

$$rV_r\equiv r\bar{Q}_r+\beta\left[\frac{\mathrm{d}}{\mathrm{d}r}(rP_r)-P_\theta\right] \tag{5.3.20}$$

因此，从式 (5.3.8b) 可得

$$rV_r=r\frac{\mathrm{d}M}{\mathrm{d}r} \tag{5.3.21}$$

从式 (5.3.8b)、式 (5.3.8c) 和式 (5.3.18)，进一步可得

$$\frac{\mathrm{d}}{\mathrm{d}r}(rV_r)+rq=0 \tag{5.3.22}$$

由式 (5.3.8c)、式 (5.3.21) 和式 (5.3.22)，首先得到等效剪力、弯矩之间的对应关系：

$$rV_r=rQ_r^{\mathrm{K}}+C_3 \tag{5.3.23}$$

$$M=M^{\mathrm{K}}+C_3\ln r+C_4 \tag{5.3.24}$$

式中，C_3 和 C_4 为积分常数。

将式 (5.3.14) 代入式 (5.3.24) 有

$$M=-D\frac{1}{r}\frac{\mathrm{d}}{\mathrm{d}r}\left(r\frac{\mathrm{d}w^{\mathrm{K}}}{\mathrm{d}r}\right)+C_3\ln r+C_4 \tag{5.3.25}$$

从式 (5.3.16) 和式 (5.3.25) 可得

$$\phi-\beta\frac{\Omega_2}{\bar{\Omega}_1}\frac{\mathrm{d}w}{\mathrm{d}r}+\frac{B_{11}}{2\bar{\Omega}_1}C_1r=-\frac{D}{\bar{\Omega}_1}\frac{\mathrm{d}w^{\mathrm{K}}}{\mathrm{d}r}+\frac{C_3}{4\bar{\Omega}_1}r(2\ln r-1)+\frac{C_4}{2\bar{\Omega}_1}r+\frac{C_5}{\bar{\Omega}_1}\frac{1}{r} \tag{5.3.26}$$

式中，C_5 为积分常数。从式 (5.3.3e)、式 (5.3.16) 和式 (5.3.17) 可得

$$M=\frac{\bar{\Omega}_1}{\bar{A}_{44}}\frac{1}{r}\frac{\mathrm{d}}{\mathrm{d}r}(rQ_r)-\Omega_1\frac{1}{r}\frac{\mathrm{d}}{\mathrm{d}r}\left(r\frac{\mathrm{d}w}{\mathrm{d}r}\right)+B_{11}C_1 \tag{5.3.27}$$

$$P=\frac{\bar{\Omega}_2}{\bar{A}_{44}}\frac{1}{r}\frac{\mathrm{d}}{\mathrm{d}r}(rQ_r)-\Omega_2\frac{1}{r}\frac{\mathrm{d}}{\mathrm{d}r}\left(r\frac{\mathrm{d}w}{\mathrm{d}r}\right)+E_{11}C_1 \tag{5.3.28}$$

由式 (5.3.27) 推导出：

$$\frac{1}{r}\frac{\mathrm{d}}{\mathrm{d}r}\left(r\frac{\mathrm{d}w}{\mathrm{d}r}\right)=\frac{\bar{\Omega}_1}{\Omega_1\bar{A}_{44}}\frac{1}{r}\frac{\mathrm{d}}{\mathrm{d}r}(rQ_r)-\frac{M}{\Omega_1}+\frac{B_{11}}{\Omega_1}C_1 \tag{5.3.29}$$

将式 (5.3.29) 代入式 (5.3.28) 可得

$$P=-\beta\frac{\Omega}{\Omega_1\overline{A}_{44}}\frac{1}{r}\frac{\mathrm{d}}{\mathrm{d}r}(rQ_r)+\frac{\Omega_2}{\Omega_1}M+\frac{E_{11}\Omega_1-B_{11}\Omega_2}{\Omega_1}C_1 \tag{5.3.30}$$

利用式 (5.3.18) 和式 (5.3.19)，可以把式 (5.3.8b) 改写为

$$r(Q_r-3\beta R_r)=r\frac{\mathrm{d}M}{\mathrm{d}r}-\beta r\frac{\mathrm{d}P}{\mathrm{d}r} \tag{5.3.31}$$

再利用式 (5.3.3e)∼ 式 (5.3.3h)、式 (5.3.30) 和式 (5.3.31)，进一步可以推导出关于剪力 Q_r 的二阶常微分方程：

$$\beta^2\frac{\Omega}{\Omega_1\overline{A}_{44}}r\frac{\mathrm{d}}{\mathrm{d}r}\left[\frac{1}{r}\frac{\mathrm{d}}{\mathrm{d}r}(rQ_r)\right]-\frac{\widetilde{A}_{44}}{\overline{A}_{44}}(rQ_r)=-\frac{\bar{\Omega}_1}{\Omega_1}rQ_r^{\mathrm{K}}-C_3 \tag{5.3.32}$$

求解方程 (5.3.32)，可得 Q_r，进而得到以下位移量的关系：

$$\begin{aligned}\Omega_1 w=&Dw^{\mathrm{K}}+\frac{1}{4}\left[B_{11}C_1r^2-C_3r^2(\ln r-1)-C_4r^2-4C_5\ln r-4C_6\right]\\&+\frac{\tilde{\Omega}_1}{\overline{A}_{44}}\int Q_r\mathrm{d}r\end{aligned} \tag{5.3.33}$$

$$\begin{aligned}\Omega_1\phi=&-D\frac{\mathrm{d}w^{\mathrm{K}}}{\mathrm{d}r}+\frac{\beta\Omega_2}{\overline{A}_{44}}Q_r\\&+\frac{1}{4}\left[-2B_{11}C_1r+C_3r(\ln r-1)+2C_4r+4C_5\frac{1}{r}\right]\end{aligned} \tag{5.3.34}$$

式中，C_6 为积分常数。

式 (5.3.23)、式 (5.3.24)、式 (5.3.32)~ 式 (5.3.34) 分别表达了功能梯度圆板弯曲的三阶板理论解与各向同性圆板弯曲的经典板理论解之间的解析关系。作为算例，下面给出边界横向固定夹紧并作用有均匀分布横向载荷 q 的功能梯度圆板挠度的具体结果。

令式 (5.3.23) 中 r=0，得 C_3=0。将式 (5.3.32) 改写为

$$\frac{\mathrm{d}^2Q_r}{\mathrm{d}r^2}+\frac{1}{r}\frac{\mathrm{d}Q_r}{\mathrm{d}r}-\left(\frac{1}{r^2}+\beta_1^2\right)Q_r=\beta_0 Q_r^{\mathrm{K}} \tag{5.3.35}$$

式中，$\beta_1^2=\dfrac{\varOmega_1\tilde{A}_{44}}{\beta^2\varOmega}$；$\beta_0=-\dfrac{\bar{\varOmega}_1\bar{A}_{44}}{\beta^2\varOmega}$；$Q_r^{\mathrm{K}}=-\dfrac{1}{2}qr$。方程 (5.3.35) 的一般解为

$$Q_r=A_1I_1(\beta_1 r)+A_2K_1(\beta_1 r)+C_0 r \tag{5.3.36}$$

式中，$C_0=-\dfrac{q}{2}\dfrac{\bar{\varOmega}_1\bar{A}_{44}}{\varOmega_1\tilde{A}_{44}}$；$A_1$ 和 A_2 为常数；I_1 和 K_1 分别为虚宗量的第一类、第二类一阶 Bessel 函数。

利用板中心处以及外边界的边界条件可以得到：

$$A_2=0,\quad C_2=0,\quad C_5=0,\quad C_1=0,\quad C_4=0,\quad A_1=-\frac{C_0 b}{I_1(\beta_1 b)},$$

$$C_6=\frac{\bar{\varOmega}_1 C_0 b^2}{2\overline{A}_{44}}\left[1-\frac{2I_0(\beta_1 b)}{\beta\, bI_1(\beta_1 b)}\right]$$

将式 (5.3.36) 以及上述各常数代入式 (5.3.33)，即可得到夹紧功能梯度圆板挠度的解析表达式：

$$w=\frac{D}{\varOmega_1}w^{\mathrm{K}}+\frac{\bar{\varOmega}_1^2}{\varOmega_1^2\tilde{A}_{44}}\frac{qb^2}{4}\left[1+\frac{I_0(\beta_1 r)-I_0(\beta_1 b)}{I_1(\beta_1 b)}\frac{2}{\beta_1 b}-\left(\frac{r}{b}\right)^2\right] \tag{5.3.37}$$

令式 (5.3.37) 中 $\beta=0$，并将 A_{44} 换为 $k_{\mathrm{s}}A_{44}$，便可得到一阶板理论下功能梯度圆板的挠度解 [160]：

$$w=w^{\mathrm{F}}=\frac{D}{\varOmega_1}w^{\mathrm{K}}+\frac{qb^2}{4k_{\mathrm{s}}A_{44}}\left[1-\left(\frac{r}{b}\right)^2\right] \tag{5.3.38}$$

进一步，令 n=0 以及 $E(z)=E$，式 (5.3.37) 就退化为各向同性圆板的三阶板理论解与经典板理论解之间的关系 [615]：

$$w=w^{\mathrm{K}}+k_1\frac{qb^2}{4}\left[1+\frac{I_0(k_2 r)-I_0(k_2 b)}{I_1(k_2 b)}\frac{2}{k_2 b}-\left(\frac{r}{b}\right)^2\right] \tag{5.3.39}$$

式中，$k_1 = \dfrac{6}{5Gh}$，$G = \dfrac{E}{2(1+\nu)}$；$k_2 = \dfrac{420(1-\nu)}{h^2}$。

对于材料性质如表 2.1.2 所示的功能梯度圆板，从式 (5.3.37) 和式 (5.3.38) 可得到各理论下功能梯度圆板挠度解的比较结果，如图 5.3.1 所示，其中 $w^* = 64wD_c/(qb^4)$，实线为三阶板理论解，虚线为一阶板理论解。可以看到，随着材料梯度指数 n 的增大，各理论下功能梯度圆板的挠度均降低，这是功能梯度圆板刚度不断增大的原因。随着圆板厚径比的增大，板的挠度增大，这是由剪切变形增大造成的。三阶板理论与一阶板理论的结果极为相近。

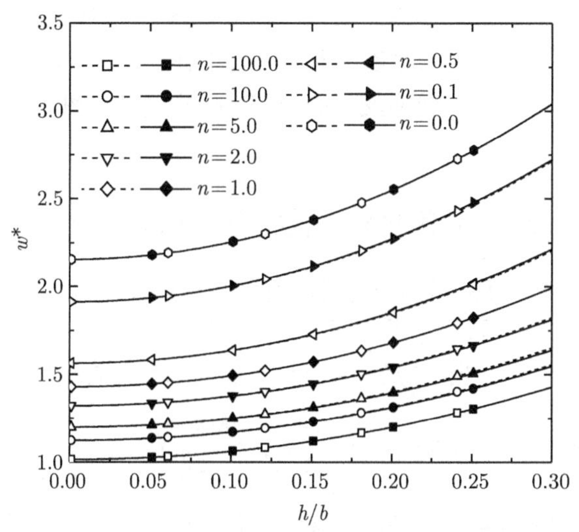

图 5.3.1　各理论下功能梯度圆板挠度解的比较结果 [161,521]

5.4　本 章 小 结

本章利用不同板理论下板的基本方程在数学上的相似性，推导出了各向同性板弯曲的经典板理论解与功能梯度板弯曲的三阶板理论解之间的解析关系。这些解析关系可以退化为功能梯度板的一阶板理论解、经典板理论解与各向同性板的经典板理论解之间的解析关系。假如已知各向同性板的经典板理论解，便很容易利用这些解析关系求得各阶板理论下功能梯度板的解。这既便于工程应用，又可用于检验相关数值方法或结果的有效性、收敛性以及精确性等问题。

从本章算例可以看出，一阶板理论与三阶板理论的结果极为接近。因此，在分析板的整体弯曲这类问题时，一阶板理论的解就足够精确了，更高阶的板理论解没有必要，而且一阶板理论解简洁、计算量小。

第 6 章　功能梯度板的屈曲及线性振动

本章介绍功能梯度板的屈曲和线性振动问题，主要思路是根据不同板理论之间特征值问题在数学上的相似性，推导出功能梯度板屈曲和线性振动问题的三阶板理论解、一阶板理论解、经典板理论解分别与各向同性板屈曲和线性振动问题的经典板理论解之间的解析关系，即用各向同性板的经典板理论解来表示功能梯度板在不同理论下的相应解。本章在本书作者工作 [521] 的基础上，进行系统论述，其中前三节考虑横向惯性和剪切变形的影响，略去其他惯性的影响，如转动惯性、面内惯性和耦合惯性。

6.1　不同板理论下各向同性板特征值问题解之间的解析关系

本节介绍不同板理论下各向同性板特征值问题解之间的解析关系研究概况。

Wang[625] 研究了各边均承受相同均匀分布面内载荷 N 的简支多边形板的屈曲问题，给出了 Mindlin 板理论与经典板理论下板的临界屈曲载荷解之间的解析关系：

$$N^{\mathrm{M}} = N^{\mathrm{K}}\left(1+\frac{N^{\mathrm{K}}}{k^2 Gh}\right)^{-1} \tag{6.1.1}$$

式中，N 为临界屈曲载荷；k 是剪切修正系数；G 是剪切弹性模量；h 为板厚度；上标 M 和 K 分别表示 Mindlin 板理论和经典板理论。这个关系还可以拓展到含前屈曲变形影响的问题中。Wang[626] 指出上述关系也可用于轴对称受载的具有齐次约束条件的结构，如简支圆板、夹紧圆板或者有弹性转动约束的简支条件的圆板。Wang 等 [627−628] 研究了多边形板、圆板在齐次边界条件下的临界屈曲载荷关系，得到如下三阶板理论解与经典板理论解的关系：

$$N^{\mathrm{R}} = N^{\mathrm{K}}\frac{1+\dfrac{N^{\mathrm{K}}}{70Gh}}{1+\dfrac{N^{\mathrm{K}}}{\dfrac{14}{17}Gh}} \tag{6.1.2}$$

式中，上标 R 表示三阶板理论。

图 6.1.1[625] 给出了经典板理论 (CPT)、一阶板理论 (FSDT) 和三阶板理论 (TSDT) 下，简支各向同性板临界屈曲载荷的比较结果。可见，一阶板理论和三阶板理论几乎给出了相同的结果。文献 [161] 也有类似的结论。

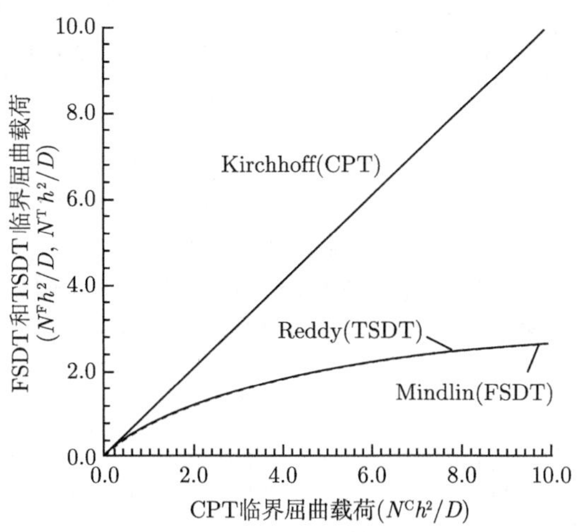

图 6.1.1　不同板理论下简支各向同性板临界屈曲载荷的比较结果 [625]

Wang[629] 推导了一阶板理论和经典板理论下简支多边形板固有频率解之间的解析关系：

$$
\begin{aligned}
\left(\omega_{\mathrm{M}}^{2}\right)_{i} = & \frac{6k^{2}G}{\rho h^{2}}\left\{\left[1+\frac{h^{2}}{12}\left(\omega_{\mathrm{K}}\right)_{i}\sqrt{\frac{\rho h}{D}}\left(1+\frac{2}{k^{2}(1-\nu)}\right)\right]\right. \\
& \left. -\sqrt{\left[1+\frac{h^{2}}{12}\left(\omega_{\mathrm{K}}\right)_{i}\sqrt{\frac{\rho h}{D}}\left(1+\frac{2}{k^{2}(1-\nu)}\right)\right]^{2}-\frac{\rho h^{2}}{3k^{2}G}\left(\omega_{\mathrm{K}}^{2}\right)_{i}}\right\}
\end{aligned}
\tag{6.1.3a}
$$

式中，ω 是固有频率；ρ 是质量密度；ν 是泊松比；D 是板的抗弯刚度；下标 M 和 K 分别表示一阶板理论和经典板理论；$i=1,2,\cdots$ 是模态序号。如果略去转动惯性的影响，可以得到：

$$
\left(\omega_{\mathrm{M}}^{2}\right)_{i}=\frac{\left(\omega_{\mathrm{K}}^{2}\right)_{i}}{1+\dfrac{\left(\omega_{\mathrm{K}}\right)_{i}h^{2}}{6(1-\nu)k^{2}}\sqrt{\dfrac{\rho h}{D}}}
\tag{6.1.3b}
$$

Wang 等 [630] 推导出了 Levinson 板理论与经典板理论下，简支多边形板的固有频率解之间的解析关系：

$$
\left(\omega_{\mathrm{L}}^{2}\right)_{i}=\frac{5G}{\rho h^{2}}\left\{\left[1+\frac{h^{2}}{60}\left(\omega_{\mathrm{K}}\right)_{i}\sqrt{\frac{\rho h}{D}}\left(\frac{17-5\nu}{1-\nu}\right)\right]\right.
$$

$$-\sqrt{\left[1+\frac{h^2}{60}(\omega_{\mathrm{K}})_i\sqrt{\frac{\rho h}{D}}\left(\frac{17-5\nu}{1-\nu}\right)\right]^2-\frac{2\rho h^2}{5G}(\omega_{\mathrm{K}}^2)_i}\Bigg\} \tag{6.1.4}$$

式中，各参量的意义同式 (6.1.3)，下标 L 表示 Levinson 板理论。需要指出的是，Levinson 板理论兼顾了 Mindlin 板理论与 Reddy 板理论，采用与 Reddy 板理论相同的三阶面内位移展式来描述高阶影响，但是其控制方程总阶数仍为四阶。

Wang 等 [631] 还推导了三阶板理论与经典板理论下，简支多边形板的固有频率解之间的解析关系：

$$\omega_{\mathrm{K}}\sqrt{\frac{\rho h}{D}}=-2\sqrt{\varPhi}\cos\left(\frac{\theta+2\pi}{3}\right)+\frac{a_2}{3a_1} \tag{6.1.5}$$

这是一个超越方程，其中各参量的意义同式 (6.1.3)，a_1、a_2、θ 和 $\varPhi$ 为包含三阶板理论固有频率的常数。

把求解圆板的临界屈曲载荷问题和自由振动固有频率问题统一作为特征值问题处理，马连生等 [632] 研究了不同板理论下各向同性圆板特征值问题解之间的解析关系，得到的不同理论下圆板临界屈曲载荷解之间的解析关系为

$$p_{\mathrm{cr}}^{\mathrm{K}}=p_{\mathrm{cr}}^{\mathrm{F}}\left(1+\frac{p_{\mathrm{cr}}^{\mathrm{K}}}{k_{\mathrm{s}}A_{44}}\right)=p_{\mathrm{cr}}^{\mathrm{R}}\frac{1+14p_{\mathrm{cr}}^{\mathrm{K}}/(17Gh)}{1+p_{\mathrm{cr}}^{\mathrm{K}}/(70Gh)} \tag{6.1.6a}$$

式中，$p_{\mathrm{cr}}^{\mathrm{K}}$ 和 $p_{\mathrm{cr}}^{\mathrm{F}}$ 分别为经典板理论和一阶板理论下板的临界屈曲载荷；k_{s} 为剪切修正系数。

不同理论下圆板固有频率解之间的解析关系为

$$\omega_{\mathrm{K}}^2=\omega_{\mathrm{F}}^2\left(1+\frac{D}{k_{\mathrm{s}}Gh}\sqrt{\frac{\rho h}{D}}\omega_{\mathrm{K}}\right)=\omega_{\mathrm{R}}^2\frac{1+\dfrac{17h^2}{84(1-\nu)}\sqrt{\dfrac{\rho h}{D}}\omega_{\mathrm{K}}}{1+\dfrac{h^2}{140(1-\nu)}\sqrt{\dfrac{\rho h}{D}}\omega_{\mathrm{K}}} \tag{6.1.6b}$$

这些解析关系清楚地显示了横向剪切变形对圆板临界屈曲载荷和固有频率的影响。

以上是不同板理论下各向同性板特征值问题解之间的解析关系研究概况。人们也研究了功能梯度结构的相关问题，如文献 [161]、[521] 推导出了不同板理论下功能梯度矩形板、圆板以及梁特征值问题解之间的解析关系。Li 等 [128]、李世荣等 [624] 在经典板理论框架下，推导出了功能梯度板与均匀各向同性板屈曲、自由振动问题相应解之间的解析关系。

6.2　功能梯度矩形板的屈曲及线性振动

6.2.1　功能梯度矩形板的特征值问题

下面继续讨论 5.2 节的功能梯度矩形板。在式 (5.2.13) 中，设 $p_x = p_y = p$，略去分布载荷和温度场相关项，并将位移函数设为

$$(u, \phi, w) = [\bar{u}(x, y), \bar{\phi}(x, y), \bar{w}(x, y)]\mathrm{e}^{\mathrm{i}\omega t} \tag{6.2.1}$$

式中，ω 为固有频率。将式 (6.2.1) 代入式 (5.2.13)，仍以 (u, ϕ, w) 代替 $(\bar{u}, \bar{\phi}, \bar{w})$，可得功能梯度矩形板的控制方程为

$$\frac{\partial N_x}{\partial x} + \frac{\partial N_{xy}}{\partial y} = 0 \tag{6.2.2a}$$

$$\frac{\partial N_{xy}}{\partial x} + \frac{\partial N_y}{\partial y} = 0 \tag{6.2.2b}$$

$$\begin{aligned}&\frac{\partial \bar{Q}_x}{\partial x} + \frac{\partial \bar{Q}_y}{\partial y} + \beta\left(\frac{\partial^2 P_x}{\partial x^2} + \frac{\partial^2 P_y}{\partial y^2} + 2\frac{\partial^2 P_{xy}}{\partial x \partial y}\right)\\&-p\left(\frac{\partial^2 w}{\partial x^2} + \frac{\partial^2 w}{\partial y^2}\right) + I_0\omega^2 w = 0\end{aligned} \tag{6.2.2c}$$

$$\frac{\partial \bar{M}_x}{\partial x} + \frac{\partial \bar{M}_{xy}}{\partial y} - \bar{Q}_x = 0 \tag{6.2.2d}$$

$$\frac{\partial \bar{M}_{xy}}{\partial x} + \frac{\partial \bar{M}_y}{\partial y} - \bar{Q}_y = 0 \tag{6.2.2e}$$

式中，各物理量中已经消去了因子 $\mathrm{e}^{\mathrm{i}\omega t}$，它们均与时间无关。

将式 (6.2.2d) 和式 (6.2.2e) 分别对 x 和 y 微分一次，并与式 (6.2.2c) 相加，可得

$$\frac{\partial^2 M_x}{\partial x^2} + \frac{\partial^2 M_y}{\partial y^2} + 2\frac{\partial^2 M_{xy}}{\partial x \partial y} - p\nabla^2 w + I_0\omega^2 w = 0 \tag{6.2.3}$$

把式 (5.2.8a)~ 式 (5.2.8c) 分别代入式 (6.2.2a) 和式 (6.2.2b)，然后分别对 x 和 y 微分一次并相加，可得

$$A_{11}\nabla^2\xi + \bar{B}_{11}\nabla^2\zeta - \beta E_{11}\nabla^4 w = 0 \tag{6.2.4}$$

把式 (5.2.8d)∼ 式 (5.2.8f) 代入式 (6.2.3)，并利用式 (6.2.4)，可得

$$-\beta\Omega_2\nabla^4 w+\bar{\Omega}_1\nabla^2\zeta-p\nabla^2 w+I_0\omega^2 w=0 \tag{6.2.5}$$

将式 (6.2.2d) 和式 (6.2.2e) 分别对 x 和 y 微分一次并相加,然后将式 (5.2.8g)∼ 式 (5.2.8m) 代入式 (6.2.2d) 和式 (6.2.2e)，并利用式 (6.2.4)，可得

$$-\beta\bar{\Omega}_2\nabla^4 w+\tilde{\Omega}_1\nabla^2\zeta-\tilde{A}_{44}\nabla^2 w-\tilde{A}_{44}\zeta=0 \tag{6.2.6}$$

把式 (6.2.5) 和式 (6.2.6) 写成以下矩阵形式：

$$[K]\{Y\}=0 \tag{6.2.7}$$

式中，$\{Y\}=\{w\quad\zeta\}^{\mathrm{T}}$；$[K]$ 是一个关于算子 ∇^2 的二阶矩阵，其中各元素的表达式为

$$K_{11}\left(\nabla^2\right)=-\beta\Omega_2\nabla^4-p\nabla^2+I_0\omega^2 \tag{6.2.8a}$$

$$K_{12}\left(\nabla^2\right)=\bar{\Omega}_1\nabla^2 \tag{6.2.8b}$$

$$K_{21}\left(\nabla^2\right)=-\beta\bar{\Omega}_2\nabla^4-\tilde{A}_{44}\nabla^2 \tag{6.2.8c}$$

$$K_{22}\left(\nabla^2\right)=\tilde{\Omega}_1\nabla^2-\tilde{A}_{44} \tag{6.2.8d}$$

消去式 (6.2.7) 中的 ζ 可得

$$\det\left[K\left(\nabla^2\right)\right]w=\beta^2\Omega\left(\nabla^2+\lambda_1\right)\left(\nabla^2+\lambda_2\right)\left(\nabla^2+\lambda_3\right)w=0 \tag{6.2.9}$$

式中，λ_i $(i=1,\ 2,\ 3)$ 分别是以下三次方程的三个根：

$$\det\left[K\left(-\lambda\right)\right]=K_{11}(-\lambda)K_{22}(-\lambda)-K_{12}(-\lambda)K_{21}(-\lambda)=0 \tag{6.2.10}$$

式 (6.2.9) 就是问题的特征方程。结合相应的边界条件，从式 (6.2.9) 可得三阶板理论下功能梯度板振动和屈曲问题的特征值以及特征向量。下面以周边简支且面内可动的矩形板为例予以说明。

周边简支且面内可动矩形板的边界条件可表达为

$$w=0 \tag{6.2.11a}$$

$$\bar{M}_{\mathrm{n}}=0 \tag{6.2.11b}$$

$$P_{\mathrm{n}}=0 \tag{6.2.11c}$$

$$\phi_{\mathrm{s}}=0 \tag{6.2.11d}$$

以及

$$N_{\mathrm{n}}=0 \tag{6.2.11e}$$

$$u_{\mathrm{s}}=0 \tag{6.2.11f}$$

式中，下标 n 和 s 分别表示板边界上的法向和切向。这些条件意味着在板的边界上：

$$w=0 \tag{6.2.12a}$$

$$\nabla^2 w=0 \tag{6.2.12b}$$

$$\nabla^4 w=0 \tag{6.2.12c}$$

将式 (6.2.9) 改写为

$$\left(\nabla^2+\lambda_1\right)y=0 \tag{6.2.13a}$$

式中，$y\equiv\beta^2\Omega\left(\nabla^2+\lambda_2\right)\left(\nabla^2+\lambda_3\right)w$。由实系数三次代数方程的性质可知，该方程至少存在一个实根，另外两个根或是实数或是共轭复数。这里设定 λ_1 是实根，那么 y 将是一个实函数。从式 (6.2.12a)~(6.2.12c) 可知，y 满足边界条件：

$$y|_{\Gamma}=0 \tag{6.2.13b}$$

经典板理论下各向同性板的特征值问题可表述为 [620,633−634]

$$\left(\nabla^2+\lambda_{\mathrm{K}}\right)\bar{y}=0 \tag{6.2.14a}$$

以及

$$\bar{y}|_{\Gamma}=0 \tag{6.2.14b}$$

式中，$\lambda_{\mathrm{K}}=\dfrac{p}{D}$（屈曲问题）或 $\lambda_{\mathrm{K}}=\omega_{\mathrm{K}}\left(\dfrac{\rho h}{D}\right)^{1/2}$（振动问题），$\omega_{\mathrm{K}}$ 是经典板理论下各向同性板的固有频率。

比较式 (6.2.13a) 和式 (6.2.14a) 可知，其特征值应该相等，故有如下关系成立：

$$\lambda_1=\lambda_{\mathrm{K}} \tag{6.2.15}$$

将式 (6.2.15) 代入式 (6.2.10) 可得

$$\det\left[K\left(-\lambda_{\mathrm{K}}\right)\right]=A\omega^2+B=0 \tag{6.2.16}$$

式中，

$$A=-\left(\tilde{\Omega}_1\lambda_{\mathrm{K}}+\tilde{A}_{44}\right)I_0 \tag{6.2.17a}$$

$$B=\beta^2\varOmega\lambda_{\mathrm{K}}^3+\tilde{A}_{44}\varOmega_1\lambda_{\mathrm{K}}^2-\left(\tilde{A}_{44}\lambda_{\mathrm{K}}+\tilde{\varOmega}_1\lambda_{\mathrm{K}}^2\right)p \tag{6.2.17b}$$

从式 (6.2.16) 可以得到三阶板理论下功能梯度矩形板的固有频率解 ω_{fR} 与经典板理论下各向同性矩形板的固有频率解 ω_{K} 之间有如下解析关系：

$$\omega_{\mathrm{fR}}^2=-\frac{B}{A}=\frac{\beta^2\varOmega\sqrt{\rho h/D}\omega_{\mathrm{K}}+\tilde{A}_{44}\varOmega_1}{\tilde{\varOmega}_1\sqrt{\rho h/D}\omega_{\mathrm{K}}+\tilde{A}_{44}}\frac{\rho h}{DI_0}\omega_{\mathrm{K}}^2-\frac{\sqrt{\rho h/D}}{I_0}p\omega_{\mathrm{K}} \tag{6.2.18}$$

令式 (6.2.16) 中 $\omega=0$，那么 $B=0$。可以推导出三阶板理论下功能梯度矩形板的临界屈曲载荷解 $p_{\mathrm{f}}^{\mathrm{R}}$ 与经典板理论下各向同性矩形板的临界屈曲载荷解 $p_{\mathrm{i}}^{\mathrm{K}}$ 之间有如下解析关系：

$$p_{\mathrm{f}}^{\mathrm{R}}=\frac{\varOmega_1D+\beta^2\dfrac{\varOmega}{\tilde{A}_{44}}p_{\mathrm{i}}^{\mathrm{K}}}{D^2+\dfrac{\tilde{\varOmega}_1}{\tilde{A}_{44}}Dp_{\mathrm{i}}^{\mathrm{K}}}p_{\mathrm{i}}^{\mathrm{K}} \tag{6.2.19}$$

需要特别指出的是，将边界压力改换为温度场作用，即可得到板的热屈曲临界温度 T_{cr} 的解：

$$T_{\mathrm{cr}}=\frac{1}{\varLambda}\left(\frac{\varOmega_1D+\beta^2\dfrac{\varOmega}{\tilde{A}_{44}}p_{\mathrm{i}}^{\mathrm{K}}}{D^2+\dfrac{\tilde{\varOmega}_1}{\tilde{A}_{44}}Dp_{\mathrm{i}}^{\mathrm{K}}}\right)p_{\mathrm{i}}^{\mathrm{K}} \tag{6.2.20}$$

式中，$\varLambda$ 是与材料性质以及温度分布有关的常数，即

$$N_{\mathrm{cr}}=\int_{-h/2}^{h/2}\frac{E(z)\alpha(z)T(z)}{1-\nu}\mathrm{d}z=\varLambda T_{\mathrm{cr}} \tag{6.2.21}$$

6.2.2 一阶板理论下功能梯度矩形板特征值问题的解

一阶板理论下功能梯度矩形板的特征方程在形式上与式 (6.2.7) 相同，但需令式 (6.2.8) 所示各矩阵元素中 $\beta=0$，消去 ζ 即可得到相应的特征方程：

$$\varOmega_1\left(k_{\mathrm{s}}A_{44}-p\right)\left(\nabla^2+\lambda_1\right)\left(\nabla^2+\lambda_2\right)w=0 \tag{6.2.22}$$

式中，k_{s} 为剪切修正系数。

结合式 (6.2.12a) 和式 (6.2.12b)，能推导出一阶板理论下功能梯度矩形板的临界屈曲载荷解与经典板理论下各向同性板的临界屈曲载荷解之间的解析关系：

$$p_{\mathrm{f}}^{\mathrm{F}}=\frac{\varOmega_1}{D+\dfrac{\varOmega_1}{k_{\mathrm{s}}A_{44}}p_{\mathrm{i}}^{\mathrm{K}}}p_{\mathrm{i}}^{\mathrm{K}} \tag{6.2.23}$$

式中，$p_{\mathrm{f}}^{\mathrm{F}}$ 为一阶板理论下功能梯度板的临界屈曲载荷。

式 (6.2.23) 也可以通过在式 (6.2.19) 中，令 $\beta=0$ 并将 A_{44} 换为 $K_{\mathrm{s}}A_{44}$ 而得到。

需要说明的是，一阶板理论下功能梯度矩形板的固有频率解与经典板理论下各向同性矩形板的固有频率解之间的解析关系仍然由式 (6.2.16) 决定。但须令式 (6.2.17) 所示 A 和 B 中 $\beta=0$，即

$$A=-\left(\varOmega_1\lambda_K+k_{\mathrm{s}}A_{44}\right)I_0 \tag{6.2.24a}$$

$$B=k_{\mathrm{s}}A_{44}\varOmega_1\lambda_{\mathrm{K}}^2-\left(k_{\mathrm{s}}A_{44}\lambda_{\mathrm{K}}+\varOmega_1\lambda_{\mathrm{K}}^2\right)p \tag{6.2.24b}$$

进而有

$$\omega_{\mathrm{fF}}^2=\frac{\varOmega_1}{1+\dfrac{\varOmega_1}{k_{\mathrm{s}}A_{44}}\sqrt{\dfrac{\rho h}{D}}\omega_{\mathrm{K}}}\frac{\rho h}{DI_0}\omega_{\mathrm{K}}^2-\frac{\sqrt{\rho h/D}}{I_0}p\omega_{\mathrm{K}} \tag{6.2.25}$$

式中，ω_{fF} 为一阶板理论下功能梯度矩形板的固有频率。

6.2.3　经典板理论下功能梯度矩形板特征值问题的解

令式 (6.2.23) 和式 (6.2.25) 中的 $k_{\mathrm{s}}A_{44}\to\infty$，可分别得到经典板理论下功能梯度矩形板的临界屈曲载荷、固有频率与各向同性板的相应结果之间的解析关系：

$$p_{\mathrm{f}}^{\mathrm{K}}=\frac{\varOmega_1}{D}p_{\mathrm{i}}^{\mathrm{K}} \tag{6.2.26}$$

和

$$\omega_{\mathrm{fK}}^2=\frac{\varOmega_1\rho h}{DI_0}\omega_{\mathrm{K}}^2-\frac{1}{I_0}\sqrt{\frac{\rho h}{D}}p\omega_{\mathrm{K}} \tag{6.2.27}$$

式中,$p_{\mathrm{f}}^{\mathrm{K}}$ 和 ω_{fK} 分别为经典板理论下功能梯度矩形板的临界屈曲载荷和固有频率。

6.2.4　不同板理论下各向同性矩形板特征值问题的解

令 $n=0$ 且 $E(z)=E$，式 (6.2.19)、式 (6.2.18)、式 (6.2.23) 和式 (6.2.25) 便分别退化为不同板理论下各向同性均匀板特征值问题解与经典板理论下相应解之间的解析关系。

对于三阶板理论情况，有

$$p_{\mathrm{i}}^{\mathrm{R}}=\frac{1+\dfrac{p_{\mathrm{i}}^{\mathrm{K}}}{70Gh}}{1+\dfrac{p_{\mathrm{i}}^{\mathrm{K}}}{\dfrac{14}{17}Gh}}p_{\mathrm{i}}^{\mathrm{K}} \tag{6.2.28}$$

和

$$\omega_{\mathrm{iR}}^2 = \frac{1 + \dfrac{D}{70Gh}\sqrt{\dfrac{\rho h}{D}}\omega_{\mathrm{K}}}{1 + \dfrac{D}{\dfrac{14}{17}Gh}\sqrt{\dfrac{\rho h}{D}}\omega_K}\omega_{\mathrm{K}}^2 \quad (p=0) \tag{6.2.29}$$

式中，$p_{\mathrm{i}}^{\mathrm{R}}$ 和 ω_{iR} 分别表示各向同性板临界屈曲载荷和固有频率的三阶板理论解。式 (6.2.28) 与式 (6.1.2) 相一致。

对于一阶板理论情况，有

$$p_{\mathrm{i}}^{\mathrm{F}} = \frac{p_{\mathrm{i}}^{\mathrm{K}}}{1 + \dfrac{p_{\mathrm{i}}^{\mathrm{K}}}{k_{\mathrm{s}}Gh}} \tag{6.2.30}$$

和

$$\omega_{\mathrm{iF}}^2 = \frac{\omega_{\mathrm{K}}^2}{1 + \dfrac{D}{k_{\mathrm{s}}Gh}\sqrt{\dfrac{\rho h}{D}}\omega_{\mathrm{K}}} \quad (p=0) \tag{6.2.31}$$

式中，$p_{\mathrm{i}}^{\mathrm{F}}$ 和 ω_{iF} 分别表示各向同性板临界屈曲载荷和固有频率的一阶板理论解。式 (6.2.30) 与式 (6.1.1) 相一致。

比较式 (6.2.19)、式 (6.2.23) 和式 (6.2.26) 可得，不同板理论下简支功能梯度矩形板的临界屈曲载荷解之间的解析关系为

$$p_{\mathrm{f}}^{\mathrm{K}} = p_{\mathrm{f}}^{\mathrm{F}} + \frac{\varOmega_1^2\lambda_{\mathrm{K}}^2}{k_{\mathrm{s}}A_{44} + \varOmega_1\lambda_{\mathrm{K}}} = p_{\mathrm{f}}^{\mathrm{R}} + \frac{\bar{\varOmega}_1^2\lambda_{\mathrm{K}}^2}{\tilde{A}_{44} + \tilde{\varOmega}_1\lambda_{\mathrm{K}}} \tag{6.2.32}$$

同样，比较式 (6.2.18)、式 (6.2.25) 和式 (6.2.27) 可得，不同板理论下简支功能梯度矩形板的固有频率解之间的解析关系为

$$\omega_{\mathrm{fK}}^2 = \omega_{\mathrm{fF}}^2 + \frac{\varOmega_1^2\lambda_{\mathrm{K}}^3}{(k_{\mathrm{s}}A_{44} + \varOmega_1\lambda_{\mathrm{K}})\,I_0} = \omega_{f\mathrm{R}}^2 + \frac{\bar{\varOmega}_1^2\lambda_{\mathrm{K}}^3}{\left(\tilde{A}_{44} + \tilde{\varOmega}_1\lambda_{\mathrm{K}}\right)I_0} \tag{6.2.33}$$

式 (6.2.32) 和式 (6.2.33) 清楚地显示了横向剪切变形对简支功能梯度矩形板的临界屈曲载荷和固有频率的影响。可见，经典板理论高估了问题的特征值。

为了直观起见，下面以不同厚宽比简支功能梯度矩形板为例，比较不同板理论下功能梯度板的临界屈曲载荷解之间的差异和固有频率解之间的差异。从式 (6.2.19)、式 (6.2.23) 和式 (6.2.26)，可以求得简支功能梯度矩形板的临界屈曲载荷 $\lambda = \dfrac{pb^2}{D_{\mathrm{m}}}$ 随材料梯度指数 n 的变化曲线，如图 6.2.1 和图 6.2.2 所示。从式 (6.2.18)、式 (6.2.25) 和式 (6.2.27)，可以求得简支功能梯度矩形板的固有频率 $\omega_0 = \omega b^2\left(\dfrac{\rho_{\mathrm{m}}h}{D_{\mathrm{m}}}\right)^{1/2}$ 随材料梯度指数 n 的变化曲线，如图 6.2.3 和图 6.2.4 所示。

图 6.2.1 和图 6.2.3 对应的板的长宽比 a/b=1，图 6.2.2 和图 6.2.4 对应的板的长宽比 $a/b=\sqrt{2}$。各向同性板的临界屈曲载荷 [635−637] 和最低固有频率 [638] 分别为

$$p_{\mathrm{i}}^{\mathrm{K}}=\frac{\pi^2 D}{b^2}\left(1+\frac{b^2}{a^2}\right),\quad \omega_{\mathrm{K}}=\frac{\pi^2}{b^2}\sqrt{\frac{D}{\rho h}}\left(1+\frac{b^2}{a^2}\right)$$

从图 6.2.1～ 图 6.2.4 可见，对于给定的剪切修正系数 $k_{\mathrm{s}}=5/6$，三阶板理论解和一阶板理论解几乎是相同的。也就是说，在分析功能梯度板的屈曲和振动时，一阶板理论解就具有足够的精度，更高阶板理论没有必要，且一阶板理论解简洁、计算量小。

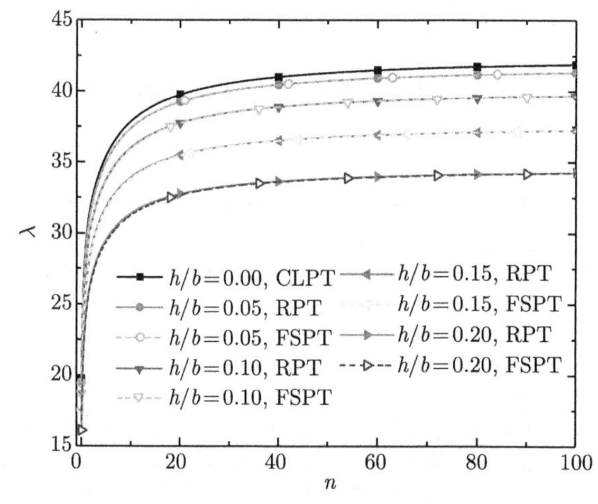

图 6.2.1　简支功能梯度矩形板临界屈曲载荷随材料梯度指数的变化曲线 (a/b=1)[521]

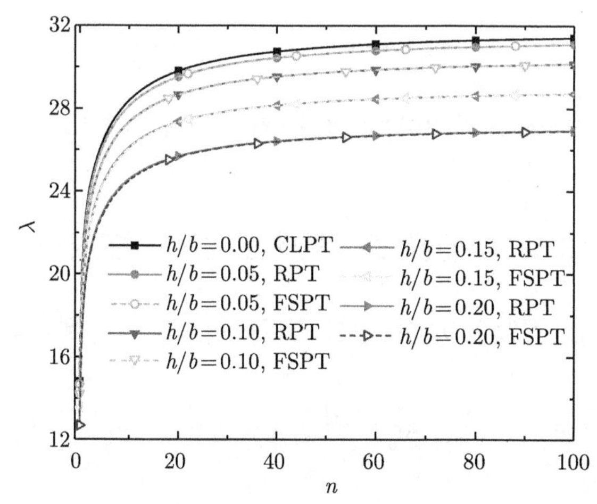

图 6.2.2　简支功能梯度矩形板临界屈曲载荷随材料梯度指数的变化曲线 ($a/b=\sqrt{2}$)[521]

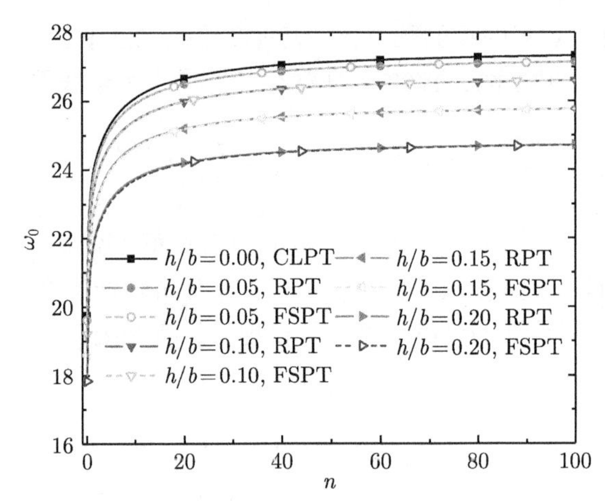

图 6.2.3　简支功能梯度矩形板固有频率随材料梯度指数的变化曲线 $(a/b=1)$[521]

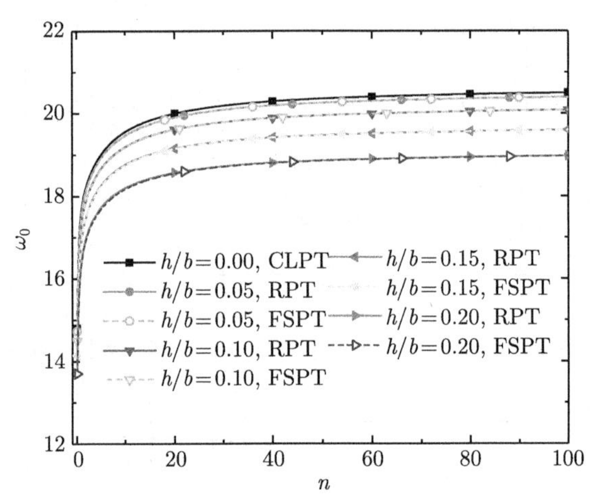

图 6.2.4　简支功能梯度矩形板固有频率随材料梯度指数的变化曲线 $(a/b=\sqrt{2})$[521]

6.3　功能梯度圆板的屈曲及线性振动

根据式 (5.3.8)，类似于功能梯度矩形板分析，可以得到功能梯度圆板横向运动特征方程：

$$N_\theta-\frac{\mathrm{d}}{\mathrm{d}r}(rN_r)=0 \tag{6.3.1a}$$

$$\frac{1}{r}\bar{M}_\theta-\frac{1}{r}\frac{\mathrm{d}}{\mathrm{d}r}\left(r\bar{M}_r\right)+\bar{Q}_r=0 \tag{6.3.1b}$$

$$-\beta\frac{1}{r}\frac{\mathrm{d}^2}{\mathrm{d}r^2}(rP_r)+\beta\frac{1}{r}\frac{\mathrm{d}P_\theta}{\mathrm{d}r}-\frac{1}{r}\frac{\mathrm{d}}{\mathrm{d}r}(r\bar{Q}_r)+p\frac{1}{r}\frac{\mathrm{d}}{\mathrm{d}r}\left(r\frac{\mathrm{d}w}{\mathrm{d}r}\right)-I_0\omega^2w=0 \quad (6.3.1c)$$

将式 (6.3.1b) 乘以 r，并对 r 求导，然后除以 r，并与式 (6.3.1c) 相加，可得

$$\frac{1}{r}\frac{\mathrm{d}M_\theta}{\mathrm{d}r}-\frac{1}{r}\frac{\mathrm{d}^2}{\mathrm{d}r^2}(rM_r)+p\nabla^2w-I_0\omega^2w=0 \quad (6.3.2)$$

式中，$\nabla^2=\frac{1}{r}\frac{\mathrm{d}}{\mathrm{d}r}\left(r\frac{\mathrm{d}}{\mathrm{d}r}\right)$。

将式 (5.3.3a) 分别代入式 (6.3.1a) 和式 (6.3.1b)，然后分别乘以 r，再对 r 求导，再除以 r，可得

$$A_{11}\nabla^2U+\bar{B}_{11}\nabla^2\psi-\beta E_{11}\nabla^4w=0 \quad (6.3.3)$$

$$\bar{B}_{11}\nabla^2U+\tilde{D}_{11}\nabla^2\psi-\beta\bar{F}_{11}\nabla^4w-\tilde{A}_{44}\left(\psi+\nabla^2w\right)=0 \quad (6.3.4)$$

式中，$U=\frac{1}{r}\frac{\mathrm{d}}{\mathrm{d}r}(ru)$；$\psi=\frac{1}{r}\frac{\mathrm{d}}{\mathrm{d}r}(r\phi)$；$\tilde{D}_{11}=\bar{D}_{11}-\beta\bar{F}_{11}$。

把式 (5.3.3c) 和式 (5.3.3d) 代入式 (6.3.2)，并利用式 (6.3.3)，可得

$$-\beta\Omega_2\nabla^4w+\bar{\Omega}_1\nabla^2\psi-p\nabla^2w+I_0\omega^2w=0 \quad (6.3.5)$$

将式 (6.3.3) 代入式 (6.3.4)，可得

$$-\beta\bar{\Omega}_2\nabla^4w+\tilde{\Omega}_1\nabla^2\psi-\tilde{A}_{44}\nabla^2w-\tilde{A}_{44}\psi=0 \quad (6.3.6)$$

将式 (6.3.5) 和式 (6.3.6) 写成如下矩阵形式:

$$[K]\{Y\}=0 \quad (6.3.7)$$

式中，$\{Y\}=\{w \quad \psi\}^{\mathrm{T}}$；$[K]$ 是一个关于算子 ∇^2 的二阶矩阵，其各元素表达式为

$$K_{11}\left(\nabla^2\right)=-\beta\Omega_2\nabla^4-p\nabla^2+I_0\omega^2 \quad (6.3.8a)$$

$$K_{12}\left(\nabla^2\right)=\bar{\Omega}_1\nabla^2 \quad (6.3.8b)$$

$$K_{21}\left(\nabla^2\right)=-\beta\bar{\Omega}_2\nabla^4-\tilde{A}_{44}\nabla^2 \quad (6.3.8c)$$

$$K_{22}\left(\nabla^2\right)=\tilde{\Omega}_1\nabla^2-\tilde{A}_{44} \quad (6.3.8d)$$

消去式 (6.3.7) 中的 ψ，可得

$$\det\left[K\left(\nabla^2\right)\right]w=\beta^2\Omega\left(\nabla^2+\lambda_1\right)\left(\nabla^2+\lambda_2\right)\left(\nabla^2+\lambda_3\right)w=0 \tag{6.3.9}$$

式中，$\lambda_i\ (i=1,2,3)$ 分别是以下三次方程的三个根：

$$\det\left[K\left(-\lambda\right)\right]=K_{11}(-\lambda)K_{22}(-\lambda)-K_{12}(-\lambda)K_{21}(-\lambda)=0 \tag{6.3.10}$$

式 (6.3.9) 就是问题的特征方程。从该特征方程可求得三阶板理论下不同边界功能梯度圆板的振动和屈曲问题的特征值以及特征向量。

值得指出的是，功能梯度矩形板的特征方程 (6.2.9) 和功能梯度圆板的特征方程 (6.3.9) 完全相同，简支功能梯度圆板的边界条件也可以表达为式 (6.2.12)。因此，简支功能梯度圆板临界屈曲载荷和固有频率的三阶板理论解、一阶板理论解、经典板理论解与各向同性圆板的相应经典板理论解之间的解析关系，也分别如式 (6.2.19)、式 (6.2.18)、式 (6.2.23)、式 (6.2.25)、式 (6.2.26) 以及式 (6.2.27) 所示。从文献 [161] 可知，对于夹紧功能梯度圆板，其临界屈曲载荷解的关系式 (6.2.19) 和关系式 (6.2.23) 仍然成立。

图 6.3.1 和图 6.3.2 分别给出了各理论下夹紧和简支功能梯度圆板临界屈曲载荷随材料梯度指数的变化曲线。图 6.3.3 给出了各理论下简支功能梯度圆板固有频率随材料梯度指数的变化曲线。各图中虚线均为一阶板理论解。简支和夹紧各向同性圆板的临界屈曲载荷分别为 [635−636]$p_{\rm i}^{\rm K}=4.20\dfrac{D}{b^2}$ 和 $p_{\rm i}^{\rm K}=14.68\dfrac{D}{b^2}$，简支各向同性圆板的最低固有频率 [637]$\omega_{\rm K}=4.9774\dfrac{1}{b^2}\sqrt{\dfrac{D}{\rho h}}$。

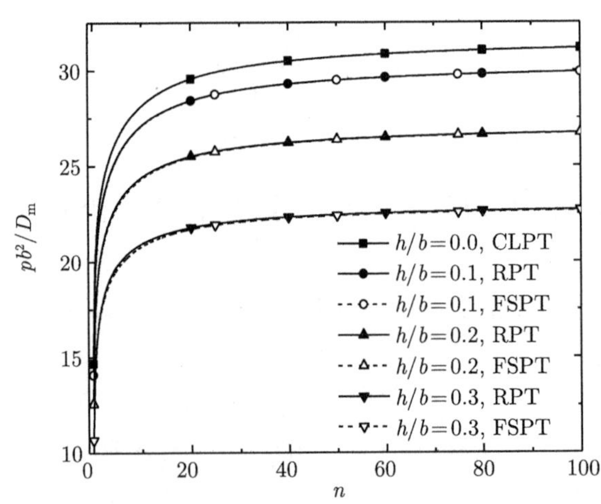

图 6.3.1 各理论下夹紧功能梯度圆板临界屈曲载荷随材料梯度指数的变化曲线 [161,521]

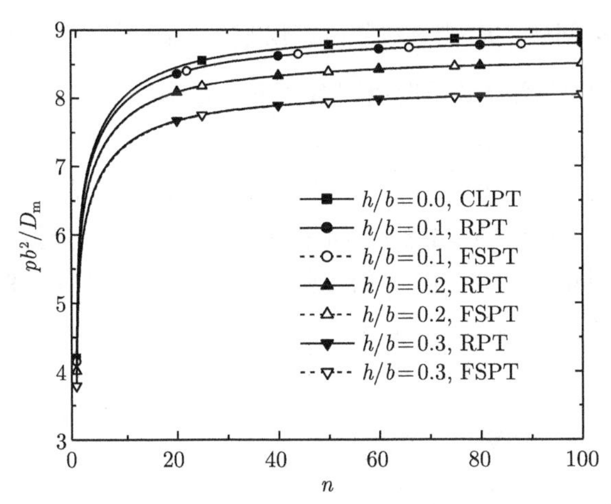

图 6.3.2　各理论下简支功能梯度圆板临界屈曲载荷随材料梯度指数的变化曲线 [161,521]

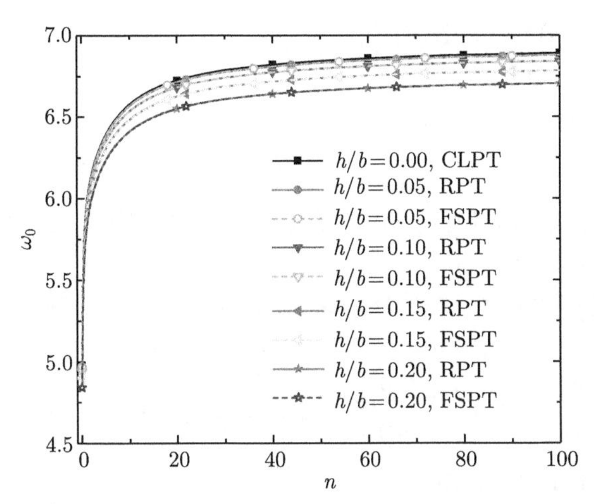

图 6.3.3　各理论下简支功能梯度圆板固有频率随材料梯度指数的变化曲线 [521]

从图 6.3.1～ 图 6.3.3 可以看出，无论是板的临界屈曲载荷还是板的最低固有频率，三阶板理论解与一阶板理论解均极为相近。这再次说明，在分析板的屈曲和振动时，一阶板理论解的精度就足够了，无需考虑更高阶板理论解，且一阶板理论解简洁、计算量小。

6.4　惯性对功能梯度板固有频率的影响

本章前几节讨论了功能梯度板的横向振动问题，其中仅讨论了横向惯性和横向剪切变形的影响。本节将讨论其他惯性（如转动惯性、面内惯性、耦合惯性等）

对功能梯度板振动问题的影响。本节讨论仅限于一阶板理论，其他理论暂不涉及。

6.4.1　各类惯性对功能梯度矩形板固有频率的影响

令 5.2 节中的位移场方程 (5.2.5)、应变场方程 (5.2.6)、内力与位移关系式 (5.2.8) 和运动方程 (5.2.13) 中的 $\beta = 0$，并在剪力表达式中引入剪切修正系数 k_{s}，便可以得到一阶板理论下矩形板的位移场、应变分量、内力与位移关系以及运动方程。对谐振动而言，板的准静态运动方程为（取边界外压力 $p = 0$）

$$\frac{\partial N_x}{\partial x} + \frac{\partial N_{xy}}{\partial y} + I_0\omega^2 u + I_1\omega^2\phi_x = 0 \tag{6.4.1a}$$

$$\frac{\partial N_{xy}}{\partial x} + \frac{\partial N_y}{\partial y} + I_0\omega^2 v + I_1\omega^2\phi_y - 0 \tag{6.4.1b}$$

$$\frac{\partial Q_x}{\partial x} + \frac{\partial Q_y}{\partial y} + I_0\omega^2 w = 0 \tag{6.4.1c}$$

$$\frac{\partial M_x}{\partial x} + \frac{\partial M_{xy}}{\partial y} - Q_x + I_1\omega^2 u + I_2\omega^2\phi_x = 0 \tag{6.4.1d}$$

$$\frac{\partial M_{xy}}{\partial x} + \frac{\partial M_y}{\partial y} - Q_y + I_1\omega^2 v + I_2\omega^2\phi_y = 0 \tag{6.4.1e}$$

上述各物理量均与时间无关。本节出现的刚度、惯性矩以及其他符号的意义均与 6.2 节和 6.3 节相同。

将式 (6.4.1d) 和式 (6.4.1e) 分别对 x、y 微分一次，并与式 (6.4.1c) 相加，可得

$$\frac{\partial^2 M_x}{\partial x^2} + \frac{\partial^2 M_y}{\partial y^2} + 2\frac{\partial^2 M_{xy}}{\partial x \partial y} + I_0\omega^2 w + I_1\omega^2\xi + I_2\omega^2\zeta = 0 \tag{6.4.2}$$

由式 (6.4.1c) 可得

$$k_{\mathrm{s}}A_{44}\zeta = -k_{\mathrm{s}}A_{44}\nabla^2 w - I_0\omega^2 w \tag{6.4.3}$$

把式 (5.2.8d)~ 式 (5.2.8f) 代入式 (6.4.2)，并利用式 (6.4.3)，可得

$$\begin{aligned}&-k_{\mathrm{s}}A_{44}D_{11}\nabla^4 w + k_{\mathrm{s}}A_{44}B_{11}\nabla^2\xi - \left(D_{11}I_0 + k_{\mathrm{s}}A_{44}I_2\right)\omega^2\nabla^2 w\\&+\left(k_{\mathrm{s}}A_{44} - I_2\omega^2\right)I_0\omega^2 w + k_{\mathrm{s}}A_{44}I_1\omega^2\xi = 0\end{aligned} \tag{6.4.4}$$

把式 (5.2.8a)~ 式 (5.2.8c) 分别代入式 (6.4.1a) 和式 (6.4.1b)，并分别对 x、y 微分一次，然后相加，再利用式 (6.4.3)，可得

$$\begin{aligned}&-k_{\mathrm{s}}A_{44}B_{11}\nabla^4 w + k_{\mathrm{s}}A_{44}A_{11}\nabla^2\xi - \left(B_{11}I_0 + k_{\mathrm{s}}A_{44}I_1\right)\omega^2\nabla^2 w\\&-I_0I_1\omega^4 w + k_{\mathrm{s}}A_{44}I_0\omega^2\xi = 0\end{aligned} \tag{6.4.5}$$

将式 (6.4.4) 和式 (6.4.5) 写成矩阵形式：

$$[K]\{Y\}=0 \tag{6.4.6}$$

式中，$\{Y\}=\{w \quad \xi\}^{\mathrm{T}}$；$[K]$ 中各元素的表达式为

$$K_{11}\left(\nabla^2\right)= -k_{\mathrm{s}}A_{44}D_{11}\nabla^4-\left(D_{11}I_0+k_{\mathrm{s}}A_{44}I_2\right)\omega^2\nabla^2+\left(k_{\mathrm{s}}A_{44}-I_2\omega^2\right)I_0\omega^2 \tag{6.4.7a}$$

$$K_{12}\left(\nabla^2\right)= k_{\mathrm{s}}A_{44}B_{11}\nabla^2+k_{\mathrm{s}}A_{44}I_1\omega^2 \tag{6.4.7b}$$

$$K_{21}\left(\nabla^2\right)= -k_{\mathrm{s}}A_{44}B_{11}\nabla^4-\left(B_{11}I_0+k_{\mathrm{s}}A_{44}I_1\right)\omega^2\nabla^2-I_0I_1\omega^4 \tag{6.4.7c}$$

$$K_{22}\left(\nabla^2\right)= k_{\mathrm{s}}A_{44}A_{11}\nabla^2+k_{\mathrm{s}}A_{44}I_0\omega^2 \tag{6.4.7d}$$

消去式 (6.4.6) 中的 ξ，可得问题的特征方程：

$$\det\left[K\left(\nabla^2\right)\right]w=-k_{\mathrm{s}}A_{44}A_{11}\varOmega_1\left(\nabla^2+\lambda_1\right)\left(\nabla^2+\lambda_2\right)\left(\nabla^2+\lambda_3\right)w=0 \tag{6.4.8}$$

式中，$\lambda_i\ (i=1,2,3)$ 分别是以下三次方程的三个根：

$$\det\left[K\left(-\lambda\right)\right]=K_{11}(-\lambda)K_{22}(-\lambda)-K_{12}(-\lambda)K_{21}(-\lambda)=0 \tag{6.4.9}$$

从式 (6.4.8) 可以求得一阶板理论下功能梯度矩形板的固有频率。经过与 6.2 节类似的分析，可以建立一阶板理论下功能梯度板的特征方程 (6.4.8) 与经典板理论下各向同性板相应特征方程关于特征值之间的解析关系，进而可得关于固有频率的代数方程：

$$A\omega^6+B\omega^4+C\omega^2+D=0 \tag{6.4.10}$$

式中，

$$A=-\left(I_0I_2-I_1^2\right)I_0 \tag{6.4.11a}$$

$$\begin{aligned}B=&k_{\mathrm{s}}A_{44}I_0^2+\left(A_{11}I_2-2B_{11}I_1+D_{11}I_0\right)I_0\lambda_{\mathrm{K}}\\&+k_{\mathrm{s}}A_{44}\left(I_0I_2-I_1^2\right)\lambda_{\mathrm{K}}\end{aligned} \tag{6.4.11b}$$

$$\begin{aligned}C=&-k_{\mathrm{s}}A_{44}\left(A_{11}I_2-2B_{11}I_1+D_{11}I_0\right)\lambda_{\mathrm{K}}^2\\&-A_{11}\varOmega_1I_0\lambda_{\mathrm{K}}^2-k_{\mathrm{s}}A_{44}A_{11}I_0\lambda_{\mathrm{K}}\end{aligned} \tag{6.4.11c}$$

$$D=k_{\mathrm{s}}A_{44}A_{11}\varOmega_1\lambda_{\mathrm{K}}^3 \tag{6.4.11d}$$

式 (6.4.10) 是用经典板理论下各向同性矩形板固有频率表示的一阶板理论下功能梯度矩形板固有频率的非显式关系，其中包含横向惯性、面内惯性、转动惯性以及横向剪切变形的影响。

通过求解式 (6.4.10)，可以获得包括各种惯性影响在内的功能梯度矩形板的固有频率解，与横向振动频率解 (式 (6.2.25)，$p=0$) 进行比较，结果如图 6.4.1 和图 6.4.2 所示。图中，虚线是由式 (6.4.10) 计算的结果，实线是由式 (6.2.25) 计算的横向振动频率解。显然，惯性使功能梯度矩形板的固有频率降低，而且这种影响随着功能梯度矩形板厚宽比 h/b 的增大而增大。

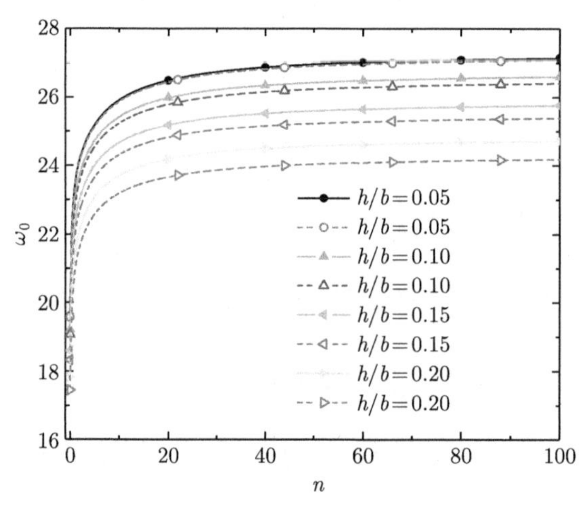

图 6.4.1　惯性和材料梯度指数对功能梯度矩形板固有频率的影响 (a/b=1)[521]

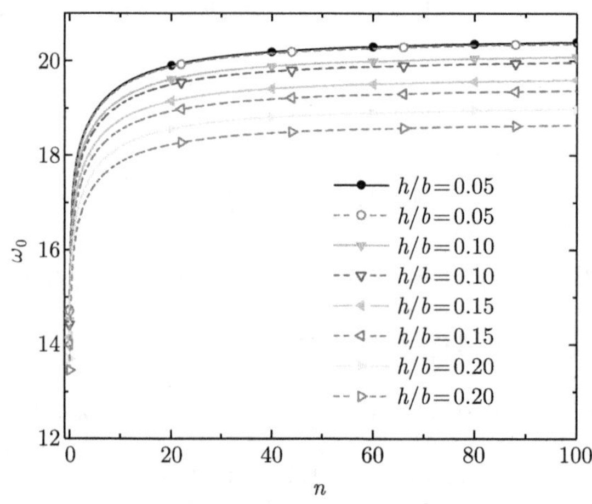

图 6.4.2　惯性和材料梯度指数对功能梯度矩形板固有频率的影响 ($a/b=\sqrt{2}$)[521]

取 $\omega_{\mathrm{K}}=\dfrac{\pi^2}{b^2}\sqrt{\dfrac{D}{\rho h}}\left(n_1^2+\dfrac{b^2}{a^2}m_1^2\right)$，其中 m_1 和 n_1 分别是板在 x 和 y 方向的半波数 [638]。表 6.4.1 给出了矩形板高阶频率的一些结果。显然，惯性对高阶频率的影响更为显著。

表 6.4.1　矩形板高阶频率 (梯度指数 $n=1$，厚宽比 $h/b=0.1$)

半波数		$a/b=1$		半波数		$a/b=\sqrt{2}$	
		横向振动	耦合振动			横向振动	耦合振动
m_1	n_1	(式 (6.2.25))	(式 (6.4.10))	m_1	n_1	(式 (6.2.25))	(式 (6.4.10))
1	1	22.9911	22.8172	1	1	17.3546	17.2534
1	2	55.3932	54.4973	2	1	34.0521	33.6881
2	2	85.6320	83.7086	1	2	50.1524	49.4040
1	3	104.7438	102.0490	3	1	60.5740	59.5226
2	3	132.0289	128.1217	2	2	65.6965	64.4822
1	4	166.1505	160.6133	3	2	90.4841	88.3723
3	3	174.3209	168.3828	1	3	100.0388	97.5410

6.4.2　各类惯性对功能梯度圆板固有频率的影响

5.3 节的三阶板理论圆板运动方程，可退化为如下静态一阶板理论运动方程：

$$A_{11}\frac{\mathrm{d}U}{\mathrm{d}r}+B_{11}\frac{\mathrm{d}\psi}{\mathrm{d}r}+I_0\omega^2u+I_1\omega^2\phi=0 \tag{6.4.12a}$$

$$B_{11}\frac{\mathrm{d}U}{\mathrm{d}r}+D_{11}\frac{\mathrm{d}\psi}{\mathrm{d}r}-k_{\mathrm{s}}A_{44}\left(\phi+\frac{\mathrm{d}w}{\mathrm{d}r}\right)+I_1\omega^2u+I_2\omega^2\phi=0 \tag{6.4.12b}$$

$$-k_{\mathrm{s}}A_{44}\left(\psi+\nabla^2w\right)+I_0\omega^2w=0 \tag{6.4.12c}$$

式中，$U=\dfrac{1}{r}\dfrac{\mathrm{d}}{\mathrm{d}r}(ru)$；$\psi=\dfrac{1}{r}\dfrac{\mathrm{d}}{\mathrm{d}r}(r\phi)$。

经过与矩形板类似的分析，可得与式 (6.4.6) 形式相同的矩阵方程，以及与式 (6.4.8) 形式相同的特征方程。因此，一阶板理论下简支功能梯度圆板含有各类惯性影响的固有频率解，与各向同性圆板的经典板理论解之间的解析关系，也如式 (6.4.10) 和式 (6.4.11) 所示。从关于固有频率的代数方程 (6.4.10) 和式 (6.4.11) 可求得简支功能梯度圆板固有频率解，与横向振动固有频率解 (式 (6.2.25)，$p=0$) 进行比较，比较结果如图 6.4.3 所示。图中，虚线是由式 (6.4.10) 计算的结果，实线是由式 (6.2.25) 计算的结果。与功能梯度矩形板类似，惯性使功能梯度圆板的固有频率降低，且这种影响随着功能梯度圆板厚径比 h/b 的增大而增大。

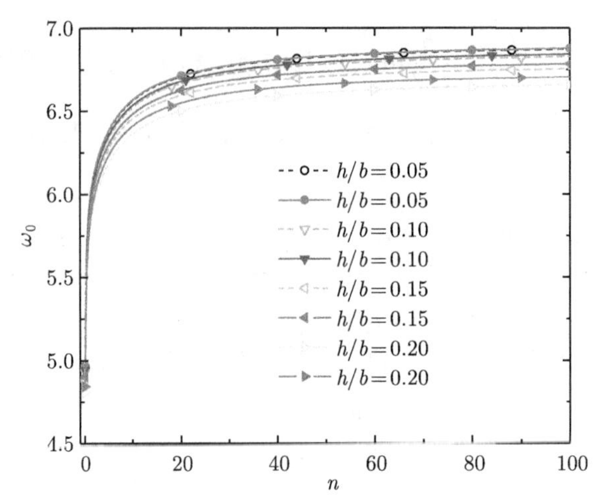

图 6.4.3　惯性和材料梯度指数对简支功能梯度圆板固有频率的影响 [521]

轴对称情况下，圆板高阶频率的一些结果如表 6.4.2 所示。可见，惯性对圆板高阶频率的影响更为显著。

表 6.4.2　圆板高阶频率 (梯度指数 $n=1$，厚径比 $h/b=0.1$)

节圆数	各向同性简支圆板 [639]	横向振动 (式 (6.2.25))	耦合振动 (式 (6.4.10))
0	4.9774	5.9115	5.8992
1	29.7570	34.2130	33.8489
2	74.1838	80.8901	79.1452

6.5　本 章 小 结

6.1 节 ~6.3 节介绍了不同板理论下功能梯度板的屈曲和横向弯曲振动问题。分析时沿用了第 5 章的方法，即利用不同板理论下板的特征值问题在数学上的相似性，将特征值问题的求解转化为一个简单代数方程的求解。获得了各向同性板经典板理论解与功能梯度板三阶板理论解、一阶板理论解以及经典板理论解之间的解析关系。利用这些解析关系很容易得到功能梯度板在各阶板理论下的相应解，无需复杂计算，便于工程应用。此外，本章推导出的这些解析关系，可以用来检验功能梯度板数值解的有效性、收敛性等。

不同板理论下功能梯度板的特征值问题之间的解析关系，定量给出了横向剪切变形的影响。可见，经典板理论总是高估板的特征值。另外，从理论分析及几个算例可见，一阶板理论解与三阶板理论解极为接近。因此，分析板的特征值问题时，无需高阶板理论，一阶板理论就可以得到足够精确的结果，这样相对简单，计算量又小。

6.4 节讨论了一阶板理论下各类惯性对功能梯度板固有频率的影响。包含各种惯性影响的功能梯度板振动控制方程比横向振动复杂，得到的关于固有频率的代数方程从两次提高到了六次，故无法得到固有频率的显式表达式，对于具体问题需要进行数值计算。结果表明，惯性使功能梯度板的固有频率降低，这种影响随着功能梯度板厚宽比和厚径比的增大而增大，且惯性对高阶频率的影响更加显著。

第 7 章 功能梯度圆板的非线性热力弯曲与过屈曲

文献 [302] 研究了面内均匀分布边界压力作用下功能梯度圆板的轴对称过屈曲问题。结果表明，对于边界横向夹紧功能梯度圆板，由于没有横向耦合挠度产生，存在分支屈曲现象；对于边界横向简支功能梯度圆板，在面内边界载荷作用下，一开始就会产生横向耦合挠度，且该挠度随着载荷的增加而增大，当载荷达到某一值时，载荷的微小增加会导致横向耦合挠度的迅速增大。在热载荷参与或热载荷单独作用的情况下，功能梯度圆板的非线性力学行为会有所不同，无论是横向夹紧边界条件还是横向简支边界条件，均是如此 [46,521]。可见，不同载荷环境下，功能梯度结构展现出了与传统均匀结构截然不同的变形行为。本章基于经典非线性板理论，分析和讨论功能梯度圆板的非线性热力弯曲与过屈曲问题。本章在作者已有工作 [46,276,302,521] 的基础上进行系统论述。

7.1 功能梯度圆板的非线性热力弯曲

设功能梯度圆板的厚度为 h，半径为 b，材料性质 P 沿厚度方向按式 (2.1.1) 变化。设板上作用有均匀分布径向边界压力 p、均匀分布横向载荷 q 和温度场 T。

7.1.1 基本方程

在经典非线性板理论中，轴对称柱坐标形式的应变与位移关系为

$$\varepsilon_r = \varepsilon_r^0 + z\kappa_r = \frac{\mathrm{d}u}{\mathrm{d}r} + \frac{1}{2}\left(\frac{\mathrm{d}w}{\mathrm{d}r}\right)^2 - z\frac{\mathrm{d}^2 w}{\mathrm{d}r^2} \tag{7.1.1a}$$

$$\varepsilon_\theta = \varepsilon_\theta^0 + z\kappa_\theta = \frac{u}{r} - z\frac{1}{r}\frac{\mathrm{d}w}{\mathrm{d}r} \tag{7.1.1b}$$

式中，u 和 w 分别为板中面内任一点的径向位移和横向位移。

板的非线性内力–位移关系为

$$\begin{pmatrix} N_r \\ N_\theta \end{pmatrix} = \begin{bmatrix} A_{11} & A_{12} \\ A_{12} & A_{22} \end{bmatrix}\begin{pmatrix} \varepsilon_r^0 \\ \varepsilon_\theta^0 \end{pmatrix} + \begin{bmatrix} B_{11} & B_{12} \\ B_{12} & B_{22} \end{bmatrix}\begin{pmatrix} \kappa_r \\ \kappa_\theta \end{pmatrix} - \begin{pmatrix} N_r^T \\ N_\theta^T \end{pmatrix} \tag{7.1.2}$$

$$\begin{pmatrix} M_r \\ M_\theta \end{pmatrix} = \begin{bmatrix} B_{11} & B_{12} \\ B_{12} & B_{22} \end{bmatrix}\begin{pmatrix} \varepsilon_r^0 \\ \varepsilon_\theta^0 \end{pmatrix} + \begin{bmatrix} D_{11} & D_{12} \\ D_{12} & D_{22} \end{bmatrix}\begin{pmatrix} \kappa_r \\ \kappa_\theta \end{pmatrix} - \begin{pmatrix} M_r^T \\ M_\theta^T \end{pmatrix} \tag{7.1.3}$$

式中，各内力和各刚度的定义类似于 5.2 节中的相关内容。将式 (7.1.1) 代入式 (7.1.2) 和式 (7.1.3) 可得

$$N_r = A_{11}\left[\frac{\partial u}{\partial r} + \nu\frac{u}{r} + \frac{1}{2}\left(\frac{\partial w}{\partial r}\right)^2\right] - B_{11}\left(\frac{\partial^2 w}{\partial r^2} + \frac{\nu}{r}\frac{\partial w}{\partial r}\right) - N^T \tag{7.1.4a}$$

$$N_\theta = A_{11}\left[\nu\frac{\partial u}{\partial r} + \frac{u}{r} + \frac{\nu}{2}\left(\frac{\partial w}{\partial r}\right)^2\right] - B_{11}\left(\nu\frac{\partial^2 w}{\partial r^2} + \frac{1}{r}\frac{\partial w}{\partial r}\right) - N^T \tag{7.1.4b}$$

$$M_r = B_{11}\left[\frac{\partial u}{\partial r} + \nu\frac{u}{r} + \frac{1}{2}\left(\frac{\partial w}{\partial r}\right)^2\right] - D_{11}\left(\frac{\partial^2 w}{\partial r^2} + \frac{\nu}{r}\frac{\partial w}{\partial r}\right) - M^T \tag{7.1.4c}$$

$$M_\theta = B_{11}\left[\nu\frac{\partial u}{\partial r} + \frac{u}{r} + \frac{\nu}{2}\left(\frac{\partial w}{\partial r}\right)^2\right] - D_{11}\left(\nu\frac{\partial^2 w}{\partial r^2} + \frac{1}{r}\frac{\partial w}{\partial r}\right) - M^T \tag{7.1.4d}$$

利用 Hamilton 原理

$$\int_0^t \delta(E_{\mathrm{K}} - U - V)\mathrm{d}t = 0 \tag{7.1.5}$$

可推导出功能梯度圆板非线性运动方程。式 (7.1.5) 中应变能的变分为

$$\begin{aligned}\delta U &= \delta\left[\frac{1}{2}\int_\Omega (\sigma_r\varepsilon_r + \sigma_\theta\varepsilon_\theta - \sigma_r\alpha T - \sigma_\theta\alpha T)\,\mathrm{d}\Omega\right] \\ &= \iint_A \left(N_r\delta\varepsilon_r^0 + N_\theta\delta\varepsilon_\theta^0 + M_r\delta\kappa_r + M_\theta\delta\kappa_\theta\right)\mathrm{d}A\end{aligned} \tag{7.1.6}$$

外力势能的变分为

$$\delta V = \delta\left(-\iint_A qw\mathrm{d}A + \oint_\Gamma pu\mathrm{d}s\right) \tag{7.1.7}$$

动能的变分为

$$\begin{aligned}\delta E_{\mathrm{k}} &= \delta\left\{\frac{1}{2}\int_\Omega \rho(z)\left[\left(\frac{\partial U_r}{\partial t}\right)^2 + \left(\frac{\partial U_z}{\partial t}\right)^2\right]\mathrm{d}\Omega\right\} \\ &= \delta\left(\frac{1}{2}\iint_A\left\{I_0\left[\left(\frac{\partial u}{\partial t}\right)^2 + \left(\frac{\partial w}{\partial t}\right)^2\right] - 2I_1\frac{\partial u}{\partial t}\frac{\partial^2 w}{\partial r\partial t} + I_2\left(\frac{\partial^2 w}{\partial r\partial t}\right)^2\right\}\mathrm{d}A\right) \\ &= \iint_A\left[\left(I_0\frac{\partial u}{\partial t}u_{,t} - I_1\frac{\partial^2 w}{\partial r\partial t}\right)\delta\left(\frac{\partial u}{\partial t}\right)\right.\end{aligned}$$

$$+I_0\frac{\partial w}{\partial t}\delta\left(\frac{\partial w}{\partial t}\right)+\left(-I_1\frac{\partial u}{\partial t}+I_2\frac{\partial^2 w}{\partial r\partial t}\right)\delta\left(\frac{\partial^2 w}{\partial r\partial t}\right)\bigg]\mathrm{d}A \tag{7.1.8}$$

式中，各惯性矩的定义同 5.2 节。

经过变分运算，可得如下功能梯度圆板的非线性运动方程：

$$\frac{1}{r}\frac{\partial}{\partial r}(rN_r)-\frac{1}{r}N_\theta-I_0\frac{\partial^2 u}{\partial t^2}+I_1\frac{\partial^3 w}{\partial r\partial t^2}=0 \tag{7.1.9a}$$

$$\begin{aligned}&\frac{1}{r}\frac{\partial^2}{\partial r^2}(rM_r)-\frac{1}{r}\frac{\partial M_\theta}{\partial r}+\frac{1}{r}\frac{\partial}{\partial r}\left(rN_r\frac{\partial w}{\partial r}\right)+q\\&-I_0\frac{\partial^2 w}{\partial t^2}-I_1\frac{1}{r}\frac{\partial}{\partial r}\left(r\frac{\partial^2 u}{\partial t^2}\right)+I_2\frac{1}{r}\frac{\partial}{\partial r}\left(r\frac{\partial^3 w}{\partial r\partial t^2}\right)=0\end{aligned} \tag{7.1.9b}$$

略去其中的非线性项，上述非线性运动方程即退化为经典板理论下功能梯度圆板的线性运动方程。若设式 (7.1.9) 中各量均与时间无关，即可得到静态问题（弯曲以及过屈曲等）的平衡方程。

静态问题的边界条件如下所述。

对夹紧板：

$$w=0 \tag{7.1.10a}$$

$$\frac{\mathrm{d}w}{\mathrm{d}r}=0 \tag{7.1.10b}$$

径向不可移时，

$$u=0 \tag{7.1.10c}$$

径向可移时，

$$N_r=-p \tag{7.1.10d}$$

对简支板：

$$w=0 \tag{7.1.11a}$$

$$M_r=0 \tag{7.1.11b}$$

径向不可移时，

$$u=0 \tag{7.1.11c}$$

径向可移时，

$$N_r=-p \tag{7.1.11d}$$

对自由边界板：

$$N_r = -p \tag{7.1.12a}$$

$$M_r = 0 \tag{7.1.12b}$$

$$\bar{Q}_r = 0 \tag{7.1.12c}$$

式中，等效剪力 $\bar{Q}_r = Q_r + N_r \dfrac{\mathrm{d}w}{\mathrm{d}r}$，$Q_r = \dfrac{1}{r}\dfrac{\mathrm{d}}{\mathrm{d}r}(rM_r) - \dfrac{1}{r}M_\theta$。

在板中心处，下面对称性及连续性条件成立：

$$u = 0 \tag{7.1.13a}$$

$$\frac{\mathrm{d}w}{\mathrm{d}r} = 0 \tag{7.1.13b}$$

$$\lim_{r\to 0} Q_r = 0 \tag{7.1.13c}$$

考虑式 (7.1.4)，可将与式 (7.1.9) 对应的平衡方程写为如下位移形式：

$$A_{11}\frac{\mathrm{d}}{\mathrm{d}r}\left[\frac{1}{r}\frac{\mathrm{d}}{\mathrm{d}r}(ru)\right] + A_{11}\left[\frac{\mathrm{d}w}{\mathrm{d}r}\frac{\mathrm{d}^2w}{\mathrm{d}r^2} + \frac{1-\nu}{2r}\left(\frac{\mathrm{d}w}{\mathrm{d}r}\right)^2\right] - B_{11}\frac{\mathrm{d}}{\mathrm{d}r}\nabla^2 w = 0 \tag{7.1.14a}$$

$$\begin{aligned}
&D_{11}\nabla^4 w - B_{11}\nabla^2\left[\frac{1}{r}\frac{\mathrm{d}}{\mathrm{d}r}(ru)\right] \\
&-B_{11}\left[\frac{2-3\nu}{r}\frac{\mathrm{d}w}{\mathrm{d}r}\frac{\mathrm{d}^2w}{\mathrm{d}r^2} + \frac{\mathrm{d}w}{\mathrm{d}r}\frac{\mathrm{d}^3w}{\mathrm{d}r^3} + \frac{1}{r^2}\left(\frac{\mathrm{d}w}{\mathrm{d}r}\right)^2\right] \\
&-A_{11}\left[\frac{\mathrm{d}u}{\mathrm{d}r} + \frac{\nu}{r}u + \frac{1}{2}\left(\frac{\mathrm{d}w}{\mathrm{d}r}\right)^2\right]\frac{\mathrm{d}^2w}{\mathrm{d}r^2} \\
&-A_{11}\left[\nu\frac{\mathrm{d}u}{\mathrm{d}r} + \frac{1}{r}u + \frac{\nu}{2}\left(\frac{\mathrm{d}w}{\mathrm{d}r}\right)^2\right]\frac{1}{r}\frac{\mathrm{d}w}{\mathrm{d}r} \\
&+N^{\mathrm{T}}\nabla^2 w - q = 0
\end{aligned} \tag{7.1.14b}$$

利用式 (7.1.14a) 重新整理式 (7.1.14b)，可得

$$\begin{aligned}
&\varOmega\nabla^4 w - A_{11}\left[\nu\frac{\mathrm{d}u}{\mathrm{d}r} + \frac{1}{r}u + \frac{\nu}{2}\left(\frac{\mathrm{d}w}{\mathrm{d}r}\right)^2\right]\frac{1}{r}\frac{\mathrm{d}w}{\mathrm{d}r} \\
&-A_{11}\left[\frac{\mathrm{d}u}{\mathrm{d}r} + \frac{\nu}{r}u + \frac{1}{2}\left(\frac{\mathrm{d}w}{\mathrm{d}r}\right)^2\right]\frac{\mathrm{d}^2w}{\mathrm{d}r^2}
\end{aligned}$$

$$+B_{11}\left[\left(\frac{\mathrm{d}^2w}{\mathrm{d}r^2}\right)^2+\frac{2\nu}{r}\frac{\mathrm{d}w}{\mathrm{d}r}\frac{\mathrm{d}^2w}{\mathrm{d}r^2}+\frac{1}{r^2}\left(\frac{\mathrm{d}w}{\mathrm{d}r}\right)^2\right]+N^T\nabla^2w-q=0 \qquad (7.1.14\mathrm{c})$$

式中，$\nabla^2=\dfrac{1}{r}\dfrac{\mathrm{d}}{\mathrm{d}r}\left(r\dfrac{\mathrm{d}}{\mathrm{d}r}\right)$；$\Omega=D_{11}-\dfrac{B_{11}^2}{A_{11}}$。

式 (7.1.14a) 和式 (7.1.14c) 为功能梯度圆板的静态问题控制方程。为了分析问题方便，引入以下无量纲参量：

$$x=\frac{r}{b},\quad \bar{w}=\frac{w}{h},\quad \bar{u}=\frac{ub}{h^2},\quad F_1=\frac{F_3}{F_2},$$

$$F_2=\frac{A_{11}h^2}{\Omega},\quad F_3=\frac{B_{11}h}{\Omega},\quad F_4=F_3\frac{\Omega}{D_{11}},\quad \bar{N}=\frac{N_{\mathrm{r}}^Tb^2}{\Omega},$$

$$\bar{M}=\frac{M_{\mathrm{r}}^Tb^2}{D_{11}h},\quad \lambda=12\frac{b^2}{h^2}(1+\nu)\alpha_{\mathrm{c}}T_2,\quad \bar{Q}=\frac{qb^4}{h\Omega},\quad E_{\mathrm{r}}=\frac{E_{\mathrm{m}}}{E_{\mathrm{c}}}$$

由此可将式 (7.1.14a) 和 (7.1.14c) 写为如下无量纲形式（仍以 u 代替 $\bar{u}$，w 代替 $\bar{w}$）：

$$\frac{\mathrm{d}}{\mathrm{d}x}\left[\frac{1}{x}\frac{\mathrm{d}}{\mathrm{d}x}(xu)\right]+\frac{\mathrm{d}^2w}{\mathrm{d}x^2}\frac{\mathrm{d}w}{\mathrm{d}x}+\frac{1-\nu}{2x}\left(\frac{\mathrm{d}w}{\mathrm{d}x}\right)^2-F_1\frac{\mathrm{d}}{\mathrm{d}x}\nabla^2w=0 \qquad (7.1.15\mathrm{a})$$

$$\begin{aligned}&\nabla^4w-F_2\left[\nu\frac{\mathrm{d}u}{\mathrm{d}x}+\frac{1}{x}u+\frac{\nu}{2}\left(\frac{\mathrm{d}w}{\mathrm{d}x}\right)^2\right]\frac{1}{x}\frac{\mathrm{d}w}{\mathrm{d}x}\\&-F_2\left[\frac{\mathrm{d}u}{\mathrm{d}x}+\frac{\nu}{x}u+\frac{1}{2}\left(\frac{\mathrm{d}w}{\mathrm{d}x}\right)^2\right]\frac{\mathrm{d}^2w}{\mathrm{d}x^2}\\&+F_3\left[\left(\frac{\mathrm{d}^2w}{\mathrm{d}x^2}\right)^2+\frac{2\nu}{x}\frac{\mathrm{d}^2w}{\mathrm{d}x^2}\frac{\mathrm{d}w}{\mathrm{d}x}+\frac{1}{x^2}\left(\frac{\mathrm{d}w}{\mathrm{d}x}\right)^2\right]+\bar{N}\nabla^2w-\bar{Q}=0\end{aligned} \qquad (7.1.15\mathrm{b})$$

下面，利用方程 (7.1.15) 分析温度场及横向载荷作用下，功能梯度圆板的非线性热力弯曲问题。考虑以下稳态温度场，并设该温度场仅沿板的厚度方向变化：

$$-\frac{\mathrm{d}}{\mathrm{d}z}\left(K(z)\frac{\mathrm{d}T(z)}{\mathrm{d}z}\right)=0 \qquad (7.1.16)$$

考虑热边界条件 $T\left(\dfrac{h}{2}\right)=T_1$ 和 $T\left(-\dfrac{h}{2}\right)=T_2$，式 (7.1.16) 的解为

$$T(z)=T_2+(T_1-T_2)\int_{-h/2}^{z}\frac{\mathrm{d}z}{K(z)}\bigg/\int_{-h/2}^{h/2}\frac{\mathrm{d}z}{K(z)} \qquad (7.1.17)$$

式中，$K(z)$ 是板的热导率，按式 (2.1.1) 变化。对于表 2.1.2 所示的功能梯度材料性质，图 7.1.1 给出了不同 n 值情况下，温度沿板厚度方向的分布。很显然，梯度板的温度总是低于均匀板。

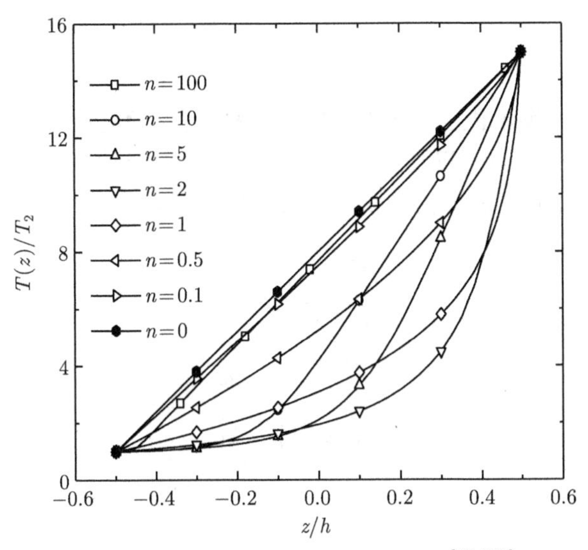

图 7.1.1　温度沿板厚度方向的分布 [46,521]

这里，考虑两类边界条件，即边界条件式 (7.1.10a)~ 边界条件式 (7.1.10c) 和边界条件式 (7.1.11a)~ 边界条件式 (7.1.11c)，其无量纲形式如下所述。

对径向不可移夹紧边界，有

$$u = 0 \tag{7.1.18a}$$

$$w = 0 \tag{7.1.18b}$$

$$\frac{\mathrm{d}w}{\mathrm{d}x} = 0 \tag{7.1.18c}$$

对径向不可移简支边界，有

$$u = 0 \tag{7.1.19a}$$

$$w = 0 \tag{7.1.19b}$$

$$F_4\left[\frac{\mathrm{d}u}{\mathrm{d}x} + \frac{1}{2}\left(\frac{\mathrm{d}w}{\mathrm{d}x}\right)^2\right] - \left(\frac{\mathrm{d}^2w}{\mathrm{d}x^2} + \frac{\nu}{x}\frac{\mathrm{d}w}{\mathrm{d}x}\right) - \bar{M} = 0 \tag{7.1.19c}$$

板中心处的对称性及连续性条件为

$$u = 0 \tag{7.1.20a}$$

$$\frac{\mathrm{d}w}{\mathrm{d}x}=0 \tag{7.1.20b}$$

$$\lim_{x\to 0}\left(\frac{\mathrm{d}^3w}{\mathrm{d}x^3}+\frac{1}{x}\frac{\mathrm{d}^2w}{\mathrm{d}x^2}\right)=0 \tag{7.1.20c}$$

7.1.2　打靶法

上述控制方程具有很强的非线性特征，难以获得解析解。但是，可以通过数值方法求得问题的解，如打靶法 [640−641]，下面予以介绍。

首先，将方程 (7.1.15) 及边界条件写成下列矩阵形式：

$$\frac{\mathrm{d}Y}{\mathrm{d}x}=H(x,Y) \tag{7.1.21a}$$

$$B_0Y(0)=b_0 \tag{7.1.21b}$$

$$B_1Y(1)=b_1 \tag{7.1.21c}$$

式中，

$$\begin{aligned}Y&=\left\{\begin{matrix}y_1 & y_2 & y_3 & y_4 & y_5 & y_6 & y_7\end{matrix}\right\}^{\mathrm{T}}\\&=\left\{\begin{matrix}w & \dfrac{\mathrm{d}w}{\mathrm{d}x} & \dfrac{\mathrm{d}^2w}{\mathrm{d}x^2} & \dfrac{\mathrm{d}^3w}{\mathrm{d}x^3} & u & \dfrac{\mathrm{d}u}{\mathrm{d}x} & \delta\end{matrix}\right\}^{\mathrm{T}}\end{aligned} \tag{7.1.21d}$$

$$H=\{y_2\quad y_3\quad y_4\quad \varphi\quad y_6\quad \psi\quad 0\}^{\mathrm{T}} \tag{7.1.21e}$$

对于弯曲问题，$\delta=Q$，其中 $Q=\dfrac{qb^4}{D_\mathrm{c}h}$。对于过屈曲问题，$\delta=\lambda$。$\varphi$、$\psi$、$B_0$、$b_0$、$B_1$ 和 b_1 的具体表达式为

$$\begin{aligned}\varphi=&-\left(\frac{2}{x}\frac{\mathrm{d}^3w}{\mathrm{d}x^3}-\frac{1}{x^2}\frac{\mathrm{d}^2w}{\mathrm{d}x^2}+\frac{1}{x^3}\frac{\mathrm{d}w}{\mathrm{d}x}\right)\\&+F_2\left[\nu\frac{\mathrm{d}u}{\mathrm{d}x}+\frac{1}{x}u+\frac{\nu}{2}\left(\frac{\mathrm{d}w}{\mathrm{d}x}\right)^2\right]\frac{1}{x}\frac{\mathrm{d}w}{\mathrm{d}x}\\&+F_2\left[\frac{\mathrm{d}u}{\mathrm{d}x}+\frac{\nu}{x}u+\frac{1}{2}\left(\frac{\mathrm{d}w}{\mathrm{d}x}\right)^2\right]\frac{\mathrm{d}^2w}{\mathrm{d}x^2}\\&+F_3\left[\left(\frac{\mathrm{d}^2w}{\mathrm{d}x^2}\right)^2+\frac{2\nu}{x}\frac{\mathrm{d}^2w}{\mathrm{d}x^2}\frac{\mathrm{d}w}{\mathrm{d}x}+\frac{1}{x^2}\left(\frac{\mathrm{d}w}{\mathrm{d}x}\right)^2\right]\end{aligned}$$

$$-\bar{N}\left(\frac{1}{x}\frac{\mathrm{d}w}{\mathrm{d}x}+\frac{\mathrm{d}^2w}{\mathrm{d}x^2}\right)+\bar{Q} \tag{7.1.21f}$$

$$\psi=-\left[\frac{1}{x}\frac{\mathrm{d}u}{\mathrm{d}x}-\frac{u}{x^2}+\frac{\mathrm{d}^2w}{\mathrm{d}x^2}\frac{\mathrm{d}w}{\mathrm{d}x}+\frac{1-\nu}{2x}\left(\frac{\mathrm{d}w}{\mathrm{d}x}\right)^2\right]$$
$$+F_1\left(\frac{\mathrm{d}^3w}{\mathrm{d}x^3}+\frac{1}{x}\frac{\mathrm{d}^2w}{\mathrm{d}x^2}-\frac{1}{x^2}\frac{\mathrm{d}w}{\mathrm{d}x}\right) \tag{7.1.21g}$$

$$B_0=\begin{bmatrix}1&0&0&0&0&0&0\\0&1&0&0&0&0&0\\0&0&\dfrac{1}{\Delta x}&1&0&0&0\\0&0&0&0&1&0&0\end{bmatrix} \tag{7.1.21h}$$

$$b_0=\begin{Bmatrix}\xi\\0\\0\\0\end{Bmatrix} \tag{7.1.21i}$$

$$B_1=\begin{bmatrix}1&0&0&0&0&0&0\\0&1&0&0&0&0&0\\0&0&0&0&1&0&0\end{bmatrix},\quad b_1=\begin{Bmatrix}0\\0\\0\end{Bmatrix}\quad(\text{夹紧边界}) \tag{7.1.21j-k}$$

$$B_1=\begin{bmatrix}1&0&0&0&0&0&0\\0&\dfrac{F_4y_2}{2}-\dfrac{\nu}{\Delta x}&-1&0&0&F_4&0\\0&0&0&0&1&0&0\end{bmatrix},\quad b_1=\begin{Bmatrix}0\\\bar{M}\\0\end{Bmatrix}\quad(\text{简支边界}) \tag{7.1.21l-m}$$

式中，$\xi=w(0)$。为避免在计算板中心处的剪力 Q_r 和弯矩 M_r 时产生的奇异性，引入了小量 $\Delta x(\Delta x>0)$。

设与边值问题式 (7.1.21a)~ 式 (7.1.21c) 相关的初值问题为

$$\frac{\mathrm{d}Z}{\mathrm{d}x}=H(x,Z) \tag{7.1.22a}$$

$$Z(\Delta x)=I(\xi,D) \tag{7.1.22b}$$

式中，$Z=\{z_1\ \ z_2\ \ z_3\ \ z_4\ \ z_5\ \ z_6\ \ z_7\}^{\mathrm{T}}$；$I=\{\xi\ \ 0\ \ d_1\ \ -d_1/\Delta x\ \ 0\ \ d_2\ \ d_3\}^{\mathrm{T}}$；初始参数向量 $D=\{d_1\ \ d_2\ \ d_3\}^{\mathrm{T}}$。

对于任意给定的参数 ξ，如果存在初始参数向量 D，使得初值问题式 (7.1.22) 满足 Lipschitz 条件，那么该问题存在唯一解：

$$Z(x;\xi,D)=I(D)+\int_{\Delta x}^{x}H(x,Z;\xi)\mathrm{d}x \tag{7.1.23}$$

对于同一个 ξ 值，若存在 $D^*=\{d_1^* \quad d_2^* \quad d_3^*\}^{\mathrm{T}}$ 使得 $Z(x,\xi,D^*)$ 满足：

$$B_1Z(x;\xi,D^*)=b_1 \tag{7.1.24}$$

那么便可以获得原边值问题式 (7.1.21) 的解：

$$Y(x;\xi)=Z(x;\xi,D^*) \tag{7.1.25}$$

以上这个过程称为打靶法。

7.1.3 数值结果及讨论

具体求解时，采用 Runge-Kutta 法并结合 Newton 迭代公式，求解方程 (7.1.22) 和方程 (7.1.24)。对于参数 ξ 的一个足够小值，若可以得到边值问题式 (7.1.21) 的解，那么利用逐步增大 ξ 值的“解析延拓法”，即可获得边值问题式 (7.1.15) 和式 (7.1.18) ~ 式 (7.1.20) 的大范围解：

$$\delta=d_3^*=\delta(\xi),\quad \xi>0 \tag{7.1.26}$$

对于弯曲问题，方程 (7.1.26) 表示挠度–载荷关系解 $Q=Q(\xi)$；对于过屈曲问题，该方程表示板的过屈曲路径 $\lambda=\lambda(\xi)$。

为了考察上述数值方法的有效性，首先计算夹紧和简支两类功能梯度圆板小挠度弯曲时板中心的无量纲挠度 $w^*=\dfrac{64D_{\mathrm{c}}}{qb^4}w$。计算时材料的参数取自文献 [160]。计算结果与文献 [160] 的解析解的比较如表 7.1.1 所示。可见，两者吻合很好，验证了上述数值方法的有效性。

下面用打靶法计算由铝和氧化锆组成的功能梯度圆板的热力弯曲变形，组分材料性质如表 2.1.2 所示。取载荷 $Q=\dfrac{qb^4}{D_{\mathrm{c}}h}$，并设 $T_1/T_2=15$。图 7.1.2 和图 7.1.3 分别给出了不同 n 值情况下，夹紧板和简支板中心挠度随载荷 Q 的变化曲线。很明显，材料性质介于金属和陶瓷之间的功能梯度圆板，其挠度值也在这两者之间。

表 7.1.1　板中心无量纲挠度 w^* 与文献 [160] 解析解的比较 ($\nu = 0.288$, $E_r = 0.396$)

n	文献 [160] 解析解		本节结果 [46,521]	
	夹紧板	简支板	夹紧板	简支板
0	2.525	10.368	2.525	10.368
2	1.388	5.483	1.389	5.485
4	1.269	5.102	1.269	5.103
6	1.208	4.897	1.208	4.899
8	1.169	4.761	1.169	4.762
10	1.143	4.665	1.143	4.665
15	1.103	4.514	1.103	4.514
20	1.080	4.426	1.080	4.427
25	1.066	4.370	1.066	4.370
30	1.056	4.330	1.056	4.330
35	1.048	4.301	1.048	4.301
40	1.043	4.278	1.043	4.278
50	1.034	4.246	1.034	4.246
100	1.018	4.178	1.018	4.178

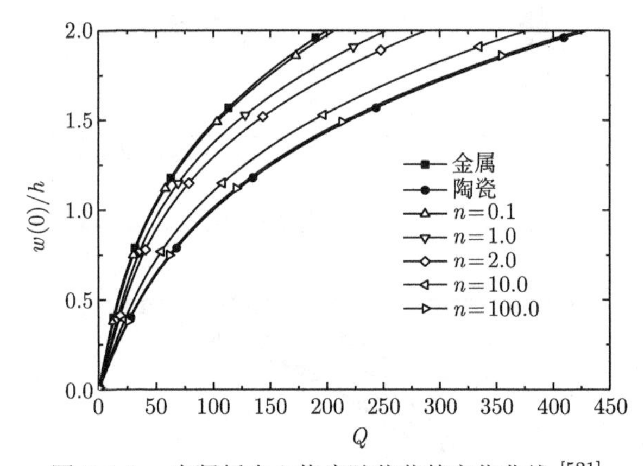

图 7.1.2　夹紧板中心挠度随载荷的变化曲线 [521]

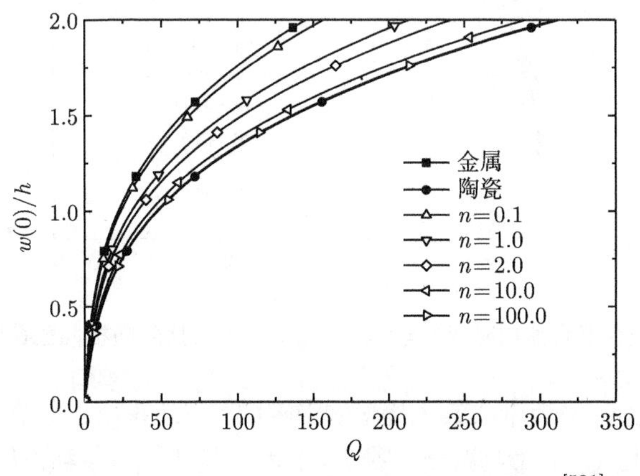

图 7.1.3　简支板中心挠度随载荷的变化曲线 [521]

图 7.1.4 和图 7.1.5 给出了热力载荷联合作用时（λ=0.5），夹紧板和简支板中心挠度随横向载荷的变化曲线。显然，在有热载荷参与的情况下，材料性质介于金属和陶瓷之间的功能梯度圆板，其挠度值并不完全介于这两者之间。另外还可以看到，横向载荷值越大，材料梯度指数 n 对挠度的影响也越明显。

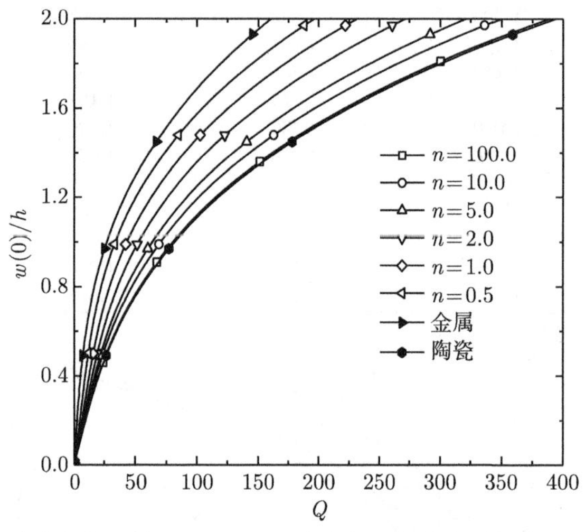

图 7.1.4　热力载荷联合作用时（$\lambda = 0.5$），夹紧板中心挠度随横向载荷的变化曲线 [521]

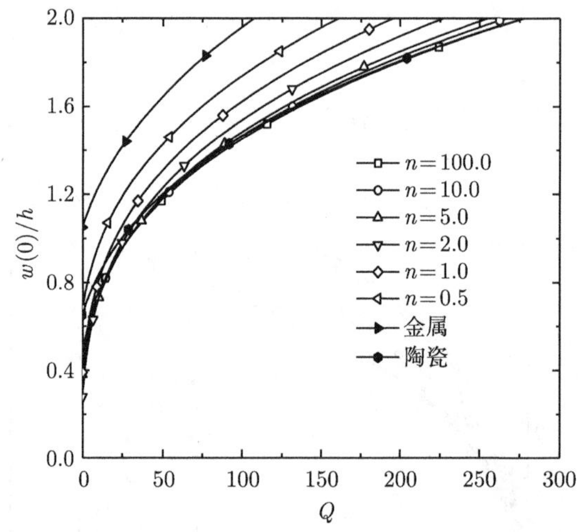

图 7.1.5　热力载荷联合作用时（$\lambda = 0.5$），简支板中心挠度随横向载荷的变化曲线 [521]

材料梯度指数 n 对板中心最大挠度的影响如图 7.1.6 所示。当 n 较小时，影响极为剧烈；当 n 很大时，影响减弱。图 7.1.7 所示是热载荷单独作用时，简支板中心挠度随热载荷 λ 的变化曲线。这种情况下，梯度指数 n 对挠度的影响变得很复杂。

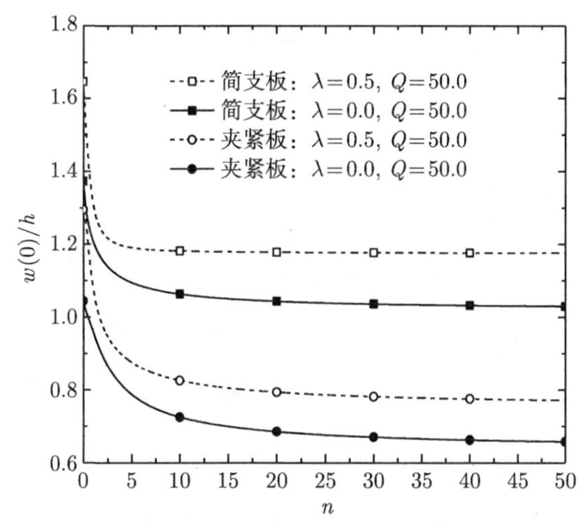

图 7.1.6　材料梯度指数 n 对板中心最大挠度的影响 [521]

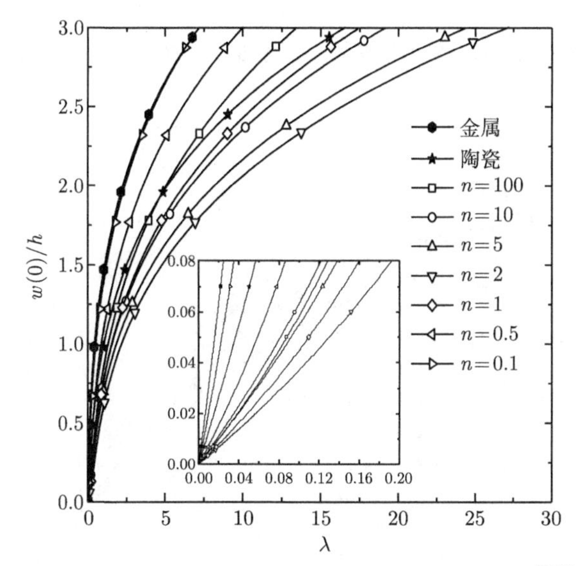

图 7.1.7　简支板中心挠度随热载荷 λ 的变化曲线 [521]

图 7.1.8 所示为热力载荷联合作用下夹紧板的弯曲构型，图中实线为单独力载荷下的结果 ($Q = 100, \lambda = 0$)，虚线为热力载荷联合作用下的结果 (Q=100, $\lambda = 0.5$)。图 7.1.9 所示是热力载荷联合作用下简支板的弯曲构型，图中实线为单独力载荷下的结果 ($Q = 100, \lambda = 0$)，虚线为热力载荷联合作用下的结果 (Q=100, $\lambda = 0.2$)。图 7.1.10 所示为热载荷单独作用下，具有不同梯度指数 n 简支板的弯曲构型。显然，热载荷作用下，材料性质对板弯曲构型的影响更加复杂，从图 7.1.10

中也可以看出，n=2 时梯度板具有最大的刚性。

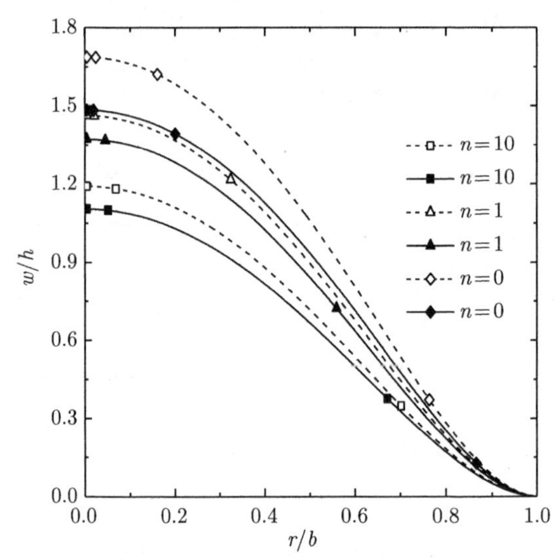

图 7.1.8　热力载荷联合作用下夹紧板的弯曲构型 ($Q=100, \lambda=0$、0.5)[46,521]

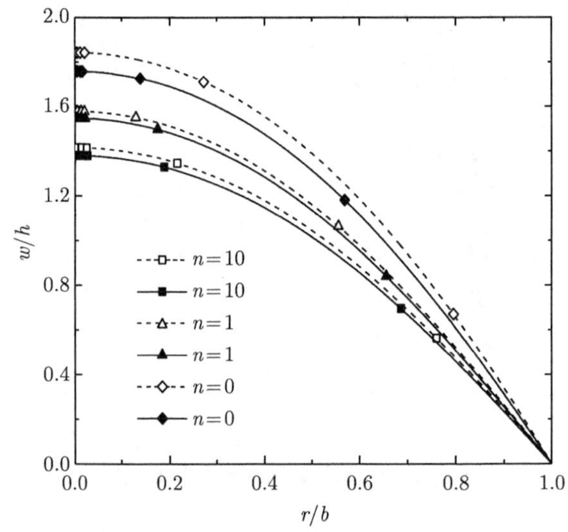

图 7.1.9　热力载荷联合作用下简支板的弯曲构型 ($Q=100, \lambda=0$、0.2)[46,521]

本节在经典非线性板理论下，推导了功能梯度圆板轴对称问题的基本方程，包括非线性几何方程、内力–位移关系和各能量项的表达式。运用 Hamilton 原理，推导了功能梯度圆板的轴对称非线性运动方程，可用于分析功能梯度圆板非线性静态问题（大挠度、过屈曲等）和非线性振动等问题。本节分析了功能梯度圆板的轴对称大挠度问题，给出了打靶法求解过程，得到了相应的数值解。结果表明：①当力载荷单独作用时，材料性质介于金属和陶瓷之间的功能梯度板，其挠度值也介于这两者之间，若有热载荷参与，这个结论一般不成立。②横向载荷越大，梯度指数 n 对挠度的影响也越明显。③当仅沿板的厚度方向变化的温度场单独作用于一个简支功能梯度圆板时，该板只会发生弯曲现象，并不会出现屈曲现象。

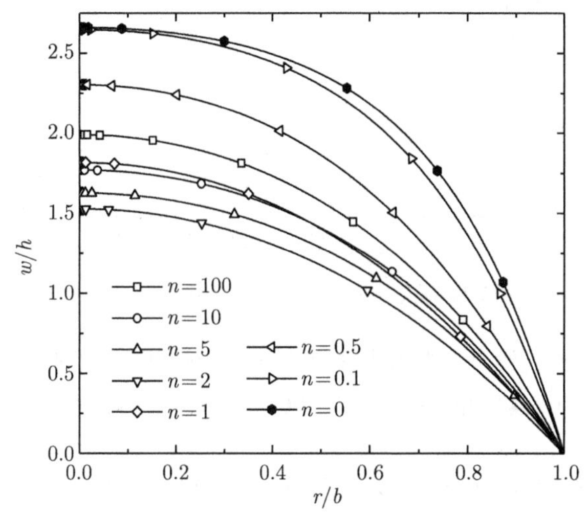

图 7.1.10　热载荷单独作用下具有不同梯度指数 n 简支板的弯曲构型 $(\lambda = 5)$[46,521]

7.2　功能梯度圆板的热力过屈曲

本节基于经典非线性板理论，采用 7.1 节的打靶法分析功能梯度圆板的热力过屈曲问题。令方程 (7.1.15) 中横向载荷 q=0，该方程就简化为在温度场或面内力载荷作用下，功能梯度圆板过屈曲问题的控制方程。这里将无量纲热载荷参数改为

$$\lambda = 12\frac{b^2}{h^2}(1+\nu)\alpha_{\mathrm{m}}T_2$$

7.2.1　功能梯度圆板的热过屈曲

下面只考虑夹紧板的热过屈曲问题，边界条件为式 (7.1.18)。以下是打靶法数值计算结果与讨论。图 7.2.1 给出了材料梯度指数 n 对夹紧板无量纲临界屈曲热载荷 λ_{cr} 的影响曲线。当 n 较小时，临界屈曲热载荷随 n 的增加而剧烈增大；当 n 较大 (如 $n>20$) 时，λ_{cr} 的变化缓慢。由于该曲线非单调，因此功能梯度板的最大临界屈曲热载荷出现在 n =2 附近。

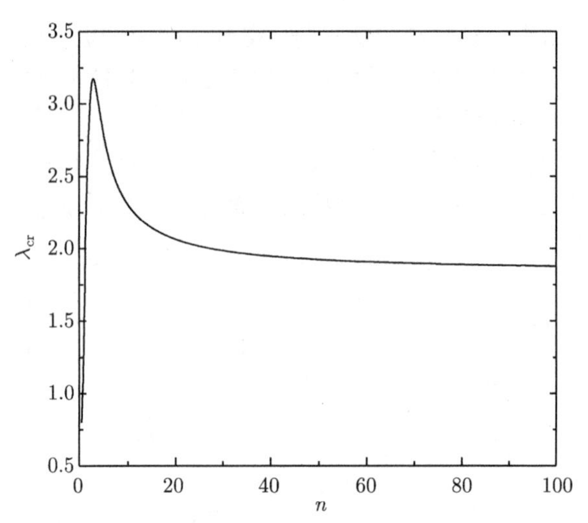

图 7.2.1　材料梯度指数 n 对夹紧板无量纲临界屈曲热载荷 λ_{cr} 的影响曲线 [46,521]

图 7.2.2 给出了夹紧功能梯度圆板在不同 n 值情况下的热过屈曲路径。可见，材料梯度指数 n 对夹紧功能梯度圆板热过屈曲路径的影响非常明显，挠度越大，影响越显著。另外，从图 7.1.7 和图 7.2.2 可以看出，在同样的温度场作用下，具有不同边界条件的功能梯度板的变形行为完全不同。对于横向简支边界条件而言，随着热载荷从零开始逐渐增加，板的挠度也从零开始逐渐单调增大，不存在一个屈曲“平台”。但是，在横向夹紧边界条件下，在热载荷未达到临界屈曲热载荷之前，板不会产生挠度，当热载荷达到临界屈曲热载荷时，板才会产生挠度。在复合材料结构中也存在类似现象 [521]。

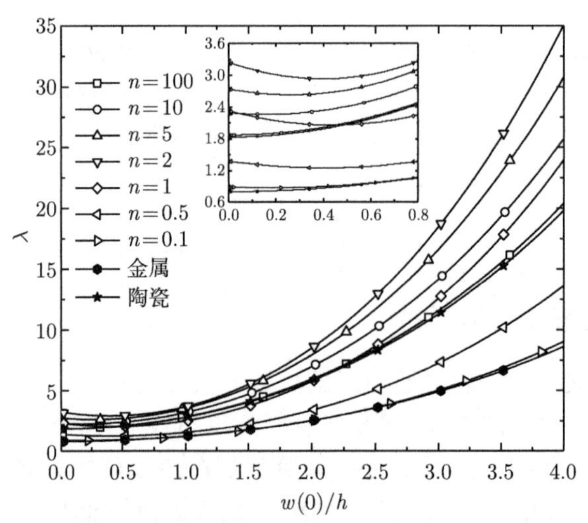

图 7.2.2　夹紧功能梯度圆板在不同 n 值情况下的热过屈曲路径 [46,521]

图 7.2.3 所示是热载荷 $\lambda = 5$ 时，材料梯度指数对夹紧功能梯度圆板热过屈曲构型的影响。图 7.2.4 比较了热载荷作用下板的中心最大挠度随材料梯度指数 n 的变化情况。虽然两类板的行为性质不同，但是 $w(0)$-n 曲线的变化趋势却相同。

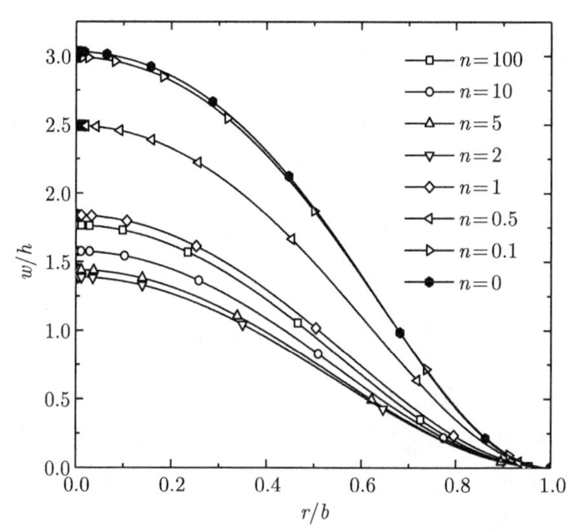

图 7.2.3　材料梯度指数对夹紧功能梯度圆板热过屈曲构型的影响 ($\lambda = 5$)[46,521]

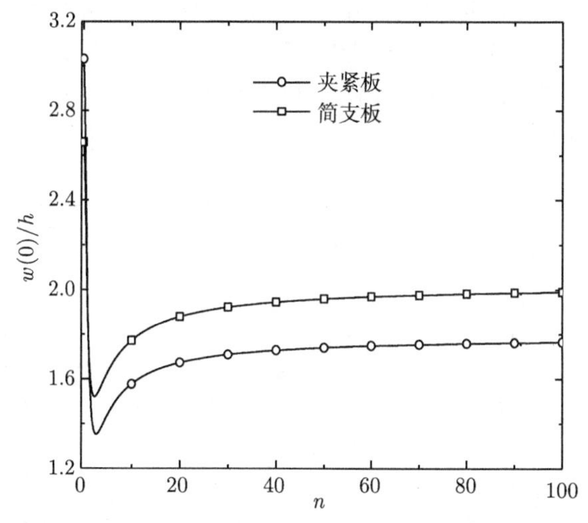

图 7.2.4　热载荷作用下板的中心最大挠度随材料梯度指数 n 的变化 ($\lambda = 5$)[46,521]

7.2.2　力载荷作用下功能梯度圆板的过屈曲

本小节考虑面内均匀分布径向边界压力 p 作用下，功能梯度圆板的过屈曲变形。令式 (7.1.15) 中 q=0 和 $\bar{N} = 0$，可得问题的控制方程。横向夹紧功能梯度圆

板的边界条件为

$$w=0,\quad \frac{\mathrm{d}w}{\mathrm{d}x}=0,\quad \frac{\mathrm{d}u}{\mathrm{d}x}+\nu\frac{u}{x}+\frac{1}{2}\left(\frac{\mathrm{d}w}{\mathrm{d}x}\right)^2-F_1\left(\frac{\mathrm{d}^2w}{\mathrm{d}x^2}+\frac{\nu}{x}\frac{\mathrm{d}w}{\mathrm{d}x}\right)=-\bar{\lambda}$$

横向简支功能梯度圆板的边界条件为

$$w=0,\quad F_4\left[\frac{\mathrm{d}u}{\mathrm{d}x}+\nu\frac{u}{x}+\frac{1}{2}\left(\frac{\mathrm{d}w}{\mathrm{d}x}\right)^2\right]-\left(\frac{\mathrm{d}^2w}{\mathrm{d}x^2}+\frac{\nu}{x}\frac{\mathrm{d}w}{\mathrm{d}x}\right)=0$$

$$\frac{\mathrm{d}u}{\mathrm{d}x}+\nu\frac{u}{x}+\frac{1}{2}\left(\frac{\mathrm{d}w}{\mathrm{d}x}\right)^2-F_1\left(\frac{\mathrm{d}^2w}{\mathrm{d}x^2}+\frac{\nu}{x}\frac{\mathrm{d}w}{\mathrm{d}x}\right)=-\bar{\lambda}$$

式中，$\overline{\lambda}=\lambda_1\dfrac{D_{\mathrm{m}}}{A_{11}h^2}$，$\lambda_1=\dfrac{pb^2}{D_{\mathrm{m}}}$ 为无量纲力载荷参数。

以下是打靶法数值计算结果与讨论。图 7.2.5 所示是材料梯度指数 n 对夹紧功能梯度圆板临界载荷 $\lambda_{1\mathrm{cr}}$ 的影响曲线。与图 7.2.1 不同的是，随着 n 的增大，$\lambda_{1\mathrm{cr}}$ 单调增加；类似的情形是，当 n 值较小时，临界载荷随 n 的增加而剧烈变化；当 n 值较大 (如 n >20) 时，$\lambda_{1\mathrm{cr}}$ 的变化缓慢。图 7.2.6 给出了不同 n 值情况下夹紧功能梯度圆板的过屈曲路径，可见，与图 7.2.2 一样，n 的影响也非常明显。

简支功能梯度圆板的情况与夹紧功能梯度圆板有很大的不同，如图 7.2.7 所示。外载荷一经施加，简支功能梯度圆板便会产生挠度，但挠度增加缓慢；当外载荷增加到某个范围时，简支功能梯度圆板的挠度急剧增大，出现类似于夹紧功能梯度圆板的屈曲现象。

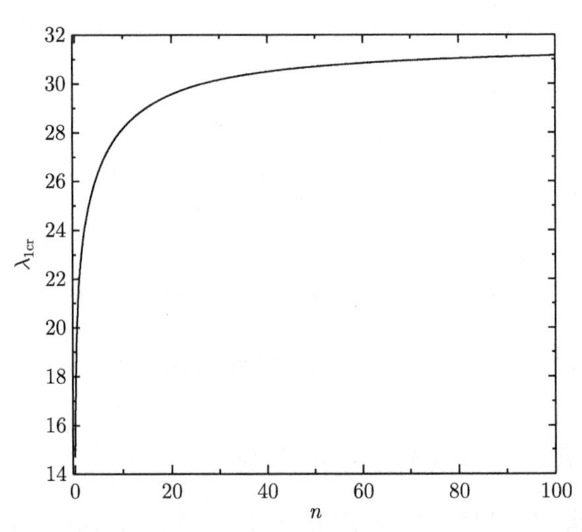

图 7.2.5　材料梯度指数 n 对夹紧功能梯度圆板临界载荷 $\lambda_{1\mathrm{cr}}$ 的影响曲线 [302,521]

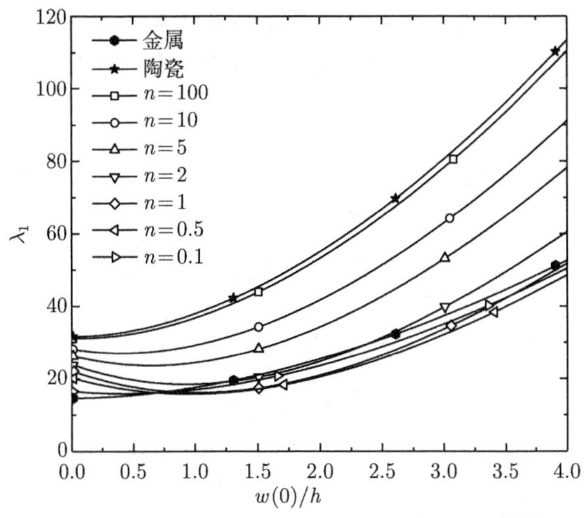

图 7.2.6　夹紧功能梯度圆板的过屈曲路径 [521]

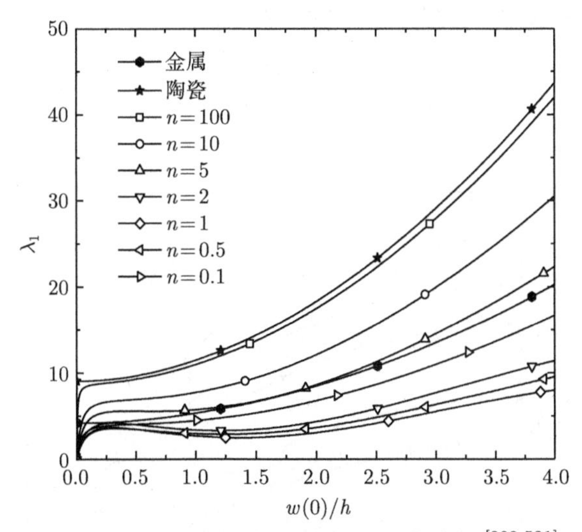

图 7.2.7　简支功能梯度圆板的过屈曲路径 [302,521]

图 7.2.8 和图 7.2.9 分别给出了力载荷 $\lambda = 100$ 时，夹紧功能梯度圆板和简支功能梯度圆板的过屈曲构型。与材料梯度指数 n 对板弯曲行为的影响相比，n 对板过屈曲行为的影响更为复杂。具有中间材料性质的功能梯度圆板，不再具有介于金属板和陶瓷板之间的挠度值。为了更好地解释这种现象，图 7.2.10 和图 7.2.11 分别给出了夹紧功能梯度圆板和简支功能梯度圆板的中心弯矩随外载荷的变化曲线。可以看出，均匀板 $(n = 0)$ 的弯矩会随着外载荷的增加而单调增大；然而，功能梯度圆板的情况就变得复杂多了。对于夹紧功能梯度圆板而言，外载荷未达到

临界屈曲载荷前，没有弯矩产生；对于简支功能梯度圆板来说，一旦施加外载荷，板便会产生弯矩，但在未屈曲前，弯矩的增加很缓慢。这或许可以解释图 7.2.6 和图 7.2.7 中的过屈曲路径问题。

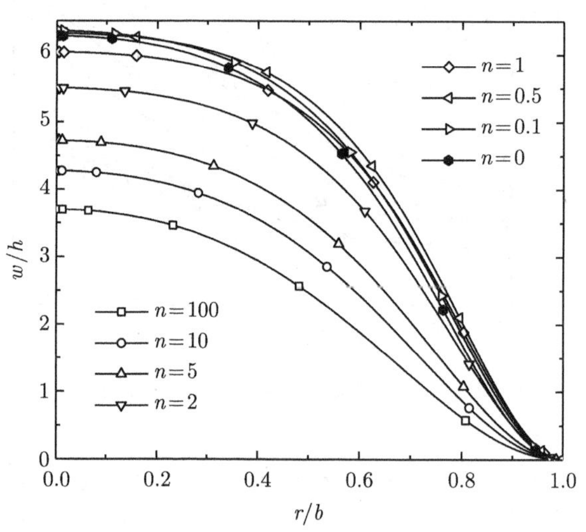

图 7.2.8　夹紧功能梯度圆板的过屈曲构型 [302,521]

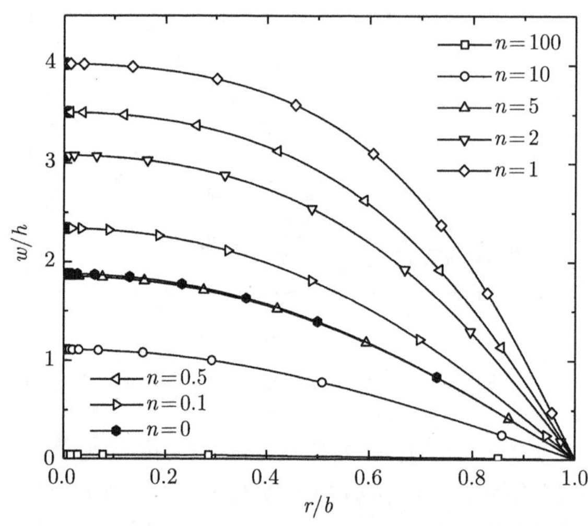

图 7.2.9　简支功能梯度圆板的过屈曲构型 [302,521]

本节分别讨论了沿板厚度方向变化的温度场和面内均匀分布边界压力作用下，功能梯度圆板的过屈曲问题。结果表明，在只沿板厚度方向变化的温度场作用下，简支功能梯度圆板不会发生分支屈曲，但是夹紧功能梯度圆板会发生明显的分支屈曲。在力载荷作用下，夹紧功能梯度圆板和简支功能梯度圆板的过屈曲路径会有很大不同。在简支条件下，一旦施加外载荷，功能梯度圆板便会产生挠度，但挠度增加缓慢；当外载荷增加到某个范围时，挠度急剧增大，出现类似于夹紧功能梯度圆板的屈曲现象。可见，边界条件对功能梯度圆板的变形有重要影响。

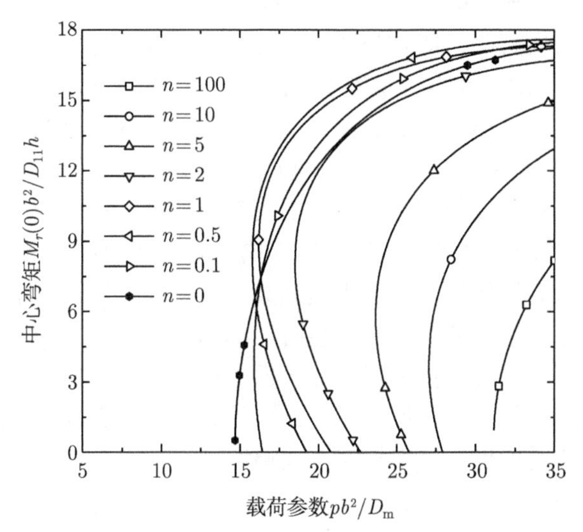

图 7.2.10　夹紧功能梯度圆板的中心弯矩随外载荷的变化曲线 [302,521]

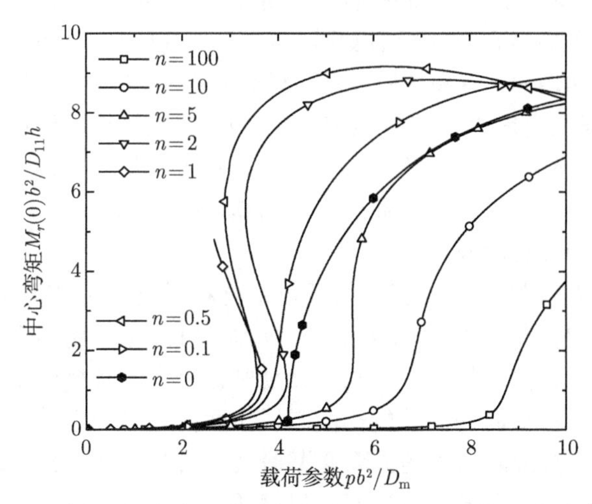

图 7.2.11　简支功能梯度圆板的中心弯矩随外载荷的变化曲线 [302,521]

另外，在热力载荷联合作用下，材料梯度指数 n 对夹紧功能梯度圆板临界屈曲载荷的影响方式不同，在力载荷作用下曲线是单调的，在热载荷作用下却不是这样。与弯曲相比，n 对功能梯度圆板过屈曲行为的影响更为复杂。

7.3　前屈曲耦合变形及其对功能梯度圆板屈曲的影响

7.3.1　功能梯度圆板的前屈曲耦合变形

7.1 节和 7.2 节分别介绍了热力载荷联合作用下功能梯度圆板的非线性弯曲和过屈曲问题。结果表明，即使是同一种外因，不同边界条件下，功能梯度圆板的变形行为也是不同的。例如，从图 7.1.7 和图 7.2.2 可见，对同样的温度场作用，简支功能梯度圆板不会出现分支屈曲，而夹紧功能梯度圆板则存在分支屈曲。从图 7.2.6 和图 7.2.7 可见，在同样的面内压力作用下，简支功能梯度圆板和夹紧功能梯度圆板都存在较明显的屈曲（当外力稍有增加时，挠度便大幅增加，屈曲刚度趋近于零），但是简支功能梯度圆板存在明显的前屈曲耦合挠度。

在面内边界压力的作用下，当力达到某一值之前，均匀板的平面平衡状态是稳定的。但是，当力达到或超过某一值时，均匀板原有的平面平衡状态会随着微小的扰动而丧失，并且扰动撤去后其原平面平衡状态也不能恢复。因此，使均匀板丧失原有平面平衡状态稳定性所需的最小外力就是临界载荷。在临界载荷附近，外力即使有微小的增加也会使得板挠度大幅增加。

研究结果表明 [642−644]，复合材料层合板的情况与均匀板不同。由于沿板厚度方向材料性质的非均匀性，层合板存在拉剪–弯扭耦合现象。只要这种耦合刚度 B_{ij} 不全为零，面内变形与弯曲变形就会相互耦合，在面内边界力作用下产生面内变形的同时，还会耦合发生翘曲变形。因此，就可能出现随载荷逐渐增长的横向变形而没有屈曲现象。这里，屈曲是指外力的微小增加导致横向变形迅速增大，在外力–挠度曲线上出现“平台”（或“跳跃”）。研究结果显示：对于某些耦合刚度 B_{ij} 不全为零的层合板，面内边界力作用之初就产生横向耦合挠度，挠度会随着力增大而逐渐增大但不出现屈曲现象；当耦合刚度 $B_{ij}=0$，或者耦合挠度不明显时，通常会有屈曲现象发生。

厚度方向材料性质呈梯度变化的板与复合材料层合板有着类似的非均匀性，也存在面内量与出面量之间的耦合现象。文献 [302] 对功能梯度圆板轴对称过屈曲的研究结果表明，因为横向夹紧功能梯度圆板没有耦合挠度产生，所以存在屈曲现象（图 7.3.1）；横向简支功能梯度圆板在面内边界力作用之初就有横向耦合挠度产生，并且该挠度随着力增大而逐渐增大（图 7.3.2）。尽管如此，从图 7.3.2 还可以看出，当力增大到某一阶段时，虽然并无“平台”出现，但外力的微小增加将导致横向变形迅速增大。这种情况下，仍然可以认为有屈曲现象发生。

功能梯度板是否存在屈曲现象？或者说，在存在屈曲现象的同时，也存在前屈曲耦合挠度，这种耦合挠度如何影响板的屈曲？这取决于具体问题的内部构成、外载荷、边界条件等，需要通过非线性理论研究板的全局变形才能予以回

答 [521,645−646]。作者 [521,645−646] 研究了前屈曲耦合变形对功能梯度圆板屈曲的影响。本节以边界承受面内外压力 p 的功能梯度圆板为例进行系统性分析。

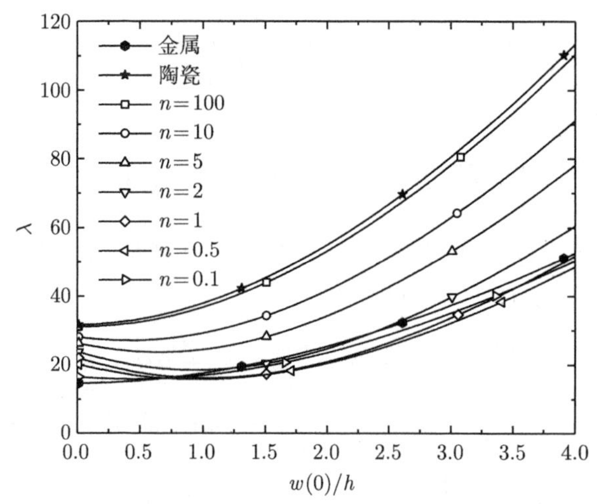

图 7.3.1　均匀径向压力作用下夹紧功能梯度圆板的过屈曲路径 [302,521]

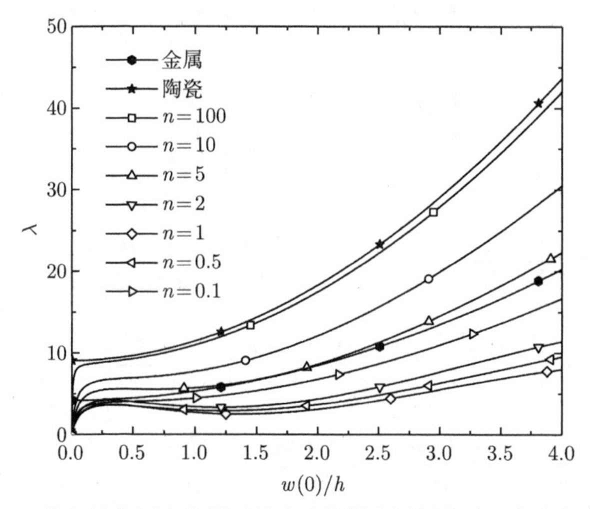

图 7.3.2　均匀径向压力作用下简支功能梯度圆板的过屈曲路径 [302,501]

7.3.2　前屈曲耦合变形对功能梯度圆板屈曲的影响

略去方程 (7.1.14a) 和方程 (7.1.14c) 中的温度项和横向载荷项，即可得到面内边界外压力作用下功能梯度圆板过屈曲问题的控制方程：

$$A_{11}\frac{\mathrm{d}}{\mathrm{d}r}\left[\frac{1}{r}\frac{\mathrm{d}}{\mathrm{d}r}(ru)\right]+A_{11}\left[\frac{\mathrm{d}w}{\mathrm{d}r}\frac{\mathrm{d}^2w}{\mathrm{d}r^2}+\frac{1-\nu}{2r}\left(\frac{\mathrm{d}w}{\mathrm{d}r}\right)^2\right]-B_{11}\frac{\mathrm{d}}{\mathrm{d}r}\nabla^2w=0 \quad (7.3.1\mathrm{a})$$

$$
\begin{aligned}
&\Omega\nabla^4 w - A_{11}\left[\nu\frac{\mathrm{d}u}{\mathrm{d}r}+\frac{1}{r}u+\frac{\nu}{2}\left(\frac{\mathrm{d}w}{\mathrm{d}r}\right)^2\right]\frac{1}{r}\frac{\mathrm{d}w}{\mathrm{d}r}\\
&-A_{11}\left[\frac{\mathrm{d}u}{\mathrm{d}r}+\frac{\nu}{r}u+\frac{1}{2}\left(\frac{\mathrm{d}w}{\mathrm{d}r}\right)^2\right]\frac{\mathrm{d}^2 w}{\mathrm{d}r^2}\\
&+B_{11}\left[\left(\frac{\mathrm{d}^2 w}{\mathrm{d}r^2}\right)^2+\frac{2\nu}{r}\frac{\mathrm{d}w}{\mathrm{d}r}\frac{\mathrm{d}^2 w}{\mathrm{d}r^2}+\frac{1}{r^2}\left(\frac{\mathrm{d}w}{\mathrm{d}r}\right)^2\right]=0
\end{aligned}
\tag{7.3.1b}
$$

设面内边界外压力 p 作用时，方程 (7.3.1) 的解为 $(\bar{u},\ \bar{w})$，那么，当面内边界外压力增至 $p+\Delta p$ 时，其解可写为

$$
u=\bar{u}+\Delta u,\quad w=\bar{w}+\Delta w \tag{7.3.2}
$$

把式 (7.3.2) 代入式 (7.3.1)，并注意到 $(\bar{u},\ \bar{w})$ 已经是方程 (7.3.1) 的解，则有

$$
\begin{aligned}
&A_{11}\frac{\mathrm{d}}{\mathrm{d}r}\left[\frac{1}{r}\frac{\mathrm{d}}{\mathrm{d}r}(r\Delta u)\right]-B_{11}\frac{\mathrm{d}}{\mathrm{d}r}\nabla^2(\Delta w)\\
&+A_{11}\left\{\frac{\mathrm{d}^2\bar{w}}{\mathrm{d}r^2}\frac{\mathrm{d}\Delta w}{\mathrm{d}r}+\frac{\mathrm{d}\bar{w}}{\mathrm{d}r}\frac{\mathrm{d}^2\Delta w}{\mathrm{d}r^2}+\frac{\mathrm{d}\Delta w}{\mathrm{d}r}\frac{\mathrm{d}^2\Delta w}{\mathrm{d}r^2}\right.\\
&\left.+\frac{1-\nu}{2r}\left[2\frac{\mathrm{d}\bar{w}}{\mathrm{d}r}\frac{\mathrm{d}\Delta w}{\mathrm{d}r}+\left(\frac{\mathrm{d}\Delta w}{\mathrm{d}r}\right)^2\right]\right\}=0
\end{aligned}
\tag{7.3.3a}
$$

$$
\begin{aligned}
&\Omega\nabla^4(\Delta w)-A_{11}\left[\nu\frac{\mathrm{d}\Delta u}{\mathrm{d}r}+\frac{\Delta u}{r}+\nu\frac{\mathrm{d}\bar{w}}{\mathrm{d}r}\frac{\mathrm{d}\Delta w}{\mathrm{d}r}+\frac{\nu}{2}\left(\frac{\mathrm{d}\Delta w}{\mathrm{d}r}\right)^2\right]\frac{1}{r}\frac{\mathrm{d}\bar{w}}{\mathrm{d}r}\\
&-A_{11}\left[\nu\frac{\mathrm{d}\bar{u}}{\mathrm{d}r}+\frac{\bar{u}}{r}+\frac{\nu}{2}\left(\frac{\mathrm{d}\bar{w}}{\mathrm{d}r}\right)^2+\nu\frac{\mathrm{d}\Delta u}{\mathrm{d}r}+\frac{\Delta u}{r}+\nu\frac{\mathrm{d}\bar{w}}{\mathrm{d}r}\frac{\mathrm{d}\Delta w}{\mathrm{d}r}+\frac{\nu}{2}\left(\frac{\mathrm{d}\Delta w}{\mathrm{d}r}\right)^2\right]\frac{1}{r}\frac{\mathrm{d}\Delta w}{\mathrm{d}r}\\
&-A_{11}\left[\frac{\mathrm{d}\Delta u}{\mathrm{d}r}+\nu\frac{\Delta u}{r}+\frac{\mathrm{d}\bar{w}}{\mathrm{d}r}\frac{\mathrm{d}\Delta w}{\mathrm{d}r}+\frac{1}{2}\left(\frac{\mathrm{d}\Delta w}{\mathrm{d}r}\right)^2\right]\frac{\mathrm{d}^2\bar{w}}{\mathrm{d}r^2}\\
&-A_{11}\left[\frac{\mathrm{d}\bar{u}}{\mathrm{d}r}+\nu\frac{\bar{u}}{r}+\frac{1}{2}\left(\frac{\mathrm{d}\bar{w}}{\mathrm{d}r}\right)^2+\frac{\mathrm{d}\Delta u}{\mathrm{d}r}+\nu\frac{\Delta u}{r}+\frac{\mathrm{d}\bar{w}}{\mathrm{d}r}\frac{\mathrm{d}\Delta w}{\mathrm{d}r}+\frac{1}{2}\left(\frac{\mathrm{d}\Delta w}{\mathrm{d}r}\right)^2\right]\frac{\mathrm{d}^2\Delta w}{\mathrm{d}r^2}\\
&+B_{11}\left[2\frac{\mathrm{d}\bar{w}}{\mathrm{d}r}\frac{\mathrm{d}\Delta w}{\mathrm{d}r}+\left(\frac{\mathrm{d}^2\Delta w}{\mathrm{d}r^2}\right)^2+\frac{2\nu}{r}\left(\frac{\mathrm{d}^2\bar{w}}{\mathrm{d}r^2}\frac{\mathrm{d}\Delta w}{\mathrm{d}r}+\frac{\mathrm{d}\bar{w}}{\mathrm{d}r}\frac{\mathrm{d}^2\Delta w}{\mathrm{d}r^2}+\frac{\mathrm{d}\Delta w}{\mathrm{d}r}\frac{\mathrm{d}^2\Delta w}{\mathrm{d}r^2}\right)\right.\\
&\left.+\frac{2}{r^2}\frac{\mathrm{d}\bar{w}}{\mathrm{d}r}\frac{\mathrm{d}\Delta w}{\mathrm{d}r}+\frac{1}{r^2}\left(\frac{\mathrm{d}\Delta w}{\mathrm{d}r}\right)^2\right]=0
\end{aligned}
\tag{7.3.3b}
$$

由于在板屈曲之初的微量变形阶段，可视 Δu 和 Δw 为小量，因此分析时可略去含 Δu 和 Δw 的二次及更高次项。将式 (7.3.3) 表述为关于 Δu 和 Δw 的线性方程：

$$A_{11}\frac{\mathrm{d}}{\mathrm{d}r}\left[\frac{1}{r}\frac{\mathrm{d}}{\mathrm{d}r}(r\Delta u)\right]-B_{11}\frac{\mathrm{d}}{\mathrm{d}r}\nabla^2(\Delta w)$$
$$+A_{11}\left(\frac{\mathrm{d}^2\bar{w}}{\mathrm{d}r^2}\frac{\mathrm{d}\Delta w}{\mathrm{d}r}+\frac{\mathrm{d}\bar{w}}{\mathrm{d}r}\frac{\mathrm{d}^2\Delta w}{\mathrm{d}r^2}+\frac{1-\nu}{r}\frac{\mathrm{d}\bar{w}}{\mathrm{d}r}\frac{\mathrm{d}\Delta w}{\mathrm{d}r}\right)=0 \tag{7.3.4a}$$

$$\varOmega\nabla^4(\Delta w)-A_{11}\left(\nu\frac{\mathrm{d}\Delta u}{\mathrm{d}r}+\frac{\Delta u}{r}+\nu\frac{\mathrm{d}\bar{w}}{\mathrm{d}r}\frac{\mathrm{d}\Delta w}{\mathrm{d}r}\right)\frac{1}{r}\frac{\mathrm{d}\bar{w}}{\mathrm{d}r}$$
$$-A_{11}\left[\nu\frac{\mathrm{d}\bar{u}}{\mathrm{d}r}+\frac{\bar{u}}{r}+\frac{\nu}{2}\left(\frac{\mathrm{d}\bar{w}}{\mathrm{d}r}\right)^2\right]\frac{1}{r}\frac{\mathrm{d}\Delta w}{\mathrm{d}r}$$
$$-A_{11}\left(\frac{\mathrm{d}\Delta u}{\mathrm{d}r}+\nu\frac{\Delta u}{r}+\frac{\mathrm{d}\bar{w}}{\mathrm{d}r}\frac{\mathrm{d}\Delta w}{\mathrm{d}r}\right)\frac{\mathrm{d}^2\bar{w}}{\mathrm{d}r^2}-A_{11}\left[\frac{\mathrm{d}\bar{u}}{\mathrm{d}r}+\nu\frac{\bar{u}}{r}+\frac{1}{2}\left(\frac{\mathrm{d}\bar{w}}{\mathrm{d}r}\right)^2\right]\frac{\mathrm{d}^2\Delta w}{\mathrm{d}r^2}$$
$$+B_{11}\left[2\frac{\mathrm{d}\bar{w}}{\mathrm{d}r}\frac{\mathrm{d}\Delta w}{\mathrm{d}r}+\frac{2\nu}{r}\left(\frac{\mathrm{d}^2\bar{w}}{\mathrm{d}r^2}\frac{\mathrm{d}\Delta w}{\mathrm{d}r}+\frac{\mathrm{d}\bar{w}}{\mathrm{d}r}\frac{\mathrm{d}^2\Delta w}{\mathrm{d}r^2}\right)+\frac{2}{r^2}\frac{\mathrm{d}\bar{w}}{\mathrm{d}r}\frac{\mathrm{d}\Delta w}{\mathrm{d}r}\right]=0 \tag{7.3.4b}$$

由 7.1 节和 7.2 节可知，即使板存在前屈曲耦合挠度，这种挠度也属于小变形（图 7.2.7 或图 7.3.2）。因此，可将方程 (7.3.1) 做近似线性化处理：

$$A_{11}\frac{\mathrm{d}}{\mathrm{d}r}\left[\frac{1}{r}\frac{\mathrm{d}}{\mathrm{d}r}(r\bar{u})\right]-B_{11}\frac{\mathrm{d}}{\mathrm{d}r}\nabla^2\bar{w}=0 \tag{7.3.5a}$$

$$\varOmega\nabla^4\bar{w}=0 \tag{7.3.5b}$$

从方程 (7.3.5) 并结合具体问题的边界条件，可以求得 $(\bar{u},\ \bar{w})$，其中包含待定的面内边界压力 p。然后将求得的 $(\bar{u},\ \bar{w})$ 代入方程 (7.3.4)，并在关于 Δu 和 Δw 的齐次边界条件下，利用 Δu 和 Δw 存在非零解条件，即可确定板的临界屈曲载荷解。很显然，这样求得的临界屈曲载荷包含满足方程 (7.3.5) 的前屈曲耦合变形的影响。如果不存在非零解，则说明板不会发生屈曲现象。

如果板没有前屈曲耦合挠度，即前屈曲耦合挠度 $\bar{w}=0$，则方程 (7.3.5a) 退化为

$$\frac{\mathrm{d}}{\mathrm{d}r}\left[\frac{1}{r}\frac{\mathrm{d}}{\mathrm{d}r}(r\bar{u})\right]=0 \tag{7.3.6}$$

这就是平面应力状态下板的平衡方程。对于板的边界承受面内均匀压力的情况，有

$$A_{11}\left(\nu\frac{\mathrm{d}\bar{u}}{\mathrm{d}r}+\frac{\bar{u}}{r}\right)=A_{11}\left(\frac{\mathrm{d}\bar{u}}{\mathrm{d}r}+\nu\frac{\bar{u}}{r}\right)=-p \tag{7.3.7}$$

此时，方程 (7.3.4b) 可写为

$$\Omega\nabla^4(\Delta w)+p\nabla^2(\Delta w)=0 \tag{7.3.8}$$

式 (7.3.8) 就是常见的求解圆板临界屈曲载荷的基本方程。

对于夹紧功能梯度圆板而言，由于板屈曲前并无耦合挠度产生，式 (7.3.8)（或直接从非线性方程 (5.3.1) 的线性化结果得到）便精确成立，从而可求得板的临界屈曲载荷。

对于简支功能梯度圆板而言，应该同时求解方程 (7.3.4) 和方程 (7.3.5)，以计入前屈曲耦合变形的影响。需要用数值方法来做具体分析。

考虑承受均匀边界面内压力 p、半径为 r 的功能梯度圆板。对横向夹紧且面内可移动边界条件，有

$$\bar{w}=0 \tag{7.3.9a}$$

$$\frac{\mathrm{d}\bar{w}}{\mathrm{d}r}=0 \tag{7.3.9b}$$

$$\bar{N}_r=-p \tag{7.3.9c}$$

根据方程 (7.3.5b) 可得 (已利用了板中心处的条件式 (7.1.13))

$$\bar{w}=\frac{1}{4}C_1r^2+C_2 \tag{7.3.10}$$

利用条件式 (7.3.9a) 和条件式 (7.3.9b) 可得

$$\bar{w}\equiv 0 \tag{7.3.11}$$

这再次证实了 7.2 节的结论，即夹紧边界条件下功能梯度圆板不会产生前屈曲耦合挠度。因此，寻求夹紧边界条件下功能梯度圆板的临界屈曲载荷，就归结为求解方程 (7.3.8)，其解析解为式 (6.2.26)。

对横向简支且面内可移动边界条件，有

$$\bar{w}=0 \tag{7.3.12a}$$

$$\bar{M}_r=0 \tag{7.3.12b}$$

$$\bar{N}_r = -p \tag{7.3.12c}$$

从方程 (7.3.5a) 可得

$$\bar{u} = \frac{1}{2}C_3 r + C_4\frac{1}{r} \tag{7.3.13}$$

利用板中心处的条件式 (7.1.13) 可知 C_4=0。由边界条件式 (7.3.12) 可得

$$C_1 = -\frac{B_{11}}{A_{11}\Omega}\frac{2p}{1+\nu},\quad C_2 = \frac{B_{11}}{2A_{11}\Omega}\frac{pb^2}{1+\nu},\quad C_3 = -\frac{D_{11}}{A_{11}\Omega}\frac{2p}{1+\nu}$$

这样，边界横向简支功能梯度圆板的前屈曲耦合变形解为

$$\bar{u} = -\frac{D_{11}}{A_{11}\Omega}\frac{p}{1+\nu}r \tag{7.3.14a}$$

$$\bar{w} = \frac{B_{11}}{2A_{11}\Omega}\frac{pb^2}{1+\nu}\left[1-\left(\frac{r}{b}\right)^2\right] \tag{7.3.14b}$$

将式 (7.3.14) 代入式 (7.3.4)，并将其无量纲化，有

$$\begin{aligned}&\frac{\mathrm{d}^2u}{\mathrm{d}x^2}+\frac{1}{x}\frac{\mathrm{d}u}{\mathrm{d}x}-\frac{1}{x^2}u-c_{\mathrm{n1}}\frac{\mathrm{d}^3w}{\mathrm{d}x^3}-c_{\mathrm{n1}}\left(1+\frac{c_{\mathrm{n2}}}{1+\nu}\lambda x^2\right)\frac{1}{x}\frac{\mathrm{d}^2w}{\mathrm{d}x^2}\\&+c_{\mathrm{n1}}\left(1-c_{\mathrm{n2}}\frac{2-\nu}{1+\nu}\lambda x^2\right)\frac{1}{x^2}\frac{\mathrm{d}w}{\mathrm{d}x}=0\end{aligned} \tag{7.3.15a}$$

$$\begin{aligned}&\frac{\mathrm{d}^4w}{\mathrm{d}x^4}+\frac{2}{x}\frac{\mathrm{d}^3w}{\mathrm{d}x^3}-\left[1-c_{\mathrm{n2}}\left(2-c_{\mathrm{n3}}+2c_{\mathrm{n4}}\right)\lambda x^2+\frac{c_{\mathrm{n2}}^2c_{\mathrm{n4}}}{2\left(1+\nu\right)}\lambda^2x^4\right]\frac{1}{x^2}\frac{\mathrm{d}^2w}{\mathrm{d}x^2}\\&+\left[1+c_{\mathrm{n2}}\left(2-c_{\mathrm{n3}}\right)\lambda x^2-\frac{c_{\mathrm{n2}}^2c_{\mathrm{n4}}\left(2+3\nu\right)}{2\left(1+\nu\right)}\lambda^2x^4\right]\frac{1}{x^3}\frac{\mathrm{d}w}{\mathrm{d}x}\\&+c_{\mathrm{n2}}c_{\mathrm{n5}}\lambda\left(\frac{\mathrm{d}u}{\mathrm{d}x}+\frac{1}{x}u\right)=0\end{aligned} \tag{7.3.15b}$$

式中，无量纲参量 $x=\dfrac{r}{b}$，$w=\dfrac{\Delta w}{h}$，$u=\dfrac{\Delta ub}{h^2}$，$\lambda=\dfrac{pb^2}{D_{\mathrm{m}}}$，$c_{\mathrm{n1}}=\dfrac{B_{11}}{hA_{11}}$，$c_{\mathrm{n2}}=\dfrac{D_{\mathrm{m}}}{\Omega}$，$c_{\mathrm{n3}}=\dfrac{D_{11}}{\Omega}$，$c_{\mathrm{n4}}=\dfrac{B_{11}^2}{A_{11}\Omega\left(1+\nu\right)}$，$c_{\mathrm{n5}}=\dfrac{hB_{11}}{\Omega}$。

利用打靶法数值求解式 (7.3.15)，可得简支条件下功能梯度圆板的临界载荷 λ_{cr} 的解，该解与式 (6.2.26) 解的比较如图 7.3.3 所示。图中，实线是本节得到的计及前屈曲耦合变形的结果，虚线是由式 (6.2.26) 求得的结果。可见，在简支条

件下，方程 (7.3.15) 存在非零解。结合前面分析可知，尽管承受边界径向均匀分布压力作用的简支功能梯度圆板具有明显的前屈曲耦合变形，但是它仍然会发生屈曲。从图中可以看出，与没有考虑前屈曲耦合变形的结果（图中虚线所示）相比，除局部区域外，前屈曲耦合变形对简支边界条件下功能梯度圆板临界载荷的影响并不明显。在局部区域中 (n<20)，前屈曲耦合变形的存在甚至使得板的临界载荷更高。

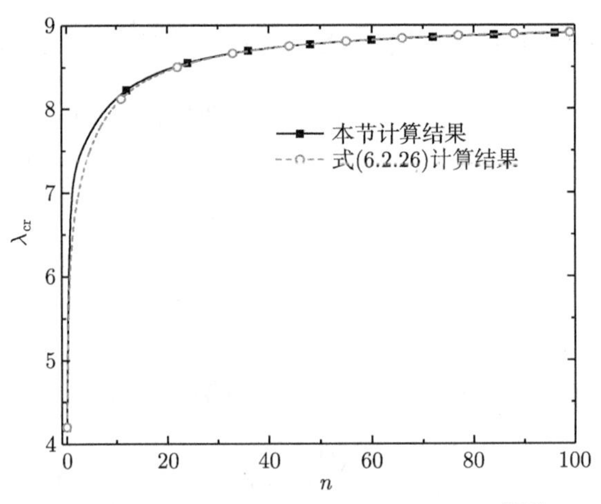

图 7.3.3　简支功能梯度圆板的临界载荷 [521]

正如本节开篇所述，由于在材料梯度方向上，功能梯度板与复合材料层合板有着类似的非均匀性，即存在面内量与出面量之间的耦合现象，功能梯度板也具有复合材料层合板表现出的一些行为，如在温度场（只沿板厚度方向变化）作用下，简支功能梯度板不存在分支屈曲的特征值问题，而是弯曲平衡问题。在前屈曲耦合挠度不明显的情形下，通常会有屈曲现象发生。本节详细分析了这类问题，给出了功能梯度板是否会发生屈曲的判断方法，还分析了前屈曲耦合变形对简支功能梯度圆板临界屈曲载荷的影响。计算结果表明，对于承受边界径向均匀分布压力作用的简支功能梯度圆板，尽管有明显的前屈曲耦合变形，但是依然存在屈曲现象。

7.4　本 章 小 结

当横向力载荷单独作用时，材料性质介于金属板和陶瓷板之间的功能梯度圆板的挠度值也在这两者之间。在有热载荷参与的情况下，这个结论一般不成立。当温度场单独作用时，夹紧功能梯度圆板会发生分支屈曲，但简支功能梯度圆板只会发生弯曲，而不会发生分支屈曲。

力载荷作用时，夹紧功能梯度圆板和简支功能梯度圆板的过屈曲路径也有很大的不同。在简支条件下，一旦施加外载荷，功能梯度板便会产生挠度，但挠度增加缓慢；当外载荷增加到某个范围时，挠度急剧增大，出现类似于夹紧功能梯度圆板的屈曲现象。可见，边界条件对功能梯度圆板的变形行为具有重要影响。

力载荷作用时，材料梯度指数 n 对夹紧功能梯度圆板临界屈曲载荷的影响是单调的，在温度场作用下并非如此。与板弯曲相比，材料梯度指数 n 对板过屈曲行为的影响要复杂得多，材料性质在金属板和陶瓷板之间的功能梯度圆板的挠度也不再介于金属板和陶瓷板的挠度之间。

在均匀分布径向边界压力作用下，尽管简支功能梯度圆板具有明显的前屈曲耦合变形，但它仍然存在屈曲现象，然而前屈曲耦合变形对简支功能梯度圆板临界屈曲载荷的影响并不明显。

总之，功能梯度圆板存在面内量与出面量之间的耦合现象，因此，简支功能梯度圆板不存在分支屈曲的特征值问题，而是弯曲平衡问题。但在前屈曲耦合挠度不明显的情形下，板通常会有屈曲现象发生。对于功能梯度圆板是否会发生屈曲以及前屈曲耦合变形对其稳定性有何影响，要具体问题具体分析，这样才能得出正确的结论。

第 8 章　热环境下功能梯度圆板的振动

结构大幅振动是工程中常见的现象，也是理论研究和工程设计领域的重要课题。本章介绍功能梯度圆板屈曲前的非线性横向热振动问题，以及边界夹紧功能梯度圆板在热过屈曲构型附近的小幅振动问题。

对于功能梯度圆板的非线性横向热振动问题，可采用 Ritz-Kantorovich 法消去时间变量 [521,640−641,647−648]，将非线性偏微分运动方程转化成关于空间变量的非线性常微分方程。分析功能梯度圆板在热过屈曲构型附近小幅振动时，采用与 4.1 节相同的方法，即假设存在谐振动，将运动方程分解为两类：非线性热过屈曲问题和热过屈曲构型附近的小幅振动问题。本章在本书作者工作 [521] 基础上进行系统论述。

8.1　功能梯度圆板的非线性热振动

本节基于经典非线性板理论，讨论非均匀热载荷作用下，功能梯度圆板在屈曲前的大幅振动问题。

8.1.1　基本方程与数值方法

在式 (7.1.9) 中令 q=0，并略去面内惯性、转动惯性和耦合惯性，即得到功能梯度圆板在温度场作用下的非线性横向振动控制方程。利用内力与位移关系，可将非线性横向振动控制方程化为如下无量纲形式：

$$\frac{\partial^2 u}{\partial x^2}+\frac{1}{x}\frac{\partial u}{\partial x}-\frac{u}{x^2}+\frac{\partial^2 w}{\partial x^2}\frac{\partial w}{\partial x}+\frac{1-\nu}{2x}\left(\frac{\partial w}{\partial x}\right)^2$$

$$=F_1\left(\frac{\partial^3 w}{\partial x^3}+\frac{1}{x}\frac{\partial^2 w}{\partial x^2}-\frac{1}{x^2}\frac{\partial w}{\partial x}\right) \tag{8.1.1a}$$

$$\left(\frac{\partial^4 w}{\partial x^4}+\frac{2}{x}\frac{\partial^3 w}{\partial x^3}-\frac{1}{x^2}\frac{\partial^2 w}{\partial x^2}+\frac{1}{x^3}\frac{\partial w}{\partial x}\right)-F_2\left[\frac{\partial u}{\partial x}+\frac{\nu}{x}u+\frac{1}{2}\left(\frac{\partial w}{\partial x}\right)^2\right]\frac{\partial^2 w}{\partial x^2}$$

$$-F_2\left[\nu\frac{\partial u}{\partial x}+\frac{1}{x}u+\frac{\nu}{2}\left(\frac{\partial w}{\partial x}\right)^2\right]\frac{1}{x}\frac{\partial w}{\partial x}$$

$$
-F_3\left[\frac{2\nu}{x}\frac{\partial^2 w}{\partial x^2}\frac{\partial w}{\partial x}+\frac{1}{x^2}\left(\frac{\partial w}{\partial x}\right)^2+\left(\frac{\partial^2 w}{\partial x^2}\right)^2\right]
$$

$$
+\bar{N}\left(\frac{1}{x}\frac{\partial w}{\partial x}+\frac{\partial^2 w}{\partial x^2}\right)+F_5\frac{\partial^2 w}{\partial \tau^2}=0 \tag{8.1.1b}
$$

式中，无量纲参量 $\tau=t\left(\dfrac{\rho_{\mathrm{m}}hb^4}{D_{\mathrm{m}}}\right)^{-1/2}$；$F_5=\dfrac{D_{\mathrm{m}}\rho_{\mathrm{c}}}{D_{11}\rho_{\mathrm{m}}}\left[\left(\dfrac{\rho_{\mathrm{m}}}{\rho_{\mathrm{c}}}-1\right)\dfrac{1}{n+1}+1\right]$。其余无量纲参量的定义见 7.1 节。

这里考虑径向不可移横向夹紧和径向不可移横向简支两种边界条件，其具体形式分别见式 (7.1.18) 和式 (7.1.19)。一般情况下，很难求得如方程 (8.1.1) 这样的非线性偏微分方程的解析解。通常有两种方法可求得其近似解，一是假设空间模态法，就是先设定关于空间变量的模态函数，然后采用变分方法将空间坐标消去，这样就把偏微分方程转化为只含时间变量的常微分方程；二是假设时间模态法，这种方法先设定非线性振动为谐振动，然后采用 Kantrorovich 时间平均法将方程 (8.1.1) 中的时间变量消去，从而方程 (8.1.1) 中仅含空间变量，这样原问题就转化为非线性边值问题。本节采用后一种方法。

将功能梯度圆板的中面位移 $u(x,\tau)$ 和 $w(x,\tau)$ 设为如下形式：

$$
u(x,\tau)=f_0(x)+A^2f(x)\cos^2(\omega\tau) \tag{8.1.2a}
$$

$$
w(x,\tau)=g_0(x)+Ag(x)\cos(\omega\tau) \tag{8.1.2b}
$$

式中，$f(x)$ 和 $g(x)$ 分别是对应于 u 和 w 的模态函数；ω 是无量纲固有频率（$\Omega t=\omega\tau$，$\omega=\Omega\left(\dfrac{\rho_{\mathrm{m}}hb^4}{D_{\mathrm{m}}}\right)^{1/2}$，$\Omega$ 为固有频率）；A 是无量纲振幅参数；f_0 和 g_0 是受热板位移的静态解，它们满足：

$$
\frac{\mathrm{d}}{\mathrm{d}x}\left[\frac{1}{x}\frac{\mathrm{d}}{\mathrm{d}x}(xf_0)\right]+\frac{\mathrm{d}g_0}{\mathrm{d}x}\frac{\mathrm{d}^2g_0}{\mathrm{d}x^2}+\frac{1-\nu}{2x}\left(\frac{\mathrm{d}g_0}{\mathrm{d}x}\right)^2-F_1\frac{\mathrm{d}}{\mathrm{d}x}\nabla^2g_0=0 \tag{8.1.3a}
$$

$$
\nabla^4g_0-F_2\left[\nu\frac{\mathrm{d}f_0}{\mathrm{d}x}+\frac{1}{x}f_0+\frac{\nu}{2}\left(\frac{\mathrm{d}g_0}{\mathrm{d}x}\right)^2\right]\frac{1}{x}\frac{\mathrm{d}g_0}{\mathrm{d}x}
$$

$$
-F_2\left[\frac{\mathrm{d}f_0}{\mathrm{d}x}+\frac{\nu}{x}f_0+\frac{1}{2}\left(\frac{\mathrm{d}g_0}{\mathrm{d}x}\right)^2\right]\frac{\mathrm{d}^2g_0}{\mathrm{d}x^2}
$$

$$
+F_3\left[\left(\frac{\mathrm{d}^2g_0}{\mathrm{d}x^2}\right)^2+\frac{2\nu}{x}\frac{\mathrm{d}g_0}{\mathrm{d}x}\frac{\mathrm{d}^2g_0}{\mathrm{d}x^2}+\frac{1}{x^2}\left(\frac{\mathrm{d}g_0}{\mathrm{d}x}\right)^2\right]+\bar{N}\nabla^2g_0=0 \tag{8.1.3b}
$$

以及条件：

$$f_0 = g_0 = 0, \quad F_4\left[\frac{\mathrm{d}f_0}{\mathrm{d}x} + \frac{1}{2}\left(\frac{\mathrm{d}g_0}{\mathrm{d}x}\right)^2\right] - \frac{\mathrm{d}^2 g_0}{\mathrm{d}x^2} - \frac{\nu}{x}\frac{\mathrm{d}g_0}{\mathrm{d}x} - \bar{M} = 0 \quad (\text{在}x = 1\text{处})$$

$$f_0 = \frac{\mathrm{d}g_0}{\mathrm{d}x} = 0, \quad \lim_{x\to 0}\left(\frac{\mathrm{d}^3 g_0}{\mathrm{d}x^3} + \frac{1}{x}\frac{\mathrm{d}^2 g_0}{\mathrm{d}x^2}\right) = 0 \quad (\text{在}x = 0\text{处})$$

式 (8.1.3) 实际上就是功能梯度圆板的热过屈曲方程。从 7.2 节可知，对于夹紧边界条件，当热载荷未达到临界载荷值时，位移 f_0 和 g_0 恒为零。由于这里讨论功能梯度圆板未屈曲情况，因此可以不考虑夹紧边界条件下的静态解。

把 Kantorovich 时间平均法用于方程 (8.1.1)，将一个振动周期 $(2\pi/\omega)$ 内所做的虚功最小化，并注意方程 (8.1.3)，可推导出如下微分方程：

$$\frac{\mathrm{d}}{\mathrm{d}x}\left[\frac{1}{x}\frac{\mathrm{d}}{\mathrm{d}x}(xf)\right] + \frac{\mathrm{d}^2 g}{\mathrm{d}x^2}\frac{\mathrm{d}g}{\mathrm{d}x} + \frac{1-\nu}{2x}\left(\frac{\mathrm{d}g}{\mathrm{d}x}\right)^2 = 0 \tag{8.1.4a}$$

$$\begin{aligned}
&\nabla^4 g - F_5\omega^2 g - F_2\left(\frac{\mathrm{d}^2 g_0}{\mathrm{d}x^2} + \frac{\nu}{x}\frac{\mathrm{d}g_0}{\mathrm{d}x}\right)\frac{\mathrm{d}g}{\mathrm{d}x}\frac{\mathrm{d}g_0}{\mathrm{d}x} + \bar{N}\nabla^2 g \\
&-F_2\left[\frac{\mathrm{d}}{\mathrm{d}x}\left(f_0 + \frac{3A^2}{4}f\right) + \frac{\nu}{x}\left(f_0 + \frac{3A^2}{4}f\right)\right. \\
&\left.+\frac{3A^2}{8}\left(\frac{\mathrm{d}g}{\mathrm{d}x}\right)^2 + \frac{1}{2}\left(\frac{\mathrm{d}g_0}{\mathrm{d}x}\right)^2\right]\frac{\mathrm{d}^2 g}{\mathrm{d}x^2} \\
&-F_2\left[\nu\frac{\mathrm{d}}{\mathrm{d}x}\left(f_0 + \frac{3A^2}{4}f\right) + \frac{1}{x}\left(f_0 + \frac{3A^2}{4}f\right)\right. \\
&\left.+\frac{3\nu A^2}{8}\left(\frac{\mathrm{d}g}{\mathrm{d}x}\right)^2 + \frac{\nu}{2}\left(\frac{\mathrm{d}g_0}{\mathrm{d}x}\right)^2\right]\frac{1}{x}\frac{\mathrm{d}g}{\mathrm{d}x} \\
&-2F_3\left[\frac{\mathrm{d}^2 g}{\mathrm{d}x^2}\frac{\mathrm{d}^2 g_0}{\mathrm{d}x^2} + \frac{\nu}{x}\frac{\mathrm{d}}{\mathrm{d}x}\left(\frac{\mathrm{d}g_0}{\mathrm{d}x}\frac{\mathrm{d}g}{\mathrm{d}x}\right) + \frac{1}{x^2}\frac{\mathrm{d}g}{\mathrm{d}x}\frac{\mathrm{d}g_0}{\mathrm{d}x}\right] = 0
\end{aligned} \tag{8.1.4b}$$

在夹紧边界上：

$$f = 0 \tag{8.1.5a}$$

$$g = 0 \tag{8.1.5b}$$

$$\frac{\mathrm{d}g}{\mathrm{d}x}=0 \tag{8.1.5c}$$

在简支边界上：

$$f=0 \tag{8.1.6a}$$

$$g=0 \tag{8.1.6b}$$

$$F_4\frac{\mathrm{d}g}{\mathrm{d}x}\frac{\mathrm{d}g_0}{\mathrm{d}x}-\frac{\mathrm{d}^2g}{\mathrm{d}x^2}-\frac{\nu}{x}\frac{\mathrm{d}g}{\mathrm{d}x}=0 \tag{8.1.6c}$$

在板中心处：

$$f=0 \tag{8.1.7a}$$

$$\frac{\mathrm{d}g}{\mathrm{d}x}=0 \tag{8.1.7b}$$

$$\lim_{x\to 0}\left(\frac{\mathrm{d}^3g}{\mathrm{d}x^3}+\frac{1}{x}\frac{\mathrm{d}^2g}{\mathrm{d}x^2}\right)=0 \tag{8.1.7c}$$

$$g\left(0\right)=1 \tag{8.1.7d}$$

用打靶法即可求得方程 (8.1.4)、方程 (8.1.5) 和方程 (8.1.7)，以及方程 (8.1.4)、方程 (8.1.6) 和方程 (8.1.7) 的数值解。

8.1.2　数值结果及讨论

以下首先计算夹紧各向同性圆板前三阶固有频率，以检验打靶法的有效性。所得数值结果与文献结果的比较如表 8.1.1 所示。可见，本节所得数值结果与文献结果吻合良好。

表 8.1.1　夹紧各向同性功能梯度圆板前三阶固有频率

结果	第一模态	第二模态	第三模态
本节结果	10.2158	39.7711	89.1042
文献 [649] 结果	10.2158	39.7710	89.1040
文献 [571] 结果	10.2153	39.7712	89.1013
文献 [650] 结果	10.216	39.771	89.104
文献 [651] 结果	10.22	39.92	109.60

下面考虑功能梯度圆板的前屈曲状态。在计算时取 T_1/T_2=15，材料性质参数如表 2.1.2 所示。从 7.2 节可得夹紧功能梯度圆板的临界屈曲热载荷 λ_{cr}，如表 8.1.2 所示。

表 8.1.2　夹紧功能梯度圆板的临界屈曲热载荷

梯度指数	金属	n =0.1	n =0.5	n =1.0	n =2.0	n =5.0	n =10.0	n =100.0	陶瓷
λ_{cr}	0.79793	0.88859	1.37605	2.33325	3.24730	2.74687	2.29992	1.87780	1.83525

$n=1$ 时，用打靶法求得的夹紧功能梯度圆板和简支功能梯度圆板线性（$A=0.01$）和非线性（$A=0.7$、0.8、2）振动的前两阶振动模态分别如图 8.1.1 和图 8.1.2 所示。可见，线性和非线性振动模态仅在数值上有区别，且夹紧功能梯度圆板的区别更大。热载荷 $\lambda=0.1$ 时，简支功能梯度圆板的弯曲构型如图 8.1.3 所示。相比而言，此时夹紧功能梯度圆板并无横向挠度产生，依然保持平直状态。两种边界条件下功能梯度圆板的这种差别，会影响到它们的振动行为。

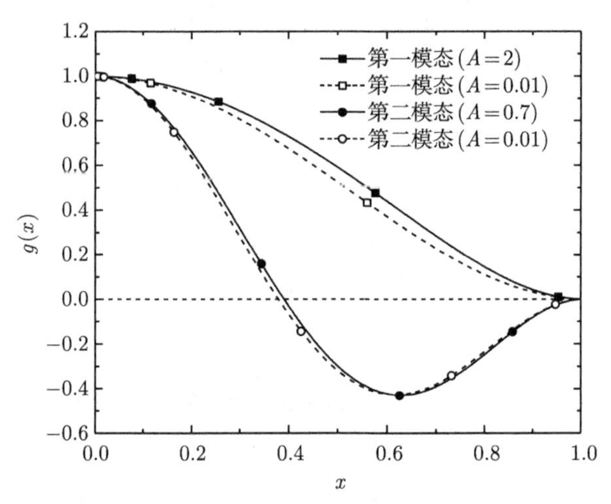

图 8.1.1　夹紧功能梯度圆板线性和非线性振动的前两阶振动模态 ($n=1$)[521]

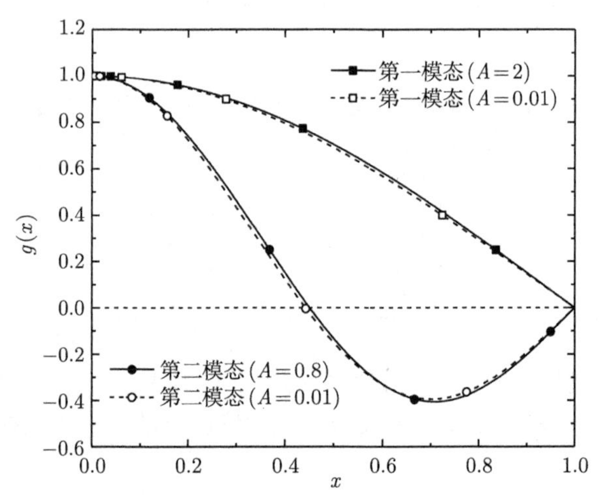

图 8.1.2　简支功能梯度圆板线性和非线性振动的前两阶振动模态 ($n=1$)[521]

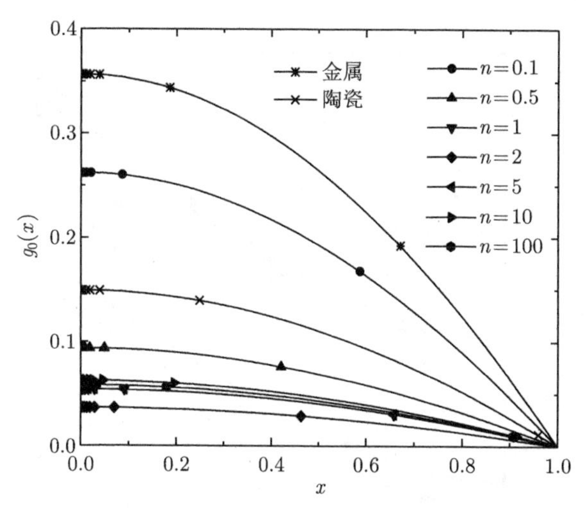

图 8.1.3　简支功能梯度圆板的弯曲构型 $(\lambda = 0.1)$[521]

对于第一模态，图 8.1.4 ~ 图 8.1.7 分别给出了振幅参数 A 对夹紧功能梯度圆板和简支功能梯度圆板一阶固有频率 ω 的影响，图 8.1.4 和图 8.1.6 所示是无热载荷情况，其共同点是，圆板一阶固有频率随振幅参数增大而单调增加。从数学上看，板的非线性振动问题是一个分支问题，分支点正好是线性固有频率。在没有热载荷的情况下，功能梯度圆板的一阶固有频率正好介于金属板和陶瓷板之间。有热载荷作用时，情况就复杂了。

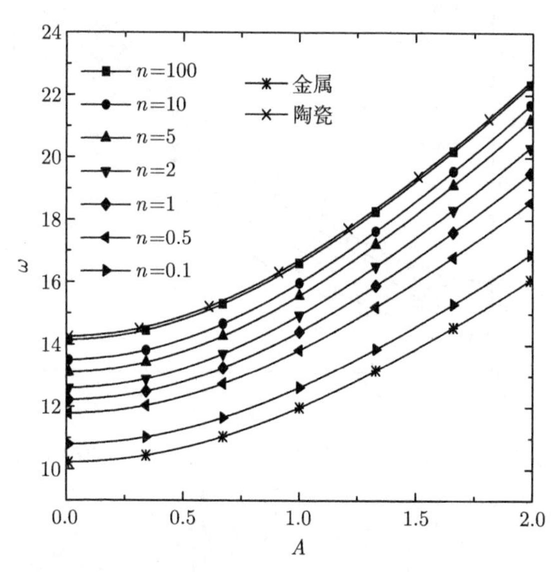

图 8.1.4　振幅参数对夹紧功能梯度圆板一阶固有频率的影响 $(\lambda = 0.0)$[521]

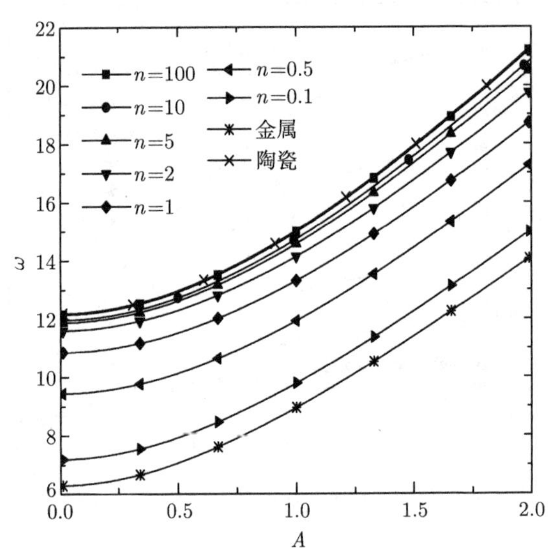

图 8.1.5 振幅参数对夹紧功能梯度圆板一阶固有频率的影响 $(\lambda = 0.5)$[521]

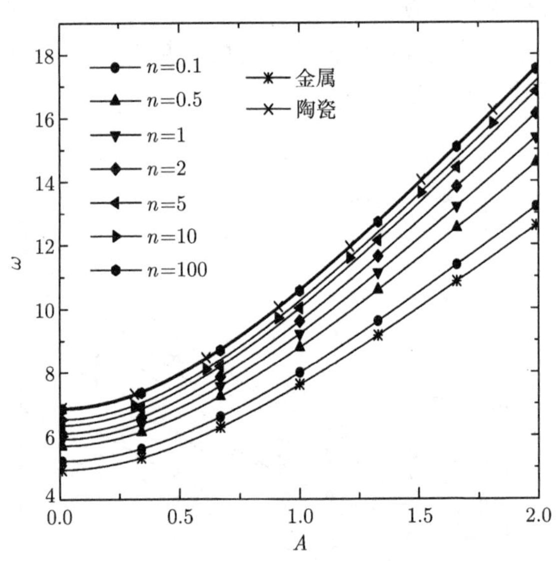

图 8.1.6 振幅参数对简支功能梯度圆板一阶固有频率的影响 $(\lambda = 0.0)$[521]

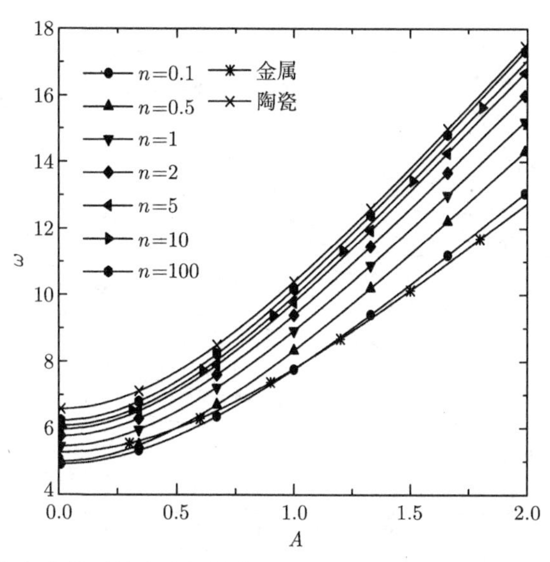

图 8.1.7 振幅参数对简支功能梯度圆板一阶固有频率的影响 ($\lambda = 0.1$)[521]

对于第二模态，夹紧功能梯度圆板和简支功能梯度圆板的 ω-A 曲线如图 8.1.8~图 8.1.11 所示，它们与第一模态情况类似，但是梯度指数的影响更明显。对于给定的热载荷值（夹紧功能梯度圆板：$\lambda = 0.5$；简支功能梯度圆板：$\lambda = 0.1$），功能梯度圆板的二阶固有频率也介于金属板和陶瓷板两者之间。

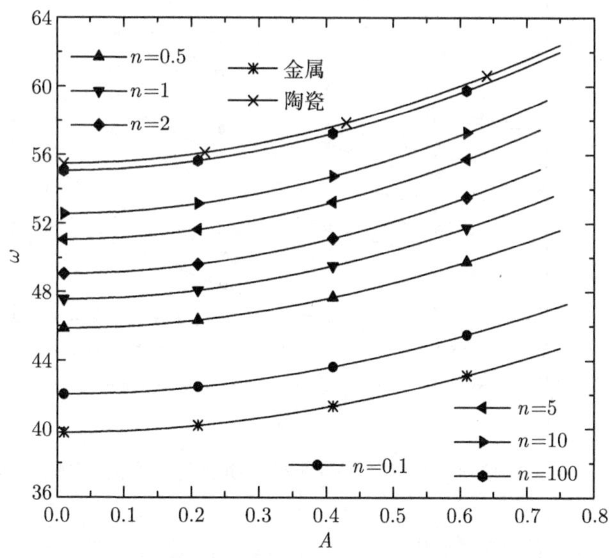

图 8.1.8 振幅参数对夹紧功能梯度圆板二阶固有频率的影响 ($\lambda = 0.0$)[521]

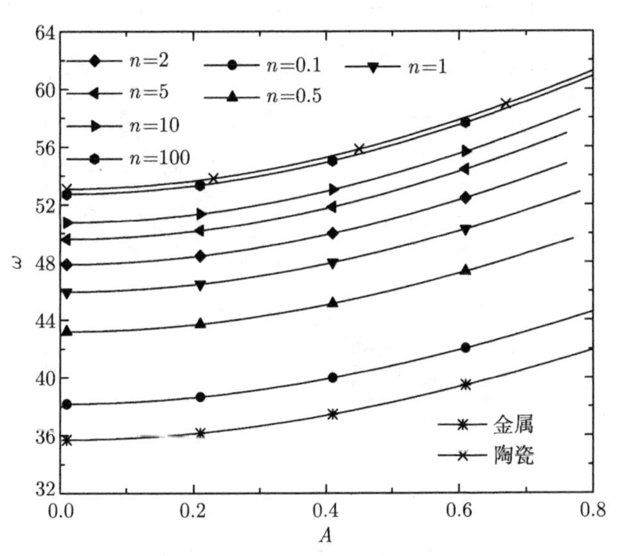

图 8.1.9　振幅参数对夹紧功能梯度圆板二阶固有频率的影响 $(\lambda = 0.5)$[521]

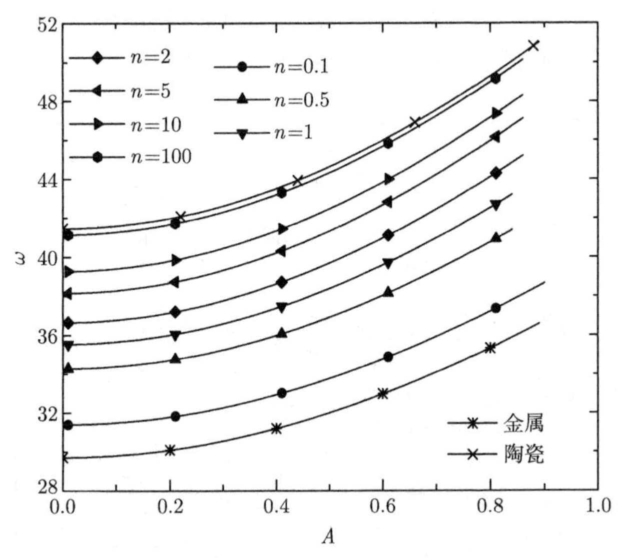

图 8.1.10　振幅参数对简支功能梯度圆板二阶固有频率的影响 $(\lambda = 0.0)$[521]

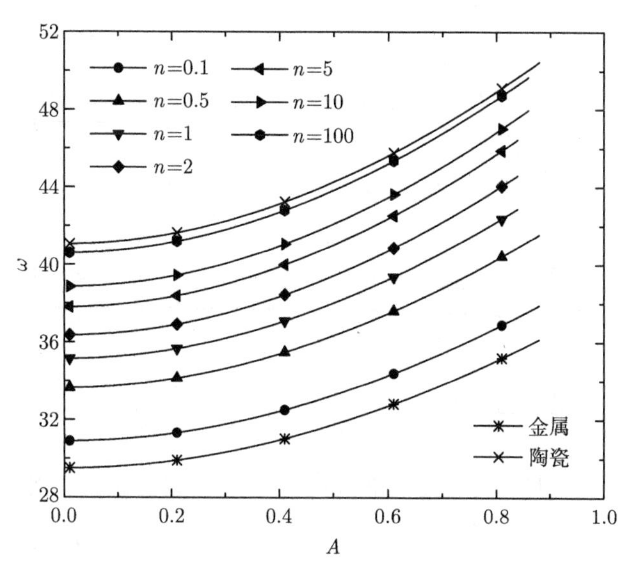

图 8.1.11　振幅参数对简支功能梯度圆板二阶固有频率的影响 ($\lambda = 0.1$)[521]

材料梯度指数 n 对功能梯度圆板一阶固有频率和二阶固有频率的影响如图 8.1.12～图 8.1.15 所示。可见，除了少数情况，板的固有频率总是随着 n 的增大而单调增加，但是当 n 超过某个值后，这种变化就不明显了。非线性振动固有频率总是高于线性振动固有频率，一阶固有频率尤为明显。另外，热载荷使板的固有频率降低，且对一阶固有频率的影响更加显著。

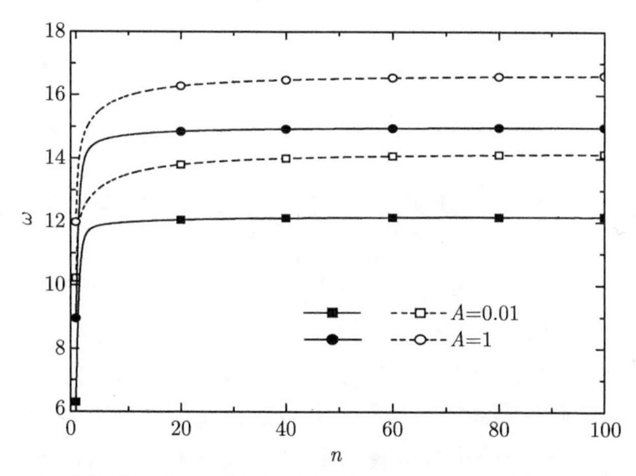

图 8.1.12　材料梯度指数对夹紧功能梯度圆板一阶固有频率的影响[521]
实线 $\lambda = 0.5$，虚线 $\lambda = 0.0$

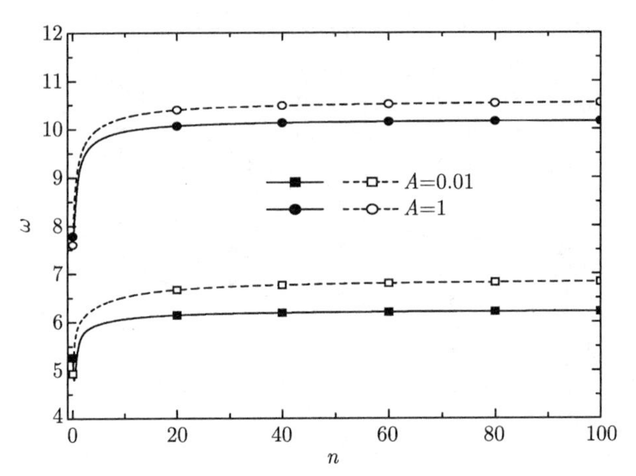

图 8.1.13　材料梯度指数对简支功能梯度圆板一阶固有频率的影响 [521]
实线 $\lambda = 0.1$，虚线 $\lambda = 0.0$

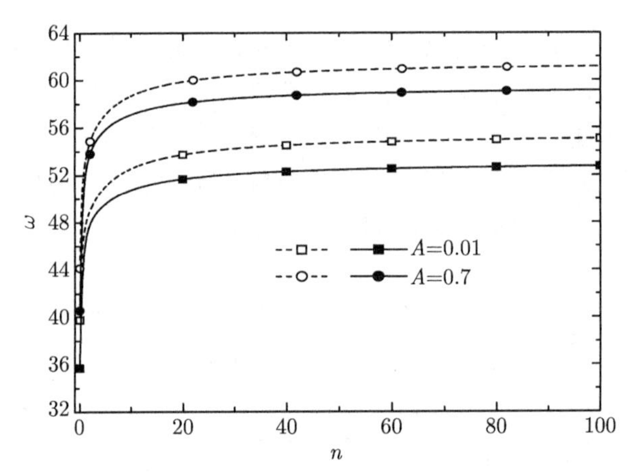

图 8.1.14　材料梯度指数对夹紧功能梯度圆板二阶固有频率的影响 [521]
实线 $\lambda = 0.5$，虚线 $\lambda = 0.0$

图 8.1.16 和图 8.1.17 分别给出了热载荷 λ 对夹紧功能梯度圆板线性振动 $(A = 0.01)$ 和非线性振动 $(A = 1)$ 固有频率 ω 的影响。可见，热载荷从 0 趋近于临界值 λ_{cr} 时，线性振动的固有频率趋近于 0，此时夹紧功能梯度圆板发生分支屈曲；但是，非线性振动固有频率并不会在分支点处降为零。热载荷对夹紧功能梯度圆板二阶固有频率的影响如图 8.1.18 和图 8.1.19 所示，可见，这些曲线几乎呈线性变化，且无论是线性还是非线性的二阶固有频率均不会在分支点处降为零。上述结果还表明，在 $\lambda > \lambda_{\mathrm{cr}}$ 的情况下，非线性振动的固有频率以及线性、非线性振动的二阶固有频率仍然是实数，也就是说，夹紧功能梯度圆板非稳定平衡

状态下的这些振动，在理论上是有可能发生的，尽管事实上任何非稳定平衡状态都会因为外部的扰动而不复存在。

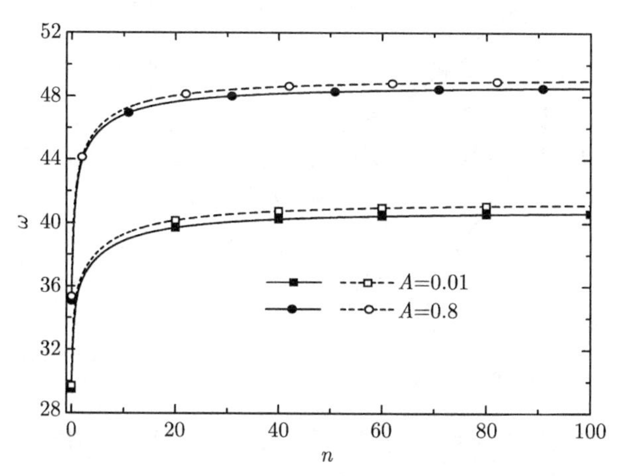

图 8.1.15　材料梯度指数对简支功能梯度圆板二阶固有频率的影响 [521]
实线 $\lambda = 0.1$，虚线 $\lambda = 0.0$

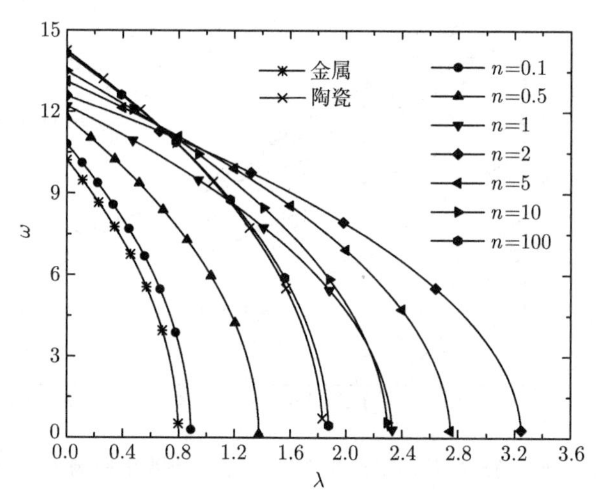

图 8.1.16　热载荷对夹紧功能梯度圆板线性振动固有频率的影响 $(A = 0.01)$[521]

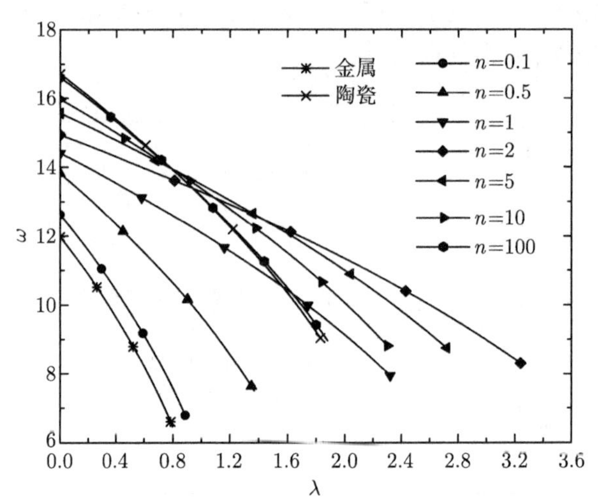

图 8.1.17　热载荷对夹紧功能梯度圆板非线性振动固有频率的影响 $(A=1)$[521]

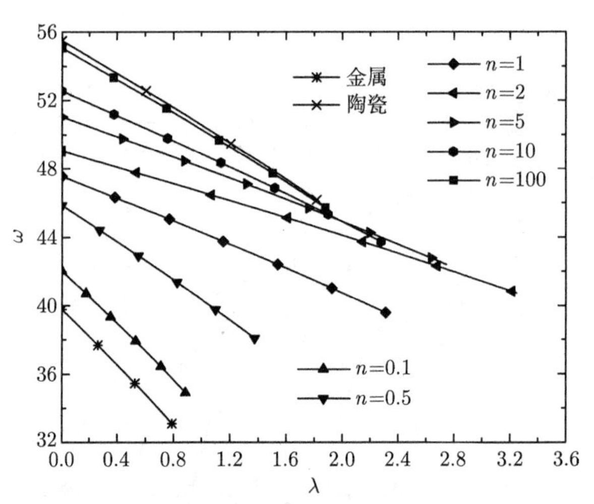

图 8.1.18　热载荷对夹紧功能梯度圆板二阶固有频率的影响 $(A=0.01)$[521]

热载荷 λ 对简支功能梯度圆板的线性振动 $(A=0.01)$ 和非线性振动 $(A=1)$ 固有频率 ω 的影响分别如图 8.1.20 和图 8.1.21 所示。可见，随着热载荷的增加，简支功能梯度圆板的频率先降低，然后升高。即使是线性振动的一阶固有频率也不会降为零，这说明热载荷作用下简支功能梯度圆板不会发生分支屈曲。上述现象显然由简支功能梯度圆板存在热弯曲变形所致，同时热弯曲变形使得简支功能梯度圆板的 ω-λ 曲线明显有别于夹紧功能梯度圆板。热载荷对简支功能梯度圆板二阶固有频率的影响如图 8.1.22 和图 8.1.23 所示。

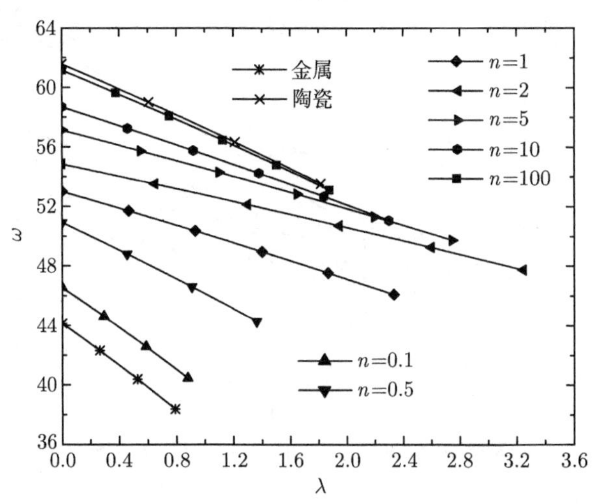

图 8.1.19　热载荷对夹紧功能梯度圆板二阶固有频率的影响 ($A = 0.7$)[521]

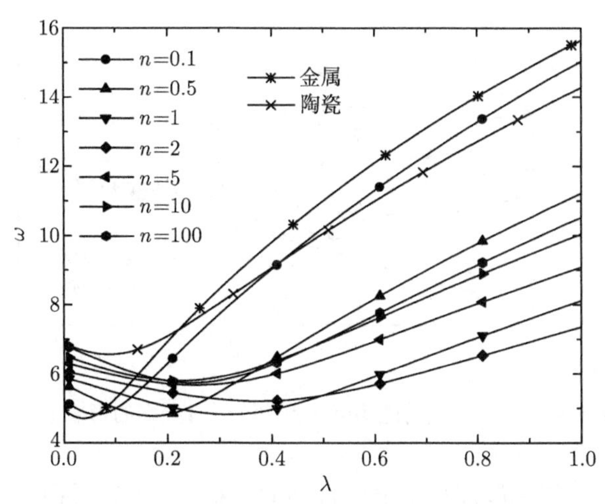

图 8.1.20　热载荷对简支功能梯度圆板线性振动固有频率的影响 ($A = 0.01$)[521]

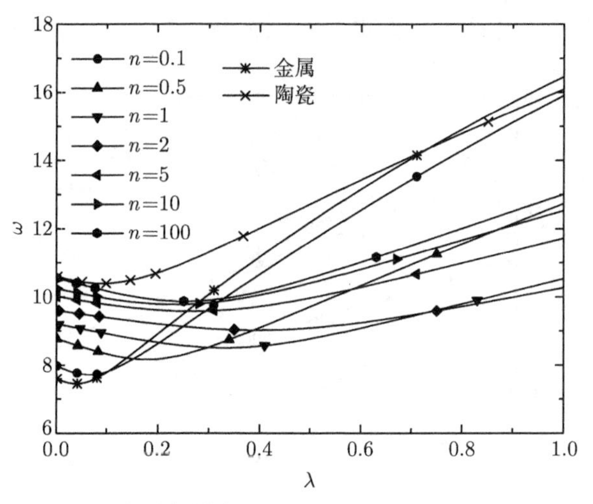

图 8.1.21　热载荷对简支功能梯度圆板非线性振动固有频率的影响 $(A=1)$[521]

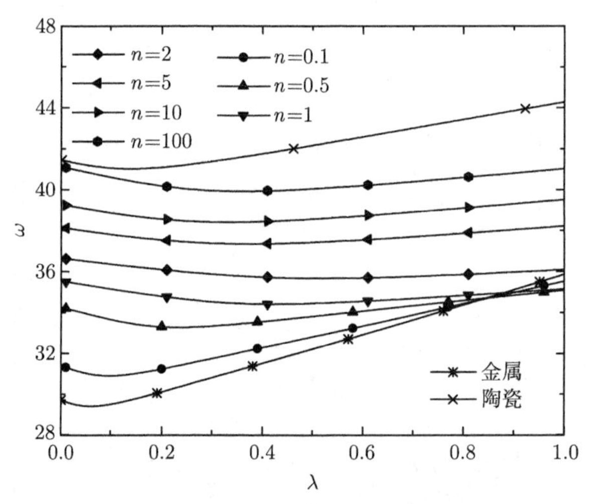

图 8.1.22　热载荷对简支功能梯度圆板二阶固有频率的影响 $(A=0.01)$[521]

本节介绍了功能梯度圆板的非线性横向热振动。首先利用 Kantorovich 时间平均法消去时间变量，将非线性偏微分运动方程转化成关于空间变量的非线性常微分方程，然后用打靶法数值求解，讨论了振幅参数 A、热载荷 λ、材料梯度指数 n、边界条件以及振动模态等对功能梯度圆板非线性振动的影响。结果显示，功能梯度圆板的固有频率随材料梯度指数 n 和振幅参数 A 的增加而增大，热载荷的增加会使夹紧功能梯度圆板的固有频率降低，但是，因为简支功能梯度圆板会存在热弯曲变形，所以热载荷对简支功能梯度圆板固有频率的影响与夹紧功能梯度圆板有所不同。在无热载荷时，功能梯度圆板的固有频率介于金属板和陶瓷板之间；有热载荷时，情况就有些复杂。

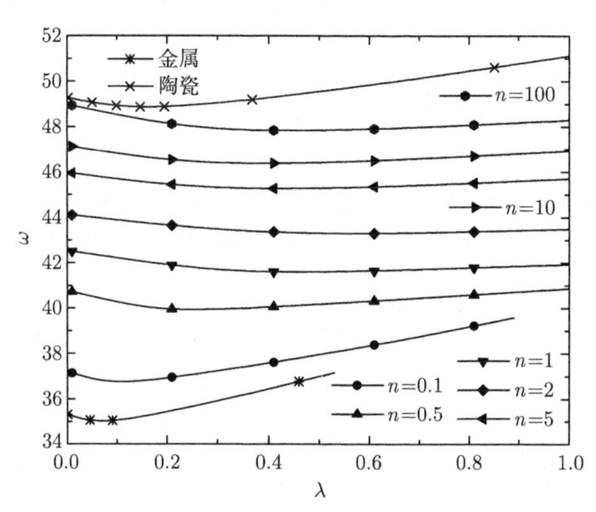

图 8.1.23　热载荷对简支功能梯度圆板二阶固有频率的影响 $(A=0.8)$[521]

8.2　功能梯度圆板在热过屈曲构型附近的线性振动

在航空、航天、核能、化工等领域，过屈曲板振动是结构分析和设计的重要课题。1957 年，Bisplinghoff 等 [652] 通过解析和实验方法研究了过屈曲矩形板的小幅振动问题，得到了板固有频率与面内载荷的关系曲线。1964 年，Eisley[653] 采用 Galerkin 法研究了包含初应力简支板、夹紧板和梁的振动问题，得到了过屈曲范围内的结果。Yamaki 等 [651] 分析了包含初始挠度和初始边界位移的夹紧圆板的轴对称振动问题。Yang 等 [654] 研究了过屈曲矩形板的大幅振动和小幅自由振动问题。Zhou 等 [571] 研究了受外加径向压缩作用的夹紧圆板在非线性静态变形附近的小幅自由振动问题。Lee[655−656] 研究了沿板厚度方向具有零和非零温度梯度情况下，热过屈曲矩形板的随机振动问题。Zhou 等 [657] 采用有限元法研究了板的过屈曲行为和过屈曲板的振动问题。Lee 等 [658−659] 采用有限元法研究了热过屈曲各向异性板和层合矩形板的振动特性。

上述研究均针对各向同性结构或复合材料层合结构。这里介绍功能梯度圆板在热过屈曲构型附近的线性振动问题。

8.2.1　问题的控制方程

本节采用与第 7 章类似的方法，分析热过屈曲功能梯度圆板的线性振动问题。在热环境中，功能梯度圆板的横向大幅振动方程见 8.1 节方程 (8.1.1)。

设方程 (8.1.1) 中的位移 $u(x,\tau)$ 和 $w(x,\tau)$ 满足：

$$u(x,\tau)=u_{\mathrm{s}}(x)+u_{\mathrm{d}}(x,\tau) \tag{8.2.1a}$$

$$w(x,\tau)=w_{\mathrm{s}}(x)+w_{\mathrm{d}}(x,\tau) \tag{8.2.1b}$$

式中，$u_{\mathrm{s}}(x)$ 和 $w_{\mathrm{s}}(x)$ 分别是径向位移和横向挠度的静态部分 (如过屈曲构型)；$u_{\mathrm{d}}(x,\tau)$ 和 $w_{\mathrm{d}}(x,\tau)$ 分别是径向位移和横向挠度的动态部分。将式 (8.2.1) 代入方程 (8.1.1)，并将位移的动静态部分进行分解，就可以得到两个不同的问题，一是过屈曲问题，其控制方程就是板的 von Karman 非线性静态方程 (见 7.1 节)：

$$\frac{\mathrm{d}}{\mathrm{d}x}\left[\frac{1}{x}\frac{\mathrm{d}}{\mathrm{d}x}(xu_{\mathrm{s}})\right]+\frac{\mathrm{d}w_{\mathrm{s}}}{\mathrm{d}x}\frac{\mathrm{d}^2w_{\mathrm{s}}}{\mathrm{d}x^2}+\frac{1-\nu}{2x}\left(\frac{\mathrm{d}w_{\mathrm{s}}}{\mathrm{d}x}\right)^2-F_1\frac{\mathrm{d}}{\mathrm{d}x}\nabla^2w_{\mathrm{s}}=0 \tag{8.2.2a}$$

$$\begin{aligned}&\nabla^4w_{\mathrm{s}}-F_2\left[\nu\frac{\mathrm{d}u_{\mathrm{s}}}{\mathrm{d}x}+\frac{1}{x}u_{\mathrm{s}}+\frac{\nu}{2}\left(\frac{\mathrm{d}w_{\mathrm{s}}}{\mathrm{d}x}\right)^2\right]\frac{1}{x}\frac{\mathrm{d}w_{\mathrm{s}}}{\mathrm{d}x}\\&-F_2\left[\frac{\mathrm{d}u_{\mathrm{s}}}{\mathrm{d}x}+\frac{\nu}{x}u_{\mathrm{s}}+\frac{1}{2}\left(\frac{\mathrm{d}w_{\mathrm{s}}}{\mathrm{d}x}\right)^2\right]\frac{\mathrm{d}^2w_{\mathrm{s}}}{\mathrm{d}x^2}\\&-F_3\left[\left(\frac{\mathrm{d}^2w_{\mathrm{s}}}{\mathrm{d}x^2}\right)^2+\frac{2\nu}{x}\frac{\mathrm{d}w_{\mathrm{s}}}{\mathrm{d}x}\frac{\mathrm{d}^2w_{\mathrm{s}}}{\mathrm{d}x^2}+\frac{1}{x^2}\left(\frac{\mathrm{d}w_{\mathrm{s}}}{\mathrm{d}x}\right)^2\right]+\bar{N}\nabla^2w_{\mathrm{s}}=0\end{aligned} \tag{8.2.2b}$$

相应的边界条件为

$$u_{\mathrm{s}}=w_{\mathrm{s}}=\frac{\mathrm{d}w_{\mathrm{s}}}{\mathrm{d}x}=0\quad(\text{在}x=1\text{处}) \tag{8.2.3a}$$

$$u_{\mathrm{s}}=\frac{\mathrm{d}w_{\mathrm{s}}}{\mathrm{d}x}=0,\quad\lim_{x\to0}\left(\frac{\mathrm{d}^3w_{\mathrm{s}}}{\mathrm{d}x^3}+\frac{1}{x}\frac{\mathrm{d}^2w_{\mathrm{s}}}{\mathrm{d}x^2}\right)=0\quad(\text{在}x=0\text{处}) \tag{8.2.3b}$$

二是振动问题，从方程 (8.1.1) 中减去方程 (8.2.2)，并略去非线性动态项，可得振动问题的控制方程：

$$\begin{aligned}&\frac{\partial^2u_{\mathrm{d}}}{\partial x^2}+\frac{1}{x}\frac{\partial u_{\mathrm{d}}}{\partial x}-\frac{u_{\mathrm{d}}}{x^2}+\frac{\mathrm{d}w_{\mathrm{s}}}{\mathrm{d}x}\frac{\partial^2w_{\mathrm{d}}}{\partial x^2}+\left(\frac{\mathrm{d}^2w_{\mathrm{s}}}{\mathrm{d}x^2}+\frac{1-\nu}{x}\frac{\mathrm{d}w_{\mathrm{s}}}{\mathrm{d}x}\right)\frac{\partial w_{\mathrm{d}}}{\partial x}\\&-F_1\left(\frac{\partial^3w_{\mathrm{d}}}{\partial x^3}+\frac{1}{x}\frac{\partial^2w_{\mathrm{d}}}{\partial x^2}-\frac{1}{x^2}\frac{\partial w_{\mathrm{d}}}{\partial x}\right)=0\end{aligned} \tag{8.2.4a}$$

$$\left(\frac{\partial^4w_{\mathrm{d}}}{\partial x^4}+\frac{2}{x}\frac{\partial^3w_{\mathrm{d}}}{\partial x^3}-\frac{1}{x^2}\frac{\partial^2w_{\mathrm{d}}}{\partial x^2}+\frac{1}{x^3}\frac{\partial w_{\mathrm{d}}}{\partial x}\right)$$

$$
\begin{aligned}
&+F_5\frac{\partial^2 w_{\mathrm{d}}}{\partial \tau^2}+\bar{N}\left(\frac{\partial^2 w_{\mathrm{d}}}{\partial x^2}+\frac{1}{x}\frac{\partial w_{\mathrm{d}}}{\partial x}\right)\\
&-F_2\left(\frac{\partial u_{\mathrm{d}}}{\partial x}+\frac{\mathrm{d}w_{\mathrm{s}}}{\mathrm{d}x}\frac{\partial w_{\mathrm{d}}}{\partial x}+\frac{\nu}{x}u_{\mathrm{d}}\right)\frac{\mathrm{d}^2 w_{\mathrm{s}}}{\mathrm{d}x^2}\\
&-F_2\left[\frac{\mathrm{d}u_{\mathrm{s}}}{\mathrm{d}x}+\frac{1}{2}\left(\frac{\mathrm{d}w_{\mathrm{s}}}{\mathrm{d}x}\right)^2+\frac{\nu}{x}u_{\mathrm{s}}\right]\frac{\partial^2 w_{\mathrm{d}}}{\partial x^2}\\
&-F_2\left(\nu\frac{\partial u_{\mathrm{d}}}{\partial x}+\nu\frac{\mathrm{d}w_{\mathrm{s}}}{\mathrm{d}x}\frac{\partial w_{\mathrm{d}}}{\partial x}+\frac{1}{x}u_{\mathrm{d}}\right)\frac{1}{x}\frac{\mathrm{d}w_{\mathrm{s}}}{\mathrm{d}x}\\
&-F_2\left[\nu\frac{\mathrm{d}u_{\mathrm{s}}}{\mathrm{d}x}+\frac{\nu}{2}\left(\frac{\mathrm{d}w_{\mathrm{s}}}{\mathrm{d}x}\right)^2+\frac{1}{x}u_{\mathrm{s}}\right]\frac{1}{x}\frac{\partial w_{\mathrm{d}}}{\partial x}\\
&-F_3\left[\frac{2\nu}{x}\left(\frac{\mathrm{d}^2 w_{\mathrm{s}}}{\mathrm{d}x^2}\frac{\partial w_{\mathrm{d}}}{\partial x}+\frac{\mathrm{d}w_{\mathrm{s}}}{\mathrm{d}x}\frac{\partial^2 w_{\mathrm{d}}}{\partial x^2}\right)\right.\\
&\left.+\frac{2}{x^2}\frac{\mathrm{d}w_{\mathrm{s}}}{\mathrm{d}x}\frac{\partial w_{\mathrm{d}}}{\partial x}+2\frac{\mathrm{d}^2 w_{\mathrm{s}}}{\mathrm{d}x^2}\frac{\partial^2 w_{\mathrm{d}}}{\partial x^2}\right]=0
\end{aligned}
\tag{8.2.4b}
$$

以及边界条件：

$$
u_{\mathrm{d}}=w_{\mathrm{d}}=\frac{\partial w_{\mathrm{d}}}{\partial x}=0\quad(\text{在}x=1\text{处})
\tag{8.2.5a}
$$

$$
u_{\mathrm{d}}=\frac{\partial w_{\mathrm{d}}}{\partial x}=0,\quad \lim_{x\to 0}\left(\frac{\partial^3 w_{\mathrm{d}}}{\partial x^3}+\frac{1}{x}\frac{\partial^2 w_{\mathrm{d}}}{\partial x^2}\right)=0\quad(\text{在}x=0\text{处})
\tag{8.2.5b}
$$

值得注意的是，这里采用了过程分解法，并不是线性问题中常用的叠加法[571−572]。从方程 (8.2.4) 可知，板在过屈曲状态下的静态位移 u_{s} 和 w_{s} 被包含在动态方程中，因此 u_{s} 和 w_{s} 将会影响过屈曲板的振动行为。如果 $w_{\mathrm{s}}=0$，即板处于未屈曲状态，方程 (8.2.4) 和边界条件式 (8.2.5) 将退化为热载荷作用下板的线性振动方程：

$$
\frac{\partial^4 w_{\mathrm{d}}}{\partial x^4}+\frac{2}{x}\frac{\partial^3 w_{\mathrm{d}}}{\partial x^3}-\frac{1}{x^2}\frac{\partial^2 w_{\mathrm{d}}}{\partial x^2}+\frac{1}{x^3}\frac{\partial w_{\mathrm{d}}}{\partial x}+F_5\frac{\partial^2 w_{\mathrm{d}}}{\partial \tau^2}+\bar{N}\left(\frac{\partial^2 w_{\mathrm{d}}}{\partial x^2}+\frac{1}{x}\frac{\partial w_{\mathrm{d}}}{\partial x}\right)=0
\tag{8.2.6}
$$

关于 w_{d} 的边界条件也是式 (8.2.5)。

设振动问题存在谐振动状态，并令 $u_{\mathrm{d}}(x,\tau)$ 和 $w_{\mathrm{d}}(x,\tau)$ 的解为

$$
u_{\mathrm{d}}(x,\tau)=f(x)\cos(\omega\tau)
\tag{8.2.7a}
$$

$$w_{\mathrm{d}}(x,\tau)=g(x)\cos(\omega\tau) \tag{8.2.7b}$$

式中，$f(x)$ 和 $g(x)$ 为模态函数；ω 为无量纲固有频率。将式 (8.2.7) 代入方程 (8.2.4)，可得如下振动特征方程：

$$\frac{\mathrm{d}}{\mathrm{d}x}\left[\frac{1}{x}\frac{\mathrm{d}}{\mathrm{d}x}(xf)\right]+\frac{\mathrm{d}^2w_{\mathrm{s}}}{\mathrm{d}x^2}\frac{\mathrm{d}g}{\mathrm{d}x}+\frac{\mathrm{d}w_{\mathrm{s}}}{\mathrm{d}x}\frac{\mathrm{d}^2g}{\mathrm{d}x^2}+\frac{1-\nu}{x}\frac{\mathrm{d}w_{\mathrm{s}}}{\mathrm{d}x}\frac{\mathrm{d}g}{\mathrm{d}x}-F_1\frac{\mathrm{d}}{\mathrm{d}x}\nabla^2 g=0 \tag{8.2.8a}$$

$$\begin{aligned}
&\nabla^4 g-F_5\omega^2 g+\bar{N}\nabla^2 g\\
&-F_2\left(\frac{\mathrm{d}f}{\mathrm{d}x}+\frac{\nu}{x}f+\frac{\mathrm{d}w_{\mathrm{s}}}{\mathrm{d}x}\frac{\mathrm{d}g}{\mathrm{d}x}\right)\frac{\mathrm{d}^2w_{\mathrm{s}}}{\mathrm{d}x^2}\\
&-F_2\left[\frac{\mathrm{d}u_{\mathrm{s}}}{\mathrm{d}x}+\frac{\nu}{x}u_{\mathrm{s}}+\frac{1}{2}\left(\frac{\mathrm{d}w_0}{\mathrm{d}x}\right)^2\right]\frac{\mathrm{d}^2g}{\mathrm{d}x^2}\\
&-F_2\left(\nu\frac{\mathrm{d}f}{\mathrm{d}x}+\frac{f}{x}+\nu\frac{\mathrm{d}w_{\mathrm{s}}}{\mathrm{d}x}\frac{\mathrm{d}g}{\mathrm{d}x}\right)\frac{1}{x}\frac{\mathrm{d}w_{\mathrm{s}}}{\mathrm{d}x}\\
&-F_2\left[\nu\frac{\mathrm{d}u_{\mathrm{s}}}{\mathrm{d}x}+\frac{1}{x}u_{\mathrm{s}}+\frac{\nu}{2}\left(\frac{\mathrm{d}w_{\mathrm{s}}}{\mathrm{d}x}\right)^2\right]\frac{1}{x}\frac{\mathrm{d}g}{\mathrm{d}x}\\
&-F_3\left[\frac{2\nu}{x}\left(\frac{\mathrm{d}^2w_{\mathrm{s}}}{\mathrm{d}x^2}\frac{\mathrm{d}g}{\mathrm{d}x}+\frac{\mathrm{d}w_{\mathrm{s}}}{\mathrm{d}x}\frac{\mathrm{d}^2g}{\mathrm{d}x^2}\right)+\frac{2}{x^2}\frac{\mathrm{d}w_{\mathrm{s}}}{\mathrm{d}x}\frac{\mathrm{d}g}{\mathrm{d}x}+2\frac{\mathrm{d}^2w_{\mathrm{s}}}{\mathrm{d}x^2}\frac{\mathrm{d}^2g}{\mathrm{d}x^2}\right]=0
\end{aligned} \tag{8.2.8b}$$

边界条件为

$$f=g=\frac{\mathrm{d}g}{\mathrm{d}x}=0\quad(\text{在}x=1\text{处}) \tag{8.2.9a}$$

$$f=\frac{\mathrm{d}g}{\mathrm{d}x}=0,\quad \lim_{x\to 0}\left(\frac{\mathrm{d}^3g}{\mathrm{d}x^3}+\frac{1}{x}\frac{\mathrm{d}^2g}{\mathrm{d}x^2}\right)=0\quad(\text{在}x=0\text{处}) \tag{8.2.9b}$$

以上建立了热过屈曲功能梯度圆板振动问题的控制方程。联立求解方程 (8.2.2) 和方程 (8.2.8)，以及边界条件式 (8.2.3) 和边界条件式 (8.2.9)，便可以求得过屈曲板的振动解。需要指出的是，以上各式中的无量纲热载荷 $\lambda=12\dfrac{b^2}{h^2}(1+\nu)\alpha_{\mathrm{m}}T_2$。

8.2.2 打靶法数值求解过程

本小节采用打靶法求解上述方程，求解的完整过程如下所述。首先，把方程 (8.2.2) 和方程 (8.2.8) 以及边界条件式 (8.2.3) 和边界条件式 (8.2.9) 写成如下矩阵形式：

$$\frac{\mathrm{d}Y}{\mathrm{d}x}=H(x,Y;\lambda) \tag{8.2.10a}$$

$$B_0 Y(\Delta x) = \left\{ \begin{matrix} 0 & 0 & 0 & 1 & 0 & 0 & 0 \end{matrix} \right\}^{\mathrm{T}} \tag{8.2.10b}$$

$$B_1 Y(1) = \left\{ \begin{matrix} 0 & 0 & 0 & 0 & 0 & 0 \end{matrix} \right\}^{\mathrm{T}} \tag{8.2.10c}$$

式中，

$$\begin{aligned} Y &= \{y_1 \quad y_2 \quad y_3 \quad y_4 \quad y_5 \quad y_6 \quad y_7 \quad y_8 \quad y_9 \quad y_{10} \quad y_{11} \quad y_{12} \quad y_{13}\}^{\mathrm{T}} \\ &= \{w_0 \quad w_0' \quad w_0'' \quad w_0''' \quad u_0 \quad u_0' \quad g \quad g' \quad g'' \quad g''' \quad f \quad f' \quad \omega^2\}^{\mathrm{T}} \end{aligned} \tag{8.2.10d}$$

$$H = \{y_2 \quad y_3 \quad y_4 \quad \varphi_1 \quad y_6 \quad \varphi_2 \quad y_8 \quad y_9 \quad y_{10} \quad \varphi_3 \quad y_{12} \quad \varphi_4 \quad 0\}^{\mathrm{T}} \tag{8.2.10e}$$

$$\begin{aligned} \varphi_1 = &-\left(\frac{2}{x}y_4 - \frac{1}{x^2}y_3 + \frac{1}{x^3}y_2\right) - \bar{N}\left(y_3 + \frac{1}{x}y_2\right) + F_2\left(y_6 + \frac{1}{2}y_2^2 + \frac{\nu}{x}y_5\right)y_3 \\ &+ F_2\left(\nu y_6 + \frac{\nu}{2}y_2^2 + \frac{1}{x}y_5\right)\frac{1}{x}y_2 + F_3\left(\frac{2\nu}{x}y_3 y_2 + \frac{1}{x^2}y_2^2 + y_3^2\right) \end{aligned} \tag{8.2.10f}$$

$$\varphi_2 = -\frac{1}{x}y_6 + \frac{1}{x^2}y_5 - y_3 y_2 - \frac{1-\nu}{2x}y_2^2 + F_1\left(y_4 + \frac{1}{x}y_3 - \frac{1}{x^2}y_2\right) \tag{8.2.10g}$$

$$\begin{aligned} \varphi_3 = &-\left(\frac{2}{x}y_{10} - \frac{1}{x^2}y_9 + \frac{1}{x^3}y_8\right) + F_5 y_{13} y_7 - \bar{N}\left(y_9 + \frac{1}{x}y_8\right) \\ &+ F_2\left(y_{12} + \frac{\nu}{x}y_{11} + y_2 y_8\right)y_3 + F_2\left(y_6 + \frac{\nu}{x}y_5 + \frac{1}{2}y_2^2\right)y_9 \\ &+ F_2\left(\nu y_{12} + \frac{1}{x}y_{11} + \nu y_2 y_8\right)\frac{1}{x}y_2 + F_2\left(\nu y_6 + \frac{1}{x}y_5 + \frac{\nu}{2}y_2^2\right)\frac{1}{x}y_8 \\ &+ F_3\left[\frac{2\nu}{x}(y_3 y_8 + y_2 y_9) + \frac{2}{x^2}y_2 y_8 + 2 y_3 y_9\right] \end{aligned} \tag{8.2.10h}$$

$$\varphi_4 = -\frac{1}{x}y_{12} + \frac{1}{x^2}y_{11} - y_2 y_9 - y_3 y_8 - \frac{1-\nu}{x}y_2 y_8 + F_1\left(y_{10} + \frac{1}{x}y_9 - \frac{1}{x^2}y_8\right) \tag{8.2.10i}$$

这里，小量 $\Delta x(\Delta x > 0)$ 的意义同前。B_0 和 B_1 分别为 7×13 和 6×13 的矩阵：

$$B_0 = \begin{bmatrix} 0 & 1 & 0 & 0 & 0 & 0 & 0 & 0 & 0 & 0 & 0 & 0 & 0 \\ 0 & 0 & 1/\Delta x & 1 & 0 & 0 & 0 & 0 & 0 & 0 & 0 & 0 & 0 \\ 0 & 0 & 0 & 0 & 1 & 0 & 0 & 0 & 0 & 0 & 0 & 0 & 0 \\ 0 & 0 & 0 & 0 & 0 & 1 & 0 & 0 & 0 & 0 & 0 & 0 & 0 \\ 0 & 0 & 0 & 0 & 0 & 0 & 1 & 0 & 0 & 0 & 0 & 0 & 0 \\ 0 & 0 & 0 & 0 & 0 & 0 & 0 & 0 & 1/\Delta x & 1 & 0 & 0 & 0 \\ 0 & 0 & 0 & 0 & 0 & 0 & 0 & 0 & 0 & 0 & 1 & 0 & 0 \end{bmatrix} \tag{8.2.10j}$$

$$
B_1 = \begin{bmatrix}
1 & 0 & 0 & 0 & 0 & 0 & 0 & 0 & 0 & 0 & 0 & 0 & 0 \\
0 & 1 & 0 & 0 & 0 & 0 & 0 & 0 & 0 & 0 & 0 & 0 & 0 \\
0 & 0 & 0 & 0 & 1 & 0 & 0 & 0 & 0 & 0 & 0 & 0 & 0 \\
0 & 0 & 0 & 0 & 0 & 0 & 1 & 0 & 0 & 0 & 0 & 0 & 0 \\
0 & 0 & 0 & 0 & 0 & 0 & 0 & 1 & 0 & 0 & 0 & 0 & 0 \\
0 & 0 & 0 & 0 & 0 & 0 & 0 & 0 & 0 & 0 & 1 & 0 & 0
\end{bmatrix} \tag{8.2.10k}
$$

考虑如下与边值问题式 (8.2.10a)～ 式 (8.2.10c) 相对应的初值问题：

$$
\frac{\mathrm{d}Z}{\mathrm{d}x} = H(x, Z; \lambda) \tag{8.2.11a}
$$

$$
Z(\Delta x) = I(D) \tag{8.2.11b}
$$

式中，

$$
Z = \{z_1 \quad z_2 \quad z_3 \quad z_4 \quad z_5 \quad z_6 \quad z_7 \quad z_8 \quad z_9 \quad z_{10} \quad z_{11} \quad z_{12} \quad z_{13}\}^{\mathrm{T}}
$$

$$
I(D) = \{d_1 \quad 0 \quad d_2 \quad -d_2/\Delta x \quad 0 \quad d_3 \quad 1 \quad 0 \quad d_4 \quad -d_4/\Delta x \quad 0 \quad d_5 \quad d_6\}^{\mathrm{T}}
$$

其中初始参数向量 $D = \{d_1 \quad d_2 \quad d_3 \quad d_4 \quad d_5 \quad d_6\}^{\mathrm{T}}$。

对于给定的参数 λ，若存在 D 使得式 (8.2.11) 满足 Lipschitz 条件，那么初值问题一定存在唯一解：

$$
Z(x; \lambda, D) = I(D) + \int_{\Delta x}^{x} H(\xi, Z; \lambda)\mathrm{d}\xi \tag{8.2.12}
$$

对于相同的参数 λ，如果存在 $D = D^*$ 使得 $Z(x, \lambda, D^*)$ 满足：

$$
B_1 Z(x; \lambda, D^*) = \{0 \quad 0 \quad 0 \quad 0 \quad 0 \quad 0\}^{\mathrm{T}} \tag{8.2.13}
$$

则可以得到边值问题式 (8.2.10a)～ 式 (8.2.10c) 的解：

$$
Y(x; \lambda) = Z(x; \lambda, D^*) \tag{8.2.14}
$$

为了说明上述方法的有效性，先计算夹紧各向同性圆板轴对称自由振动的前三阶固有频率，并与文献 [571]、[649]、[650] 的结果进行比较，如表 8.2.1 所示，可见它们吻合良好。

表 8.2.1　夹紧各向同性圆板轴对称自由振动的前三阶固有频率

结果	第一模态	第二模态	第三模态
本节结果	10.2158	39.7712	89.1042
文献 [571] 结果	10.2153	39.7712	89.1013
文献 [649] 结果	10.2158	39.7710	89.1040
文献 [650] 结果	10.216	39.771	89.104

圆板的临界屈曲温度 λ_{cr} 是一个重要参数。本节利用打靶法首先求解了静态问题式 (8.2.2)、边界条件式 (8.2.3)，得到了夹紧功能梯度圆板的临界屈曲温度 λ_{cr}，如表 8.2.2 所示。计算过程中，考虑了均匀温度场（$T_1/T_2=1$）和非均匀温度场（如 $T_1/T_2=15$）两种情况，非均匀温度场只沿板厚度方向按式 (7.1.16) 或式 (7.1.17) 的规律变化，功能梯度材料的性能参数如表 2.1.2 所示。

表 8.2.2　夹紧功能梯度圆板的临界屈曲温度 λ_{cr}

梯度指数	$T_1/T_2=1$	$T_1/T_2=15$
金属	14.68198	1.83525
$n=0.1$	15.85345	2.04335
$n=0.5$	18.58381	3.16332
$n=1$	20.52598	5.36340
$n=2$	22.89017	7.46484
$n=5$	26.44174	6.31563
$n=10$	28.99066	5.28874
陶瓷	33.76855	4.22108

8.2.3　均匀温度场下的数值结果

本小节讨论均匀温度场下，即 $T_1/T_2=1$，夹紧功能梯度圆板的振动。通过上述打靶法求得均匀热载荷 $\lambda = 40$ 时，夹紧功能梯度圆板的热过屈曲构型如图 8.2.1 所示，对应的热过屈曲路径如图 8.2.2 和图 8.2.3 所示。接下来的动态结果，均是建立在图 8.2.1 所示静态变形基础之上的。

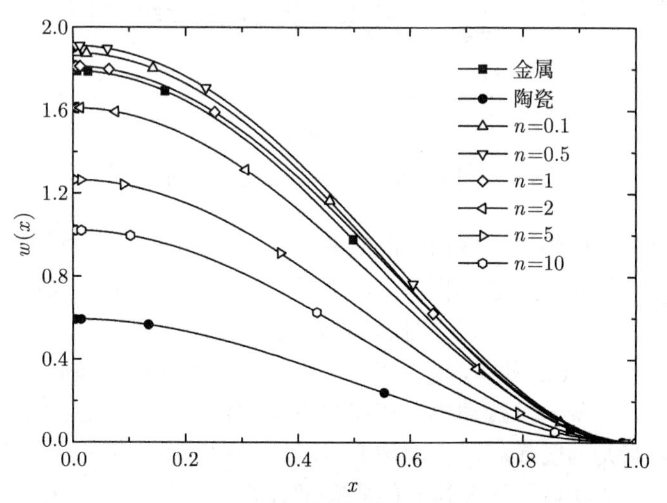

图 8.2.1　夹紧功能梯度圆板的热过屈曲构型 ($\lambda = 40$)[521]

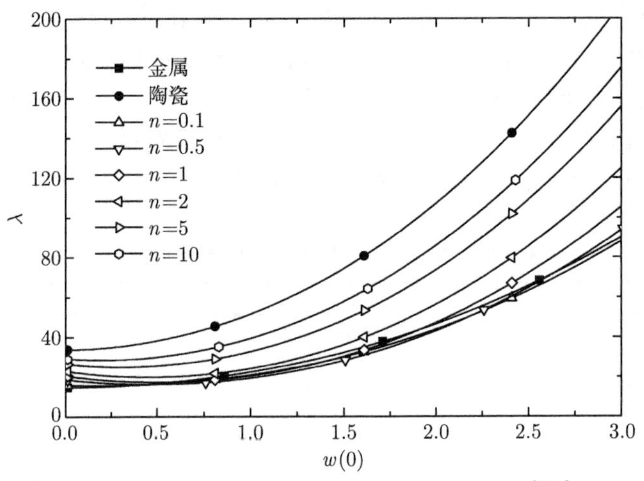

图 8.2.2　夹紧功能梯度圆板的热过屈曲路径 [521]

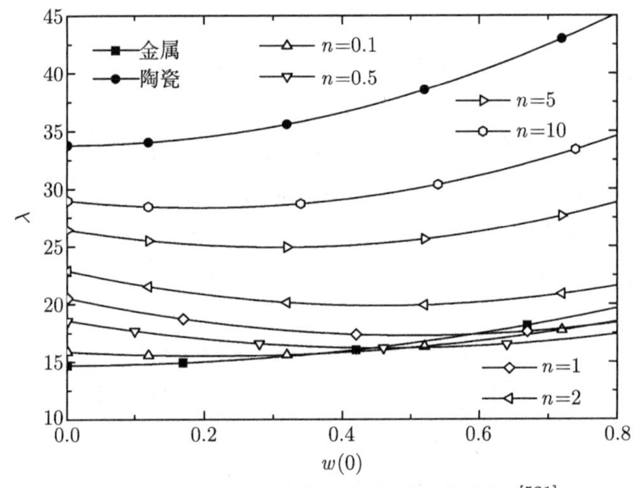

图 8.2.3　图 8.2.2 中的局部热过屈曲路径 [521]

通过打靶法求得的自由振动、前屈曲振动以及过屈曲振动状态下，夹紧功能梯度圆板的前三阶振动模态如图 8.2.4 所示。求解时，不失一般性地假定材料梯度指数 n=1，自由振动、前屈曲振动以及过屈曲振动所对应的热载荷比分别为 $\lambda/\lambda_{\text{cr}} = 0$、$\lambda/\lambda_{\text{cr}} = 0.5$ 和 $\lambda/\lambda_{\text{cr}} = 2$。可见，过屈曲变形对横向振动模态函数有着明显的影响。由于一阶振动模态和屈曲模态的相似性，过屈曲变形对一阶振动模态函数的影响尤为明显。对于周边夹紧功能梯度圆板而言，不存在前屈曲耦合变形，因此自由振动与前屈曲振动的模态函数差别不大。

夹紧功能梯度圆板的最低固有频率随热载荷比 $\lambda/\lambda_{\text{cr}}$ 的变化曲线如图 8.2.5

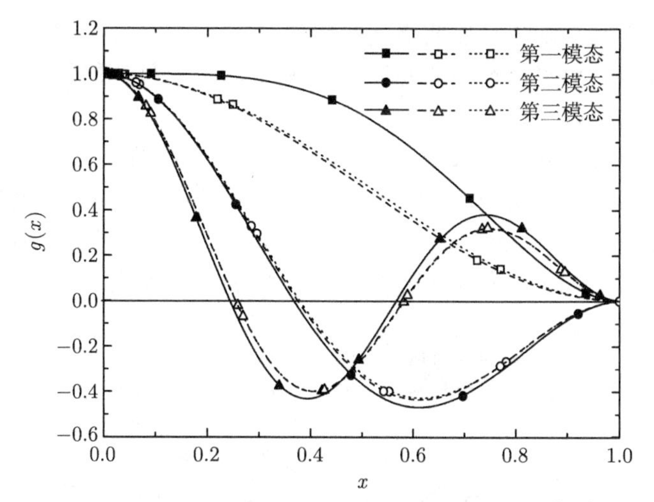

图 8.2.4　夹紧功能梯度圆板的前三阶振动模态 [521]
实线 $\lambda/\lambda_{cr}=2$，虚线 $\lambda/\lambda_{cr}=0.5$，点线 $\lambda/\lambda_{cr}=0$

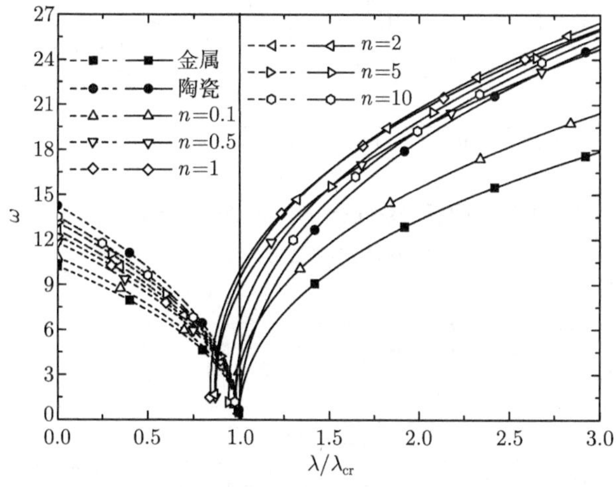

图 8.2.5　夹紧功能梯度圆板的最低固有频率随热载荷比 λ/λ_{cr} 的变化曲线 [521]
虚线、实线分别表示板屈曲前、后的最低固有频率

所示。很显然，由于一阶振动模态和屈曲模态的相似性，当热载荷 λ 从 0 趋近于其临界屈曲值 λ_{cr} 时，夹紧功能梯度圆板的最低固有频率将趋近于 0。在前屈曲状态下，即 $0.0<\lambda/\lambda_{cr}<1.0$，同一 λ/λ_{cr} 值时，夹紧功能梯度圆板的固有频率介于相应金属板和陶瓷板的固有频率之间。然而，在同样大小的 λ 值下，却不是这样。上述结果还表明，在 λ-$w(0)$ 曲线呈单调下降的这一特殊区域内 (图 8.2.3)，夹紧功能梯度圆板的固有频率并非实数。这意味着，在这一区域内，夹紧功能梯度圆板的平衡是不稳定的。当超过这一区域后，夹紧功能梯度圆板的固有频率又

会变为实数，而且会随着过屈曲挠度的增大而增大，这种增大是由静态变形的几何非线性造成的。可见，过屈曲变形会显著影响功能梯度圆板的振动，在相关结构分析和设计时必须予以充分考虑。

夹紧功能梯度圆板二阶及三阶固有频率 ω 随热载荷比 λ/λ_{cr} 的变化曲线分别如图 8.2.6 和图 8.2.7 所示。可见，前屈曲和过屈曲状态下，夹紧功能梯度圆板的 ω-λ/λ_{cr} 曲线在分支点处 $(\lambda/\lambda_{cr} = 1.0)$ 相交，此时频率值最小。前屈曲状态时，即 $\lambda/\lambda_{cr} < 1.0$ 时，随着热载荷 λ 从 0 增加到临界值 λ_{cr}，夹紧功能梯度圆

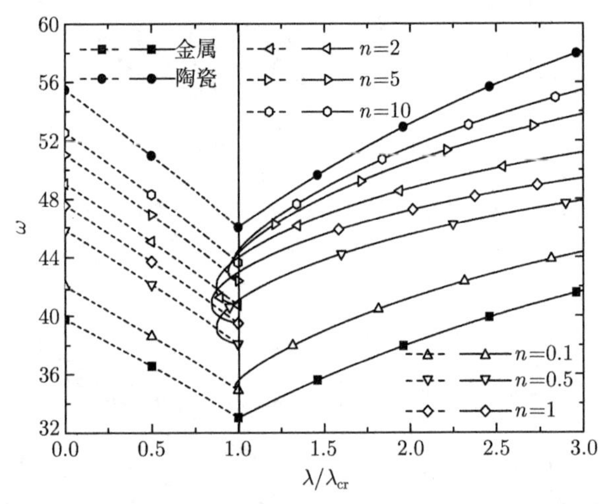

图 8.2.6　夹紧功能梯度圆板二阶固有频率 ω 随热载荷比 λ/λ_{cr} 的变化曲线 [521]

虚线、实线分别表示板屈曲前、后的二阶固有频率

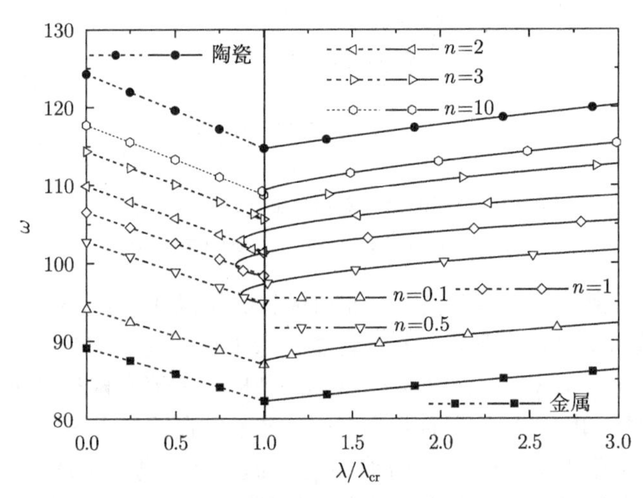

图 8.2.7　夹紧功能梯度圆板三阶固有频率 ω 随热载荷比 λ/λ_{cr} 的变化曲线 [521]

虚线、实线分别表示板屈曲前、后的三阶固有频率

板的固有频率几乎呈线性减小，但不会减小到 0。过屈曲状态时，随着过屈曲挠度的增大，夹紧功能梯度圆板的固有频率会增大。然而，在夹紧功能梯度圆板进入分支点后的一个小区段内，由于不稳定平衡态的存在，功能梯度圆板的振动行为完全不同于均匀的金属板和陶瓷板。另外，从图 8.2.6 和图 8.2.7 还可以看到，对于相同的 λ/λ_{cr} 值，夹紧功能梯度圆板的固有频率介于相应金属板和陶瓷板之间。这一结论，在前屈曲和过屈曲阶段皆成立，但是，在同样大小的 λ 值下，仍然不是这样。

图 8.2.8 给出了夹紧功能梯度圆板的最低固有频率 ω 随材料梯度指数 n 的变化曲线，其中 λ=0、λ=10 和 λ=35 分别对应板的自由振动、前屈曲振动和过屈曲振动状态。在前两种情况下，固有频率 ω 随材料梯度指数 n 的增大而单调增大。但是，过屈曲时，夹紧功能梯度圆板的 ω-n 曲线却明显不同，这由热过屈曲变形所致。过屈曲状态下 ($\lambda = 35$)，夹紧功能梯度圆板的中心挠度随材料梯度指数 n 的变化曲线如图 8.2.9 所示。

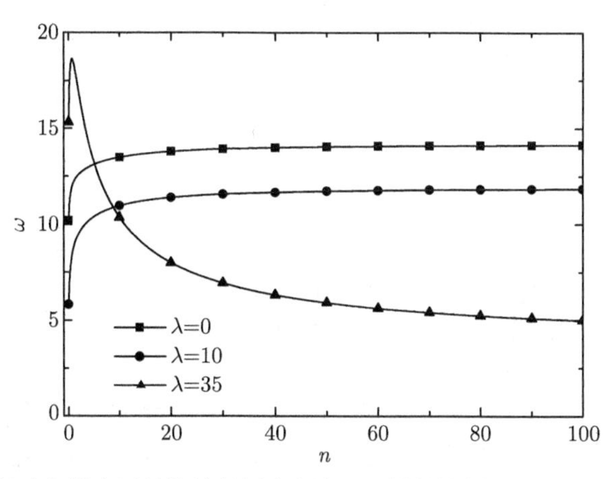

图 8.2.8　夹紧功能梯度圆板的最低固有频率 ω 随材料梯度指数 n 的变化曲线 [521]

8.2.4　非均匀温度场下的数值结果

下面讨论非均匀温度场情况下（T_1/T_2=15），夹紧功能梯度圆板的振动问题。非均匀温度场下的数值结果表明，热载荷比 λ/λ_{cr} 对夹紧功能梯度圆板振动固有频率等的影响与均匀温度场作用下的情况相同，如图 8.2.5～ 图 8.2.7 所示。换句话说，无论温度场均匀与否，只要给定 λ/λ_{cr} 值，都可以从图 8.2.5～ 图 8.2.7 获得夹紧功能梯度圆板的一阶、二阶和三阶固有频率值。

图 8.2.10 给出了自由振动（$\lambda = 0$）、前屈曲振动（$\lambda = 1$）以及过屈曲振动（$\lambda = 8$）状态下，夹紧功能梯度圆板的最低固有频率 ω 随材料梯度指数 n 的变化

曲线。前两种情况与图 8.2.8 类似，即固有频率 ω 随材料梯度指数 n 的增大而单调增大。比较图 8.2.8 与图 8.2.10 可知，均匀温度场与非均匀温度场下，两者过屈曲时的 ω-n 曲线有很大不同。图 8.2.11 给出了过屈曲状态下 ($\lambda = 8$)，夹紧功能梯度圆板的中心挠度随材料梯度指数 n 的变化曲线。

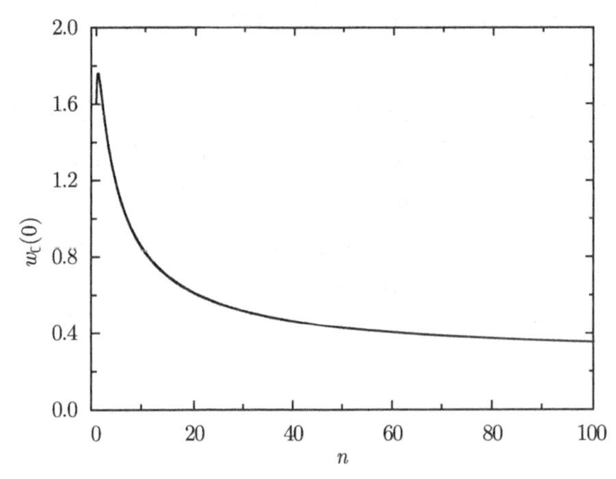

图 8.2.9　夹紧功能梯度圆板的中心挠度随材料梯度指数 n 的变化曲线 ($\lambda = 35$)[521]

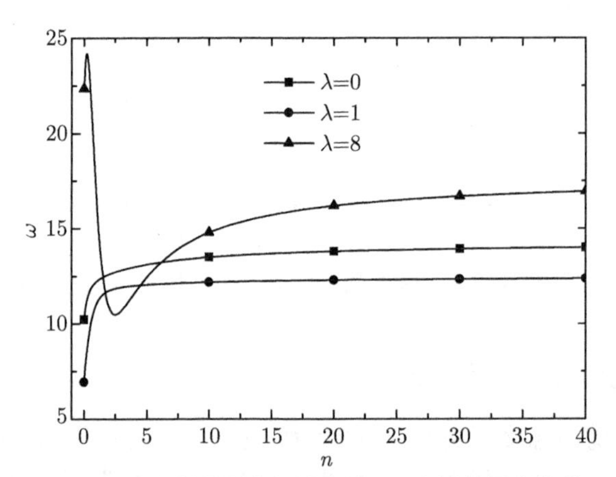

图 8.2.10　夹紧功能梯度圆板的最低固有频率 ω 随材料梯度指数 n 的变化曲线 (T_1/T_2=15)[521]

本节讨论了功能梯度圆板在热过屈曲构型附近的小幅振动问题。分析中假设谐振动形式存在，并将功能梯度圆板的运动方程分解为两类，即非线性热过屈曲问题和热过屈曲构型附近的小幅振动问题。采用打靶法同步求解所得的非线性静态方程与动态方程，并分别考虑了均匀温度场和非均匀温度场两种情况。得到了自由振动 ($\lambda/\lambda_{\rm cr}=0$)、前屈曲 ($\lambda/\lambda_{\rm cr}=0.5$) 以及过屈曲 ($\lambda/\lambda_{\rm cr}=2$) 情况下，功能梯度圆板的前三阶振动模态、前三阶固有频率 ω 随热载荷比 $\lambda/\lambda_{\rm cr}$ 的变化规律、最低固有频率 ω 随材料梯度指数 n 的变化规律。结果表明，温度场和材料梯度指数对功能梯度圆板的屈曲、过屈曲以及振动行为具有重要影响。

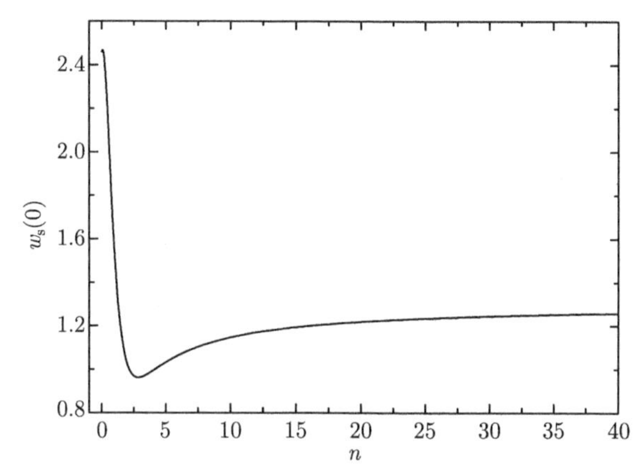

图 8.2.11　夹紧功能梯度圆板的中心挠度随材料梯度指数 n 的变化曲线 ($T_1/T_2=15, \lambda=8$)[521]

8.3　本 章 小 结

本章讨论了温度场作用下功能梯度圆板屈曲前的非线性横向振动和边界夹紧功能梯度圆板在热过屈曲构型附近的小幅振动问题。研究结果表明：

(1) 对于功能梯度圆板非线性横向热振动而言，材料梯度指数和振幅参数的增加均会使板的固有频率增大，热载荷的增加会使夹紧功能梯度圆板的固有频率降低，但由于热弯曲变形的存在，热载荷对简支功能梯度圆板固有频率的影响与夹紧功能梯度圆板不同。

(2) 对于非线性横向振动，无热载荷时，材料性质介于金属板和陶瓷板两者之间的功能梯度圆板，其固有频率也介于金属板和陶瓷板之间。在有热载荷参与时，情况就复杂了。

(3) 对于过屈曲线性振动，功能梯度圆板的过屈曲路径上存在不稳定的平衡区域，在这个区域内，功能梯度圆板的一阶固有频率非实数，而二阶和三阶固有频率均为实数。

(4) 由于热过屈曲变形的存在，热过屈曲状态下材料梯度指数对最低固有频率的影响明显不同于前屈曲时。

(5) 均匀温度场和非均匀温度场下，功能梯度圆板的固有频率–材料梯度指数曲线有着明显的不同。

(6) 功能梯度圆板的固有频率 (ω)–热载荷比 ($\lambda/\lambda_{\rm cr}$) 曲线与温度场是否均匀无关，也就是说，对于同一个热载荷比 $\lambda/\lambda_{\rm cr}$，均匀温度场和非均匀温度场下，功能梯度圆板的固有频率是相同的。

第 9 章　截顶功能梯度圆锥壳的热力弯曲

圆锥壳在工程中被广泛应用，其力学响应深受关注 [660]。本章 9.1 节介绍横向力和非均匀热载荷作用下截顶功能梯度圆锥壳的线性弯曲问题。基于经典壳理论推导出以横向剪力和中面转角作为基本未知量的混合型控制方程，求得 Bessel 函数形式的解析解，考虑材料性质的温度依赖性对壳体变形的影响，重点考察载荷参数与材料梯度指数对壳体变形的影响 [661]。9.2 节介绍具有初始几何缺陷的截顶功能梯度圆锥壳的非线性热力弯曲问题。采用非线性有矩壳理论，推导以中曲面位移为基本未知量的位移型控制方程，采用打靶法求得数值解，讨论载荷参数和材料梯度指数对圆锥壳非线性热力弯曲的影响。本章在本书作者 [661-663] 已有研究基础上进行系统论述。

9.1　截顶功能梯度圆锥壳的线性热力弯曲

9.1.1　基本方程

图 9.1.1 所示为一个等厚度截顶功能梯度圆锥壳结构及正交曲线坐标系，厚度为 h、半顶角为 φ、高度为 H、母线长为 L、小端和大端平均半径分别为 R_1 和

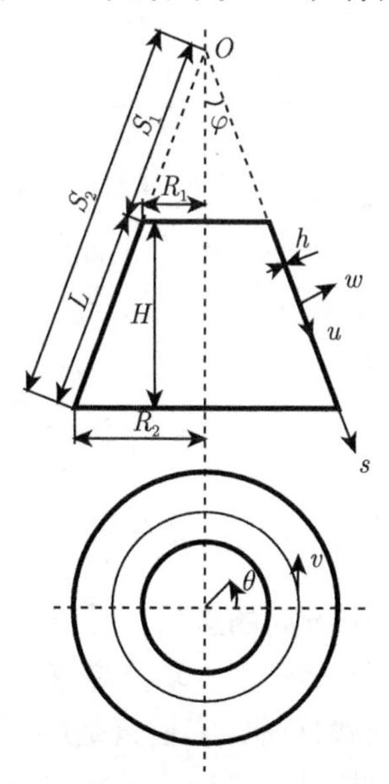

图 9.1.1　一个等厚度截顶功能梯度圆锥壳结构及正交曲线坐标系

u、v 和 w 分别为壳体母线方向位移、环向位移和挠度

R_2。考虑右手正交曲线坐标系 (s, θ, z)，s 沿圆锥壳的母线方向并以锥顶为原点，θ 沿圆锥壳的圆周方向，z 沿圆锥壳的厚度方向 $(-h/2 \leqslant z \leqslant h/2)$。圆锥壳是由材料 1 和材料 2 制成的梯度壳，内外表面分别为纯材料 1 与纯材料 2，受均匀分布横向力 q 和沿厚度方向非均匀变化热载荷 $\Delta T(z)$ 的作用，升温为 T_1 和 T_2。下面分析该圆锥壳的静态弯曲行为。

圆锥壳的几何方程可由一般旋转壳的几何方程退化得到。圆锥壳的主曲率半径分别为 ∞ 和 $s\tan\varphi$，且 $\lim\limits_{r_1\to\infty}(r_1\mathrm{d}\varphi) = \mathrm{d}s$，$\cot\phi = \tan\varphi$。将这些量代入旋转壳轴对称变形的线性几何方程 [662-664]，得到如下圆锥壳轴对称变形的几何方程：

$$\varepsilon_s = \varepsilon_s^0 + z\kappa_s \tag{9.1.1a}$$

$$\varepsilon_\theta = \varepsilon_\theta^0 + z\kappa_\theta \tag{9.1.1b}$$

$$\varepsilon_{s\theta} = \varepsilon_{\theta s} = 0 \tag{9.1.1c}$$

式中，

$$\varepsilon_s^0 = \frac{\mathrm{d}u}{\mathrm{d}s} \tag{9.1.2}$$

$$\varepsilon_\theta^0 = \frac{1}{s}\left(u + w\cot\varphi\right) \tag{9.1.3}$$

$$\kappa_s = -\frac{\mathrm{d}^2 w}{\mathrm{d}s^2} \tag{9.1.4a}$$

$$\kappa_\theta = -\frac{1}{s}\frac{\mathrm{d}w}{\mathrm{d}s} \tag{9.1.4b}$$

式中，u 和 w 分别代表中曲面内各点母线方向的位移和挠度；ε_s、ε_θ 和 $\varepsilon_{s\theta}$ 代表壳内各点的应变；ε_s^0 和 ε_θ^0 代表中曲面内各点的应变；κ_s 和 κ_θ 代表曲率。

在图 9.1.1 所示的正交曲线坐标系下，功能梯度材料的线性热弹性本构关系为

$$\sigma_s = \frac{E}{1-\nu^2}\left(\varepsilon_s + \nu\varepsilon_\theta\right) - \frac{E}{1-\nu}\alpha \cdot \Delta T(z) \tag{9.1.5a}$$

$$\sigma_\theta = \frac{E}{1-\nu^2}\left(\varepsilon_\theta + \nu\varepsilon_s\right) - \frac{E}{1-\nu}\alpha \cdot \Delta T(z) \tag{9.1.5b}$$

式中，σ_s 和 σ_θ 分别为 s 和 θ 方向的应力；$\Delta T(z)$ 为从初始温度 T_0 起的升温，$\Delta T(z) = T(z) - T_0(z)$；$E$ 和 α 分别为功能梯度材料的弹性模量和热膨胀系数，不考虑物理性能参数的温度依赖性时，它们只是厚度坐标 z 的函数，考虑物理性能参数的温度依赖性时，它们是厚度坐标 z 和温度 T 的函数。通常，材料的泊松比 ν 沿厚度方向变化很小，这里假定 ν 为常数。

圆锥壳的轴对称平衡方程由一般旋转壳的轴对称平衡方程 [662,664] 退化得到:

$$\frac{\mathrm{d}}{\mathrm{d}s}\left(sN_s\right)-N_\theta=0 \tag{9.1.6}$$

$$\frac{1}{s}N_\theta\cot\varphi-\frac{1}{s}\frac{\mathrm{d}}{\mathrm{d}s}\left(sQ_s\right)-q=0 \tag{9.1.7}$$

$$\frac{\mathrm{d}M_s}{\mathrm{d}s}+\frac{1}{s}\left(M_s-M_\theta\right)-Q_s=0 \tag{9.1.8}$$

式中，Q_s 为横向剪力；薄膜力 N_s 和 N_θ，以及弯矩 M_s 和 M_θ 分别定义为

$$(N_s,N_\theta)^{\mathrm{T}}=\int_{-h/2}^{h/2}(\sigma_s,\sigma_\theta)^{\mathrm{T}}\mathrm{d}z \tag{9.1.9}$$

$$(M_s,M_\theta)^{\mathrm{T}}=\int_{-h/2}^{h/2}(\sigma_s,\sigma_\theta)^{\mathrm{T}}z\mathrm{d}z \tag{9.1.10}$$

从式 (9.1.1)、式 (9.1.5)、式 (9.1.9) 和式 (9.1.10)，可得

$$\begin{pmatrix}N_s\\N_\theta\end{pmatrix}=A_{11}\begin{bmatrix}1&\nu\\\nu&1\end{bmatrix}\begin{pmatrix}\varepsilon_s^0\\\varepsilon_\theta^0\end{pmatrix}+B_{11}\begin{bmatrix}1&\nu\\\nu&1\end{bmatrix}\begin{pmatrix}\kappa_s\\\kappa_\theta\end{pmatrix}-\begin{pmatrix}N_T\\N_T\end{pmatrix} \tag{9.1.11}$$

$$\begin{pmatrix}M_s\\M_\theta\end{pmatrix}=B_{11}\begin{bmatrix}1&\nu\\\nu&1\end{bmatrix}\begin{pmatrix}\varepsilon_s^0\\\varepsilon_\theta^0\end{pmatrix}+D_{11}\begin{bmatrix}1&\nu\\\nu&1\end{bmatrix}\begin{pmatrix}\kappa_s\\\kappa_\theta\end{pmatrix}-\begin{pmatrix}M_T\\M_T\end{pmatrix} \tag{9.1.12}$$

式中，A_{11}、B_{11} 和 D_{11} 分别为功能梯度壳的拉伸系数、拉–弯耦合系数和弯曲刚度系数；N_T 和 M_T 分别为热薄膜力和热弯矩，它们的表达式分别为

$$\left(A_{11},B_{11},D_{11}\right)^{\mathrm{T}}=\int_{-h/2}^{h/2}\left(1,z,z^2\right)^{\mathrm{T}}\frac{E}{1-\nu^2}\mathrm{d}z \tag{9.1.13a}$$

$$(N_T,M_T)^{\mathrm{T}}=\int_{-h/2}^{h/2}\frac{E}{1-\nu}\ \alpha\cdot\Delta T(z)(1,z)^{\mathrm{T}}\mathrm{d}z \tag{9.1.13b}$$

稳态温度场 $T\left(z\right)$ 沿壳厚度方向的变化规律服从一维热传导方程:

$$\frac{\mathrm{d}}{\mathrm{d}z}\left(K(z)\frac{\mathrm{d}T(z)}{\mathrm{d}z}\right)=0 \tag{9.1.14a}$$

相应的边界条件为

$$T(-h/2)=T_1,\quad T(h/2)=T_2 \tag{9.1.14b}$$

式 (9.1.14) 中 $K(z)$ 为功能梯度材料的热传导系数，假设 K 不随温度变化，只是坐标 z 的函数。对式 (9.1.14a) 求积分并考虑边界条件式 (9.1.14b)，有

$$T(z)=T_1\left[1+(T_{\mathrm{r}}-1)\int_{-h/2}^{z}\frac{1}{K(\eta)}\mathrm{d}\eta\bigg/\int_{-h/2}^{h/2}\frac{1}{K(z)}\mathrm{d}z\right] \tag{9.1.15}$$

式中，$T_{\mathrm{r}}=T_2/T_1$。

9.1.2 方程求解

可采用位移法求解上述方程。首先消去方程 (9.1.7)、方程 (9.1.8) 中的横向剪力 Q_s，然后将方程 (9.1.2)~ 方程 (9.1.4)、方程 (9.1.11) 和方程 (9.1.12) 代入，可得位移 u 和挠度 w 表示的控制方程。但是，位移表示的控制方程比较复杂，很难得到解析解。下面以横向剪力 Q_s 和转角 $\gamma=\dfrac{\mathrm{d}w}{\mathrm{d}s}$ 为基本未知量，求问题的解析解。

首先，由式 (9.1.7) 可得

$$N_\theta=\left[\frac{\mathrm{d}}{\mathrm{d}s}(sQ_s)+sq\right]\tan\varphi \tag{9.1.16a}$$

然后，将式 (9.1.16a) 代入式 (9.1.6) 并积分，可得

$$N_s=\left(Q_s+\frac{1}{2}sq\right)\tan\varphi+\frac{k_1}{s} \tag{9.1.16b}$$

式中，k_1 为积分常数，可由边界条件确定。

由式 (9.1.11) 可得中面应变：

$$\begin{aligned}\varepsilon_s^0=&\frac{N_T}{A_{11}(1+\nu)}+\frac{B_{11}}{A_{11}}\frac{\mathrm{d}\gamma}{\mathrm{d}s}\\&+\frac{1}{A_{11}(1-\nu^2)}\left\{\left[-\nu s\frac{\mathrm{d}Q_s}{\mathrm{d}s}+(1-\nu)Q_s+(0.5-\nu)sq\right]\tan\varphi+\frac{k_1}{s}\right\}\end{aligned} \tag{9.1.17a}$$

$$\begin{aligned}\varepsilon_\theta^0=&\frac{N_T}{A_{11}(1+\nu)}+\frac{B_{11}}{A_{11}}\frac{\gamma}{s}\\&+\frac{1}{A_{11}(1-\nu^2)}\left\{\left[s\frac{\mathrm{d}Q_s}{\mathrm{d}s}+(1-\nu)Q_s+(1-0.5\nu)sq\right]\tan\varphi-\nu\frac{k_1}{s}\right\}\end{aligned} \tag{9.1.17b}$$

对式 (9.1.3) 求一阶导数并将式 (9.1.2) 代入，可得应变协调方程：

$$\frac{\mathrm{d}}{\mathrm{d}s}\left(s\varepsilon_\theta^0\right)=\varepsilon_s^0+\gamma\cot\varphi \tag{9.1.18}$$

将式 (9.1.12)、式 (9.1.17) 代入方程 (9.1.8) 和方程 (9.1.18)，可得控制方程：

$$s^2\frac{\mathrm{d}^2Q_s}{\mathrm{d}s^2}+3s\frac{\mathrm{d}Q_s}{\mathrm{d}s}=\gamma A_{11}\left(1-\nu^2\right)\cot^2\varphi-\frac{3}{2}sq+\frac{k_1}{s}\cot\varphi \tag{9.1.19a}$$

$$\left(\frac{B_{11}^2}{A_{11}}-D_{11}\right)\left(\frac{\mathrm{d}^2\gamma}{\mathrm{d}s^2}+\frac{1}{s}\frac{\mathrm{d}\gamma}{\mathrm{d}s}-\frac{\gamma}{s^2}\right)=Q_s \tag{9.1.19b}$$

为了便于计算，引入变量 $U=Q_s s\tan\varphi$，并将其代入方程 (9.1.19)，可得简化的控制方程：

$$L\left(U\right)=a_2\gamma+f\left(s\right) \tag{9.1.20a}$$

$$L\left(\gamma\right)=-a_1U \tag{9.1.20b}$$

式中，L 为变系数线性微分算子，$L=s\dfrac{\mathrm{d}^2}{\mathrm{d}s^2}+\dfrac{\mathrm{d}}{\mathrm{d}s}-\dfrac{1}{s}$；$a_1$、$a_2$ 为常量，$a_1=\cot\varphi\Big/\left(D_{11}-\dfrac{B_{11}^2}{A_{11}}\right)$、$a_2=A_{11}\left(1-\nu^2\right)\cot\varphi$；函数 $f\left(s\right)=\dfrac{k_1}{s}-\dfrac{3}{2}sq\tan\varphi$。对于功能梯度圆锥壳，通过简单计算可知，无论几何参数与材料参数为何值，a_1 和 a_2 均大于零，即可令 $\lambda^4=a_1a_2$。在方程 (9.1.20a) 中消去 U，在方程 (9.1.20b) 中消去 γ，可得到解耦的方程组：

$$LL\left(\gamma\right)+\lambda^4\gamma=-a_1f\left(s\right) \tag{9.1.21}$$

$$LL\left(U\right)+\lambda^4U=0 \tag{9.1.22}$$

方程 (9.1.21)、方程 (9.1.22) 与文献 [664]、[665] 中的均匀材料圆锥壳的控制方程在形式上是相同的，故也应具有相同形式的解。但是，文献 [664]、[665] 只给出了方程的通解，最终结果并不完整。由微分方程理论可知，方程 (9.1.21) 对应的齐次方程的通解也是方程 (9.1.22) 的解。因此，这里只讨论齐次微分方程 (9.1.22) 的解法。将方程 (9.1.22) 改写为

$$\left(L+\mathrm{i}\lambda^2\right)\left(L-\mathrm{i}\lambda^2\right)U=0$$

式中，i 为虚数单位。显然，上式等价于下列两个相互共轭的二阶微分方程：

$$L\left(U\right)+\mathrm{i}\lambda^2U=0 \tag{9.1.23}$$

$$L\left(U\right)-\mathrm{i}\lambda^2U=0 \tag{9.1.24}$$

它们的解为一对共轭复函数。引入变量 $\eta=2\lambda\sqrt{\mathrm{i}s}$，即 $s=\dfrac{\eta^2}{4\lambda^2\mathrm{i}}$，$\mathrm{d}s=\dfrac{\eta}{2\lambda^2\mathrm{i}}\mathrm{d}\eta$，有

$$\frac{\mathrm{d}}{\mathrm{d}s}=\frac{\mathrm{d}}{\mathrm{d}\eta}\frac{\mathrm{d}\eta}{\mathrm{d}s}=\frac{\mathrm{d}}{\mathrm{d}\eta}\frac{2\lambda^2\mathrm{i}}{\eta},\quad \frac{\mathrm{d}^2}{\mathrm{d}s^2}=\frac{\mathrm{d}}{\mathrm{d}\eta}\left(\frac{\mathrm{d}}{\mathrm{d}\eta}\frac{2\lambda^2\mathrm{i}}{\eta}\right)\frac{\mathrm{d}\eta}{\mathrm{d}s}=\left(\frac{\mathrm{d}^2}{\mathrm{d}\eta^2}\frac{2\lambda^2\mathrm{i}}{\eta}-\frac{\mathrm{d}}{\mathrm{d}\eta}\frac{2\lambda^2\mathrm{i}}{\eta^2}\right)\frac{2\lambda^2\mathrm{i}}{\eta}$$

将上式代入方程 (9.1.23) 后可得 2 阶 Bessel 方程：

$$\eta^2\frac{\mathrm{d}^2U}{\mathrm{d}\eta^2}+\eta\frac{\mathrm{d}U}{\mathrm{d}\eta}+\left(\eta^2-4\right)U=0 \tag{9.1.25}$$

其解为

$$U=c_1'\mathrm{J}_2\left(\eta\right)+c_2'\mathrm{H}_2^{(1)}\left(\eta\right) \tag{9.1.26}$$

式中，$\mathrm{J}_2\left(\eta\right)$ 是 2 阶第 1 类 Bessel 函数；$\mathrm{H}_2^{(1)}\left(\eta\right)$ 是 2 阶第 1 类 Hankel 函数；c_1' 和 c_2' 是虚常数；η 是一个复变量。令 $\eta=\sqrt{\mathrm{i}}x$，也就是 $x=2\lambda\sqrt{s}$，将其代入 Bessel 函数，能将 Bessel 函数的实部和虚部分开。由 Bessel 函数与 Kelvin 函数的关系，得

$$\begin{aligned}\mathrm{J}_2\left(\eta\right)&=\mathrm{J}_2\left(\sqrt{\mathrm{i}}\,x\right)=\mathrm{ber}_2\left(x\right)-\mathrm{i}\,\mathrm{bei}_2\left(x\right)\\ \mathrm{H}_2^{(1)}\left(\eta\right)&=\mathrm{H}_2^{(1)}\left(\sqrt{\mathrm{i}}\,x\right)=-\mathrm{her}_2\left(x\right)+\mathrm{i}\,\mathrm{hei}_2\left(x\right)\end{aligned}$$

式中，$\mathrm{ber}_2\left(x\right)$、$\mathrm{bei}_2\left(x\right)$、$\mathrm{her}_2\left(x\right)$ 和 $\mathrm{hei}_2\left(x\right)$ 均为 2 阶 Kelvin 函数，皆为实函数。由此可得齐次微分方程 (9.1.22) 的通解：

$$U=c_1\mathrm{ber}_2\left(x\right)+c_2\,\mathrm{bei}_2\left(x\right)+c_3\mathrm{her}_2\left(x\right)+c_4\mathrm{hei}_2\left(x\right) \tag{9.1.27}$$

式中，$c_1\sim c_4$ 为与边界条件有关的实积分常数。由于 $U=Q_s s\tan\varphi$、$s=\dfrac{x^2}{4\lambda^2}$，故有

$$Q_s=\frac{4\lambda^2}{x^2}\left[c_1\mathrm{ber}_2\left(x\right)+c_2\,\mathrm{bei}_2\left(x\right)+c_3\mathrm{her}_2\left(x\right)+c_4\mathrm{hei}_2\left(x\right)\right]\cot\varphi \tag{9.1.28}$$

由式 (9.1.20) 与 Bessel 函数的递推关系，可得

$$\gamma=\gamma_0+c_1\gamma_1+c_2\gamma_2+c_3\gamma_3+c_4\gamma_4 \tag{9.1.29a}$$

式中，

$$\begin{aligned}\gamma_0&=\frac{1}{a_2}\left(\frac{3x^2q}{8\lambda^2}\tan\varphi-\frac{4\lambda^2k_1}{x^2}\right)\\ \gamma_1&=\frac{\lambda^2}{a_2}\left\{\frac{\sqrt{2}}{x}\left[\mathrm{bei}_1\left(x\right)+\mathrm{ber}_1\left(x\right)\right]+\mathrm{bei}_0\left(x\right)\right\}\\ \gamma_2&=\frac{\lambda^2}{a_2}\left\{\frac{\sqrt{2}}{x}\left[\mathrm{bei}_1\left(x\right)-\mathrm{ber}_1\left(x\right)\right]-\mathrm{ber}_0\left(x\right)\right\}\\ \gamma_3&=\frac{\lambda^2}{a_2}\left\{\frac{\sqrt{2}}{x}\left[\mathrm{her}_1\left(x\right)+\mathrm{hei}_1\left(x\right)\right]+\mathrm{hei}_0\left(x\right)\right\}\end{aligned}$$

$$\gamma_4 = \frac{\lambda^2}{a_2}\left\{\frac{\sqrt{2}}{x}\left[\mathrm{hei}_1(x) - \mathrm{her}_1(x)\right] - \mathrm{her}_0(x)\right\}$$

式中，$\mathrm{her}_0(x)$ 和 $\mathrm{hei}_0(x)$ 为 0 阶 Kelvin 函数；$\mathrm{her}_1(x)$ 和 $\mathrm{hei}_1(x)$ 为 1 阶 Kelvin 函数。对式 (9.1.29a) 求积分可得挠度：

$$w = w_0 + c_1 w_1 + c_2 w_2 + c_3 w_3 + c_4 w_4 + k_2 \tag{9.1.29b}$$

式中，k_2 为积分常数；$w_0 \sim w_4$ 均为已知函数：

$$w_0 = \frac{1}{a_2}\left(\frac{3x^4 q}{64\lambda^4}\tan\varphi - 2k_1 \ln x\right)$$

$$w_1 = \frac{1}{a_2}\left\{-\frac{\sqrt{2}x}{4}\left[\mathrm{ber}_1(x) + \mathrm{bei}_1(x)\right] + \mathrm{ber}_0(x)\right\}$$

$$w_2 = \frac{1}{a_2}\left\{\frac{\sqrt{2}x}{4}\left[\mathrm{ber}_1(x) - \mathrm{bei}_1(x)\right] + \mathrm{bei}_0(x)\right\}$$

$$w_3 = \frac{1}{a_2}\left\{-\frac{\sqrt{2}x}{4}\left[\mathrm{her}_1(x) + \mathrm{hei}_1(x)\right] + \mathrm{her}_0(x)\right\}$$

$$w_4 = \frac{1}{a_2}\left\{\frac{\sqrt{2}x}{4}\left[\mathrm{her}_1(x) - \mathrm{hei}_1(x)\right] + \mathrm{hei}_0(x)\right\}$$

将求得的 Q_s 与 γ 代入式 (9.1.11)、式 (9.1.12)、式 (9.1.16) 和式 (9.1.17) 中，可得问题的全部解析解：

$$N_s = \frac{4\lambda^2}{x^2}\left[c_1\mathrm{ber}_2(x) + c_2\,\mathrm{bei}_2(x) + c_3\mathrm{her}_2(x) + c_4\mathrm{hei}_2(x)\right] + \frac{x^2 q}{8\lambda^2}\tan\varphi + \frac{4k_1\lambda^2}{x^2} \tag{9.1.29c}$$

$$N_\theta = N_{\theta 0} + c_1 N_{\theta 1} + c_2 N_{\theta 2} + c_3 N_{\theta 3} + c_4 N_{\theta 4} \tag{9.1.29d}$$

$$M_s = M_{s0} + c_1 M_{s1} + c_2 M_{s2} + c_3 M_{s3} + c_4 M_{s4} \tag{9.1.29e}$$

$$M_\theta = M_{\theta 0} + c_1 M_{\theta 1} + c_2 M_{\theta 2} + c_3 M_{\theta 3} + c_4 M_{\theta 4} \tag{9.1.29f}$$

$$\varepsilon_s^0 = \varepsilon_{s0}^0 + c_1\varepsilon_{s1}^0 + c_2\varepsilon_{s2}^0 + c_3\varepsilon_{s3}^0 + c_4\varepsilon_{s4}^0 \tag{9.1.29g}$$

$$\varepsilon_\theta^0 = \varepsilon_{\theta 0}^0 + c_1\varepsilon_{\theta 1}^0 + c_2\varepsilon_{\theta 2}^0 + c_3\varepsilon_{\theta 3}^0 + c_4\varepsilon_{\theta 4}^0 \tag{9.1.29h}$$

$$u = u_0 + c_1 u_1 + c_2 u_2 + c_3 u_3 + c_4 u_4 \tag{9.1.29i}$$

式中，$N_{\theta 0} \sim N_{\theta 4}$ 的具体表达式为

$$N_{\theta 0} = \frac{qx^2}{4\lambda^2}\tan\varphi$$

$$N_{\theta 1} = \lambda^2\left[g_{11}\mathrm{ber}_1(x) - g_{12}\mathrm{bei}_1(x) + \frac{4}{x^2}\mathrm{ber}_0(x)\right]$$

$$N_{\theta 2} = \lambda^2\left[g_{12}\mathrm{ber}_1(x) + g_{11}\mathrm{bei}_1(x) + \frac{4}{x^2}\mathrm{bei}_0(x)\right]$$

$$N_{\theta 3} = \lambda^2\left[g_{11}\mathrm{her}_1(x) - g_{12}\mathrm{hei}_1(x) + \frac{4}{x^2}\mathrm{her}_0(x)\right]$$

$$N_{\theta 4} = \lambda^2\left[g_{12}\mathrm{her}_1(x) + g_{11}\mathrm{hei}_1(x) + \frac{4}{x^2}\mathrm{hei}_0(x)\right]$$

式中，$g_{11} = \dfrac{\sqrt{2}}{x}\left(\dfrac{4}{x^2} - 1\right)$；$g_{12} = \dfrac{\sqrt{2}}{x}\left(\dfrac{4}{x^2} + 1\right)$。

$M_{s0} \sim M_{s4}$ 的具体表达式为

$$\begin{aligned} M_{s0} =& \frac{1}{a_1 a_2}\left[\frac{3}{2}q(1+\nu) + \frac{16k_1\lambda^4(1-\nu)}{x^4}\cot\varphi\right] \\ &+ \frac{B_{11}}{A_{11}}\left(\frac{4k_1\lambda^2}{x^2} + \frac{qx^2}{8\lambda^2}\cot\varphi + N_T\right) - M_T \end{aligned}$$

$$M_{s1} = g_{21}\mathrm{ber}_1(x) + g_{22}\mathrm{bei}_1(x) - g_{23}\mathrm{ber}_0(x) + g_{24}\mathrm{bei}_0(x)$$

$$M_{s2} = -g_{22}\mathrm{ber}_1(x) + g_{21}\mathrm{bei}_1(x) - g_{24}\mathrm{ber}_0(x) - g_{23}\mathrm{bei}_0(x)$$

$$M_{s3} = g_{21}\mathrm{her}_1(x) + g_{22}\mathrm{hei}_1(x) - g_{23}\mathrm{her}_0(x) + g_{24}\mathrm{hei}_0(x)$$

$$M_{s4} = -g_{22}\mathrm{her}_1(x) + g_{21}\mathrm{hei}_1(x) - g_{24}\mathrm{her}_0(x) - g_{23}\mathrm{hei}_0(x)$$

式中，

$$g_{21} = -\frac{4\sqrt{2}B_{11}\lambda^2}{A_{11}x^3} + \frac{\sqrt{2}\lambda^4}{a_1a_2x}\left[\frac{4(1-\nu)}{x^2} + 1\right]\cot\varphi, \quad g_{23} = \frac{4B_{11}\lambda^2}{A_{11}x^2}$$

$$g_{22} = \frac{4\sqrt{2}B_{11}\lambda^2}{A_{11}x^3} + \frac{\sqrt{2}\lambda^4}{a_1a_2x}\left[\frac{4(1-\nu)}{x^2} - 1\right]\cot\varphi, \quad g_{24} = \frac{4\lambda^4(1-\nu)}{a_1a_2x^2}\cot\varphi$$

$M_{\theta 0} \sim M_{\theta 4}$ 的具体表达式为

$$M_{\theta 0} = \frac{1}{a_1a_2}\left[16\lambda^4k_1(1-\nu)\cot\varphi\frac{1}{x^4} - \frac{3}{2}q(1+\nu)\right] + \frac{B_{11}}{A_{11}}\left(\frac{qx^2\tan\varphi}{4\lambda^2} + N_T\right) - M_T$$

$$M_{\theta 1}=g_{31}\mathrm{ber}_1(x)-g_{32}\mathrm{bei}_1(x)+g_{23}\mathrm{ber}_0(x)-g_{24}\mathrm{bei}_0(x)$$

$$M_{\theta 2}=g_{32}\mathrm{ber}_1(x)+g_{31}\mathrm{bei}_1(x)+g_{24}\mathrm{ber}_0(x)+g_{23}\mathrm{bei}_0(x)$$

$$M_{\theta 3}=g_{31}\mathrm{her}_1(x)-g_{32}\mathrm{hei}_1(x)+g_{23}\mathrm{her}_0(x)-g_{24}\mathrm{hei}_0(x)$$

$$M_{\theta 4}=g_{32}\mathrm{her}_1(x)+g_{31}\mathrm{hei}_1(x)+g_{24}\mathrm{her}_0(x)+g_{23}\mathrm{hei}_0(x)$$

式中，

$$g_{31}=\frac{\sqrt{2}B_{11}\lambda^2}{A_{11}x}\left(\frac{4}{x^2}-1\right)+\frac{\sqrt{2}\lambda^4}{a_1a_2x}\left[-\frac{4}{x^2}(1-\nu)+\nu\right]\cot\varphi$$

$$g_{32}=\frac{\sqrt{2}B_{11}\lambda^2}{A_{11}x}\left(\frac{4}{x^2}+1\right)+\frac{\sqrt{2}\lambda^4}{a_1a_2x}\left[\frac{4}{x^2}(1-\nu)+\nu\right]\cot\varphi$$

$\varepsilon_{s0}^0\sim\varepsilon_{s4}^0$ 的具体表达式为

$$\varepsilon_{s0}^0=\frac{1}{a_2}\left[\frac{B_{11}}{A_{11}}\left(\frac{3}{2}q\tan\varphi+\frac{16k_1\lambda^4}{x^4}\right)+\frac{4k_1\lambda^2}{x^2}\cot\varphi+\frac{qx^2}{4\lambda^2}\left(\frac{1}{2}-\nu\right)\right]+\frac{N_T}{A_{11}(1+\nu)}$$

$$\varepsilon_{s1}^0=g_{41}\mathrm{ber}_1(x)+g_{42}\mathrm{bei}_1(x)-g_{43}\mathrm{ber}_0(x)-g_{44}\mathrm{bei}_0(x)$$

$$\varepsilon_{s2}^0=-g_{42}\mathrm{ber}_1(x)+g_{41}\mathrm{bei}_1(x)+g_{44}\mathrm{ber}_0(x)-g_{43}\mathrm{bei}_0(x)$$

$$\varepsilon_{s3}^0=g_{41}\mathrm{her}_1(x)+g_{42}\mathrm{hei}_1(x)-g_{43}\mathrm{her}_0(x)-g_{44}\mathrm{hei}_0(x)$$

$$\varepsilon_{s4}^0=-g_{42}\mathrm{her}_1(x)+g_{41}\mathrm{hei}_1(x)+g_{44}\mathrm{her}_0(x)-g_{43}\mathrm{hei}_0(x)$$

式中，

$$g_{41}=\frac{\sqrt{2}\lambda^2}{a_2x}\left\{\left[\nu-\frac{4}{x^2}(1+\nu)\right]\cot\varphi-\frac{B_{11}\lambda^2}{A_{11}}\left(\frac{4}{x^2}+1\right)\right\}$$

$$g_{42}=\frac{\sqrt{2}\lambda^2}{a_2x}\left\{\left[\nu+\frac{4}{x^2}(1+\nu)\right]\cot\varphi+\frac{B_{11}\lambda^2}{A_{11}}\left(1-\frac{4}{x^2}\right)\right\}$$

$$g_{43}=\frac{4\lambda^2}{A_{11}(1-\nu)x^2},\qquad g_{44}=\frac{4B_{11}\lambda^4}{A_{11}a_2x^2}$$

$\varepsilon_{\theta 0}^0\sim\varepsilon_{\theta 4}^0$ 的具体表达式为

$$\varepsilon_{\theta 0}^0=\frac{1}{a_2}\left[\frac{B_{11}}{A_{11}}\left(\frac{3}{2}q\tan\varphi-\frac{16k_1\lambda^4}{x^4}\right)-\frac{4\nu k_1\lambda^2}{x^2}\cot\varphi+\frac{qx^2}{4\lambda^2}\left(1-\frac{\nu}{2}\right)\right]+\frac{N_T}{A_{11}(1+\nu)}$$

$$\varepsilon_{\theta 1}^0=g_{51}\mathrm{ber}_1(x)+g_{52}\mathrm{bei}_1(x)+g_{43}\mathrm{ber}_0(x)+g_{44}\mathrm{bei}_0(x)$$

$$\varepsilon_{\theta 2}^{0}=-g_{52}\mathrm{ber}_1(x)+g_{51}\mathrm{bei}_1(x)-g_{44}\mathrm{ber}_0(x)+g_{43}\mathrm{bei}_0(x)$$

$$\varepsilon_{\theta 3}^{0}=g_{51}\mathrm{her}_1(x)+g_{52}\mathrm{hei}_1(x)+g_{43}\mathrm{her}_0(x)+g_{44}\mathrm{hei}_0(x)$$

$$\varepsilon_{\theta 4}^{0}=-g_{52}\mathrm{her}_1(x)+g_{51}\mathrm{hei}_1(x)-g_{44}\mathrm{her}_0(x)+g_{43}\mathrm{hei}_0(x)$$

式中，

$$g_{51}=\frac{\sqrt{2}\lambda^2}{a_2x}\left\{\frac{4B_{11}\lambda^2}{A_{11}x^2}+\left[\frac{4}{x^2}(1+\nu)-1\right]\cot\varphi\right\}$$

$$g_{52}=\frac{\sqrt{2}\lambda^2}{a_2x}\left\{\frac{4B_{11}\lambda^2}{A_{11}x^2}-\left[\frac{4}{x^2}(1+\nu)+1\right]\cot\varphi\right\}$$

$u_0\sim u_4$ 的表达式为

$$\begin{aligned}u_0=&\frac{1}{a_2}\left[\frac{B_{11}}{A_{11}}\left(\frac{3qx^2}{8\lambda}\tan\varphi-\frac{4k_1\lambda^3}{x^2}\right)+\frac{qx^4}{16\lambda^3}\left(1-\frac{\nu}{2}-\frac{3}{4\lambda}\right)\right]\\&+\left[\frac{k_1}{a_2}(2\ln x-\nu x)-k_2\right]\cot\varphi+\frac{N_Tx^2}{4\lambda A_{11}(1+\nu)}\end{aligned}$$

$$u_1=g_{61}\mathrm{ber}_1(x)+g_{62}\mathrm{bei}_1(x)+g_{63}\mathrm{ber}_0(x)+g_{64}\mathrm{bei}_0(x)$$

$$u_2=-g_{62}\mathrm{ber}_1(x)+g_{61}\mathrm{bei}_1(x)-g_{64}\mathrm{ber}_0(x)+g_{63}\mathrm{bei}_0(x)$$

$$u_3=g_{61}\mathrm{her}_1(x)+g_{62}\mathrm{hei}_1(x)+g_{63}\mathrm{her}_0(x)+g_{64}\mathrm{hei}_0(x)$$

$$u_4=-g_{62}\mathrm{her}_1(x)+g_{61}\mathrm{hei}_1(x)-g_{64}\mathrm{her}_0(x)+g_{63}\mathrm{hei}_0(x)$$

式中，

$$g_{61}=\frac{\sqrt{2}}{a_2}\left\{\left[\frac{x}{4}(1-\lambda)+\frac{\lambda}{x}(1+\nu)\right]\cot\varphi+\frac{B_{11}\lambda^3}{A_{11}x}\right\}$$

$$g_{62}=\frac{\sqrt{2}}{a_2}\left\{\left[\frac{x}{4}(1-\lambda)-\frac{\lambda}{x}(1+\nu)\right]\cot\varphi+\frac{B_{11}\lambda^3}{A_{11}x}\right\}$$

$$g_{63}=\frac{1}{a_2}\left[\lambda(1+\nu)-1\right]\cot\varphi$$

$$g_{64}=\frac{B_{11}\lambda^3}{A_{11}a_2}$$

以上各式中，g_{11}、g_{12}、g_{21}、g_{22} 等均为以 x 为自变量的初等函数。

9.1.3　材料性质与温度无关情况

当不考虑材料性质的温度依赖性时, 功能梯度材料圆锥壳的物理性能参数 $P(z)$ 由式 (2.1.1) 给出。下面讨论两端固定和两端不可移简支边界条件下，截顶功能梯度圆锥壳的热弹性静态变形响应的数值解。两种边界条件分别如下所述。

(1) 两端固定边界:

$$u=0,\quad w=0,\quad \gamma=0\quad (\text{在}s=s_1,s_2\text{处}) \tag{9.1.30}$$

（2）两端不可移简支边界:

$$u=0,\quad w=0,\quad M_s=0\quad (\text{在}s=s_1,s_2\text{处}) \tag{9.1.31}$$

根据式 (9.1.30) 和式 (9.1.31)，即可确定两种边界条件下式 (9.1.29) 中的积分常数 k_1、k_2 与 $c_1\sim c_4$。为了便于求解，引入无量纲量 $(W,W_0,W_{\max})=(w,w_0,w_{\max})/h$ 和 $\xi=\dfrac{s-s_1}{L}$。当 $n=0$ 时，功能梯度圆锥壳可退化为均匀各向同性材料圆锥壳，在 $\varphi=1.0^\circ$ 时，截顶圆锥壳可以近似看作圆柱壳。文献 [666] 给出了两端固定均匀各向同性材料圆柱壳在承受内压 q 作用时的径向位移表达式:

$$w_{\mathrm{c}}=A_1\sin(\beta x)\sinh(\beta x)+A_4\cos(\beta x)\cosh(\beta x)-\frac{qR^2}{Et} \tag{9.1.32}$$

式中,

$$A_1=\frac{2qR^2}{Et}\frac{\sin\xi\cosh\xi-\cos\xi\sinh\xi}{\sin(2\xi)+\sinh(2\xi)}$$

$$A_4=\frac{2qR^2}{Et}\frac{\cos\xi\sinh\xi+\sin\xi\cosh\xi}{\sin(2\xi)+\sinh(2\xi)}$$

$$\beta=\frac{3\left(1-\nu^2\right)}{R^2t^2}$$

$$\xi=\frac{\beta L}{2}$$

取两端固定均匀各向同性材料圆柱壳的半径 $R=2\mathrm{m}$，长度 $L=4\mathrm{m}$，厚度 $t=4\mathrm{cm}$，材料弹性模量 $E=70\mathrm{GPa}$，泊松比 $\nu=0.3$。图 9.1.2 所示是由文献 [666] 求得的中心挠度 W_0 与本节当 $\varphi=1.0^\circ$ 时求得的 W_0 随内压 q 的变化曲线，可见二者极为接近，验证了本节理论推导和数值结果的有效性。

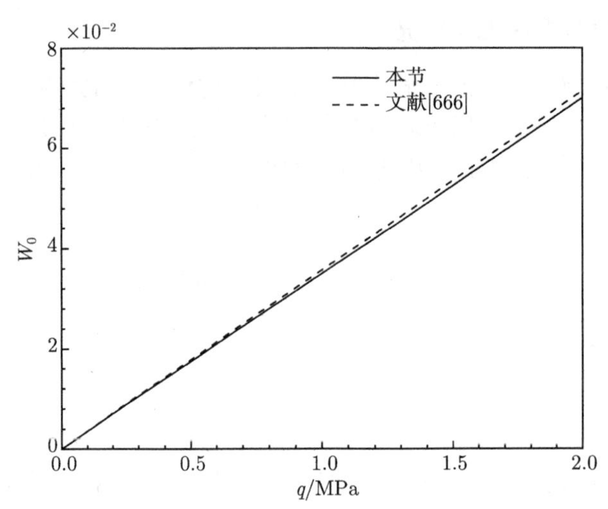

图 9.1.2　均匀各向同性金属圆柱壳的中心挠度 W_0 随内压 q 的变化曲线 [662]

下面分析由金属铝（材料 1）和陶瓷氧化锆（材料 2）制成的截顶功能梯度（记为 ZrO_2/Al）圆锥壳。两种材料的性质参数见表 2.1.2，该圆锥壳的几何参数为 $h = 2\text{cm}$、$R_2 = 2\text{m}$、$H/R_2 = 1$，若无特别说明，$\varphi = 20°$。

图 9.1.3（a）和（b）分别给出了力载荷和热载荷作用时，具有不同梯度指数 n 的两端固定功能梯度圆锥壳（简称“固定壳”）的挠度沿母线的变化曲线。可见，壳体最大挠度并非在壳体中心，而是在靠近大端处（$\xi \approx 0.8$）。只有力载荷作用时，随着 n 的增大，壳体变形单调减小；但非均匀升温载荷作用时，壳体变形并非随 n 的增大而单调变化。

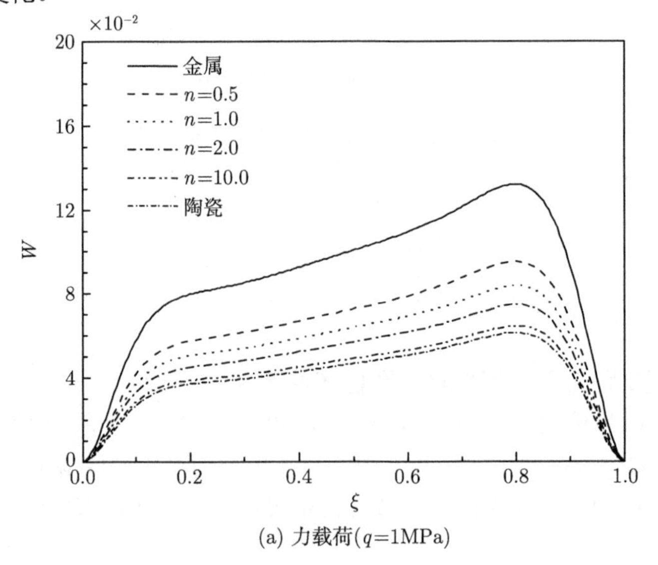

(a) 力载荷(q=1MPa)

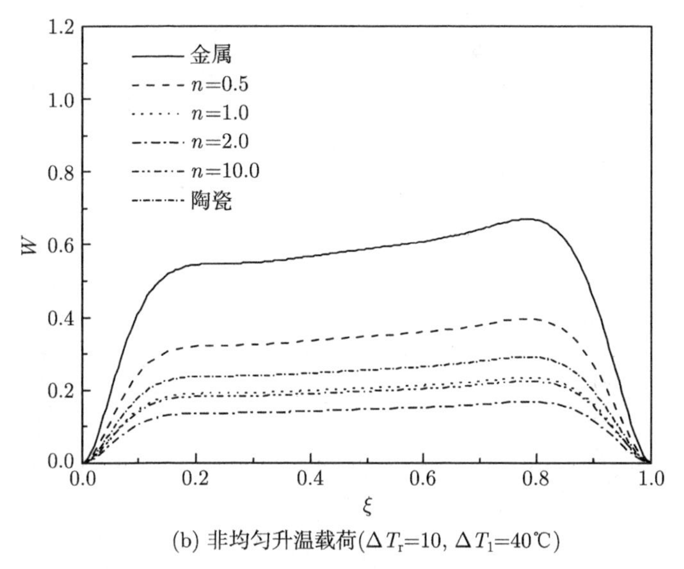

(b) 非均匀升温载荷(ΔT_r=10, ΔT_1=40℃)

图 9.1.3　不同梯度指数 n 时两端固定功能梯度圆锥壳的挠度沿母线的变化曲线 [661]

图 9.1.4（a）和（b）所示为具有不同材料梯度指数 n 的两端简支功能梯度圆锥壳（简称“简支壳”），分别在力载荷和热载荷作用时的挠度沿母线的变化曲线。可见，壳体最大挠度发生在靠近大端处（$\xi \approx 0.8$），简支壳的挠度随 n 的变化规律与固定壳类似。

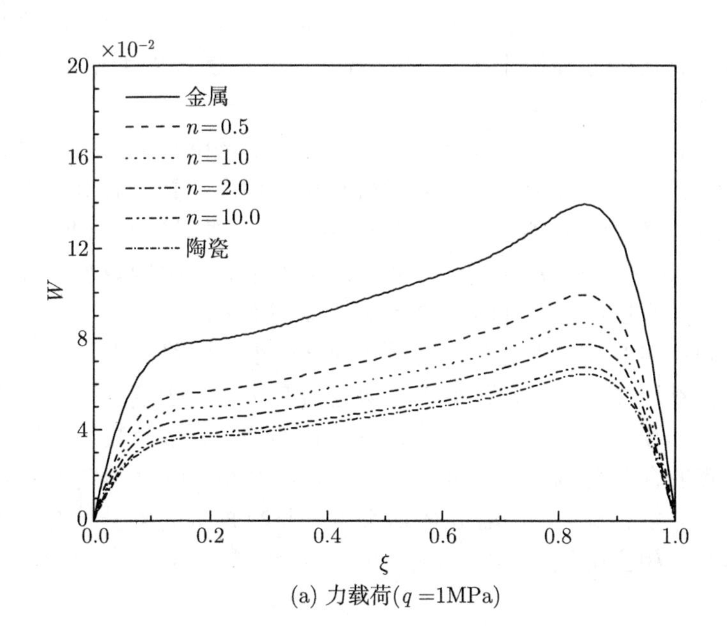

(a) 力载荷(q =1MPa)

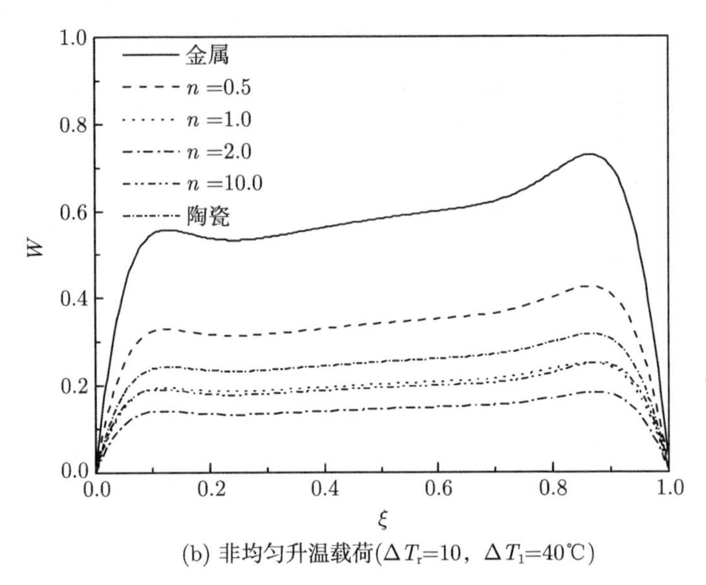

(b) 非均匀升温载荷(ΔT_r=10，ΔT_1=40℃)

图 9.1.4　不同材料梯度指数 n 时两端简支功能梯度圆锥壳的挠度沿母线的变化曲线 [661]

图 9.1.5(a) 给出了相同非均匀升温场情况下，简支和固定功能梯度圆锥壳的最大挠度随材料梯度指数 n 的变化。可见，对于同样的热载荷和材料梯度指数，简支壳的最大挠度大于固定壳，且随 n 的增大非单调变化。当 n 为 $0\sim2.2$ 时，随着 n 的增大，$W_{\max}$ 急剧减小；当 $n>2.2$ 时，随 n 的增大 $W_{\max}$ 也增大；当 n 为 $2.2\sim10$ 时 $W_{\max}$ 变化较大，当 $n>10$ 时 $W_{\max}$ 变化缓慢。这种变化规律类似于非均匀升温时功能梯度板的变形随材料梯度指数的变化规律 [46]。

图 9.1.5(b) 给出了相同力载荷作用下，简支壳和固定壳的最大挠度随材料梯度指数 n 的变化。对于相同的力载荷和材料梯度指数，简支壳的变形要大于固定壳。最大挠度随 n 的增大而单调减小，当 n 取值为 0~3 时，随着 n 的增大 $W_{\max}$ 急剧减小；当 $n>3$ 时，随 n 的增大 $W_{\max}$ 缓慢减小。对于力载荷作用下的功能梯度板，也具有同样的结论 [46]。其原因是，当 $n=0$ 时，功能梯度材料退化为均匀各向同性金属，这时其刚度最小，随着 n 的增大，功能梯度材料中陶瓷含量增加，金属含量减少，功能梯度材料的刚度也增大，从而导致壳的变形减小。另外，当 n 为 0~3 时，随着 n 的增大，幂函数所描述的功能梯度材料中陶瓷的含量急剧增加，金属的含量急剧减少，刚度的较大差异导致了变形急剧减小。当 $n>3$ 时，随 n 的增大组分材料含量的差异相对较小，对弯曲变形的影响也相应降低。

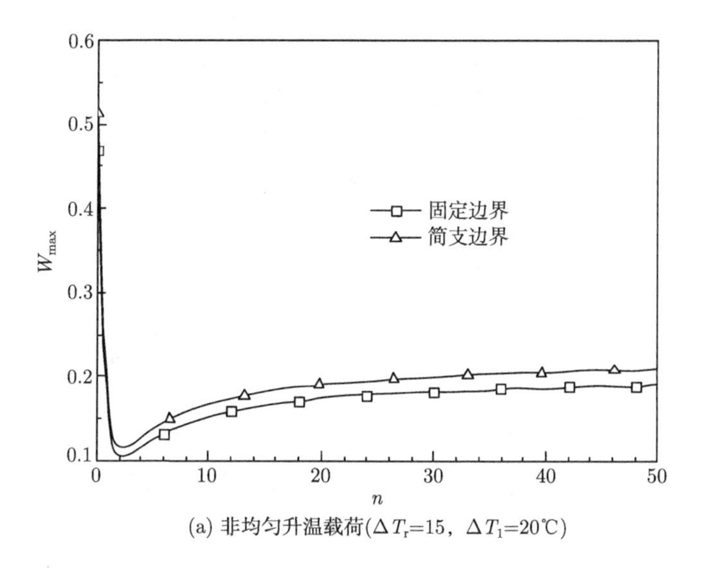

(a) 非均匀升温载荷(ΔT_r=15，ΔT_1=20℃)

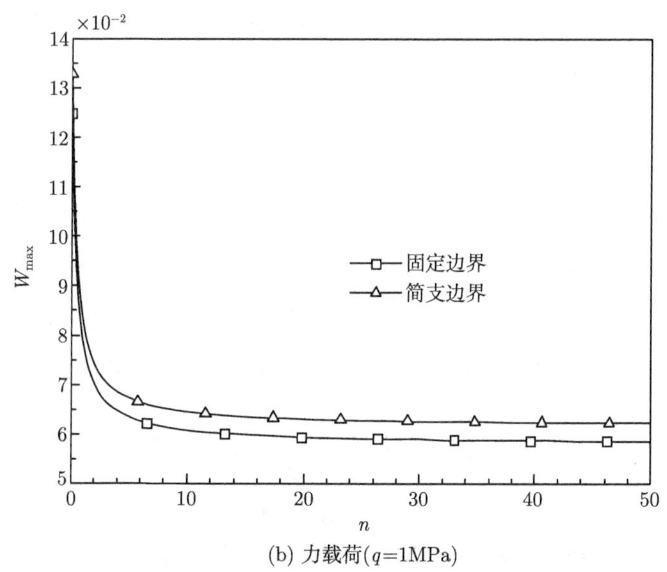

(b) 力载荷(q=1MPa)

图 9.1.5　材料梯度指数 n 对简支和固定功能梯度圆锥壳最大挠度的影响 [661]

图 9.1.6(a) 和 (b) 分别给出了非均匀升温时两端简支功能梯度圆锥壳的薄膜力 N_s 和弯矩 M_s 沿母线的变化曲线，以考察材料梯度指数对壳体内力的影响。可见，在非均匀热载荷作用下，壳体面内压力（负薄膜力）从壳体的小端到大端逐渐减小；弯矩沿母线的变化较为复杂，壳体两个端面处弯矩均为零，弯矩从壳体的小端开始先增加然后急剧减小至负值，在壳体中间段（$\xi = 0.1 \sim 0.8$）弯矩变化不大，在壳体大端附近（ξ=0.8~1.0）弯矩先急剧增大，然后减小到 0。

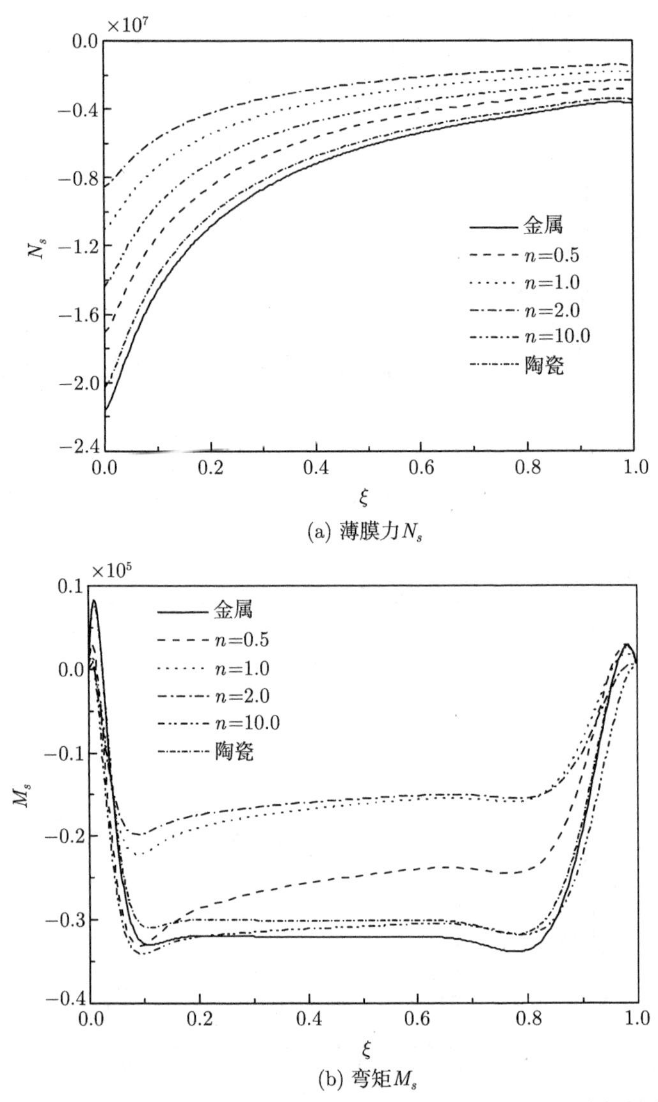

(a) 薄膜力N_s

(b) 弯矩M_s

图 9.1.6　非均匀升温时（$\Delta T_{\mathrm{r}}=15, \Delta T_1=30℃, \varphi=40^{\circ}$）两端简支功能梯度圆锥壳的内力沿母线的变化曲线 [661]

非均匀升温时两端固定功能梯度圆锥壳的薄膜力 N_s 和弯矩 M_s 沿母线的变化曲线分别如图 9.1.7(a) 和 (b) 所示。与简支壳类似，在非均匀热载荷作用下，面内压力值从小端到大端逐渐减小。弯矩变化较为复杂，壳体弯矩全部为负值，在小端边界处负弯矩最大，大端边界处次之，在壳体两个端部附近（$\xi=0\sim0.05$ 和 $\xi=0.9\sim1.0$）弯矩变化剧烈，在壳体中间段（$\xi=0.05\sim0.9$）弯矩值均较小，且变化较为平缓。

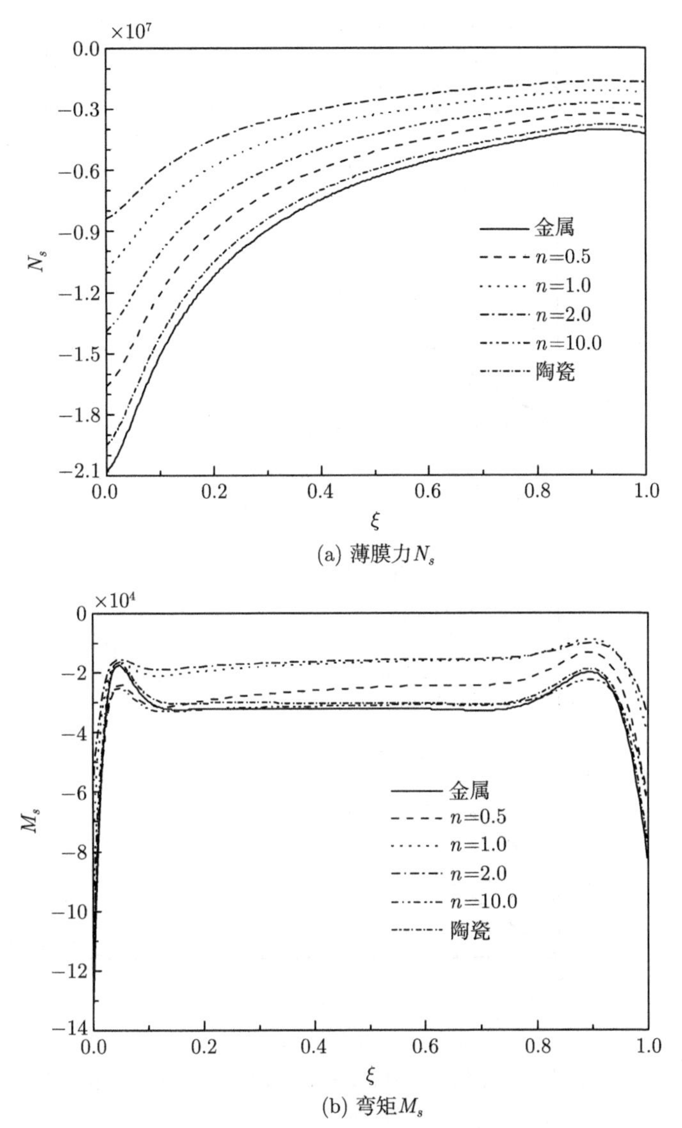

(a) 薄膜力 N_s

(b) 弯矩 M_s

图 9.1.7　非均匀升温时（$\Delta T_{\mathrm{r}}=15$, $\Delta T_1=30°\mathrm{C}$, $\varphi=40°$）两端固定功能梯度圆锥壳的内力沿母线的变化曲线 [661]

图 9.1.8(a) 和 (b) 给出了热力载荷联合作用时，两端固定功能梯度圆锥壳最大挠度随载荷的变化曲线。图 9.1.8(a) 所示为不同的固定力载荷下，壳体最大挠度随内表面升温 ΔT_1 的变化，图 9.1.8 (b) 所示为不同的非均匀升温载荷下，壳体最大挠度随力的变化。可见，最大挠度随载荷的增大而线性增大，符合线性壳理论的载荷变形关系。

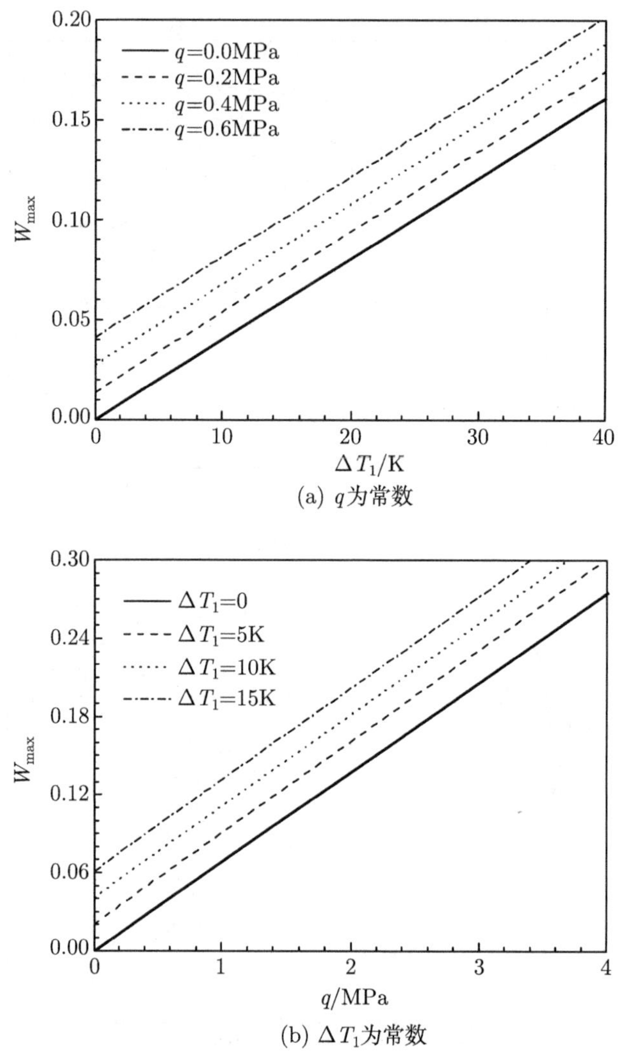

(a) q为常数

(b) ΔT_1为常数

图 9.1.8 热力载荷联合作用时 ($\Delta T_{\mathrm{r}} = 10$, $n = 2$) 两端固定功能梯度圆锥壳最大挠度随载荷的变化曲线 [661]

9.1.4 材料性质与温度相关情况

一般认为，功能梯度材料性质既是位置坐标的函数，又是温度的函数。有些情况下，可以认为材料性质与温度无关，该情况已在 9.1.3 小节进行了讨论。本节讨论材料性质的温度依赖情况。假定功能梯度材料性质的温度依赖性符合非线性关系式 (3.5.5) 和式 (3.5.6)。在数值算例中，仍考虑两端不可移简支和两端固定两种情况，圆锥壳的几何参数为 $h = 2\mathrm{cm}$、$R_2 = 2\mathrm{m}$、$H/R_2 = 1$。如无特别说明，分析中考虑壳体的半顶角 $\varphi = 20°$。截顶功能梯度圆锥壳由金属 SUS304（材料 1）和陶瓷 Si_3N_4（材料 2）复合而成，两种材料性能的温度相关系数见表 3.5.1。

图 9.1.9 给出了考虑材料性质的温度依赖性时，两端固定功能梯度圆锥壳最大挠度随载荷的变化规律。图 9.1.9(a) 所示为不同的固定力载荷条件下，壳体最大挠度随内表面温度 T_1 的变化，图 9.1.9(b) 所示为不同的固定温度条件下，壳体最大挠度随力的变化。可见，当温度固定时，壳体最大挠度随力的增大而线性增大；当力

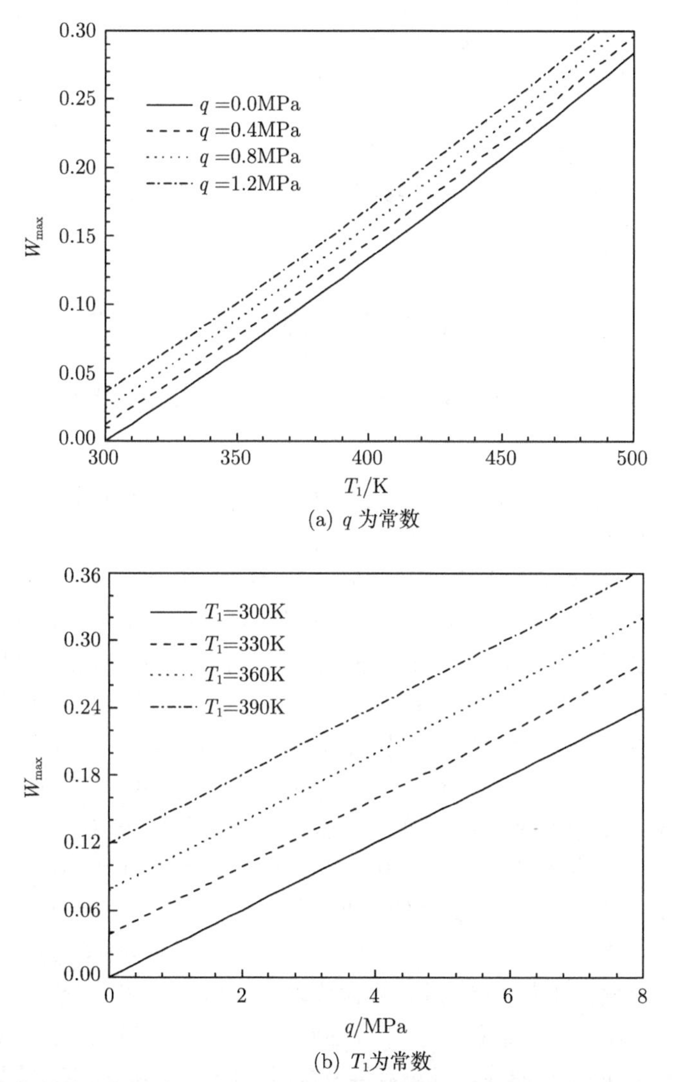

(a) q 为常数

(b) T_1为常数

图 9.1.9　热力载荷联合作用时 ($\Delta T_r = 1$，$n = 2$)，两端固定功能梯度圆锥壳最大挠度随载荷的变化规律 [662]

载荷固定时，壳体最大挠度随温度的增大呈非线性增大，但非线性程度较弱，这是由材料性质的温度依赖性引起的。图 9.1.10 所示为不同固定力载荷情况下，两端简支壳最大挠度随内表面温度 T_1 的变化，变化规律与两端固定壳类似。

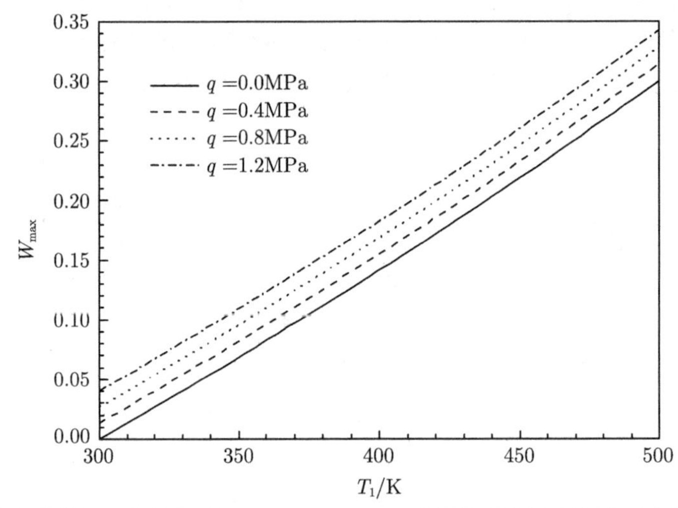

图 9.1.10　热力载荷联合作用时 ($\Delta T_r = 1$，$n = 2$)，两端简支壳最大挠度随内表面温度 T_1 的变化 [662]

图 9.1.11(a) 给出了相同非均匀升温场中，两端简支壳和两端固定壳的最大挠度随材料梯度指数 n 的变化曲线。图 9.1.11(b) 给出了相同力载荷作用时，材料梯度指数 n 对两种壳最大挠度的影响。很显然，壳体最大挠度随 n 的增大而单调减小。当 n 为 0~3 时，随着 n 的增大 W_{max} 急剧减小；当 $n > 3$ 时，随 n 的增大 W_{max} 缓慢减小。这是因为，当 $n = 0$ 时，功能梯度材料退化为均匀各向同性金属，此时功能梯度圆锥壳的刚度最小，当 n 为 0~3 时，随着 n 的增大，幂函数所描述的功能梯度材料中陶瓷的含量增加，金属的含量减少，功能梯度圆锥壳的刚度增大，导致其变形急剧减小。当 $n > 3$ 时，随着 n 的增大，功能梯度材料中组分材料的含量差异较小，材料刚度相对平稳，对弯曲变形的影响不显著。图 9.1.11(a) 中壳体最大挠度随 n 的变化是单调的，这与图 9.1.5(a) 不同。为了说明此现象，图 9.1.12 给出了功能梯度材料中两种组分材料的弹性模量与热膨胀系数之积 $E(T)\alpha(T)$ 随温度 T 的变化曲线（$\Delta T_r = 15$，$\Delta T_1 = 30$K）。可见，两种组分材料的弹性模量与热膨胀系数之积随温度的增大变化较小，即温度增大对热弯矩的影响较小。图 9.1.11(b) 中的虚线是，当环境稳态温度变为 $T_0 = 600$K 时，两种边界壳在相同机械载荷作用下最大挠度随 n 的变化曲线。环境温度升高时 SUS304 和 Si_3N_4 的弹性模量均降低，故环境稳态温度由 $T_0 = 300$K 增至 $T_0 = 600$K 时，壳体的弯曲程度明显增大（5.5%~8.1%）。可见，分析时应尽量考虑材料性质的温度依赖性。

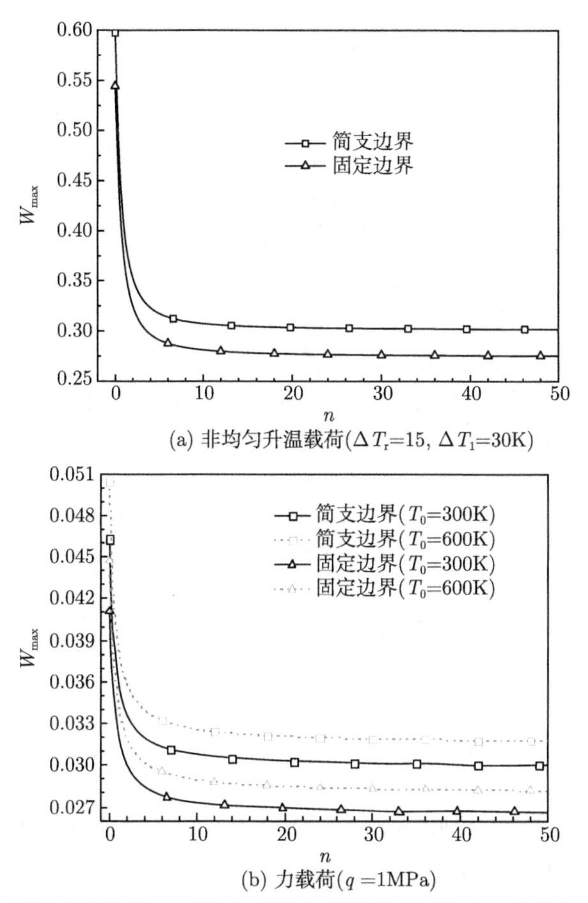

(a) 非均匀升温载荷(ΔT_r=15, ΔT_1=30K)

(b) 力载荷(q =1MPa)

图 9.1.11　材料梯度指数 n 对简支和固定功能梯度圆锥壳最大挠度的影响 [662]

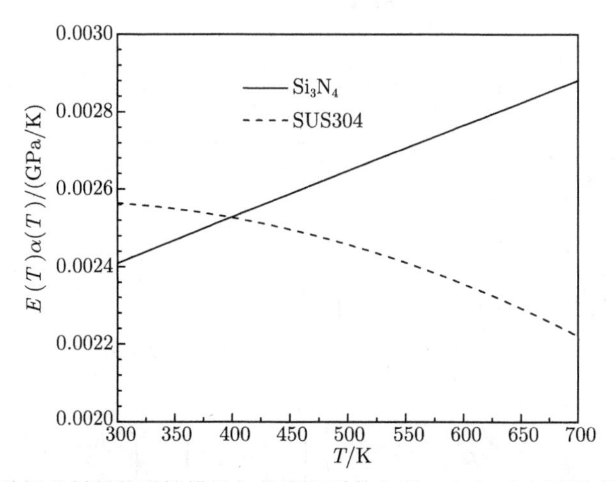

图 9.1.12　两种组分材料的弹性模量与热膨胀系数之积 $E(T)\alpha(T)$ 随温度 T 的变化曲线

9.2 带缺陷截顶功能梯度圆锥壳的非线性热力弯曲

9.2.1 基本方程

本节仍然考虑由材料 1 和材料 2 组成的等厚度截顶功能梯度圆锥壳 (图 9.1.1)，其形状参数和曲线坐标系均与 9.1 节相同。壳体受到均匀分布力载荷 (p_s, p_z) 和沿厚度方向非均匀变化热载荷 $T(z)$ 的作用（为了方便书写，本节均直接用 T 来表示温度改变量 ΔT）。下面分析在力载荷与热载荷同时作用时，带缺陷截顶功能梯度圆锥壳的非线性大变形问题。

就圆锥壳而言，对应于坐标 s、θ 的拉梅系数分别为 $A_1 = 1$、$A_2 = s\sin\varphi$，s 和 θ 方向的主曲率半径分别为 ∞ 和 $s\tan\varphi$，将这些量代入 Donnell 壳理论的几何方程，可得到圆锥壳轴对称变形的非线性几何方程 [667-668]：

$$\varepsilon_s = \varepsilon_s^0 + z\kappa_s \tag{9.2.1a}$$

$$\varepsilon_\theta = \varepsilon_\theta^0 + z\kappa_\theta \tag{9.2.1b}$$

$$\varepsilon_{s\theta} = \varepsilon_{\theta s} = 0 \tag{9.2.1c}$$

式中，

$$\varepsilon_s^0 = \frac{\mathrm{d}u}{\mathrm{d}s} + \frac{1}{2}\left(\frac{\mathrm{d}w}{\mathrm{d}s}\right)^2 + \frac{\mathrm{d}\overline{w}}{\mathrm{d}s}\frac{\mathrm{d}w}{\mathrm{d}s} \tag{9.2.2}$$

$$\varepsilon_\theta^0 = \frac{1}{s}\left(u + w\cot\varphi\right) \tag{9.2.3}$$

式 (9.2.2) 中，$\overline{w}$ 为初始几何缺陷。与 9.1 节相同，考虑线性热弹性功能梯度材料，其本构关系如式 (9.1.5) 所示。由虚功原理，可得壳体平衡方程：

$$\frac{\mathrm{d}}{\mathrm{d}s}\left(sN_s\right) - N_\theta = -s\,p_s \tag{9.2.4}$$

$$\frac{\mathrm{d}^2\left(sM_s\right)}{\mathrm{d}s^2} - \frac{\mathrm{d}M_\theta}{\mathrm{d}s} + \frac{\mathrm{d}}{\mathrm{d}s}\left[sN_s\left(\frac{\mathrm{d}w}{\mathrm{d}s} + \frac{\mathrm{d}\overline{w}}{\mathrm{d}s}\right)\right] - N_\theta\cot\varphi = -s\,p_z \tag{9.2.5}$$

式中，薄膜力 N_s、N_θ 及弯矩 M_s、M_θ 的定义与 9.1 节相同。

中面位移表示的内力为

$$\begin{aligned}\begin{pmatrix} N_s \\ N_\theta \end{pmatrix} =& A_{11}\begin{bmatrix} 1 & \nu \\ \nu & 1 \end{bmatrix}\begin{pmatrix} \dfrac{\mathrm{d}u}{\mathrm{d}s} + \dfrac{1}{2}\left(\dfrac{\mathrm{d}w}{\mathrm{d}s}\right)^2 + \dfrac{\mathrm{d}\overline{w}}{\mathrm{d}s}\dfrac{\mathrm{d}w}{\mathrm{d}s} \\ \dfrac{1}{s}\left(u + w\cot\varphi\right) \end{pmatrix} \\ &- B_{11}\begin{bmatrix} 1 & \nu \\ \nu & 1 \end{bmatrix}\begin{pmatrix} \dfrac{\mathrm{d}^2 w}{\mathrm{d}s^2} \\ \dfrac{1}{s}\dfrac{\mathrm{d}w}{\mathrm{d}s} \end{pmatrix} - \begin{pmatrix} N_T \\ N_T \end{pmatrix}\end{aligned} \tag{9.2.6}$$

$$\begin{pmatrix} M_s \\ M_\theta \end{pmatrix} = B_{11}\begin{bmatrix} 1 & \nu \\ \nu & 1 \end{bmatrix}\begin{pmatrix} \dfrac{\mathrm{d}u}{\mathrm{d}s}+\dfrac{1}{2}\left(\dfrac{\mathrm{d}w}{\mathrm{d}s}\right)^2+\dfrac{\mathrm{d}\overline{w}}{\mathrm{d}s}\dfrac{\mathrm{d}w}{\mathrm{d}s} \\ \dfrac{1}{s}(u+w\cot\varphi) \end{pmatrix}$$

$$-D_{11}\begin{bmatrix} 1 & \nu \\ \nu & 1 \end{bmatrix}\begin{pmatrix} \dfrac{\mathrm{d}^2w}{\mathrm{d}s^2} \\ \dfrac{1}{s}\dfrac{\mathrm{d}w}{\mathrm{d}s} \end{pmatrix}-\begin{pmatrix} M_T \\ M_T \end{pmatrix} \tag{9.2.7}$$

式中，N_T 和 M_T 分别为热薄膜力和热弯矩。升温 T 沿厚度方向的变化规律由一维热传导方程来描述，外表面与内表面的升温比值 $T_{\mathrm{r}}=T_2/T_1$。

将位移表示的内力式 (9.2.6) 和式 (9.2.7) 代入平衡方程 (9.2.4) 和方程 (9.2.5)，可得位移型控制方程：

$$A_{11}\,g_2-B_{11}\,g_1+p_s=0 \tag{9.2.8}$$

$$\left(\frac{B_{11}^2}{A_{11}}-D_{11}\right)f_4+A_{11}f_1-B_{11}f_2-N_Tf_3-f_5+p_z=0 \tag{9.2.9}$$

式中，

$$g_1=\frac{\mathrm{d}^3w}{\mathrm{d}s^3}+\frac{1}{s}\frac{\mathrm{d}^2w}{\mathrm{d}s^2}-\frac{1}{s^2}\frac{\mathrm{d}w}{\mathrm{d}s}$$

$$g_2=\frac{\mathrm{d}}{\mathrm{d}s}\frac{1}{s}\frac{\mathrm{d}}{\mathrm{d}s}(su)+\frac{\mathrm{d}^2w}{\mathrm{d}s^2}\left(\frac{\mathrm{d}w}{\mathrm{d}s}+\frac{\mathrm{d}\overline{w}}{\mathrm{d}s}\right)+\frac{\mathrm{d}w}{\mathrm{d}s}\left(\frac{1-\nu}{2s}\frac{\mathrm{d}w}{\mathrm{d}s}+\frac{\mathrm{d}^2\overline{w}}{\mathrm{d}s^2}+\frac{1-\nu}{s}\frac{\mathrm{d}\overline{w}}{\mathrm{d}s}\right)$$
$$+\left(\frac{\nu}{s}\frac{\mathrm{d}w}{\mathrm{d}s}-\frac{w}{s^2}\right)\cot\varphi$$

$$f_1=\left[\frac{\mathrm{d}u}{\mathrm{d}s}+\frac{\nu u}{s}+\frac{1}{2}\left(\frac{\mathrm{d}w}{\mathrm{d}s}\right)^2+\frac{\mathrm{d}w}{\mathrm{d}s}\frac{\mathrm{d}\overline{w}}{\mathrm{d}s}+\frac{\nu w}{s}\cot\varphi\right]\left(\frac{\mathrm{d}^2w}{\mathrm{d}s^2}+\frac{\mathrm{d}^2\overline{w}}{\mathrm{d}s^2}\right)$$
$$+\left(\frac{\nu}{s}\frac{\mathrm{d}u}{\mathrm{d}s}+\frac{u}{s^2}+\frac{w}{s^2}\cot\varphi\right)\left(\frac{\mathrm{d}w}{\mathrm{d}s}+\frac{\mathrm{d}\overline{w}}{\mathrm{d}s}-\cot\varphi\right)$$
$$+\frac{\nu}{2s}\left(\frac{\mathrm{d}w}{\mathrm{d}s}+3\frac{\mathrm{d}\overline{w}}{\mathrm{d}s}-\cot\varphi\right)\left(\frac{\mathrm{d}w}{\mathrm{d}s}\right)^2+\frac{\nu}{s}\frac{\mathrm{d}w}{\mathrm{d}s}\frac{\mathrm{d}\overline{w}}{\mathrm{d}s}\left(\frac{\mathrm{d}\overline{w}}{\mathrm{d}s}-\cot\varphi\right)$$

$$f_2=\frac{\mathrm{d}^2w}{\mathrm{d}s^2}\left(\frac{\mathrm{d}^2w}{\mathrm{d}s^2}+\frac{\mathrm{d}^2\overline{w}}{\mathrm{d}s^2}+\frac{2\nu}{s}\frac{\mathrm{d}w}{\mathrm{d}s}+\frac{\nu}{s}\frac{\mathrm{d}\overline{w}}{\mathrm{d}s}\right)+\frac{\mathrm{d}w}{\mathrm{d}s}\left[\frac{1}{s^2}\left(\frac{\mathrm{d}w}{\mathrm{d}s}+\frac{\mathrm{d}\overline{w}}{\mathrm{d}s}\right)+\frac{\nu}{s}\frac{\mathrm{d}^2\overline{w}}{\mathrm{d}s^2}\right]$$
$$-\left(\frac{\nu}{s}\frac{\mathrm{d}^2w}{\mathrm{d}s^2}+\frac{1}{s^2}\frac{\mathrm{d}w}{\mathrm{d}s}\right)\cot\varphi$$

$$f_3=\frac{\mathrm{d}^2w}{\mathrm{d}s^2}+\frac{\mathrm{d}^2\overline{w}}{\mathrm{d}s^2}+\frac{1}{s}\left(\frac{\mathrm{d}w}{\mathrm{d}s}+\frac{\mathrm{d}\overline{w}}{\mathrm{d}s}\right)-\frac{1}{s}\cot\varphi$$

$$f_4 = \frac{\mathrm{d}^4 w}{\mathrm{d}s^4} + \frac{2}{s}\frac{\mathrm{d}^3 w}{\mathrm{d}s^3} - \frac{1}{s^2}\frac{\mathrm{d}^2 w}{\mathrm{d}s^2} + \frac{1}{s^3}\frac{\mathrm{d}w}{\mathrm{d}s}$$
$$f_5 = \left(\frac{\mathrm{d}w}{\mathrm{d}s} + \frac{\mathrm{d}\overline{w}}{\mathrm{d}s}\right) p_s + \frac{B_{11}}{A_{11}}\left(\frac{\mathrm{d}p_s}{\mathrm{d}s} + \frac{p_s}{s}\right)$$

考虑以下三种边界条件。

(1) 固定边界：

$$u = 0, \quad w = 0, \quad \frac{\mathrm{d}w}{\mathrm{d}s} = 0 \tag{9.2.10}$$

(2) 简支边界：

$$u = 0, \quad w = 0, \quad M_s = 0 \tag{9.2.11}$$

式 (9.2.11) 中的内力边界条件可写成位移形式：

$$B_{11}\left[\frac{\mathrm{d}u}{\mathrm{d}s} + \frac{1}{2}\left(\frac{\mathrm{d}w}{\mathrm{d}s}\right)^2 + \frac{\mathrm{d}w}{\mathrm{d}s}\frac{\mathrm{d}\overline{w}}{\mathrm{d}s}\right] - D_{11}\left(\frac{\mathrm{d}^2 w}{\mathrm{d}s^2} + \frac{\nu}{s}\frac{\mathrm{d}w}{\mathrm{d}s}\right) - M_T = 0 \tag{9.2.12}$$

(3) 自由边界：

$$M_s = 0, \quad N_s = 0, \quad \frac{\mathrm{d}M_s}{\mathrm{d}s} + \frac{1}{s}(M_s - M_\theta) = 0 \tag{9.2.13}$$

式 (9.2.13) 中的内力边界条件可写成位移形式：

$$B_{11}\left[\frac{\mathrm{d}u}{\mathrm{d}s} + \frac{1}{2}\left(\frac{\mathrm{d}w}{\mathrm{d}s}\right)^2 + \frac{\mathrm{d}w}{\mathrm{d}s}\frac{\mathrm{d}\overline{w}}{\mathrm{d}s} + \frac{\nu}{s}(u + w\cot\varphi)\right] - D_{11}\left(\frac{\mathrm{d}^2 w}{\mathrm{d}s^2} + \frac{\nu}{s}\frac{\mathrm{d}w}{\mathrm{d}s}\right) - M_T = 0 \tag{9.2.14}$$

$$A_{11}\left[\frac{\mathrm{d}u}{\mathrm{d}s} + \frac{1}{2}\left(\frac{\mathrm{d}w}{\mathrm{d}s}\right)^2 + \frac{\mathrm{d}w}{\mathrm{d}s}\frac{\mathrm{d}\overline{w}}{\mathrm{d}s} + \frac{\nu}{s}(u + w\cot\varphi)\right] - B_{11}\left(\frac{\mathrm{d}^2 w}{\mathrm{d}s^2} + \frac{\nu}{s}\frac{\mathrm{d}w}{\mathrm{d}s}\right) - N_T = 0 \tag{9.2.15}$$

$$\begin{aligned}&\frac{\mathrm{d}^3 w}{\mathrm{d}s^3} + \frac{1}{s}\frac{\mathrm{d}^2 w}{\mathrm{d}s^2} - \frac{1}{s^2}\frac{\mathrm{d}w}{\mathrm{d}s} - \frac{B_{11}}{D_{11}}\left[\frac{\mathrm{d}^2 u}{\mathrm{d}s^2} + \frac{1}{s}\frac{\mathrm{d}u}{\mathrm{d}s} - \frac{u}{s^2} + \frac{\mathrm{d}^2 w}{\mathrm{d}s^2}\left(\frac{\mathrm{d}w}{\mathrm{d}s} + \frac{\mathrm{d}\overline{w}}{\mathrm{d}s}\right)\right.\\ &\quad\left. + \frac{\mathrm{d}w}{\mathrm{d}s}\left(\frac{1-\nu}{2s}\frac{\mathrm{d}w}{\mathrm{d}s} + \frac{\mathrm{d}^2\overline{w}}{\mathrm{d}s^2} + \frac{1-\nu}{s}\frac{\mathrm{d}\overline{w}}{\mathrm{d}s} + \frac{\nu}{s}\cot\varphi\right)\right] = 0\end{aligned} \tag{9.2.16}$$

9.2.2　无量纲控制方程和边界条件

为了便于分析，在 9.1 节的基础上，再引入下列无量纲变量：

$$(x, x_1, x_2) = (s, s_1, s_2)/L, \quad \left(\overline{W}, f, \delta\right) = (\overline{w}, w_{\max}, L)/h, \quad U = \frac{uL}{h^2}, \quad y = \frac{h-2z}{2h},$$

$$\mathrm{CF}=\delta\cot\varphi,\quad \lambda=12(1+\nu)\delta^2\alpha_1 T_1,\quad F_{11}=\frac{B_{11}}{D_{11}}h,\quad F_{22}=\frac{A_{11}}{D_{11}}h^2,\quad F_{33}=\frac{B_{11}}{hA_{11}},$$

$$N^T=\frac{L^2}{D_{11}}N_T,\quad P_z=\frac{p_zL^4}{D_{11}h},\quad M^T=\frac{L^2}{D_{11}h}M_T,\quad E_{\mathrm{r}}=\frac{E_1}{E_2},\quad K_{\mathrm{r}}=\frac{K_1}{K_2},$$

$$\alpha_{\mathrm{r}}=\frac{\alpha_2}{\alpha_1},\quad T_{\mathrm{r}}=\frac{T_2}{T_1},\quad c=\frac{1}{K_{\mathrm{r}}-1},\quad P_s=\frac{p_sL^3}{D_{11}}$$

问题的无量纲控制方程为

$$F_{22}\,G_2-F_{11}\,G_1+P_s=0 \tag{9.2.17}$$

$$(F_{11}F_{33}-1)\,F_4+F_{22}F_1-F_{11}\,F_2-N^TF_3-F_5+P_z=0 \tag{9.2.18}$$

式中，

$$G_1=\frac{\mathrm{d}^3W}{\mathrm{d}x^3}+\frac{1}{x}\frac{\mathrm{d}^2W}{\mathrm{d}x^2}-\frac{1}{x^2}\frac{\mathrm{d}W}{\mathrm{d}x}$$

$$G_2=\frac{\mathrm{d}}{\mathrm{d}x}\frac{1}{x}\frac{\mathrm{d}}{\mathrm{d}x}(xU)+\frac{\mathrm{d}^2W}{\mathrm{d}x^2}\left(\frac{\mathrm{d}W}{\mathrm{d}x}+\frac{\mathrm{d}\overline{W}}{\mathrm{d}x}\right)$$
$$+\frac{\mathrm{d}W}{\mathrm{d}x}\left(\frac{1-\nu}{2x}\frac{\mathrm{d}W}{\mathrm{d}x}+\frac{\mathrm{d}^2\overline{W}}{\mathrm{d}x^2}+\frac{1-\nu}{x}\frac{\mathrm{d}\overline{W}}{\mathrm{d}x}\right)+\left(\frac{\nu}{x}\frac{\mathrm{d}W}{\mathrm{d}x}-\frac{W}{x^2}\right)\mathrm{CF}$$

$$F_1=\left[\frac{\mathrm{d}U}{\mathrm{d}x}+\frac{\nu U}{x}+\frac{1}{2}\left(\frac{\mathrm{d}W}{\mathrm{d}x}\right)^2+\frac{\mathrm{d}W}{\mathrm{d}x}\frac{\mathrm{d}\overline{W}}{\mathrm{d}x}+\frac{\nu W}{x}\mathrm{CF}\right]\left(\frac{\mathrm{d}^2W}{\mathrm{d}x^2}+\frac{\mathrm{d}^2\overline{W}}{\mathrm{d}x^2}\right)$$
$$+\left(\frac{\nu}{x}\frac{\mathrm{d}U}{\mathrm{d}x}+\frac{U}{x^2}+\mathrm{CF}\frac{W}{x^2}\right)\left(\frac{\mathrm{d}W}{\mathrm{d}x}+\frac{\mathrm{d}\overline{W}}{\mathrm{d}x}-\mathrm{CF}\right)$$
$$+\frac{\nu}{2x}\left(\frac{\mathrm{d}W}{\mathrm{d}x}+3\frac{\mathrm{d}\overline{W}}{\mathrm{d}x}-\mathrm{CF}\right)\left(\frac{\mathrm{d}W}{\mathrm{d}x}\right)^2+\frac{\nu}{x}\frac{\mathrm{d}W}{\mathrm{d}x}\frac{\mathrm{d}\overline{W}}{\mathrm{d}x}\left(\frac{\mathrm{d}\overline{W}}{\mathrm{d}x}-\mathrm{CF}\right)$$

$$F_2=\frac{\mathrm{d}^2W}{\mathrm{d}x^2}\left(\frac{\mathrm{d}^2W}{\mathrm{d}x^2}+\frac{\mathrm{d}^2\overline{W}}{\mathrm{d}x^2}+\frac{2\nu}{x}\frac{\mathrm{d}W}{\mathrm{d}x}+\frac{\nu}{x}\frac{\mathrm{d}\overline{W}}{\mathrm{d}x}\right)$$
$$+\frac{\mathrm{d}W}{\mathrm{d}x}\left[\frac{1}{x^2}\left(\frac{\mathrm{d}W}{\mathrm{d}x}+\frac{\mathrm{d}\overline{W}}{\mathrm{d}x}\right)+\frac{\nu}{x}\frac{\mathrm{d}^2\overline{W}}{\mathrm{d}x^2}\right]-\left(\frac{\nu}{x}\frac{\mathrm{d}^2W}{\mathrm{d}x^2}+\frac{1}{x^2}\frac{\mathrm{d}W}{\mathrm{d}x}\right)\mathrm{CF}$$

$$F_3=\frac{\mathrm{d}^2W}{\mathrm{d}x^2}+\frac{\mathrm{d}^2\overline{W}}{\mathrm{d}x^2}+\frac{1}{x}\left(\frac{\mathrm{d}W}{\mathrm{d}x}+\frac{\mathrm{d}\overline{W}}{\mathrm{d}x}\right)-\frac{\mathrm{CF}}{x}$$

$$F_4=\frac{\mathrm{d}^4W}{\mathrm{d}x^4}+\frac{2}{x}\frac{\mathrm{d}^3W}{\mathrm{d}x^3}-\frac{1}{x^2}\frac{\mathrm{d}^2W}{\mathrm{d}x^2}+\frac{1}{x^3}\frac{\mathrm{d}W}{\mathrm{d}x}$$

$$F_5=\left(\frac{\mathrm{d}W}{\mathrm{d}x}+\frac{\mathrm{d}\overline{W}}{\mathrm{d}x}\right)P_s+F_{33}\left(\frac{\mathrm{d}P_{\mathrm{s}}}{\mathrm{d}x}+\frac{P_{\mathrm{s}}}{x}\right)$$

相应的无量纲边界条件如下所述。

(1) 固定边界：

$$U=0, \quad W=0, \quad \frac{\mathrm{d}W}{\mathrm{d}x}=0 \tag{9.2.19}$$

(2) 简支边界：

$$U=0, \quad W=0 \tag{9.2.20}$$

$$F_{11}\left[\frac{\mathrm{d}U}{\mathrm{d}x}+\frac{1}{2}\left(\frac{\mathrm{d}W}{\mathrm{d}x}\right)^2+\frac{\mathrm{d}W}{\mathrm{d}x}\frac{\mathrm{d}\overline{W}}{\mathrm{d}x}\right]-\left(\frac{\mathrm{d}^2W}{\mathrm{d}x^2}+\frac{\nu}{x}\frac{\mathrm{d}W}{\mathrm{d}x}\right)-M^T=0 \tag{9.2.21}$$

(3) 自由边界：

$$F_{11}\left[\frac{\mathrm{d}U}{\mathrm{d}x}+\frac{1}{2}\left(\frac{\mathrm{d}W}{\mathrm{d}x}\right)^2+\frac{\mathrm{d}W}{\mathrm{d}x}\frac{\mathrm{d}\overline{W}}{\mathrm{d}x}+\frac{\nu}{x}(U+W\cot\varphi)\right]-\frac{\mathrm{d}^2W}{\mathrm{d}x^2}-\frac{\nu}{x}\frac{\mathrm{d}W}{\mathrm{d}x}-M^T=0 \tag{9.2.22}$$

$$\frac{\mathrm{d}U}{\mathrm{d}x}+\frac{1}{2}\left(\frac{\mathrm{d}W}{\mathrm{d}x}\right)^2+\frac{\mathrm{d}W}{\mathrm{d}x}\frac{\mathrm{d}\overline{W}}{\mathrm{d}x}+\frac{\nu}{x}(U+W\cot\varphi)-\frac{F_{11}}{F_{22}}\left(\frac{\mathrm{d}^2W}{\mathrm{d}x^2}+\frac{\nu}{x}\frac{\mathrm{d}W}{\mathrm{d}x}\right)-\frac{N^T}{F_{22}}=0 \tag{9.2.23}$$

$$\begin{aligned}&\frac{\mathrm{d}^3W}{\mathrm{d}x^3}+\frac{1}{x}\frac{\mathrm{d}^2W}{\mathrm{d}x^2}-\frac{1}{x^2}\frac{\mathrm{d}W}{\mathrm{d}x}-F_{11}\left[\frac{\mathrm{d}^2U}{\mathrm{d}x^2}+\frac{1}{x}\frac{\mathrm{d}U}{\mathrm{d}x}-\frac{U}{x^2}+\frac{\mathrm{d}^2W}{\mathrm{d}x^2}\left(\frac{\mathrm{d}W}{\mathrm{d}x}+\frac{\mathrm{d}\overline{W}}{\mathrm{d}x}\right)\right.\\&\qquad\left.+\frac{\mathrm{d}W}{\mathrm{d}x}\left(\frac{1-\nu}{2x}\frac{\mathrm{d}W}{\mathrm{d}x}+\frac{\mathrm{d}^2\overline{W}}{\mathrm{d}x^2}+\frac{1-\nu}{x}\frac{\mathrm{d}\overline{W}}{\mathrm{d}x}+\frac{\nu}{x}\mathrm{CF}\right)\right]=0\end{aligned} \tag{9.2.24}$$

9.2.3 求解方法与结果讨论

由于方程的非线性特征及变量之间的相互耦合，很难求得由式 (9.2.17)～式 (9.2.24) 所描述的边值问题的解析解。这里采用打靶法 [669-670] 求数值解。首先，将控制方程及边界条件式 (9.2.17)～ 式 (9.2.24) 写成如下标准形式：

$$\frac{\mathrm{d}Y}{\mathrm{d}x}=H(x,Y) \quad (x_1<x<x_2) \tag{9.2.25}$$

$$B_1Y(x_1)=b_1, \qquad B_2Y(x_2)=b_2 \tag{9.2.26}$$

式中，

$$Y=\{y_1,y_2,y_3,y_4,y_5,y_6,y_7\}^{\mathrm{T}}=\left\{W,\frac{\mathrm{d}W}{\mathrm{d}x},\frac{\mathrm{d}^2W}{\mathrm{d}x^2},\frac{\mathrm{d}^3W}{\mathrm{d}x^3},U,\frac{\mathrm{d}U}{\mathrm{d}x},\zeta\right\}^{\mathrm{T}} \tag{9.2.27}$$

$$H(x,Y)=\{y_2,\ y_3,\ y_4,\ \varphi_1,\ y_6,\ \varphi_2,\ 0\}^{\mathrm{T}} \tag{9.2.28}$$

对于给定的升温载荷 $\zeta=\lambda$ 和给定的力载荷 $\zeta=P_z$，矩阵 B_1 和 B_2、向量 b_1 和 b_2，以及函数 φ_1 和 φ_2 的具体表达式如下所述。

两端固定边界：

$$B_1=\begin{bmatrix}1&0&0&0&0&0&0\\0&1&0&0&0&0&0\\0&0&0&0&1&0&0\\0&0&0&0&0&0&1\end{bmatrix},\quad b_1=\begin{Bmatrix}0\\0\\0\\\zeta\end{Bmatrix},$$

$$B_2=\begin{bmatrix}1&0&0&0&0&0&0\\0&1&0&0&0&0&0\\0&0&0&0&1&0&0\end{bmatrix},\quad b_2=\begin{Bmatrix}0\\0\\0\end{Bmatrix}$$

两端简支边界：

$$B_1=\begin{bmatrix}1&0&0&0&0&0&0\\0&0&1&0&0&0&0\\0&0&0&0&1&0&0\\0&0&0&0&0&0&1\end{bmatrix},\quad b_1=\begin{Bmatrix}0\\\eta_1\\0\\\zeta\end{Bmatrix},$$

$$B_2=\begin{bmatrix}1&0&0&0&0&0&0\\0&0&1&0&0&0&0\\0&0&0&0&1&0&0\end{bmatrix},\quad b_2=\begin{Bmatrix}0\\\eta_2\\0\end{Bmatrix}$$

$$\varphi_1=\left(F_{22}f_{11}-F_{11}f_{22}-N^Tf_{33}-f_{55}+P_z\right)/(1-F_{11}F_{33})-f_{44}$$

$$\varphi_2=\frac{F_{11}}{F_{22}}g_{11}-\frac{P_s}{F_{22}}-g_{22}$$

$$\eta_1=F_{11}\left[y_6+\frac{1}{2}(y_2)^2+y_2\frac{\mathrm{d}\overline{W}}{\mathrm{d}x}\right]-\frac{\nu}{x_1}y_2-M^T$$

$$\eta_2=F_{11}\left[y_6+\frac{1}{2}(y_2)^2+y_2\frac{\mathrm{d}\overline{W}}{\mathrm{d}x}\right]-\frac{\nu}{x_2}y_2-M^T$$

式中，

$$f_{11}=\left[y_6+\frac{\nu}{x}y_5+\frac{1}{2}(y_2)^2+y_2\frac{\mathrm{d}\overline{W}}{\mathrm{d}x}+\frac{\nu}{x}y_1\mathrm{CF}\right]\left(y_3+\frac{\mathrm{d}^2\overline{W}}{\mathrm{d}x^2}\right)$$
$$+\left(\frac{\nu}{x}y_6+\frac{1}{x^2}y_5+\mathrm{CF}\frac{y_1}{x^2}\right)\left(y_2-\mathrm{CF}+\frac{\mathrm{d}\overline{W}}{\mathrm{d}x}\right)$$

$$
\begin{aligned}
&+\frac{\nu}{2x}\left(y_2-\mathrm{CF}+3\frac{\mathrm{d}\overline{W}}{\mathrm{d}x}\right)(y_2)^2+\frac{\nu}{x}y_2\frac{\mathrm{d}\overline{W}}{\mathrm{d}x}\left(\frac{\mathrm{d}\overline{W}}{\mathrm{d}x}-\mathrm{CF}\right)\\
f_{22}=&y_3\left(y_3+\frac{2\nu}{x}y_2+\frac{\mathrm{d}^2\overline{W}}{\mathrm{d}x^2}+\frac{\nu}{x}\frac{\mathrm{d}\overline{W}}{\mathrm{d}x}\right)\\
&+y_2\left[\frac{1}{x^2}\left(y_2+\frac{\mathrm{d}\overline{W}}{\mathrm{d}x}\right)+\frac{\nu}{x}\frac{\mathrm{d}^2\overline{W}}{\mathrm{d}x^2}\right]-\left(\frac{\nu}{x}y_3+\frac{1}{x^2}y_2\right)\mathrm{CF}\\
f_{33}=&y_3+\frac{\mathrm{d}^2\overline{W}}{\mathrm{d}x^2}+\frac{1}{x}\left(y_2+\frac{\mathrm{d}\overline{W}}{\mathrm{d}x}\right)-\frac{\mathrm{CF}}{x}\\
f_{44}=&\frac{2}{x}y_4-\frac{1}{x^2}y_3+\frac{1}{x^3}y_2\\
f_{55}=&\left(y_2+\frac{\mathrm{d}\overline{W}}{\mathrm{d}x}\right)P_s+F_{33}\left(\frac{\mathrm{d}P_s}{\mathrm{d}x}+\frac{P_s}{x}\right)\\
g_{11}=&y_4+\frac{1}{x}y_3-\frac{1}{x^2}y_2\\
g_{22}=&\frac{y_6}{x}-\frac{y_5}{x^2}+y_3\left(y_2+\frac{\mathrm{d}\overline{W}}{\mathrm{d}x}\right)\\
&+y_2\left(\frac{1-\nu}{2x}y_2+\frac{\mathrm{d}^2\overline{W}}{\mathrm{d}x^2}+\frac{1-\nu}{x}\frac{\mathrm{d}\overline{W}}{\mathrm{d}x}\right)+\left(\frac{\nu y_2}{x}-\frac{y_1}{x^2}\right)\mathrm{CF}
\end{aligned}
$$

打靶法的求解思路：首先，将边值问题 (式 (9.2.26)) 转化为对应的初值问题，并在初值问题的初始条件中包含与终点边界条件个数相同的待定参数。然后，不断调整这些待定参数，直到初值问题的解能满足边值问题终点的边界条件，这样就得到了边值问题的解。具体求解步骤如下所述。

首先，考虑与式 (9.2.25)、式 (9.2.26) 相对应的初值问题：

$$
\frac{\mathrm{d}Z}{\mathrm{d}x}=H(x,Z),\ (x>x_1)\quad Z(x_1)=I(x_1,D) \tag{9.2.29}
$$

式中，

$$
Z(x_1)=\{0,0,d_1,\ d_2,\ 0,\ d_3,\zeta\}^{\mathrm{T}},\quad D=\{d_1,d_2,d_3\}^{\mathrm{T}} \tag{9.2.30}
$$

对于给定载荷参数 ζ 和任意一组待定参数 D，积分得到初值问题式 (9.2.29) 的解：

$$
Z(x\,;\zeta,D)=I(\zeta,D)+\int_{x_1}^{x}H(\xi,Z)\mathrm{d}\xi \tag{9.2.31}
$$

很明显，初值问题式 (9.2.29) 的解依赖于待定参数 $D\in\mathrm{R}$。若能找到一组待定参数向量 $D=D^*$，使初值问题式 (9.2.29) 的解式 (9.2.31) 满足问题已知的边

界条件，即

$$B_2 Z(x_2; \zeta, D^*) = b_2 \tag{9.2.32}$$

则边值问题式 (9.2.25) 和式 (9.2.26) 的解为

$$Y(x) = Z(x; f, D) \tag{9.2.33}$$

采用 Runge-Kutta 法对式 (9.2.31) 进行数值积分，采用 Newton-Raphson 迭代法获得代数方程 (9.2.32) 的数值解。求解时，无量纲热薄膜力、热弯矩为

$$N^T = \frac{\lambda}{12D_3}\left(A_{01} + \frac{1-T_\mathrm{r}}{A_0}A_{02}\right)$$

$$M^T = \frac{\lambda}{12D_3}\left[\frac{1}{2}\left(A_{01} + \frac{1-T_\mathrm{r}}{A_0}A_{02}\right) - \left(B_{01} + \frac{1-T_\mathrm{r}}{A_0}B_{02}\right)\right]$$

式中，A_{01}、A_{02}、B_{01} 和 B_{02} 为与材料有关的常数，具体表达式为

$$\begin{aligned}
A_{01} =& \alpha_\mathrm{r} + \frac{\alpha_\mathrm{r}E_\mathrm{r} - 2\alpha_\mathrm{r} + 1}{n+1} + \frac{(E_\mathrm{r}-1)(1-\alpha_\mathrm{r})}{2n+1} \\
A_{02} =& -\alpha_\mathrm{r}B_0 + \frac{\alpha_\mathrm{r}E_\mathrm{r} - 2\alpha_\mathrm{r} + 1}{n+1}\left(cB_0 - \frac{1}{2}\right) \\
&+ \frac{(E_\mathrm{r}-1)(1-\alpha_\mathrm{r})}{2n+1}\left(\frac{c}{2} - \frac{1}{n+2} - c^2B_0\right) \\
B_{01} =& \frac{1}{2}\alpha_\mathrm{r} + \frac{\alpha_\mathrm{r}E_\mathrm{r} - 2\alpha_\mathrm{r} + 1}{n+2} + \frac{(E_\mathrm{r}-1)(1-\alpha_\mathrm{r})}{2n+2} \\
B_{02} =& -\frac{1}{2}\alpha_\mathrm{r}C_0 + \frac{\alpha_\mathrm{r}E_\mathrm{r} - 2\alpha_\mathrm{r} + 1}{n+2}\left(cC_0 - \frac{1}{3}\right) \\
&+ \frac{(E_\mathrm{r}-1)(1-\alpha_\mathrm{r})}{2n+2}\left(\frac{c}{3} - \frac{1}{n+3} - c^2C_0\right)
\end{aligned}$$

无量纲刚度系数为

$$F_{11} = \frac{D_2}{D_3}, \quad F_{22} = \frac{D_1}{D_3}, \quad F_{33} = \frac{D_2}{D_1}$$

以上各式中，$A_0 = \int_0^1 \frac{1}{c+y^n}\mathrm{d}y$、$B_0 = \int_0^1 \frac{y}{c+y^n}\mathrm{d}y$ 和 $C_0 = \int_0^1 \frac{y^2}{c+y^n}\mathrm{d}y$，在计算中直接用数值积分。

这里分析在横向力载荷和热载荷作用下，由金属铝（Al）和陶瓷氧化锆（ZrO_2）制成的两端固定截顶功能梯度圆锥壳。数值计算时，假设轴对称初始几何缺陷为

$\overline{W}=f_0\sin^2(x-x_1)\pi$，其中 f_0 为无量纲缺陷参数。截顶功能梯度圆锥壳的形状参数为 $R_2/H=1$，若无特别说明，取 $\delta=53.2$、$\varphi=20°$。两种组分材料的性质与 9.1 节相同。

首先，讨论理论推导和数值计算过程的正确性和有效性。图 9.2.1 给出了打靶法计算得到的非线性弯曲最大挠度和 9.1 节得到的线性精确解随非均匀升温参数 λ 的变化。计算时，考虑三种梯度指数，即 n 为 0、0.5 和 2.0。图中，实线为考虑几何非线性的打靶法数值解，虚线为线性理论下 Bessel 函数解。可见，当变形较小时，两种方法的结果基本吻合，尤其是无量纲最大挠度小于 0.05 时两者符合更好，这就验证了本节理论推导和数值分析的可靠性。由图 9.2.1 还可以看出，与几何非线性解相比，只有非均匀升温载荷作用时线性解偏小。

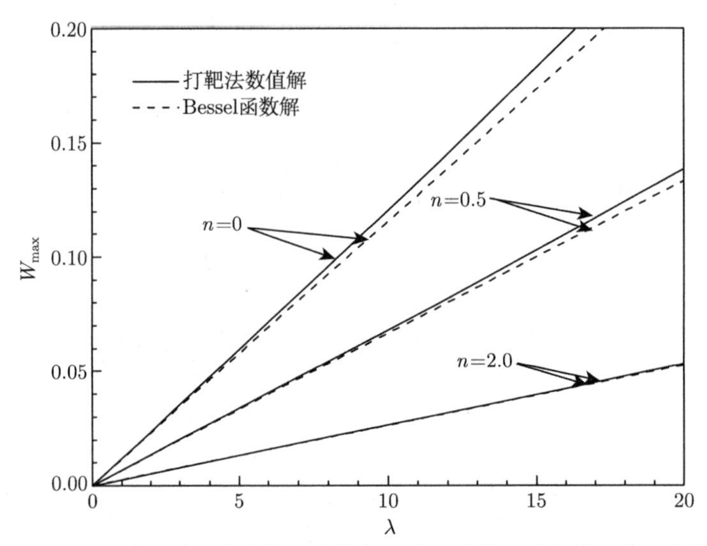

图 9.2.1 截顶功能梯度圆锥壳的线性与非线性弯曲最大挠度随非均匀升温参数 λ 的变化（$P_z=0$，$T_r=15$）[662]

只有热载荷作用时，材料梯度指数 n 对两端固定功能梯度圆锥壳最大挠度随升温参数 λ 变化曲线的影响如图 9.2.2 所示。可见，热载荷作用下，材料梯度指数对壳体最大挠度的影响不是单调的，相同载荷条件下纯金属壳的变形最大，纯陶瓷壳的变形并非最小，此规律与 9.1 节中线性精确解相同，这里不再详细讨论。图 9.2.3 所示是热力载荷联合作用下两端固定功能梯度圆锥壳最大挠度随升温参数 λ 的变化曲线。可见，当升温参数 λ 较小时，力载荷对变形的影响较大，随着热载荷的增加，力载荷的影响逐渐减弱。

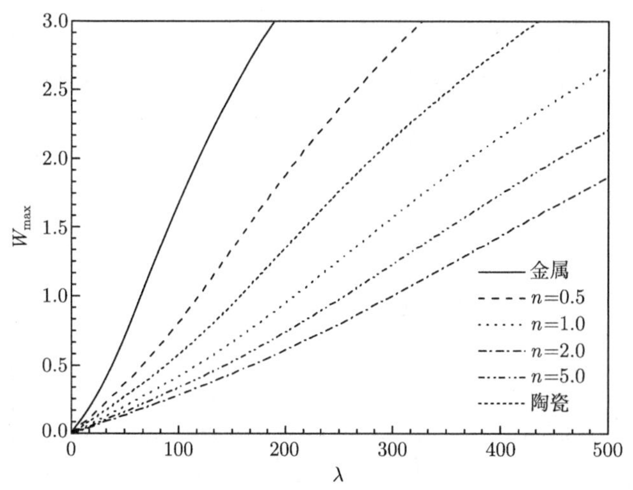

图 9.2.2　材料梯度指数对两端固定功能梯度圆锥壳最大挠度随升温参数 λ 变化曲线的影响（$P_z=0$，$T_r=15$）[662]

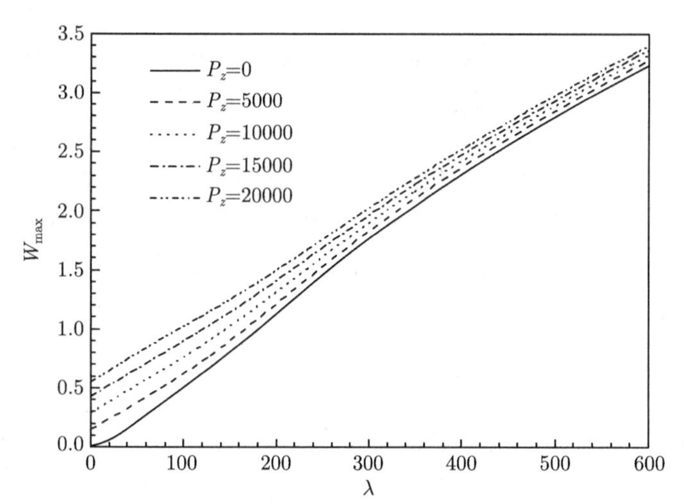

图 9.2.3　热力载荷联合作用下两端固定功能梯度圆锥壳最大挠度随升温参数 λ 的变化曲线（$T_r=15$, $n=1$）[662]

在无量纲缺陷参数 $f_0=0.0$、0.3、0.6 情况下，功能梯度圆锥壳最大挠度随无量纲升温参数 λ 的变化曲线如图 9.2.4 所示，体现了初始几何缺陷对功能梯度圆锥壳弯曲变形的影响。分析时取壳体的形状参数 $\varphi=10°$、$\delta=60$，材料梯度指数 $n=1$。图中，实线为无缺陷壳的平衡路径，点划线和虚线为具有初始几何缺陷壳的平衡路径。很显然，相同载荷条件下，具有初始几何缺陷壳的弯曲变形大于无缺陷壳，且这种差别随无量纲缺陷参数的增大而增大。这个规律类似于带缺陷板的弯曲情况，但缺陷参数对功能梯度圆锥壳弯曲变形的影响没有板明显 [327,339]。

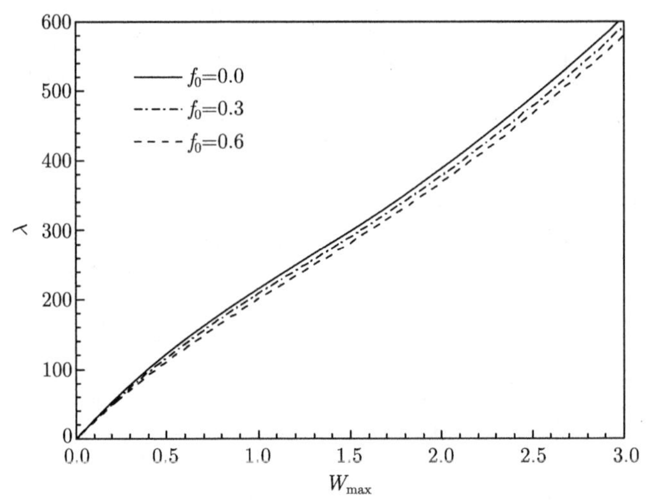

图 9.2.4　在不同无量纲缺陷参数 f_0 情况下，功能梯度圆锥壳最大挠度随非均匀升温参数 λ 的变化曲线（$P_z=0$，$T_r=15$, $n=1$, $\delta=60$, $\varphi=10°$）[662]

为了说明形状参数对壳体弯曲变形的影响，图 9.2.5 给出了母线长度与厚度之比 δ 取不同值时，功能梯度圆锥壳最大挠度随壳体半顶角 φ 的变化曲线。计算时，取载荷参数 $T_1=100\text{K}$、$T_r=15$、$p_z=5000\text{N/m}^2$。可见，给定 $R_2/H=1$ 和 $\delta=60$、62、64 时，随着壳体半顶角的增大，壳体最大挠度几乎呈线性单调减小。随着 δ 的增大，壳体弯曲变形增大，其缘故是 δ 增大后壳体的柔度增大。

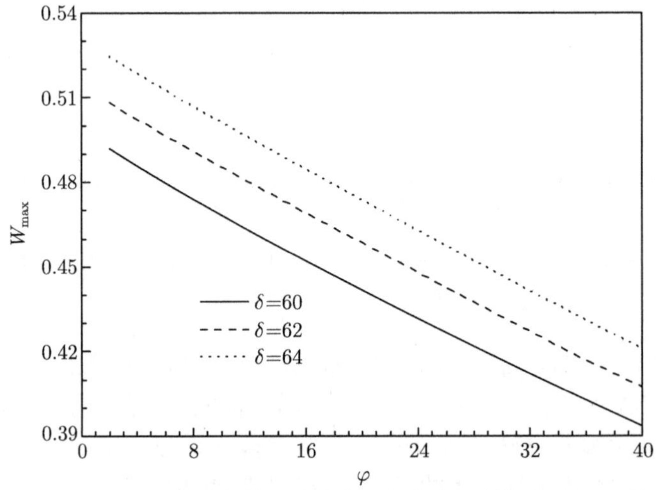

图 9.2.5　不同 δ 情况下，功能梯度圆锥壳最大挠度随壳体半顶角 φ 的变化曲线（$T_r=15$, $n=1$）[662]

上述讨论说明，与考虑几何非线性效应的壳体理论相比，线性壳体理论低估了功能梯度壳体的弯曲变形。另外，在几何、材料和载荷等参数相同的条件下，具有初始缺陷壳的弯曲变形大于无缺陷壳，且随着无量纲缺陷参数的增大，这种差别增大。与板相比，缺陷参数对壳体弯曲变形的影响不明显。

9.3　本 章 小 结

本章研究了截顶功能梯度圆锥壳在横向力载荷和（或）沿厚度方向非均匀变化热载荷作用下的变形问题。

首先，基于经典线性有矩壳理论，分析了截顶功能梯度圆锥壳的线性弯曲问题，得到了 Bessel 函数形式的全部解析解。分别给出了考虑与不考虑材料梯度指数的温度依赖性两种情况下，两端简支壳和两端固定壳的数值算例，得到了壳的变形和内力随外载荷和材料梯度指数等的变化曲线，讨论了截顶功能梯度圆锥壳的弯曲变形及其影响因素。

其次，基于非线性有矩壳理论，分析了带缺陷截顶功能梯度圆锥壳的非线性大变形问题，推导出了以中曲面位移为基本未知量的功能梯度薄圆锥壳轴对称变形的位移型控制方程，采用打靶法求解得到了该壳的热力弯曲变形响应，分析了缺陷参数、热载荷 λ、材料梯度指数 n、壳体半顶角 φ 等的影响。

本章方法可推广到其他几何中面非对称功能梯度圆锥壳的弯曲分析，可根据弯曲问题基本方程的相似性和微分方程相似理论获得问题的解。

第 10 章　截顶功能梯度圆锥壳的振动

在第 9 章的基础上，本章分析截顶功能梯度圆锥壳的振动问题。首先基于 Love 壳体理论建立功能梯度圆锥壳的位移型控制方程，其次采用广义微分求积法，将位移型控制方程和边界条件进行离散，最后求解一组代数方程，得到各种边界条件下功能梯度圆锥壳的振动特性，给出其固有频率随壳体几何参数、材料参数等的变化规律。本章在作者 [662,671] 工作基础上进行系统论述。

10.1　截顶功能梯度圆锥壳的位移型控制方程

这里讨论图 9.1.1 所示等厚度截顶功能梯度圆锥壳的振动问题，壳体的几何参数、曲线坐标系均与第 9 章相同。基于 Love 壳体理论，壳体内部任意点沿 s、θ 和 z 方向的位移 U_s、U_θ 和 U_z 可设为

$$U_s(s,\theta,z,t) = u(s,\theta,t) + z\beta_s$$

$$U_\theta(s,\theta,z,t) = v(s,\theta,t) + z\beta_\theta$$

$$U_z(s,\theta,z,t) = w(s,\theta,t)$$

式中，β_s、β_θ 为转角，$\beta_s = -\dfrac{\partial w}{\partial s}$，$\beta_\theta = -\dfrac{\csc\varphi}{s}\dfrac{\partial w}{\partial \theta}$。

就圆锥壳而言，对应于坐标 s、θ 的拉梅系数 $A_1 = 1$、$A_2 = s\sin\varphi$，s 和 θ 的主曲率半径分别为 ∞ 和 $s\tan\varphi$。将这些量代入任意壳的几何方程，可得如下圆锥壳的线性几何方程 [666]：

$$\varepsilon_s = \varepsilon_s^0 + z\cdot\kappa_s \tag{10.1.1}$$

$$\varepsilon_\theta = \varepsilon_\theta^0 + z\cdot\kappa_\theta \tag{10.1.2}$$

$$\varepsilon_{s\theta} = \varepsilon_{s\theta}^0 + z\cdot 2\chi_{s\theta} \tag{10.1.3}$$

式中，

$$\varepsilon_s^0 = \frac{\partial u}{\partial s} \tag{10.1.4a}$$

$$\varepsilon_\theta^0 = \frac{1}{s}\left(u + \csc\varphi\frac{\partial v}{\partial \theta} + w\cot\varphi\right) \tag{10.1.4b}$$

$$\varepsilon_{s\theta}^{0}=\frac{\csc\varphi}{s}\frac{\partial u}{\partial\theta}+\frac{\partial v}{\partial s}-\frac{v}{s} \tag{10.1.4c}$$

$$\kappa_{s}=-\frac{\partial^{2}w}{\partial s^{2}} \tag{10.1.5a}$$

$$\kappa_{\theta}=-\frac{\csc^{2}\varphi}{s^{2}}\frac{\partial^{2}w}{\partial\theta^{2}}-\frac{1}{s}\frac{\partial w}{\partial s} \tag{10.1.5b}$$

$$\chi_{s\theta}=\frac{\csc\varphi}{s^{2}}\frac{\partial w}{\partial\theta}-\frac{\csc\varphi}{s}\frac{\partial^{2}w}{\partial s\partial\theta} \tag{10.1.5c}$$

式中，u、v 和 w 分别为中曲面内各点沿母线、圆周和厚度方向的位移；ε_s 和 ε_θ 分别为 s 和 θ 方向的线应变；$\varepsilon_{s\theta}$ 为切应变；ε_s^0、ε_θ^0 和 $\varepsilon_{s\theta}^0$ 为中曲面内各点的应变；κ_s 和 κ_θ 为相应的曲率改变量；$\chi_{s\theta}$ 为扭率。

线弹性功能梯度材料的本构关系为

$$\sigma_{s}=\frac{E(z)}{1-\nu^{2}}\left(\varepsilon_{s}+\nu\varepsilon_{\theta}\right) \tag{10.1.6a}$$

$$\sigma_{\theta}=\frac{E(z)}{1-\nu^{2}}\left(\varepsilon_{\theta}+\nu\varepsilon_{s}\right) \tag{10.1.6b}$$

$$\sigma_{s\theta}=\frac{E(z)}{2\left(1+\nu\right)}\varepsilon_{s\theta} \tag{10.1.6c}$$

式中，沿壳厚度方向连续变化的弹性模量 $E\left(z\right)$ 与后文中的质量密度 $\rho\left(z\right)$ 符合式 (2.1.1)；σ_s 和 σ_θ 分别为 s 和 θ 方向的正应力；$\sigma_{s\theta}$ 为切应力。将式 (10.1.6a) 沿壳的厚度方向积分，可得如下薄膜力、弯矩和扭矩：

$$(N_{s},N_{\theta},N_{s\theta})^{\mathrm{T}}=\int_{-h/2}^{h/2}(\sigma_{s},\sigma_{\theta},\sigma_{s\theta})^{\mathrm{T}}\mathrm{d}z \tag{10.1.7a}$$

$$(M_{s},M_{\theta},M_{s\theta})^{\mathrm{T}}=\int_{-h/2}^{h/2}(\sigma_{s},\sigma_{\theta},\sigma_{s\theta})^{\mathrm{T}}z\mathrm{d}z \tag{10.1.7b}$$

将物理方程 (10.1.6a) 和几何方程 (10.1.1)~几何方程 (10.1.3) 代入式 (10.1.7)，可得如下内力与应变的关系：

$$\begin{pmatrix}N_{s}\\N_{\theta}\end{pmatrix}=\begin{bmatrix}A_{11}&A_{12}\\A_{21}&A_{22}\end{bmatrix}\begin{pmatrix}\varepsilon_{s}^{0}\\\varepsilon_{\theta}^{0}\end{pmatrix}+\begin{bmatrix}B_{11}&B_{12}\\B_{21}&B_{22}\end{bmatrix}\begin{pmatrix}\kappa_{s}\\\kappa_{\theta}\end{pmatrix} \tag{10.1.8}$$

$$\begin{pmatrix} M_s \\ M_\theta \end{pmatrix} = \begin{bmatrix} B_{11} & B_{12} \\ B_{21} & B_{22} \end{bmatrix} \begin{pmatrix} \varepsilon_s^0 \\ \varepsilon_\theta^0 \end{pmatrix} + \begin{bmatrix} D_{11} & D_{12} \\ D_{21} & D_{22} \end{bmatrix} \begin{pmatrix} \kappa_s \\ \kappa_\theta \end{pmatrix} \tag{10.1.9}$$

$$\begin{pmatrix} N_{s\theta} \\ M_{s\theta} \end{pmatrix} = \begin{bmatrix} Q_{11} & Q_{22} \\ Q_{22} & Q_{33} \end{bmatrix} \begin{pmatrix} \varepsilon_{s\theta}^0 \\ 2\chi_{s\theta} \end{pmatrix} \tag{10.1.10}$$

式中，A_{ij}、B_{ij}、D_{ij}、Q_{ij} 为功能梯度圆锥壳的刚度系数，具体表达式为

$$(A_{11}, B_{11}, D_{11})^{\mathrm{T}} = (A_{22}, B_{22}, D_{22})^{\mathrm{T}} = \int_{-h/2}^{h/2} \left(1, z, z^2\right)^{\mathrm{T}} \frac{E(z)}{1-\nu^2} \mathrm{d}z$$

$$(A_{12}, B_{12}, D_{12})^{\mathrm{T}} = (A_{21}, B_{21}, D_{21})^{\mathrm{T}} = \int_{-h/2}^{h/2} \left(1, z, z^2\right)^{\mathrm{T}} \frac{\nu E(z)}{1-\nu^2} \mathrm{d}z$$

$$(Q_{11}, Q_{22}, Q_{33})^{\mathrm{T}} = \int_{-h/2}^{h/2} \left(1, z, z^2\right)^{\mathrm{T}} \frac{E(z)}{2(1+\nu)} \mathrm{d}z$$

设 U 为系统的变形能，V 为外力功，E_{k} 为动能，由虚功原理得

$$\int_0^t \delta(E_{\mathrm{k}} - U - V)\mathrm{d}t = 0 \tag{10.1.11}$$

关于变形能的变分为

$$\begin{aligned} \delta U &= \int_{s_1}^{s_2} \int_0^{2\pi} \int_{-h/2}^{h/2} (\sigma_s \delta\varepsilon_s + \sigma_\theta \delta\varepsilon_\theta + \sigma_{s\theta}\delta\varepsilon_{s\theta})\, s \cdot \sin\varphi \mathrm{d}z\mathrm{d}s\mathrm{d}\theta \\ &= \int_{s_1}^{s_2}\int_0^{2\pi} \left(N_s\delta\varepsilon_s^0 + N_\theta\delta\varepsilon_\theta^0 + N_{s\theta}\delta\varepsilon_{s\theta}^0 + M_s\delta\kappa_s + M_\theta\delta\kappa_\theta + 2M_{s\theta}\delta\chi_{s\theta}\right) s\cdot\sin\varphi\mathrm{d}s\mathrm{d}\theta \end{aligned}$$

关于外力功的变分为

$$\delta V = -\int_{s_1}^{s_2}\int_0^{2\pi} q\delta u_z\, s\cdot\sin\varphi\mathrm{d}s\mathrm{d}\theta = -\int_{s_1}^{s_2}\int_0^{2\pi} q\delta w\, s\cdot\sin\varphi\mathrm{d}s\mathrm{d}\theta$$

关于动能的变分为

$$\delta E_{\mathrm{k}} = \int_{s_1}^{s_2}\int_0^{2\pi}\int_{-h/2}^{h/2} \rho(z)\left(\dot{u}_s\delta\dot{u}_s + \dot{u}_\theta\delta\dot{u}_\theta + \dot{u}_z\delta\dot{u}_z\right) s\cdot\sin\varphi\mathrm{d}z\mathrm{d}s\mathrm{d}\theta$$

经过变分运算，可得功能梯度圆锥壳的线性运动微分方程：

$$(sN_s)_{,s} - N_\theta + \csc\varphi N_{s\theta,\theta} = s\rho_t \cdot u_{,tt} \tag{10.1.12a}$$

$$(sN_{s\theta})_{,s} + N_{s\theta} + \csc\varphi N_{\theta,\theta} + \cot\varphi\, Q_\theta = s\rho_t \cdot v_{,tt} \tag{10.1.12b}$$

$$(sQ_s)_{,s} + \csc\varphi Q_\theta - \cot\varphi N_\theta = s\rho_t \cdot w_{,tt} \tag{10.1.12c}$$

$$\left(sM_s\right)_{,s} + \csc\varphi M_{s\theta,\theta} - M_\theta - s\,Q_s = 0 \tag{10.1.12d}$$

$$\left(sM_{s\theta}\right)_{,s} + \csc\varphi M_{\theta,\theta} + M_{s\theta} - s\,Q_\theta = 0 \tag{10.1.12e}$$

式中，ρ_t、ρ_{r} 为密度，$\rho_t = \int_{-h/2}^{h/2} \rho\left(z\right)\mathrm{d}z = \rho_2 h \dfrac{\rho_{\mathrm{r}}+n}{n+1}$，$\rho_{\mathrm{r}} = \dfrac{\rho_1}{\rho_2}$，$\rho_1$ 和 ρ_2 分别为材料 1 和材料 2 的密度。本节考虑的是薄圆锥壳，故上述运动方程中忽略了转动惯性的影响。

首先，由运动方程 (10.1.12d) 和运动方程 (10.1.12e) 解得 Q_s 和 Q_θ，分别代入式 (10.1.12b) 和式 (10.1.12c) 中。然后，将应变表示的内力表达式 (10.1.8) 和式 (10.1.9)、几何方程 (10.1.4) 和几何方程 (10.1.5) 代入上述运动方程，可得位移型控制方程：

$$L_{11}u + L_{12}v + L_{13}w = \rho_t \cdot u_{,tt} \tag{10.1.13}$$

$$L_{21}u + L_{22}v + L_{23}w = \rho_t \cdot v_{,tt} \tag{10.1.14}$$

$$L_{31}u + L_{32}v + L_{33}w = \rho_t \cdot w_{,tt} \tag{10.1.15}$$

式中，线性微分算子的表达式为

$$L_{11} = A_{11}\left(\frac{\partial^2}{\partial s^2} + \frac{1}{s}\frac{\partial}{\partial s} - \frac{1}{s^2}\right) + \frac{Q_{11}}{s^2}\csc^2\varphi \cdot \frac{\partial^2}{\partial \theta^2}$$

$$L_{12} = \frac{\left(A_{12}+Q_{11}\right)\csc\varphi}{s}\frac{\partial^2}{\partial s\partial\theta} - \frac{\left(A_{11}+Q_{11}\right)\csc\varphi}{s^2}\frac{\partial}{\partial\theta}$$

$$\begin{aligned}L_{13} = & -B_{11}\left(\frac{\partial^3}{\partial s^3} + \frac{1}{s}\frac{\partial^2}{\partial s^2}\right) + \left(\frac{B_{11}}{s} + A_{12}\cot\varphi\right)\frac{1}{s}\frac{\partial}{\partial s} \\ & - \frac{\left(B_{12}+2Q_{22}\right)\csc^2\varphi}{s^2}\frac{\partial^3}{\partial s\partial\theta^2} \\ & - \frac{A_{11}}{s^2}\cot\varphi + \frac{\left(B_{11}+B_{12}+2Q_{22}\right)\csc^2\varphi}{s^3}\frac{\partial^2}{\partial\theta^2}\end{aligned}$$

$$\begin{aligned}L_{21} = & \frac{\csc\varphi}{s}\left[A_{12} + Q_{11} + \frac{\cot\varphi}{s}\left(B_{12}+Q_{22}\right)\right]\frac{\partial^2}{\partial s\partial\theta} \\ & + \frac{\csc\varphi}{s^2}\left[A_{11} + Q_{11} + \frac{\cot\varphi}{s}\left(B_{11}+Q_{22}\right)\right]\frac{\partial}{\partial\theta}\end{aligned}$$

$$\begin{aligned}L_{22} = & \left(Q_{11} + \frac{\cot\varphi}{s}Q_{22}\right)\left(\frac{\partial^2}{\partial s^2} + \frac{1}{s}\frac{\partial}{\partial s}\right) + \frac{\csc^2\varphi}{s^2}\left(A_{11} + \frac{\cot\varphi}{s}B_{11}\right)\frac{\partial^2}{\partial\theta^2} \\ & - \left(Q_{11} + \frac{\cot\varphi}{s}Q_{22}\right)\frac{1}{s^2}\end{aligned}$$

$$
\begin{aligned}
L_{23} =& -\frac{\csc\varphi}{s}\left[B_{12}+2Q_{22}+\frac{\cot\varphi}{s}\left(D_{12}+2Q_{33}\right)\right]\frac{\partial^3}{\partial s^2\partial\theta} \\
&-\frac{\csc\varphi}{s^2}\left(B_{11}+\frac{\cot\varphi}{s}D_{11}\right)\frac{\partial^2}{\partial s\partial\theta} \\
&-\frac{\csc^3\varphi}{s^3}\left(B_{11}+\frac{\cot\varphi}{s}D_{11}\right)\frac{\partial^3}{\partial\theta^3}+\frac{\csc\varphi\cot\varphi}{s^2}\left(A_{11}+\frac{\cot\varphi}{s}B_{11}\right)\frac{\partial}{\partial\theta} \\
L_{31} =& B_{11}\left(\frac{\partial^3}{\partial s^3}+\frac{2}{s}\frac{\partial^2}{\partial s^2}\right)-\left(\frac{B_{11}}{s}+A_{12}\cot\varphi\right)\frac{1}{s}\frac{\partial}{\partial s} \\
&+\frac{\csc^2\varphi}{s^2}\left(B_{12}+2Q_{22}\right)\frac{\partial^3}{\partial s\partial\theta^2}+\left(\frac{B_{11}}{s}-A_{11}\cot\varphi\right)\frac{1}{s^2}+\frac{B_{11}}{s^3}\csc^2\varphi\frac{\partial^2}{\partial\theta^2} \\
L_{32} =& \frac{\csc\varphi}{s}\left(B_{12}+2Q_{22}\right)\frac{\partial^3}{\partial s^2\partial\theta}-\frac{B_{11}}{s^2}\csc\varphi\frac{\partial^2}{\partial s\partial\theta} \\
&+\frac{\csc\varphi}{s^2}\left(\frac{B_{11}}{s}-A_{11}\cot\varphi\right)\frac{\partial}{\partial\theta}+\frac{B_{11}\csc^3\varphi}{s^3}\frac{\partial^3}{\partial\theta^3} \\
L_{33} =& -D_{11}\left(\frac{\partial^4}{\partial s^4}+\frac{2}{s}\frac{\partial^3}{\partial s^3}\right)+\left(\frac{D_{11}}{s}+2B_{12}\cot\varphi\right)\frac{1}{s}\frac{\partial^2}{\partial s^2} \\
&-\frac{2\csc^2\varphi}{s^2}\left(D_{12}+2Q_{33}\right)\frac{\partial^4}{\partial s^2\partial\theta^2} \\
&-\frac{D_{11}}{s^3}\frac{\partial}{\partial s}+\frac{2\csc^2\varphi}{s^3}\left(D_{12}+2Q_{33}\right)\frac{\partial^3}{\partial s\partial\theta^2}+\frac{\cot\varphi}{s^2}\left(\frac{B_{11}}{s}-A_{11}\cot\varphi\right) \\
&-\frac{D_{11}\csc^4\varphi}{s^4}\frac{\partial^4}{\partial\theta^4}-\frac{2\csc^2\varphi}{s^4}\left(D_{12}+D_{11}+2Q_{33}-B_{11}\cot\varphi\cdot s\right)\frac{\partial^2}{\partial\theta^2}
\end{aligned}
$$

下面求解固定边界和简支边界截顶功能梯度圆锥壳的自由振动问题。

(1) 固定边界：

$$u=0 \tag{10.1.16a}$$

$$v=0 \tag{10.1.16b}$$

$$w=0 \tag{10.1.16c}$$

$$w_{,s}=0 \tag{10.1.16d}$$

(2) 简支边界：

$$v=0 \tag{10.1.17a}$$

$$w=0 \tag{10.1.17b}$$

$$N_s=0 \tag{10.1.17c}$$

$$M_s = 0 \tag{10.1.17d}$$

一般情况下，无法直接求解上述偏微分方程组。这里将任意边界圆锥壳的中曲面位移分离成

$$u = u_s(s) \cdot \cos(m\theta) \cdot \cos(\omega t) \tag{10.1.18a}$$

$$v = v_s(s) \cdot \sin(m\theta) \cdot \cos(\omega t) \tag{10.1.18b}$$

$$w = w_s(s) \cdot \cos(m\theta) \cdot \cos(\omega t) \tag{10.1.18c}$$

式中，m 为周向波数；ω 为固有频率。将式 (10.1.18) 代入方程 (10.1.13)~ 方程 (10.1.15)，可得如下形式的控制微分方程：

$$\begin{aligned} &s_{110}u_s + s_{111}\frac{\mathrm{d}u_s}{\mathrm{d}s} + s_{112}\frac{\mathrm{d}^2u_s}{\mathrm{d}s^2} + s_{120}v_s + s_{121}\frac{\mathrm{d}v_s}{\mathrm{d}s} + s_{130}w_s + s_{131}\frac{\mathrm{d}w_s}{\mathrm{d}s} \\ &\quad + s_{132}\frac{\mathrm{d}^2w_s}{\mathrm{d}s^2} + s_{133}\frac{\mathrm{d}^3w_s}{\mathrm{d}s^3} = -\rho_t\omega^2u_s \end{aligned} \tag{10.1.19a}$$

$$\begin{aligned} &s_{210}u_s + s_{211}\frac{\mathrm{d}u_s}{\mathrm{d}s} + s_{220}v_s + s_{221}\frac{\mathrm{d}v_s}{\mathrm{d}s} + s_{222}\frac{\mathrm{d}^2v_s}{\mathrm{d}s^2} + s_{230}w_s \\ &\quad + s_{231}\frac{\mathrm{d}w_s}{\mathrm{d}s} + s_{232}\frac{\mathrm{d}^2w_s}{\mathrm{d}s^2} = -\rho_t\omega^2v_s \end{aligned} \tag{10.1.19b}$$

$$\begin{aligned} &s_{310}u_s + s_{311}\frac{\mathrm{d}u_s}{\mathrm{d}s} + s_{312}\frac{\mathrm{d}^2u_s}{\mathrm{d}s^2} + s_{313}\frac{\mathrm{d}^3u_s}{\mathrm{d}s^3} + s_{320}v_s + s_{321}\frac{\mathrm{d}v_s}{\mathrm{d}s} \\ &\quad + s_{322}\frac{\mathrm{d}^2v_s}{\mathrm{d}s^2} + s_{330}w_s + s_{331}\frac{\mathrm{d}w_s}{\mathrm{d}s} \\ &\quad + s_{332}\frac{\mathrm{d}^2w_s}{\mathrm{d}s^2} + s_{333}\frac{\mathrm{d}^3w_s}{\mathrm{d}s^3} + s_{334}\frac{\mathrm{d}^4w_s}{\mathrm{d}s^4} = -\rho_t\omega^2w_s \end{aligned} \tag{10.1.19c}$$

式中，s_{ijk} 的表达式为

$$\begin{aligned} s_{110} &= -\frac{1}{s^2}\left(A_{11} + m^2Q_{11}\csc^2\varphi\right) \\ s_{111} &= \frac{A_{11}}{s} \\ s_{112} &= A_{11} \\ s_{120} &= -\frac{m\left(A_{11} + Q_{11}\right)\csc\varphi}{s^2} \\ s_{121} &= \frac{m\left(A_{12} + Q_{11}\right)\csc\varphi}{s} \\ s_{130} &= -\frac{A_{11}}{s^2}\cot\varphi - \frac{m^2\left(B_{11} + B_{12} + 2Q_{22}\right)\csc^2\varphi}{s^3} \end{aligned}$$

$$s_{131} = \frac{1}{s}\left(\frac{B_{11}}{s} + A_{12}\cot\varphi\right) + \frac{m^2\csc^2\varphi}{s^2}(B_{12} + 2Q_{22})$$

$$s_{132} = -\frac{B_{11}}{s}$$

$$s_{133} = -B_{11}$$

$$s_{210} = -\frac{m\cdot\csc\varphi}{s^2}\left[A_{11} + Q_{11} + \frac{\cot\varphi}{s}(B_{11} + Q_{22})\right]$$

$$s_{211} = -\frac{m\cdot\csc\varphi}{s}\left[A_{12} + Q_{11} + \frac{\cot\varphi}{s}(B_{12} + Q_{22})\right]$$

$$s_{220} = -\frac{1}{s^2}\left(Q_{11} + \frac{\cot\varphi}{s}Q_{22}\right) - \frac{m^2\csc^2\varphi}{s^2}\left(A_{11} + \frac{\cot\varphi}{s}B_{11}\right)$$

$$s_{221} = \frac{1}{s}\left(Q_{11} + \frac{\cot\varphi}{s}Q_{22}\right)$$

$$s_{222} = Q_{11} + \frac{\cot\varphi}{s}Q_{22}$$

$$s_{230} = -\frac{m^3\csc^3\varphi}{s^3}\left(B_{11} + \frac{\cot\varphi}{s}D_{11}\right) - \frac{m\cdot\csc\varphi\cot\varphi}{s^2}\left(A_{11} + \frac{\cot\varphi}{s}B_{11}\right)$$

$$s_{231} = \frac{m\cdot\csc\varphi}{s^2}\left(B_{11} + \frac{\cot\varphi}{s}D_{11}\right)$$

$$s_{232} = \frac{m\cdot\csc\varphi}{s}\left[B_{12} + 2Q_{22} + \frac{\cot\varphi}{s}(D_{12} + 2Q_{33})\right]$$

$$s_{310} = \frac{1}{s^2}\left(\frac{B_{11}}{s} - A_{11}\cot\varphi\right) - \frac{m^2B_{11}}{s^3}\csc^2\varphi$$

$$s_{311} = -\frac{1}{s}\left(\frac{B_{11}}{s} + A_{12}\cot\varphi\right) - \frac{m^2\csc^2\varphi}{s^2}(B_{12} + 2Q_{22})$$

$$s_{312} = \frac{2B_{11}}{s}$$

$$s_{313} = B_{11}$$

$$s_{320} = \frac{m\cdot\csc\varphi}{s^2}\left(\frac{B_{11}}{s} - A_{11}\cot\varphi\right) - \frac{m^3B_{11}\csc^3\varphi}{s^3}$$

$$s_{321} = -\frac{m\cdot B_{11}}{s^2}\csc\varphi$$

$$s_{322} = \frac{m\cdot\csc\varphi}{s}(B_{12} + 2Q_{22})$$

$$s_{330} = \frac{2m^2\csc^2\varphi}{s^4}(D_{12} + D_{11} + 2Q_{33} - B_{11}\cot\varphi\cdot s) - \frac{m^4D_{11}\csc^4\varphi}{s^4} + \frac{\cot\varphi}{s^2}\left(\frac{B_{11}}{s} - A_{11}\cot\varphi\right)$$

$$s_{331} = -\frac{D_{11}}{s^3} - \frac{2m^2 \csc^2 \varphi}{s^3}(D_{12} + 2Q_{33})$$

$$s_{332} = \frac{1}{s}\left(\frac{D_{11}}{s} + 2B_{12}\cot\varphi\right) + \frac{2m^2\csc^2\varphi}{s^2}(D_{12} + 2Q_{33})$$

$$s_{333} = -\frac{2D_{11}}{s}$$

$$s_{334} = -D_{11}$$

10.2 无量纲控制方程和边界条件

为了便于求解，不失一般性地引入下列无量纲参数：

$$S = \frac{s}{L} = x + \delta_1, \quad x = \frac{s - s_1}{L}, \quad \delta_1 = s_1/L, \quad (W, \delta)^{\mathrm{T}} = (w_s, L)^{\mathrm{T}}/h,$$

$$(U, V)^{\mathrm{T}} = (u_s, v_s)^{\mathrm{T}}\frac{L}{h^2}, \quad E_{\mathrm{r}} = \frac{E_1}{E_2}, \quad (F_{11}, F_{12}, F_{13})^{\mathrm{T}} = (A_{11}, A_{12}, Q_{11})^{\mathrm{T}}\frac{h^2}{D_{11}},$$

$$(F_{21}, F_{22}, F_{23})^{\mathrm{T}} = (B_{11}, B_{12}, Q_{22})^{\mathrm{T}}\frac{h}{D_{11}}, \quad (F_{31}, F_{32})^{\mathrm{T}} = (D_{12}, Q_{33})^{\mathrm{T}}\frac{1}{D_{11}},$$

$$\varOmega = \sqrt{\frac{\rho_t h^2 L^2}{D_{11}}}\omega, \quad \xi_1 = \frac{h}{R_2}, \quad \xi_2 = \frac{L\sin\varphi}{R_2}, \quad \delta_1 = \frac{1}{\xi_2} - 1, \quad \delta = \frac{\csc\varphi}{\xi_1(\delta_1 + 1)}$$

将这些参数代入式 (10.1.19) 可得如下无量纲控制微分方程：

$$S_{110}U + S_{111}U^{(1)} + S_{112}U^{(2)} + S_{120}V + S_{121}V^{(1)} + S_{130}W + S_{131}W^{(1)} + S_{132}W^{(2)} + S_{133}W^{(3)} = \varOmega^2 U \tag{10.2.1a}$$

$$S_{210}U + S_{211}U^{(1)} + S_{220}V + S_{221}V^{(1)} + S_{222}V^{(2)} + S_{230}W + S_{231}W^{(1)} + S_{232}W^{(2)} = \varOmega^2 V \tag{10.2.1b}$$

$$\frac{1}{\delta^2}\left(S_{310}U + S_{311}U^{(1)} + S_{312}U^{(2)} + S_{313}U^{(3)} + S_{320}V + S_{321}V^{(1)} + S_{322}V^{(2)} + S_{330}W + S_{331}W^{(1)} + S_{332}W^{(2)} + S_{333}W^{(3)} + S_{334}W^{(4)}\right) = \varOmega^2 W \tag{10.2.1c}$$

式中，$U^{(i)}$、$V^{(i)}$ 和 $W^{(i)}$ 分别代表 U、V、W 对 x 的 i 阶导数 $(i = 1, 2, 3, 4)$；S_{ijk} 的表达式为

$$S_{110} = \frac{1}{S^2}\left(F_{11} + m^2 F_{13}\csc^2\varphi\right)$$

$$S_{111} = -\frac{F_{11}}{S}$$

$$S_{112} = -F_{11}$$

$$S_{120} = \frac{m(F_{11} + F_{13})\csc\varphi}{S^2}$$

$$S_{121} = -\frac{m(F_{12} + F_{13})\csc\varphi}{S}$$

$$S_{130} = \frac{\delta\cot\varphi \cdot F_{11}}{S^2} + \frac{m^2(F_{21} + F_{22} + 2F_{23})\csc^2\varphi}{S^3}$$

$$S_{131} = -\frac{1}{S}\left(\frac{F_{21}}{S} + \delta F_{12}\cot\varphi\right) - \frac{m^2\csc^2\varphi}{S^2}(F_{22} + 2F_{23})$$

$$S_{132} = \frac{F_{21}}{S}$$

$$S_{133} = F_{21}$$

$$S_{210} = \frac{m\cdot\csc\varphi}{S^2}\left[F_{11} + F_{13} + \frac{\cot\varphi}{\delta S}(F_{21} + F_{23})\right]$$

$$S_{211} = \frac{m\cdot\csc\varphi}{S}\left[F_{12} + F_{13} + \frac{\cot\varphi}{\delta S}(F_{22} + F_{23})\right]$$

$$S_{220} = \frac{1}{S^2}\left(F_{13} + \frac{\cot\varphi\cdot F_{23}}{\delta S}\right) + \frac{m^2\csc^2\varphi}{S^2}\left(F_{11} + \frac{\cot\varphi\cdot F_{21}}{\delta S}\right)$$

$$S_{221} = -\frac{1}{S}\left(F_{13} + \frac{\cot\varphi}{\delta S}F_{23}\right)$$

$$S_{222} = -F_{13} - \frac{\cot\varphi}{\delta S}F_{23}$$

$$S_{230} = \frac{m^3\csc^3\varphi}{S^3}\left(F_{21} + \frac{\cot\varphi}{\delta S}\right) + \frac{m\cdot\delta\csc\varphi\cot\varphi}{S^2}\left(F_{11} + \frac{\cot\varphi\cdot F_{21}}{\delta S}\right)$$

$$S_{231} = -\frac{m\cdot\csc\varphi}{S^2}\left(F_{21} + \frac{\cot\varphi}{\delta S}\right)$$

$$S_{232} = -\frac{m\cdot\csc\varphi}{S}\left[F_{22} + 2F_{23} + \frac{\cot\varphi}{\delta S}(F_{31} + 2F_{32})\right]$$

$$S_{310} = \frac{m^2\csc^2\varphi F_{21}}{S^3} - \frac{1}{S^2}\left(\frac{F_{21}}{S} - \delta F_{11}\cot\varphi\right)$$

$$S_{311} = \frac{1}{S}\left(\frac{F_{21}}{S} + \delta F_{12}\cot\varphi\right) + \frac{m^2\csc^2\varphi}{S^2}(F_{22} + 2F_{23})$$

$$S_{312} = -\frac{2F_{21}}{S}$$

$$S_{313} = -F_{21}$$

$$S_{320} = \frac{m^3\csc^3\varphi F_{21}}{S^3} - \frac{m\cdot\csc\varphi}{S^2}\left(\frac{F_{21}}{S} - \delta F_{11}\cot\varphi\right)$$

$$S_{321} = \frac{m \cdot \csc\varphi \cdot F_{21}}{S^2}$$

$$S_{322} = -\frac{m \cdot \csc\varphi}{S}(F_{22} + 2F_{23})$$

$$S_{330} = \frac{m^4 \csc^4\varphi}{S^4} - \frac{2m^2 \csc^2\varphi}{S^4}(1 + F_{31} + 2F_{32} - \delta F_{21}\cot\varphi \cdot S) - \frac{\cot\varphi}{S^2}\left(\frac{\delta F_{21}}{S} - \delta^2 F_{11}\cot\varphi\right)$$

$$S_{331} = \frac{1}{S^3} + \frac{2m^2\csc^2\varphi}{S^3}(F_{31} + 2F_{32})$$

$$S_{332} = -\frac{1}{S}\left(\frac{1}{S} + 2\delta F_{22}\cot\varphi\right) - \frac{2m^2\csc^2\varphi}{S^2}(F_{31} + 2F_{32})$$

$$S_{333} = \frac{2}{S}$$

$$S_{334} = 1$$

边界条件也可以写成如下无量纲形式。

固定边界:

$$U = 0 \tag{10.2.2a}$$

$$V = 0 \tag{10.2.2b}$$

$$W = 0 \tag{10.2.2c}$$

$$W^{(1)} = 0 \tag{10.2.2d}$$

简支边界;

$$V = 0 \tag{10.2.3a}$$

$$W = 0 \tag{10.2.3b}$$

$$\frac{F_{12}}{S}U + F_{11}U^{(1)} - \frac{F_{22}}{S}W^{(1)} - F_{21}W^{(2)} = 0 \tag{10.2.3c}$$

$$\frac{F_{22}}{S}U + F_{21}U^{(1)} - \frac{F_{31}}{S}W^{(1)} - W^{(2)} = 0 \tag{10.2.3d}$$

10.3 求解方法

下面采用广义微分求积（GDQ）法 [672-676] 求解上述问题。将控制微分方程 (10.2.1) 和边界条件式 (10.2.2)、边界条件式 (10.2.3)，在区域内进行 GDQ 离散，可以得到以节点位移为基本未知量的代数方程组。离散后的全部节点位移可表示为如下列向量形式:

$$\{X\}^{\mathrm{T}} = \{U_1, U_2, \cdots, U_N, V_1, V_2, \cdots, V_N, W_1, W_2, \cdots, W_N\}^{\mathrm{T}}$$

式中，N 为离散后的总节点数。

采用 GDQ 法对方程 (10.2.1) 进行离散，可得如下代数方程组：

$$S_{110}U_i+\sum_{k=1}^{N}\left(S_{111}c_{ik}^{(1)}+S_{112}c_{ik}^{(2)}\right)U_k+S_{120}V_i+\sum_{k=1}^{N}S_{121}c_{ik}^{(1)}V_k+S_{130}W_i$$

$$+\sum_{k=1}^{N}\left(S_{131}c_{ik}^{(1)}+S_{132}c_{ik}^{(2)}+S_{133}c_{ik}^{(3)}\right)W_k=\Omega^2U_i\quad(i=2,3,\cdots,N-1)$$

$$(10.3.1a)$$

$$S_{210}U_i+\sum_{k=1}^{N}S_{211}c_{ik}^{(1)}U_k+S_{220}V_i+\sum_{k=1}^{N}\left(S_{221}c_{ik}^{(1)}+S_{222}c_{ik}^{(2)}\right)V_k+S_{230}W_i$$

$$+\sum_{k=1}^{N}\left(S_{231}c_{ik}^{(1)}+S_{232}c_{ik}^{(2)}\right)W_k=\Omega^2V_i\quad(i=2,3,\cdots,N-1)\tag{10.3.1b}$$

$$\begin{aligned}&\frac{1}{\delta^2}\left[S_{310}U_i+\sum_{k=1}^{N}\left(S_{311}c_{ik}^{(1)}+S_{312}c_{ik}^{(2)}+S_{313}c_{ik}^{(3)}\right)U_k+S_{320}V_i\right.\\&\quad+\sum_{k=1}^{N}\left(S_{321}c_{ik}^{(1)}+S_{322}c_{ik}^{(2)}\right)V_k+S_{330}W_i\\&\quad\left.+\sum_{k=1}^{N}\left(S_{331}c_{ik}^{(1)}+S_{332}c_{ik}^{(2)}+S_{333}c_{ik}^{(3)}+S_{334}c_{ik}^{(4)}\right)W_k\right]\\&=\Omega^2W_i\quad(i=3,4,\cdots,N-2)\end{aligned}\tag{10.3.1c}$$

小端 (R_1) 固定圆锥壳的边界条件 (式 (10.2.2)) 可离散为

$$U_1=0\tag{10.3.2a}$$

$$V_1=0\tag{10.3.2b}$$

$$W_1=0\tag{10.3.2c}$$

$$\sum_{k=2}^{N-1}c_{1k}^{(1)}W_k=0\tag{10.3.2d}$$

大端 (R_2) 固定圆锥壳的边界条件可离散为

$$U_N=0\tag{10.3.3a}$$

$$V_N=0\tag{10.3.3b}$$

$$W_N = 0 \tag{10.3.3c}$$

$$\sum_{k=2}^{N-1} c_{Nk}^{(1)} W_k = 0 \tag{10.3.3d}$$

小端 (R_1) 简支圆锥壳的边界条件 (式 (10.2.3)) 可离散为

$$V_1 = 0 \tag{10.3.4a}$$

$$W_1 = 0 \tag{10.3.4b}$$

$$\frac{F_{12}}{\delta_1} U_1 + F_{11} \sum_{k=1}^{N} c_{1k}^{(1)} U_k - \sum_{k=2}^{N-1} \left(\frac{F_{22}}{\delta_1} c_{1k}^{(1)} + F_{21} c_{1k}^{(2)} \right) W_k = 0 \tag{10.3.4c}$$

$$\frac{F_{22}}{\delta_1} U_1 + F_{21} \sum_{k=1}^{N} c_{1k}^{(1)} U_k - \sum_{k=2}^{N-1} \left(\frac{F_{31}}{\delta_1} c_{1k}^{(1)} + c_{1k}^{(2)} \right) W_k = 0 \tag{10.3.4d}$$

大端 (R_2) 简支圆锥壳的边界条件可离散为

$$V_N = 0 \tag{10.3.5a}$$

$$W_N = 0 \tag{10.3.5b}$$

$$\frac{F_{12}}{1+\delta_1} U_N + F_{11} \sum_{k=1}^{N} c_{Nk}^{(1)} U_k - \sum_{k=2}^{N-1} \left(\frac{F_{22}}{1+\delta_1} c_{Nk}^{(1)} + F_{21} c_{Nk}^{(2)} \right) W_k = 0 \tag{10.3.5c}$$

$$\frac{F_{22}}{1+\delta_1} U_N + F_{21} \sum_{k=1}^{N} c_{Nk}^{(1)} U_k - \sum_{k=2}^{N-1} \left(\frac{F_{31}}{1+\delta_1} c_{Nk}^{(1)} + c_{Nk}^{(2)} \right) W_k = 0 \tag{10.3.5d}$$

式 (10.3.4) 和式 (10.3.5) 中，$c_{ik}^{(n)}$ 为 n 阶导数的 GDQ 权系数 $(n = 1, 2, 3, 4)$。1 阶导数的 GDQ 权系数计算公式为 [672]

$$c_{ij}^{(1)} = \frac{A^{(1)}(x_i)}{(x_i - x_j) \cdot A^{(1)}(x_j)} \quad (i, j = 1, 2, \cdots, N，\text{且} j \neq i)$$

$$c_{ii}^{(1)} = -\sum_{j=1, j\neq i}^{N} c_{ij}^{(1)} \quad (i = 1, 2, \cdots, N)$$

式中，

$$A^{(1)}(x_i) = \prod_{k=1, k\neq i}^{N} (x_i - x_k)$$

2 阶及高阶导数的 GDQ 权系数计算公式为

$$c_{ij}^{(n)}=n\left(c_{ii}^{(n-1)}c_{ij}^{(1)}-\frac{c_{ij}^{(n-1)}}{x_i-x_j}\right)\quad (i,j=1,2,\cdots,N，且 j\neq i，n=2,3,\cdots,N-1)$$

$$c_{ii}^{(n)}=-\sum_{j=1,j\neq i}^{N}c_{ij}^{(n)},\quad (i=1,2,\cdots,N，n=2,3,\cdots,N-1)$$

式中，x_i 为第 i 个节点坐标。

为了保证数值求解的收敛性，方程的求解区间一般采用非均匀节点划分公式。计算中选用如下节点表达式：

$$x_i=\frac{1}{2}\left[1-\cos\frac{\pi(i-1)}{N-1}\right],\quad (i=1,2,\cdots N) \tag{10.3.6}$$

方程 (10.3.1) 及边界条件式 (10.3.2)～ 边界条件式 (10.3.5) 可整理成如下矩阵形式：

$$\begin{bmatrix} A_{\mathrm{bb}} & A_{\mathrm{bi}} \\ A_{\mathrm{ib}} & A_{\mathrm{ii}} \end{bmatrix}\begin{Bmatrix} X_{\mathrm{b}} \\ X_{\mathrm{i}} \end{Bmatrix}=\Omega^2\begin{Bmatrix} 0 \\ X_{\mathrm{i}} \end{Bmatrix} \tag{10.3.7}$$

式中，边界节点位移和内点节点位移分别为

$$\{X_{\mathrm{b}}\}^{\mathrm{T}}=\{U_1,U_N,V_1,V_N,W_1,W_2,W_{N-1},W_N\}^{\mathrm{T}}$$

$$\{X_{\mathrm{i}}\}^{\mathrm{T}}=\{U_2,U_3,\cdots,U_{N-1},V_2,V_3,\cdots,V_{N-1},W_3,W_4,\cdots,W_{N-2}\}^{\mathrm{T}}$$

A_{bb} 为 8 阶方阵；A_{bi} 为 $8\times(3N-8)$ 阶矩阵；A_{ib} 为 $(3N-8)\times 8$ 阶矩阵；A_{ii} 为 $3N-8$ 阶方阵。矩阵 (10.3.7) 的前 8 个方程为

$$[A_{\mathrm{bb}}\quad A_{\mathrm{bi}}]\begin{Bmatrix} X_{\mathrm{b}} \\ X_{\mathrm{i}} \end{Bmatrix}=\{0\} \tag{10.3.8a}$$

后 $3N-8$ 个方程为

$$[A_{\mathrm{ib}}\quad A_{\mathrm{ii}}]\begin{Bmatrix} X_{\mathrm{b}} \\ X_{\mathrm{i}} \end{Bmatrix}=\Omega^2\{X_{\mathrm{i}}\} \tag{10.3.8b}$$

从式 (10.3.8a) 可得

$$X_{\mathrm{b}}=-A_{\mathrm{bb}}^{-1}A_{\mathrm{bi}}\{X_{\mathrm{i}}\} \tag{10.3.8c}$$

将式 (10.3.8c) 代入式 (10.3.8b) 可得如下标准特征方程 [677]：

$$\left[A_{\mathrm{ii}}-A_{\mathrm{ib}}A_{\mathrm{bb}}^{-1}A_{\mathrm{bi}}\right]\{X_{\mathrm{i}}\}=\Omega^2\{X_{\mathrm{i}}\} \tag{10.3.9}$$

从矩阵 $A_{\mathrm{ii}}-A_{\mathrm{ib}}A_{\mathrm{bb}}^{-1}A_{\mathrm{bi}}$ 的特征值可求得 $\Omega_k^2\,(k=1,2,\cdots,3N-8)$，这样就求得了截顶功能梯度圆锥壳振动的前 $3N-8$ 阶固有频率。

10.4　数值结果及讨论

针对两端简支 (SS-SS)、小端简支大端固定 (SS-C)、小端固定大端简支 (C-SS) 和两端固定 (C-C) 四种不同边界条件，采用上述方法求解截顶功能梯度圆锥壳的固有频率。求解时，选取无量纲量 $\lambda=\sqrt{\dfrac{D_3(n+1)}{\rho_{\mathrm{r}}+n}}\Omega=L\sqrt{\dfrac{\rho_2(1-\nu^2)}{E_2}}\omega$ 作为频率参数。与第 9 章相同，考虑由材料 1（金属铝（Al））和材料 2（陶瓷氧化锆（ZrO_2））[624] 制成的截顶功能梯度圆锥壳。

首先，讨论 GDQ 法计算结果的收敛性。当 $n=0$ 时，功能梯度材料退化为均匀各向同性材料 1。不同节点数 N 时，四种边界条件的均匀各向同性材料圆锥壳的一阶频率参数 λ' 的计算结果与文献 [678] 计算结果的比较如表 10.4.1 所示。其中壳体形状参数 $\varphi=60°$、$\xi_1=0.01$ 和 $\xi_2=0.25$，周向波数 $m=0$，表中的一阶频率参数 $\lambda'=R_2\sqrt{\dfrac{\rho(1-\nu^2)}{E}}\omega$ 为文献 [678] 所采用的无量纲频率参数，与本节所采用的一阶频率参数 λ 之间的关系为 $\lambda'=\dfrac{\lambda\sin\varphi}{\xi_2}\sqrt{\dfrac{\rho_{\mathrm{r}}}{E_{\mathrm{r}}}}$。由表 10.4.1 可见，GDQ 法计算结果的收敛性非常好，与文献 [678] 计算结果比较，$N=9$ 时，即 9 个节点的计算结果就已经比较精确，$N>21$ 时，计算结果不随节点数的增加而变化（书写时只取了前 4 位小数）。因此，在后续计算中取 21 个节点。另外，GDQ 法计算耗时极短，即使取 201 个节点，计算每个数据所需的时间也不超过 2s。

表 10.4.1　取不同节点数 N 时 GDQ 法计算的一阶频率参数 λ' 与文献 [678] 计算结果的比较 [671]

节点数 N	SS-SS	SS-C	C-SS	C-C
5	0.4050	0.7435	0.7026	0.8815
9	0.3669	0.7852	0.7354	0.9575
13	0.3669	0.7853	0.7353	0.9576
21	0.3669	0.7853	0.7353	0.9576
31	0.3669	0.7853	0.7353	0.9576
101	0.3669	0.7853	0.7353	0.9576
201	0.3669	0.7853	0.7353	0.9576
文献 [678]	0.3628	0.7853	0.7353	0.9576

注: $n=0$。

当壳体形状参数 $\varphi=45°$、$\xi_1=0.01$ 和 $\xi_2=0.5$ 时，不同周向波数 $m=0,1,2,3,4,5,6,7,8,9$ 情况下，本节计算的四种不同边界条件下均匀各向同性圆锥壳的一阶频率参数 λ' 与文献 [678]、[679] 计算结果的比较如表 10.4.2 所示。可见，本节计算结果与文献计算结果吻合很好。尤其对 SS-C、C-SS 和 C-C 三种边界条件圆锥壳，本节所得计算结果与文献 [678] 利用传递矩阵法计算的结果几乎完全一致。

表 10.4.2　不同边界条件下均匀各向同性圆锥壳的一阶频率参数 λ' 计算结果与文献 [678]、[679] 计算结果的比较 [671]

m	SS-SS			SS-C			C-SS			C-C		
	本节	Irie[678]	Shu[679]	本节	Irie[678]	Shu[679]	本节	Irie[678]	Shu[679]	本节	Irie[678]	Shu[679]
0	0.2240	0.2233	0.2233	0.8698	0.8698	0.8700	0.7149	0.7149	0.7151	0.8730	0.8731	0.8732
1	0.5313	0.5462	0.5463	0.8117	0.8117	0.8118	0.7095	0.7095	0.7098	0.8120	0.8120	0.8120
2	0.6303	0.6310	0.6310	0.6614	0.6614	0.6613	0.6475	0.6474	0.6475	0.6696	0.6696	0.6696
3	0.5048	0.5065	0.5062	0.5249	0.5249	0.5246	0.5203	0.5203	0.5201	0.5430	0.5430	0.5428
4	0.3901	0.3947	0.3942	0.4324	0.4324	0.4319	0.4165	0.4164	0.4161	0.4569	0.4570	0.4566
5	0.3297	0.3348	0.3340	0.3834	0.3834	0.3826	0.3598	0.3598	0.3592	0.4095	0.4095	0.4089
6	0.3209	0.3248	0.3239	0.3747	0.3747	0.3737	0.3458	0.3458	0.3450	0.3970	0.3970	0.3963
7	0.3498	0.3524	0.3514	0.3997	0.3997	0.3987	0.3657	0.3657	0.3648	0.4151	0.4151	0.4143
8	0.4016	0.4033	0.4023	0.4489	0.4489	0.4479	0.4101	0.4102	0.4093	0.4577	0.4577	0.4568
9	0.4673	0.4684	0.4676	0.5142	0.5142	0.5133	0.4714	0.4715	0.4706	0.5186	0.5186	0.5177

注: $n = 0$。

以上讨论了 GDQ 法的收敛性。下面讨论壳体形状参数、边界条件及材料梯度指数对截顶功能梯度圆锥壳基频（最小固有频率）的影响，结果如表 10.4.3～表 10.4.6 所示。计算时，壳体形状参数 $\delta = 100$、$\delta_1 = 1.0$，壳体半顶角 $\varphi = 10°$, $0°$, $30°$, $40°$, $50°$, $60°$, $70°$, $80°$，材料梯度指数 n=0（金属），0.1，0.2，0.5，1.0，2.0，5.0，10.0，100.0，∞（陶瓷）。表内括号中的数为基频对应的周向波数。表 10.4.3 表明，就本节讨论的情况而言，无论壳体半顶角 φ 为何值，两端简支功能梯度圆锥壳的基频总是对应轴对称振动模态，壳体基频随着壳体半顶角的增大先增大后减小。其他三种边界条件下，功能梯度圆锥壳的基频对应非轴对称振动模态。比较表 10.4.3～ 表 10.4.6 可见，同样形状参数和材料梯度指数时，两端简支功能梯度圆锥壳的基频最小，小端固定大端简支功能梯度圆锥壳次之，小端简支大端固定功能梯度圆锥壳较大，两端固定功能梯度圆锥壳的基频最大，这进一步说明约束越强频率越大。

表 10.4.3　不同半顶角和材料梯度指数下两端简支截顶功能梯度圆锥壳的基频 λ [671]

n	$\varphi/(°)$							
	10	20	30	40	50	60	70	80
金属	0.0943(0)	0.1077(0)	0.1112(0)	0.1078(0)	0.0985(0)	0.0838(0)	0.0640(0)	0.0393(0)
0.1	0.0976(0)	0.1115(0)	0.1152(0)	0.1116(0)	0.1020(0)	0.0868(0)	0.0663(0)	0.0407(0)
0.2	0.1002(0)	0.1145(0)	0.1182(0)	0.1146(0)	0.1046(0)	0.0891(0)	0.0681(0)	0.0418(0)
0.5	0.1055(0)	0.1205(0)	0.1244(0)	0.1206(0)	0.1101(0)	0.0937(0)	0.0717(0)	0.0439(0)
1.0	0.1106(0)	0.1263(0)	0.1304(0)	0.1264(0)	0.1154(0)	0.0982(0)	0.0751(0)	0.0460(0)
2.0	0.1161(0)	0.1325(0)	0.1369(0)	0.1326(0)	0.1211(0)	0.1031(0)	0.0788(0)	0.0482(0)
5.0	0.1226(0)	0.1400(0)	0.1445(0)	0.1401(0)	0.1279(0)	0.1088(0)	0.0832(0)	0.0509(0)
10.0	0.1262(0)	0.1441(0)	0.1489(0)	0.1443(0)	0.1317(0)	0.1121(0)	0.0857(0)	0.0524(0)
100.0	0.1309(0)	0.1495(0)	0.1544(0)	0.1497(0)	0.1367(0)	0.1163(0)	0.0889(0)	0.0545(0)
陶瓷	0.1316(0)	0.1503(0)	0.1552(0)	0.1505(0)	0.1374(0)	0.1169(0)	0.0893(0)	0.0548(0)

表 10.4.4　不同半顶角和材料梯度指数下小端简支大端固定截顶功能梯度圆锥壳的基频 $\lambda^{[671]}$

n	$\varphi/(°)$							
	10	20	30	40	50	60	70	80
金属	0.3923(3)	0.2783(4)	0.2193(6)	0.1780(6)	0.1480(7)	0.1218(7)	0.0953(6)	0.0673(4)
0.1	0.4125(3)	0.2921(4)	0.2307(6)	0.1870(6)	0.1557(7)	0.1280(6)	0.1002(6)	0.0708(4)
0.2	0.4266(3)	0.3022(4)	0.2388(6)	0.1935(6)	0.1611(7)	0.1325(6)	0.1037(6)	0.0733(4)
0.5	0.4523(3)	0.3215(4)	0.2533(6)	0.2057(6)	0.1710(7)	0.1407(7)	0.1101(6)	0.0778(4)
1.0	0.4733(3)	0.3381(4)	0.2650(6)	0.2160(6)	0.1790(7)	0.1473(7)	0.1153(6)	0.0815(4)
2.0	0.4923(3)	0.3531(4)	0.2757(6)	0.2253(6)	0.1863(7)	0.1532(7)	0.1200(6)	0.0849(4)
5.0	0.5134(3)	0.3684(4)	0.2874(6)	0.2350(6)	0.1942(7)	0.1596(7)	0.1251(6)	0.0885(4)
10.0	0.5261(3)	0.3764(4)	0.2943(6)	0.2402(6)	0.1988(7)	0.1635(7)	0.1281(6)	0.0906(4)
100.0	0.5446(3)	0.3868(4)	0.3045(6)	0.2473(6)	0.2055(7)	0.1691(7)	0.1323(6)	0.0935(4)
陶瓷	0.5473(3)	0.3883(4)	0.3060(6)	0.2484(6)	0.2065(7)	0.1700(7)	0.1330(6)	0.0939(4)

表 10.4.5　不同半顶角和材料梯度指数下小端固定大端简支截顶功能梯度圆锥壳的基频 $\lambda^{[671]}$

n	$\varphi/(°)$							
	10	20	30	40	50	60	70	80
金属	0.3415(3)	0.2470(4)	0.1974(6)	0.1628(6)	0.1360(7)	0.1127(7)	0.0893(6)	0.0634(5)
0.1	0.3592(3)	0.2593(4)	0.2078(6)	0.1710(6)	0.1431(7)	0.1186(7)	0.0939(6)	0.0667(5)
0.2	0.3716(3)	0.2683(4)	0.2150(6)	0.1770(6)	0.1481(7)	0.1227(7)	0.0972(6)	0.0690(5)
0.5	0.3938(3)	0.2854(4)	0.2280(6)	0.1881(6)	0.1571(7)	0.1302(7)	0.1032(6)	0.0732(5)
1.0	0.4118(3)	0.2999(4)	0.2385(6)	0.1975(6)	0.1645(7)	0.1363(7)	0.1081(6)	0.0765(5)
2.0	0.4280(3)	0.3132(4)	0.2479(6)	0.2059(6)	0.1712(7)	0.1418(7)	0.1126(6)	0.0795(5)
5.0	0.4464(3)	0.3267(4)	0.2584(6)	0.2148(6)	0.1785(7)	0.1478(7)	0.1174(6)	0.0829(5)
10.0	0.4575(3)	0.3338(4)	0.2648(6)	0.2196(6)	0.1827(7)	0.1514(7)	0.1202(6)	0.0849(5)
100.0	0.4739(3)	0.3433(4)	0.2741(6)	0.2262(6)	0.1888(7)	0.1565(7)	0.1240(6)	0.0880(5)
陶瓷	0.4764(3)	0.3446(4)	0.2755(6)	0.2271(6)	0.1897(7)	0.1573(7)	0.1246(6)	0.0884(5)

表 10.4.6　不同半顶角和材料梯度指数下两端固定截顶功能梯度圆锥壳的基频 $\lambda^{[671]}$

n	$\varphi/(°)$							
	10	20	30	40	50	60	70	80
金属	0.4157(3)	0.2974(5)	0.2305(6)	0.1901(7)	0.1564(7)	0.1289(7)	0.1021(6)	0.0743(4)
0.1	0.4366(3)	0.3128(5)	0.2424(6)	0.1996(6)	0.1644(7)	0.1356(7)	0.1074(6)	0.0782(4)
0.2	0.4516(3)	0.3236(5)	0.2508(6)	0.2066(6)	0.1702(7)	0.1404(7)	0.1111(6)	0.0809(4)
0.5	0.4794(3)	0.3433(5)	0.2663(6)	0.2195(7)	0.1807(7)	0.1489(7)	0.1179(6)	0.0859(4)
1.0	0.5025(3)	0.3592(5)	0.2790(6)	0.2298(7)	0.1893(7)	0.1559(7)	0.1235(6)	0.0898(4)
2.0	0.5236(3)	0.3737(5)	0.2905(6)	0.2391(7)	0.1971(7)	0.1622(7)	0.1285(6)	0.0934(4)
5.0	0.5463(3)	0.3896(5)	0.3029(6)	0.2492(7)	0.2055(7)	0.1691(7)	0.1339(6)	0.0974(4)
10.0	0.5592(3)	0.3991(5)	0.3100(6)	0.2552(7)	0.2103(7)	0.1732(7)	0.1371(6)	0.0997(4)
100.0	0.5772(3)	0.4129(5)	0.3201(6)	0.2639(7)	0.2172(7)	0.1790(7)	0.1417(6)	0.1032(4)
陶瓷	0.5799(3)	0.4149(5)	0.3216(6)	0.2652(7)	0.2182(7)	0.1799(7)	0.1424(6)	0.1037(4)

图 10.4.1 给出了四种边界条件下截顶功能梯度圆锥壳振动基频 λ 随材料梯度指数 n 的变化曲线，其中壳体形状参数 $\varphi = 45^\circ$, $\delta = 100$, $\delta_1 = 1$。可见，就同样形状参数和材料梯度指数而言，两端简支壳的基频最小，两端固定壳的基频最大。四种边界条件下截顶功能梯度圆锥壳的基频都随材料梯度指数 n 的增大而单调增大，这是因为随着 n 的增大，功能梯度材料中陶瓷的含量增加，壳的刚度增大。当 n 为 0~3 时，随着 n 的增大，基频急剧增大；当 $n > 3$ 时，基频随 n 的增大而缓慢增大。这类似于功能梯度板固有频率随材料梯度指数的变化规律 [410]。

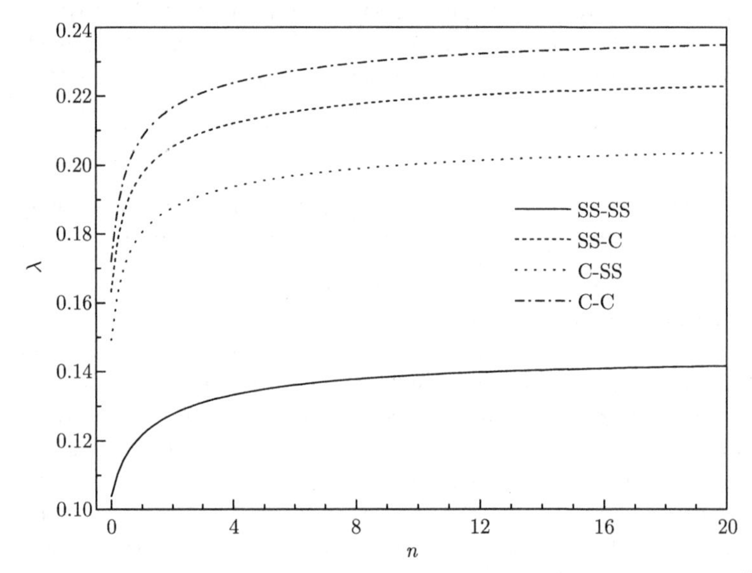

图 10.4.1　四种边界条件下截顶功能梯度圆锥壳振动基频随 n 的变化曲线 [671]

图 10.4.2 给出了四种边界条件下截顶功能梯度圆锥壳振动基频 λ 随壳体半顶角 φ 的变化曲线。可见，在给定壳体形状参数 $\delta = 100$ 和 $\delta_1 = 1$ 时，两端简支功能梯度圆锥壳的振动基频随壳体半顶角的增大先缓慢增大后减小；其他三种边界条件下，圆锥壳的振动基频随半顶角的增大而单调减小，其原因是，在给定参数 δ 和 δ_1 情况下，随着 φ 的增大，壳体体积增大，其刚度减小。从图还可见，半顶角较小时，边界条件对壳体振动基频的影响较大，随着半顶角的增大，这种影响逐渐减小。

图 10.4.3 给出了四种边界条件下截顶功能梯度圆锥壳振动基频 λ 随母线长度与厚度之比 δ 的变化曲线。可见，给定壳体形状参数 $\varphi = 45^\circ$ 和 $\delta_1 = 1$ 时，四种边界条件下截顶功能梯度圆锥壳振动基频随着 δ 的增大而单调减小。这是因为，随着 δ 的增大，若保持壳体母线长度 L 不变，那么壳体厚度 h 就要减小，从而其基频减小。

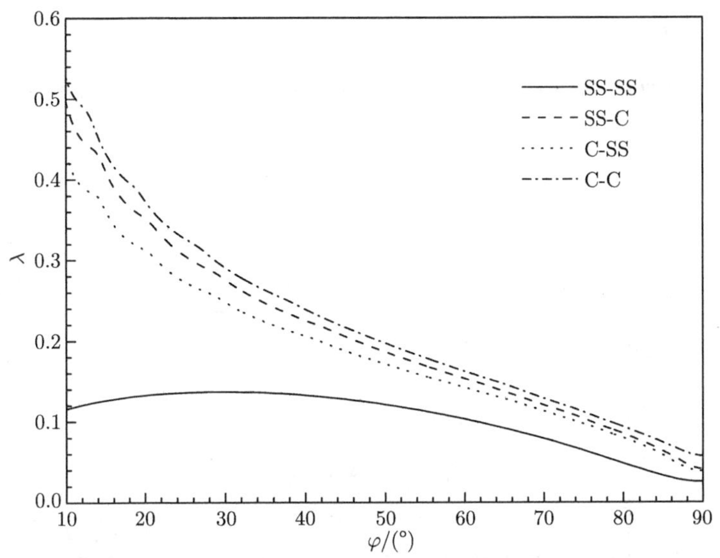

图 10.4.2　四种边界条件下截顶功能梯度圆锥壳振动基频随壳体半顶角 φ 的变化 $(n=2,\delta=100,\delta_1=1)$[671]

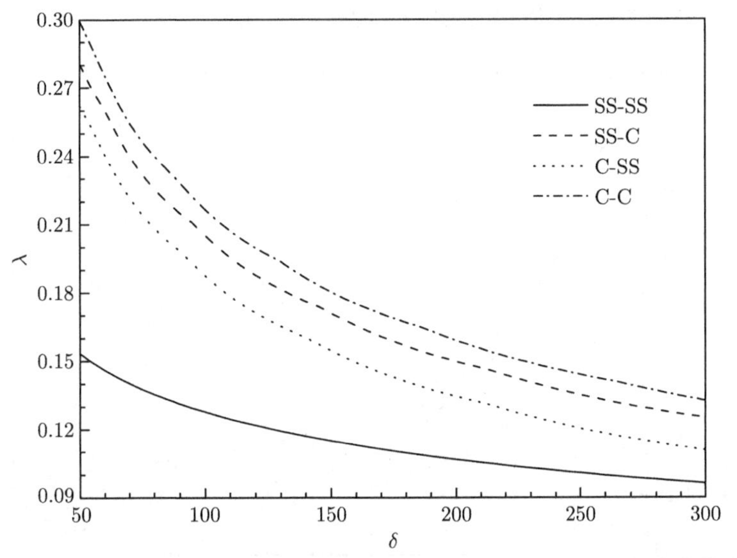

图 10.4.3　四种边界条件下截顶功能梯度圆锥壳振动基频随 δ 的变化曲线 $(n=2,\varphi=45^\circ,\delta_1=1)$[671]

图 10.4.4 和图 10.4.5 分别给出了不同材料梯度指数 n 情况下，两端简支和两端固定截顶功能梯度圆锥壳的基频 λ 随形状参数 δ_1 的变化曲线。很显然，当壳体形状参数 $\varphi=45^\circ$ 和 $\delta=100$ 时，两种边界条件下截顶功能梯度圆锥壳的基频都随 δ_1 的增大而单调减小，这是因为当参数 δ 和 φ 给定时，壳体的柔度随 δ_1

的增大而增大。

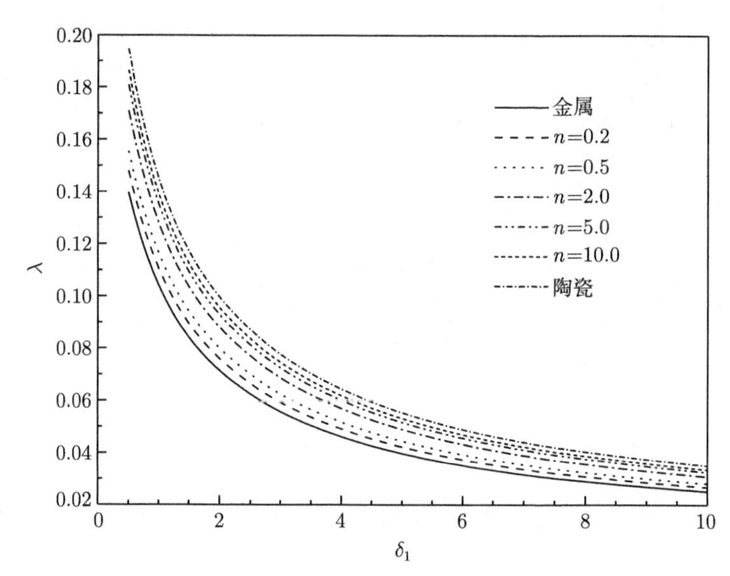

图 10.4.4 两端简支截顶功能梯度圆锥壳的基频随 δ_1 的变化曲线 ($\varphi = 45°,\delta = 100$)[671]

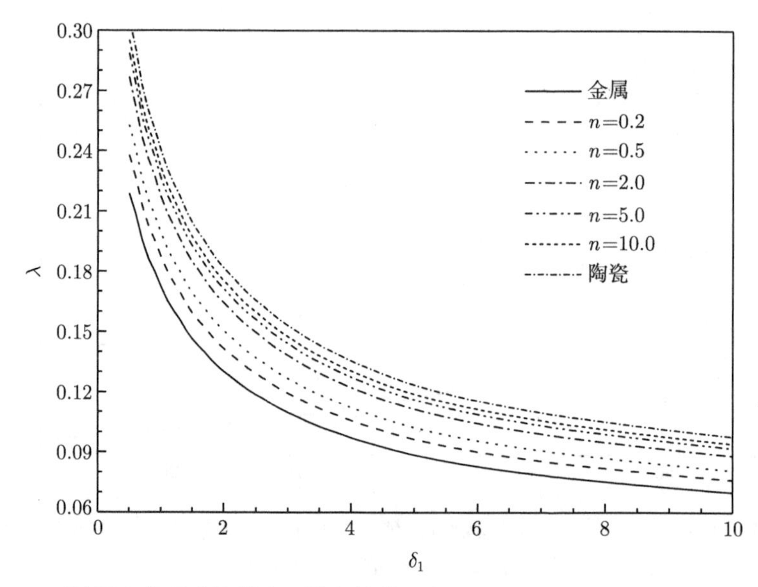

图 10.4.5 两端固定截顶功能梯度圆锥壳的基频随 δ_1 的变化曲线 ($\varphi = 45°,\delta = 100$)[671]

图 10.4.6 给出了壳体形状参数 $\varphi = 45°$、$\delta = 100$、$\delta_1 = 1$ 和材料梯度指数 $n = 2$ 情况下，不同边界条件下截顶功能梯度圆锥壳的一阶频率随周向波数 m 的变化曲线。可见，当 $m = 0$（轴对称变形）时，两端简支功能梯度圆锥壳一阶频率最

小，随着 m 的增大，该一阶频率增大，当 $m=2$ 时达到最大值，随后随着 m 的增大而单调减小，当 $m=6$ 时取得极小值，当 $m>6$ 时，该一阶频率随 m 的增大而单调增大。其他三种边界条件下，功能梯度圆锥壳的一阶频率均随 m 的增大先减小后增大。进一步可见，随着 m 的增大，边界条件对壳体一阶频率的影响逐渐减弱。

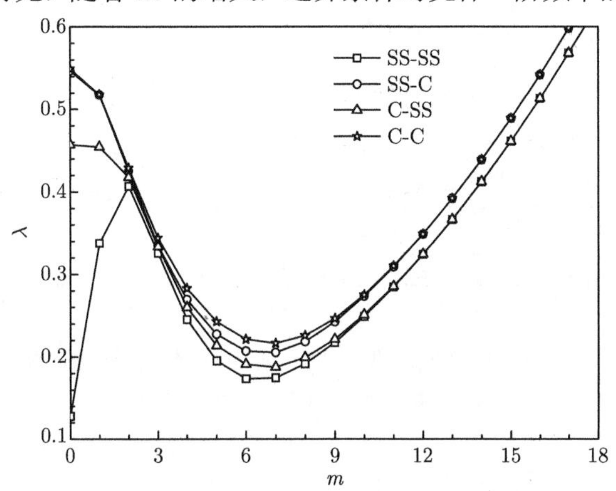

图 10.4.6　不同边界条件下截顶功能梯度圆锥壳的一阶频率随周向波数 m 的变化曲线 (轴向波数 $l=1$)[671]

图 10.4.7 和图 10.4.8 分别给出了两端简支与两端固定截顶功能梯度圆锥壳 1~6 阶固有频率随周向波数 m 的变化，图中 l 为轴向波数。可见，当 l 较小时，两端固定壳的固有频率随 m 的增大先减小后增大；当 l 较大时，固有频率随 m 的增大单调增大。两端简支壳固有频率的变化较为复杂，但整体上随着 m 的增大而增大。

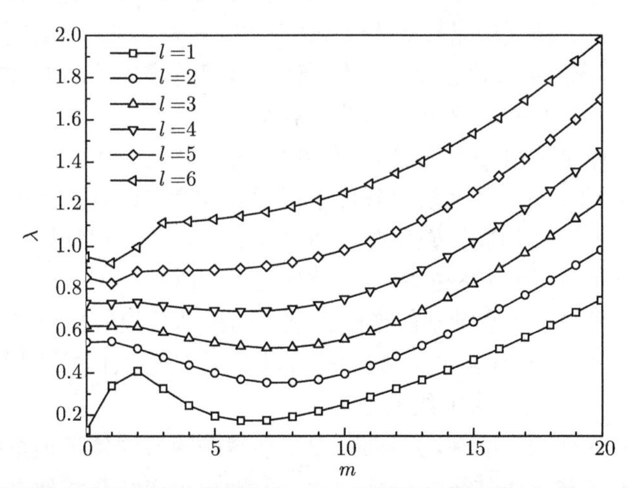

图 10.4.7　两端简支截顶功能梯度圆锥壳 1~6 阶固有频率随周向波数 m 的变化 ($n=2$, $\varphi=45°$, $\delta_1=1$，$\delta=100$)[671]

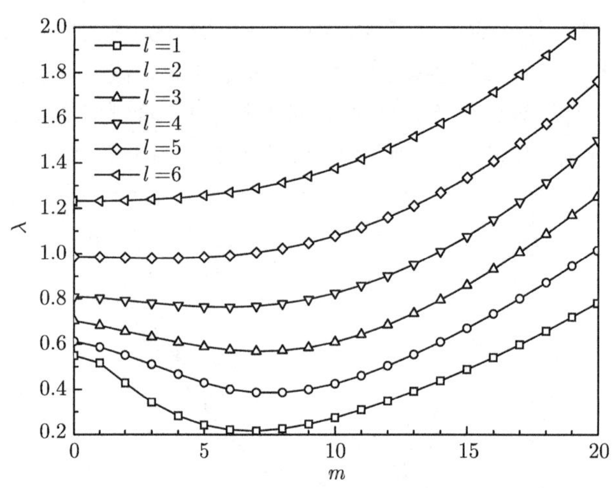

图 10.4.8 两端固定截顶功能梯度圆锥壳 1~6 阶固有频率随周向波数 m 的变化 ($n=2$, $\varphi=45°$, $\delta_1=1$，$\delta=100$)[671]

10.5 本 章 小 结

本章分析了截顶功能梯度圆锥壳的振动问题。首先，基于 Love 壳体理论，建立了截顶功能梯度圆锥壳的位移型控制方程，求解中假设位移场仅为圆锥壳母线坐标的函数且沿径向按照 Fourier 级数变化，将偏微分方程化为常微分方程。然后，采用广义微分求积（GDQ）法将得到的常微分方程和边界条件进行离散，得到一组线性方程组，计算得到了两端简支、小端简支大端固定、小端固定大端简支和两端固定四种边界条件下，截顶功能梯度圆锥壳固有频率的变化规律。结果表明：

（1）GDQ 法求解截顶功能梯度圆锥壳固有频率的数值结果收敛性极好、效率高，取较少的节点即可得到精度较高的计算结果。

（2）无论壳体半顶角 φ 为何值，两端简支截顶功能梯度圆锥壳的振动基频总是对应轴对称振动模态。其他边界条件下截顶功能梯度圆锥壳的振动基频均对应非轴对称振动模态，且周向波数仅与壳体形状有关，与材料特性几乎无关，随着半顶角的增大，振动基频对应的周向波数先增大后减小。

（3）不同边界条件下截顶功能梯度圆锥壳的振动基频随材料梯度指数 n 的增大而单调增大。当 n 为 0~3 时，振动基频随着 n 的增大而急剧增大；当 $n>3$ 时，振动基频随着 n 的增大而缓慢增大。

（4）两端简支截顶功能梯度圆锥壳的振动基频随着壳体半顶角的增大先缓慢增大后减小；其他边界条件下，截顶功能梯度圆锥壳振动基频随着壳体半顶角的增大而单调减小。

参 考 文 献

[1] SURESH S, MORTENSEN A. 功能梯度材料基础 [M]. 李守新, 等译. 北京: 国防工业出版社, 2000.

[2] YAMANOUCHI M, KOIZUMI M, HIRAI T, et al. Thermal deformation and thermal stress of FGM plates under steady graded temperature field[C]. Proceedings of the First International Symposium on Functionally Gradient Materials, Sendai, Japan, 1990.

[3] KOIZUMI M. The concept of FGM[J]. Ceramic Transactions: Functionally Gradient Materials,1993, 34: 3-10.

[4] KOIZUMI M, NIINO M. Overview of FGM research in Japan[J]. Material Research Society Bulletin, 1995,20(1): 19-21.

[5] KAYSSER W A, ISCHNER B. FGM research activities in Europe[J]. Material Research Society Bulletin, 1995,20(1): 22-26.

[6] KOIZUMI M. FGM activities in Japan[J]. Composites: Part B,1997,28(1-2): 1-4.

[7] ERDOGAN F, OZTURK M. Diffusion problems in bonded nonhomogeneous materials with an interface cut[J]. International Journal of Engineering Science, 1992, 30(10): 1507-1523.

[8] 黄旭涛, 严密. 功能梯度材料：回顾与展望 [J]. 材料科学与工程, 1997, 15(4): 35-38.

[9] PRAVEEN G N, REDDY J N. Nonlinear transient thermoelastic analysis of functionally graded ceramic-metal plates[J]. International Journal of Solids and Structures,1998, 35(33): 4457-4476.

[10] OBATA Y, NODA N. Optimum material design for functionally gradient material plate[J]. Archive of Applied Mechanics, 1996,66:581-589.

[11] WETHERHOLD R C, SEELMAN S, WANG J Z. Use of functionally graded materials to eliminate or control thermal deformation[J]. Composites Science and Technology, 1996, 56(9): 1099-1104.

[12] NODA N. Thermal stresses in functionally graded materials[J]. Journal of Thermal Stresses, 1999, 22(4-5): 477-512.

[13] SHEN H S. Functionally Graded Materials: Nonlinear Analysis of Plates and Shells[M]. Boca Raton: CRC Press, 2009.

[14] JIN Z H, BATRA R C. Some basic fracture mechanics concepts in functionally graded materials[J]. Journal of the Mechanics and Physics of Solids, 1996, 44(8): 1221-1235.

[15] OOTAO Y, TANIGAWA Y. Three-dimensional solution for transient thermal stresses of functionally graded rectangular plate due to nonuniform heat supply[J]. International Journal of Mechanical Sciences, 2005, 47(11):1769-1788.

[16] ZENKOUR A M. Benchmark trigonometric and 3-D elasticity solutions for an exponentially graded thick rectangular plate[J]. Archive of Applied Mechanics, 2007, 77(4):197-214.

[17] KASHTALYAN M, MENSHYKOVA M. Three-dimensional elasticity solution for sandwich panels with a functionally graded core[J]. Composite Structures, 2009, 87(1):36-43.

[18] ALIBEIGLOO A. Thermo elasticity solution of sandwich circular plate with functionally graded core using generalized differential quadrature method[J]. Composite Structures, 2016, 136:229-240.

[19] BELABED Z, HOUARI M S A, TOUNSI A, et al. An efficient and simple higher order shear and normal deformation theory for functionally graded material (FGM) plates[J]. Composites: Part B, 2014, 60: 274-283.

[20] CHU F Y, HE J Z, WANG L H, et al. Buckling analysis of functionally graded thin plate with in-plane material inhomogeneity[J]. Engineering Analysis with Boundary Elements, 2016, 65: 112-125.

[21] THANG P T, NGUYEN T T, LEE J. Closed-form expression for nonlinear analysis of imperfect sigmoid-FGM plates with variable thickness resting on elastic medium[J]. Composite Structures, 2016, 143:143-150.

[22] LEE C Y, KIM J H. Evaluation of homogenized effective properties for FGM panels in aero-thermal environments[J]. Composite Structures, 2015,120:442-450.

[23] CHI S H, CHUNG Y L. Mechanical behavior of functionally graded material plates under transverse load-part II: Numerical results[J]. International Journal of Solids and Structures, 2006, 43(13):3675-3691.

[24] BHANDARI M, PUROHIT K. Response of functionally graded material plate under thermomechanical load subjected to various boundary conditions[J]. International Journal of Metals, 2015, 2015: 416824.

[25] CHI S H, CHUNG Y L. Mechanical behavior of functionally graded material plates under transverse load-Part I: Analysis[J]. International Journal of Solids and Structures, 2006, 43(13): 3657-3674.

[26] ARAKI N, MAKINO A, ISHIGURO T, et al. An analytical solution of temperature response in multilayered material for transient method[J]. International Journal of Thermophysics, 1992, 13: 515-538.

[27] ISHIGURO T, MAKINO A, ARAKI N, et al. Transient temperature response in functionally gradient materials[J]. International Journal of Thermophysics, 1993, 14:101-102.

[28] TANIGAWA Y. Theoretical approach of optimum design for a plate of functionally gradient materials under thermal loading[M]//TANIGAWA Y. Thermal Shock and Thermal Fatigue Behavior of Advanced Ceramics. Berlin: Springer, 1993:171-180.

[29] TANAKA K, TANAKA Y, WATANABE H, et al. An improved solution to thermoelastic material design in functionally gradient materials: Scheme to reduce thermal stresses[J]. Computer Methods in Applied Mechanics and Engineering, 1993,109(3-4):377-389.

[30] TANAKA K, TANAKA Y, ENOMOTO K, et al. Design of thermoelastic materials using direct sensitivity and optimization methods. Reduction of thermal stresses in functionally gradient materials[J]. Computer Methods in Applied Mechanics and Engineering, 1993,106(1-2):271-284.

[31] MORI T, TANAKA K. Average stress in matrix and average elastic energy of materials with misfitting inclusions[J]. Acta Metallurgica, 1973,21(5):1-4.

[32] BENVENISTE Y. A new approach to the application of Mori-Tanaka's theory in composite materials[J]. Mechanics of Materials, 1987,6(2):147-157.

[33] 郑晓静, 周又和. 关于集中载荷下圆板非线性弯曲问题的解析电算求解 [J]. 应用数学和力学, 1987, 8(8): 719-726.

[34] ZHENG X J, ZHOU Y H. Exact solution of nonlinear circular plate on elastic foundation[J]. Journal of Engineering Mechanics ASCE, 1988, 114(8): 1303-1316.

[35] 郑晓静, 周又和. 集中载荷作用下弹性地基圆薄板大挠度问题的精确解 [J]. 力学学报, 1988, 20(2): 161-172.

[36] 郑晓静, 周又和. 圆板几何非线性方程摄动解的收敛性 [J]. 数学物理学报, 1991,11(4): 430-438.

[37] 周又和, 王省哲, 郑晓静. 矩形铁磁板的磁弹性弯曲与稳定性 [J]. 应用数学和力学, 1998, 19(7): 625-630.

[38] 周又和, 郑晓静, 王省哲. 悬臂铁磁板磁弹性耦合作用的力学分析 [J]. 固体力学学报, 1998,19(3): 241-244.

[39] ZHENG X J, ZHOU Y H, WANG X Z, et al. Bending and buckling of ferroelastic plates[J]. Journal of Engineering Mechanics ASCE, 1999, 125(2): 180-185.

[40] REDDY J N, CHIN C D. Thermomechanical analysis of functionally graded cylinders and plates[J]. Journal of Thermal Stresses, 1998, 21(6): 593-626.

[41] REDDY J N. Analysis of functionally graded plates[J]. International Journal for Numerical Methods in Engineering, 2000, 47(1-3): 663-684.

[42] WOO J, MEGUID S A. Nonlinear analysis of functionally graded plates and shallow shells[J]. International Journal of Solids and Structures, 2001, 38(42-43): 7409-7421.

[43] ZHANG D G, ZHOU Y H. A theoretical analysis of FGM thin plates based on physical neutral surface[J].

Computational Materials Science, 2008, 44(2): 716-720.

[44] NAJAFIZADEH M M, ESLAMI M R. First-order-theory-based thermoelastic stability of functionally graded material circular plates[J]. AIAA Journal, 2002, 40(7): 1444-1450.

[45] JAVAHERI R, ESLAMI M R. Thermal buckling of functionally graded plates based on higher order theory[J]. Journal of Thermal Stresses, 2002, 25(7): 603-625.

[46] MA L S, WANG T J. Nonlinear bending and post-buckling of a functionally graded circular plate under mechanical and thermal loadings[J]. International Journal of Solids and Structures, 2003, 40(13-14): 3311- 3330.

[47] REDDY J N. A simple higher-order theory for laminated composite plates[J]. ASME Journal of Applied Mechanics, 1984, 51: 745-752.

[48] REDDY J N, CHENG Z Q. Three-dimensional thermomechanical deformations of functionally graded rectangular plates[J]. European Journal of Mechanics-A/Solids, 2001, 20(5): 841-855.

[49] CHENG Z Q, BATRA R C. Three-dimensional thermo-elastic deformations of a functionally graded elliptic plate[J]. Composites-Part B, 2000, 31(2): 97-106.

[50] REDDY J N, CHENG Z Q. Three-Dimensional Solutions of Smart Functionally Graded Plates[J]. Journal of Applied Mechanics ASME, 2001, 68(2): 234-241.

[51] SENTHIL V, BATRA R C. Exact solution for thermoelastic deformations of functionally graded thick rectangular plates[J]. AIAA Journal, 2002, 40(7): 1421-1433.

[52] RAY M C, SACHAD H M. Exact solutions for the functionally graded plates integrated with a layer of piezoelectric fiber-reinforced composite[J]. Journal of Applied Mechanics ASME, 2006, 73(4): 622-632.

[53] ELISHAKOFF I, GENTILINI C. Three-dimensional flexure of rectangular plates made of functionally graded materials[J]. Journal of applied Mechanics ASME, 2005, 72(5): 788-791.

[54] YANG B, DING H J, CHEN W Q. Elasticity solutions for functionally graded rectangular plates with two opposite edges simply supported[J]. Applied Mathematical Modelling, 2012, 36(1): 488-503.

[55] ZHANG C, ZHONG Z. Three-dimensional analysis of functionally graded plate based on the HAAR wavelet method[J]. Acta Mechanica Solida Sinica, 2007, 20(2): 95-102.

[56] LIU W X, ZHONG Z. Three-dimensional thermoelastic analysis of functionally graded plate[J]. Acta Mechanica Solida Sinica, 2011, 24(3): 241-249.

[57] ADINEH M, KADKHODAYAN M. Three-dimensional thermo-elastic analysis of multi-directional functionally graded rectangular plates on elastic foundation[J]. Acta Mechanica, 2017, 228: 881-899.

[58] YING J, LU CF, LIM C W. 3D thermoelasticity solutions for functionally graded thick plates[J]. Journal of Zhejiang University-SCIENCE A, 2009, 10(3):327-336.

[59] VAFAKHAH Z, NEYA B N. An exact three dimensional solution for bending of thick rectangular FGM plate[J]. Composites: Part B, 2019, 156: 72-87.

[60] THAI S, NGUYEN V X, LIEU Q X. Bending and free vibration analyses of multi-directional functionally graded plates in thermal environment: A three-dimensional isogeometric analysis approach[J]. Composite Structures, 2022, 295: 115797.

[61] PENDHARI S S, KANT T, DESAI Y M, et al. Static solutions for functionally graded simply supported plates[J]. International Journal of Mechanics and Materials in Design, 2012, 8: 51-69.

[62] KASHTALYAN M. Three-dimensional elasticity solution for bending of functionally graded rectangular plates[J]. European Journal of Mechanics-A/Solids, 2004, 23(5): 853-864.

[63] WOODWARD B, KASHTALYAN M. Three-dimensional elasticity solution for bending of transversely isotropic functionally graded plates[J]. European Journal of Mechanics-A/Solids, 2011, 30(5): 705-718.

[64] YANG B, DING H J, CHEN W Q. Elasticity solutions for a uniformly loaded rectangular plate of functionally graded materials with two opposite edges simply supported[J]. Acta Mechanica, 2009, 207(3): 245-258.

[65] QIAN L F, BATRA R C, CHEN L M. Analysis of cylindrical bending thermoelastic deformations of

functionally graded plates by a meshless local Petrov-Galerkin method[J]. Computational Mechanics, 2004, 33(4): 263-273.

[66] GILHOOLEY D F, BATRA R C, XIAO J R, et al. Analysis of thick functionally graded plates by using higher-order shear and normal deformable plate theory and MLPG method with radial basis functions[J]. Composite Structures, 2007, 80(4):539-552.

[67] KIM K S, NODA N. A Green's function approach to the deflection of a FGM plate under transient thermal loading[J]. Archive of Applied Mechanics, 2002, 72: 127-137.

[68] ZHANG N H, WANG M L. Thermoviscoelastic deformations of functionally graded thin plates[J]. European Journal of Mechanics - A/Solids, 2007, 26(5): 872-886.

[69] PRADHAN K K, CHAKRAVERTY S. Static analysis of functionally graded thin rectangular plates with various boundary supports[J]. Archives of Civil and Mechanical Engineering, 2015, 15(3): 721-734.

[70] BEENA K P, PARVATHY U. Linear static analysis of functionally graded plate using spline finite strip method[J]. Composite Structures, 2014, 117: 309-315.

[71] FEREIDOON A, SEYEDMAHALLE M A, MOHYEDDIN A. Bending analysis of thin functionally graded plates using generalized differential quadrature method[J]. Archive of Applied Mechanics, 2011, 81:1523-1539.

[72] DAI K Y, LIU G R, LIM K M, et al. A meshfree radial point interpolation method for analysis of functionally graded material (FGM) plates[J]. Computational Mechanics, 2004, 34(3): 213-223.

[73] BERNARDO G M S, DAMÁSIO F R, SILVA T A N, et al. A study on the structural behaviour of FGM plates static and free vibrations analyses[J]. Composite Structures, 2016, 136: 124-138.

[74] VU T V, NGUYEN N H, KHOSRAVIFARD A, et al. A simple FSDT-based meshfree method for analysis of functionally graded plates[J]. Engineering Analysis with Boundary Elements, 2017, 79: 1-12.

[75] WEN P H, ALIABADI M H. Analysis of functionally graded plates by meshless method: A purely analytical formulation[J]. Engineering Analysis with Boundary Elements, 2012, 36(5): 639-650.

[76] KIM J, REDDY J N. Analytical solutions for bending, vibration, and buckling of FGM plates using a couple stress-based third-order theory[J]. Composite Structures, 2013, 103(9): 86-98.

[77] BUI T Q, DO T V, TON L H T, et al. On the high temperature mechanical behaviors analysis of heated functionally graded plates using FEM and a new third-order shear deformation plate theory[J]. Composites: Part B, 2016, 92: 218-241.

[78] TALHA M, SINGH B N. Static response and free vibration analysis of FGM plates using higher order shear deformation theory[J]. Applied Mathematical Modelling, 2010, 34(12): 3991-4011.

[79] MANTARI J L, OKTEM A S, SOARES C G. Bending response of functionally graded plates by using a new higher order shear deformation theory[J]. Composite Structures, 2012, 94(2): 714-723.

[80] LI Y S, REN J H, FENG W J. Bending of sinusoidal functionally graded piezoelectric plate under an in-plane magnetic field[J]. Applied Mathematical Modelling, 2017, 47: 63-75.

[81] ZENKOUR A M. Generalized shear deformation theory for bending analysis of functionally graded plates[J]. Applied Mathematical Modelling, 2006, 30(1): 67-84.

[82] ZENKOUR A M. The refined sinusoidal theory for FGM plates on elastic foundations[J]. International Journal of Mechanical Sciences, 2009, 51(11-12): 869-880.

[83] FARES M E, ELMARGHANY M K, ATTA D. An efficient and simple refined theory for bending and vibration of functionally graded plates[J]. Composite Structures, 2009, 91(3): 296-305.

[84] THAI H T, NGUYEN T K, VO T P, et al. Analysis of functionally graded sandwich plates using a new first-order shear deformation theory[J]. European Journal of Mechanics-A/Solids, 2014, 45(2): 211-225.

[85] MECHAB I, MECHAB B, BENAISSA S. Static and dynamic analysis of functionally graded plates using four-variable refined plate theory by the new function[J]. Composites: Part B, 2013, 45(1): 748-757.

[86] THAI H T, VO T P. A new sinusoidal shear deformation theory for bending, buckling, and vibration of functionally graded plates[J]. Applied Mathematical Modelling, 2013, 37(6): 3269-3281.
[87] THAI H T, CHOI D H. A simple first-order shear deformation theory for the bending and free vibration analysis of functionally graded plates[J]. Composite Structures, 2013,101: 332-340.
[88] THAI H T, CHOI D H. Finite element formulation of various four unknown shear deformation theories for functionally graded plates[J]. Finite Elements in Analysis and Design, 2013, 75: 50-61.
[89] ZENKOUR A M. A simple four-unknown refined theory for bending analysis of functionally graded plates[J]. Applied Mathematical Modelling, 2013, 37(20-21): 9041-9051.
[90] THAI H T, KIM S E. A simple higher-order shear deformation theory for bending and free vibration analysis of functionally graded plates[J]. Composite Structures, 2013, 96: 165-173.
[91] NGUYEN H X, TRAN L V, THAI C H, et al. Isogeometric analysis of functionally graded plates using a refined plate theory[J]. Composites: Part B, 2014, 64: 222-234.
[92] DO V N V, THAI C H. A modified Kirchhoff plate theory for analyzing thermo-mechanical static and buckling responses of functionally graded material plates[J]. Thin-Walled Structures, 2017, 117: 113-126.
[93] ROUZEGAR J, ABBASI A. A refined finite element method for bending of smart functionally graded plates[J]. Thin-Walled Structures, 2017, 120: 386-396.
[94] VU T V, KHOSRAVIFARD A, HEMATIYAN M R, et al. A new refined simple TSDT-based effective meshfree method for analysis of through-thickness FG plates[J]. Applied Mathematical Modelling, 2018, 57: 514-534.
[95] LIU Z Y, WANG C, DUAN G F, et al. A new refined plate theory with isogeometric approach for the static and buckling analysis of functionally graded plates[J]. International Journal of Mechanical Sciences, 2019, 161-162: 105036.
[96] THAI H T, CHOI D H. Improved refined plate theory accounting for effect of thickness stretching in functionally graded plates[J]. Composites: Part B, 2014, 56: 705-716.
[97] MECHAB I, ATMANE H A, TOUNSI A, et al. A two variable refined plate theory for the bending analysis of functionally graded plates[J]. Acta Mechanica Sinica, 2010, 26: 941-949.
[98] AMEUR M, TOUNSI A, MECHAB I, et al. A new trigonometric shear deformation theory for bending analysis of functionally graded plates resting on elastic foundations[J]. KSCE Journal of Civil Engineering, 2011, 15(8):1405-1414.
[99] BELLIFA H, BENRAHOU K H, HADJI L, et al. Bending and free vibration analysis of functionally graded plates using a simple shear deformation theory and the concept the neutral surface position[J]. Journal of the Brazilian Society of Mechanical Sciences and Engineering, 2016, 38(1):265-275.
[100] XIANG S, KANG G W. A nth-order shear deformation theory for the bending analysis on the functionally graded plates[J]. European Journal of Mechanics-A/Solids, 2013, 37: 336-343.
[101] WU C P, LI H Y. An RMVT-based third-order shear deformation theory of multilayered functionally graded material plates[J]. Composite Structures, 2010, 92(10): 2591-2605.
[102] MANTARI J L, SOARES C G. Optimized sinusoidal higher order shear deformation theory for the analysis of functionally graded plates and shells[J]. Composites: Part B, 2014, 56: 126-136.
[103] AKAVCI S S, TANRIKULU A H. Static and free vibration analysis of functionally graded plates based on a new quasi-3D and 2D shear deformation theories[J]. Composites: Part B, 2015, 83: 203-215.
[104] KULKARNI K, SINGH B N, MAITI D K. Analytical solution for bending and buckling analysis of functionally graded plates using inverse trigonometric shear deformation theory[J]. Composite Structures, 2015, 134: 147-157.
[105] NEVES A M A, FERREIRA A J M, CARRERA E, et al. A quasi-3D hyperbolic shear deformation theory for the static and free vibration analysis of functionally graded plates[J]. Composite Structures, 2012, 94(5): 1814-1825.

[106] ZHU Y Q, SHI P, KANG Y T, et al. Isogeometric analysis of functionally graded plates with a logarithmic higher order shear deformation theory[J]. Thin-Walled Structures, 2019, 144:106234.
[107] HEBALI H, TOUNSI A, HOUARI M S A, et al. New quasi-3D hyperbolic shear deformation theory for the static and free vibration analysis of functionally graded plates[J]. Journal of Engineering Mechanics ASCE, 2014, 140(2): 374-383.
[108] THAI H T, CHOI D H. Efficient higher-order shear deformation theories for bending and free vibration analyses of functionally graded plates[J]. Archive of Applied Mechanics, 2013, 83:1755-1771.
[109] TRAN L V, FERREIRA A J M, NGUYEN H X. Isogeometric analysis of functionally graded plates using higher-order shear deformation theory[J]. Composites: Part B, 2013, 51: 368-383.
[110] VALIZADEH N, NATARAJAN S, GONZALEZ O E, et al. NURBS-based finite element analysis of functionally graded plates: Static bending, vibration, buckling and flutter[J]. Composite Structures, 2013, 99: 309-326.
[111] YIN S H, HALE J S, YU T T, et al. Isogeometric locking-free plate element: A simple first order shear deformation theory for functionally graded plates[J]. Composite Structures, 2014, 118: 121-138.
[112] LIEU Q X, LEE S, KANG J, et al. Bending and free vibration analyses of in-plane bi-directional functionally graded plates with variable thickness using isogeometric analysis[J]. Composite Structures, 2018, 192: 434-451.
[113] AMIRPOUR M, DAS R, FLORES E I S. Bending analysis of thin functionally graded plate under in-plane stiffness variations[J]. Applied Mathematical Modelling, 2017, 44: 481-496.
[114] DO T V, NGUYEN D K, DUC N D, et al. Analysis of bi-directional functionally graded plates by FEM and a new third-order shear deformation plate theory[J]. Thin-Walled Structures, 2017, 119: 687-699.
[115] SATOR L, SLADEK V, SLADEK J. Multi-gradation coupling effects in FGM plates[J]. Composite Structures, 2017, 171: 515-527.
[116] SATOR L, SLADEK V, SLADEK J. Consistent 2D formulation of thermoelastic bending problems for FGM plates[J]. Composite Structures, 2019, 212: 412-422.
[117] SATOR L, SLADEK V, SLADEK J. Coupling effects in transient analysis of FGM plates bending in non-classical thermoelasticity[J]. Composites: Part B, 2019, 165: 233-246.
[118] THAI H T, CHOI D H. Size-dependent functionally graded Kirchhoff and Mindlin plate models based on a modified couple stress theory[J]. Composite Structures, 2013, 95: 142-153.
[119] AKBARZADEH A H, ABEDINI A, CHEN Z T. Effect of micromechanical models on structural responses of functionally graded plates[J]. Composite Structures, 2015, 119: 598-609.
[120] SRIVIDHYA S, BASANT K, GUPTA R K, et al. Influence of the homogenization scheme on the bending response of functionally graded plates[J]. Acta Mechanica, 2018, 229: 4071-4089.
[121] HE X T, PEI X X, SUN J Y, et al. Simplified theory and analytical solution for functionally graded thin plates with different moduli in tension and compression[J]. Mechanics Research Communications, 2016, 74: 72-80.
[122] 杨杰, 沈惠申. 热/机械载荷下功能梯度材料矩形厚板的弯曲行为 [J]. 固体力学学报, 2003, 24(1): 119-124.
[123] YANG J, SHEN H S. Non-linear bending analysis of deformable functionally graded plates subjected to thermo-mechanical loads under various boundary conditions[J]. Composites Part B: engineering, 2003, 34(2): 103-115.
[124] ABRATE S. Free vibration, buckling, and static deflections of functionally graded plates[J]. Composites Science and Technology, 2006, 66(14): 2383-2394.
[125] ALMAJID A T M, TAYA M, HUDNUT S. Analysis of out-of-plane displacement and stress field in a piezocomposite plate with functionally graded microstructure[J]. International Journal of Solids and Structures,2001, 38(19): 3377-3391.
[126] CHEN D, YANG J, KITIPORNCHAI S. Buckling and bending analyses of a novel functionally graded porous plate using Chebyshev-Ritz method[J]. Archives of Civil and Mechanical Engineering, 2019,

19(1): 157-170.

[127] DEMIRHAN P A, TASKIN V. Bending and free vibration analysis of Levy-type porous functionally graded plate using state space approach[J]. Composites: Part B, 2019, 160: 661-676.

[128] LI S R, WANG X, BATRA R C. Correspondence relations between deflection, buckling load, and frequencies of thin functionally graded material plates and those of corresponding homogeneous plates[J]. Journal of Applied Mechanics ASME, 2015, 82(11): 111006.

[129] CARRERA E, BRISCHETTO S, CINEFRA M, et al. Effects of thickness stretching in functionally graded plates and shells[J]. Composites: Part B, 2011, 42(2): 123-133.

[130] NEVES A M A, FERREIRA A J M, CARRERA E, et al. A quasi-3D sinusoidal shear deformation theory for the static and free vibration analysis of functionally graded plates[J]. Composites: Part B, 2012, 43(2): 711-725.

[131] JHA D K, KANT T, SINGH R K. Stress analysis of transversely loaded functionally graded plates with a higher order shear and normal deformation theory[J]. Journal of Engineering Mechanics ASCE, 2013, 139(12): 1663-1680.

[132] THAI H T, KIM S E. A simple quasi-3D sinusoidal shear deformation theory for functionally graded plates[J]. Composite Structures, 2013, 99: 172-180.

[133] FARES M E, ELMARGHANY M K, SALEM M G. A layerwise theory for Nth-layer functionally graded plates including thickness stretching effects[J]. Composite Structures, 2015, 133: 1067-1078.

[134] LONG N V, QUOC T H, TU T M. Bending and free vibration analysis of functionally graded plates using new eight-unknown shear deformation theory by finite-element method[J]. International Journal of Advanced Structural Engineering, 2016, 8(4):391-399.

[135] AMIRPOUR M, DAS R, FLORES E I S. Analytical solutions for elastic deformation of functionally graded thick plates with in-plane stiffness variation using higher order shear deformation theory[J]. Composites: Part B, 2016, 94: 109-121.

[136] MOHAMMADI M, MOHSENI E, MOEINFAR M. Bending, buckling and free vibration analysis of incompressible functionally graded plates using higher order shear and normal deformable plate theory[J]. Applied Mathematical Modelling, 2019, 69: 47-62.

[137] QIAN L F, BATRA R C, CHEN L M. Static and dynamic deformations of thick functionally graded elastic plates by using higher-order shear and normal deformable plate theory and meshless local Petrov-Galerkin method[J]. Composites Part B: Engineering, 2004, 35(6-8): 685-697.

[138] NIE G, ZHONG Z. Axisymmetric bending of two-directional functionally graded circular and annular plates[J]. Acta Mechanica Solida Sinica, 2007, 20(4): 289-295.

[139] LI X Y, DING H J, CHEN W Q, et al. Three-dimensional piezoelectricity solutions for uniformly loaded circular plates of functionally graded piezoelectric materials with transverse isotropy[J]. Journal of Applied Mechanics ASME, 2013, 80(4): 041007.

[140] RAD A B, SHARIYAT M. A three-dimensional elasticity solution for two-directional FGM annular plates with non-uniform elastic foundations subjected to normal and shear actions[J]. Acta Mechanica Solida Sinica, 2013, 26(6): 671-690.

[141] WANG Y, XU R Q, DING H J. Three-dimensional solution of axisymmetric bending of functionally graded circular plates[J]. Composite Structures, 2010, 92(7): 1683-1693.

[142] WANG Y, DING H J, XU R Q. Three-dimensional analytical solutions for the axisymmetric bending of functionally graded annular plates[J]. Applied Mathematical Modelling, 2016, 40(9-10): 5393-5420.

[143] WANG Y, XU R Q, DING H J. Analytical solutions of functionally graded piezoelectric circular plates subjected to axisymmetric loads[J]. Acta Mechanica, 2010, 215(1): 287-305.

[144] YANG B, CHEN W Q, DING H J. Elasticity solutions for functionally graded annular plates subject to biharmonic loads[J]. Archive of Applied Mechanics, 2014, 84:51-65.

[145] JIANG J L, HUANG D J, YANG B, et al. Elasticity solutions for a transversely isotropic functionally

graded annular sector plate[J]. Acta Mechanica, 2017, 228: 2603-2621.

[146] YANG Y W, ZHANG Y, CHEN W Q, et al. 3D elasticity solution for uniformly loaded elliptical plates of functionally graded materials using complex variables method[J]. Archive of Applied Mechanics, 2018, 88: 1829-1841.

[147] LIU N W, SUN Y L, CHEN W Q, et al. 3D elasticity solutions for stress field analysis of FGM circular plates subject to concentrated edge forces and couples[J]. Acta Mechanica, 2019, 230: 2655-2668.

[148] LI X Y, DING H J, CHEN W Q. Axisymmetric elasticity solutions for a uniformly loaded annular plate of transversely isotropic functionally graded materials[J]. Acta Mechanica, 2008, 196(3): 139-159.

[149] LI X Y, CHEN W Q. Elasticity solutions for a transversely isotropic functionally graded circular plate subject to an axisymmetric transverse load qrk[J]. International Journal of Solids and Structures, 2008, 45(1): 191-210.

[150] APUZZO A, BARRETTA R, LUCIANO R. Some analytical solutions of functionally graded Kirchhoff plates[J]. Composites: Part B, 2015, 68: 266-269.

[151] JAFARI A A, JANDAGHIAN A A, RAHMANI O. Transient bending analysis of a functionally graded circular plate with integrated surface piezoelectric layers[J]. International Journal of Mechanical and Materials Engineering, 2014, (9)1:8.

[152] FEREIDOON A, MOHYEDDIN A, SHEIKHI M, et al. Bending analysis of functionally graded annular sector plates by extended Kantorovich method[J]. Composites: Part B, 2012, 43(5): 2172-2179.

[153] FALLAH F, KHAKBAZ A. On an extended Kantorovich method for the mechanical behavior of functionally graded solid/annular sector plates with various boundary conditions[J]. Acta Mechanica, 2017, 228(7): 2655-2674.

[154] MOUSAVI S M, TAHANI M. Analytical solution for bending of moderately thick radially functionally graded sector plates with general boundary conditions using multi-term extended Kantorovich method[J]. Composites: Part B, 2012, 43(3):1405-1416.

[155] SAHRAEE S. Bending analysis of functionally graded sectorial plates using Levinson plate theory[J]. Composite Structures, 2009, 88(4): 548-557.

[156] SAIDI A R, RASOULI A, SAHRAEE S. Axisymmetric bending and buckling analysis of thick functionally graded circular plates using unconstrained third-order shear deformation plate theory[J]. Composite Structures, 2009, 89(1): 110-119.

[157] SAHRAEE S, SAIDI A R. Axisymmetric bending analysis of thick functionally graded circular plates using fourth-order shear deformation theory[J]. European Journal of Mechanics-A/Solids, 2009, 28(5): 974-984.

[158] TAJ G, CHAKRABARTI A. Static and dynamic analysis of functionally graded skew plates[J]. Journal of Engineering Mechanics ASCE, 2013, 139(7): 848-857.

[159] JOODAKY A, JOODAKY I, HEDAYATI M, et al. Deflection and stress analysis of thin FGM skew plates on winkler foundation with various boundary conditions using extended Kantorovich method[J]. Composites: Part B, 2013, 51: 191-196.

[160] REDDY J N, WANG C M, KITIPORNCHAI S. Axisymmetric bending of functionally graded circular and annular plates[J]. European Journal of Mechanics-A/Solids, 1999, 18(2): 185-199.

[161] MA L S, WANG T J. Relationships between axisymmetric bending and buckling solutions of FGM circular plates based on third-order plate theory and classical plate theory[J]. International Journal of Solids and Structures, 2004, 41(1): 85-101.

[162] ALIBEIGLOO A, ALIZADEH M. Static and free vibration analyses of functionally graded sandwich plates using state space differential quadrature method[J]. European Journal of Mechanics-A/Solids, 2015, 54: 252-266.

[163] LI H D, ZHU X, MEI Z Y, et al. Bending of orthotropic sandwich plates with a functionally graded core subjected to distributed loadings[J]. Acta Mechanica Solida Sinica, 2013, 26(3): 292-301.

[164] ZENKOUR A M. A comprehensive analysis of functionally graded sandwich plates: Part 1-deflection and stresses[J]. International Journal of Solids and Structures, 2005, 42(18-19): 5224-5242.

[165] ZENKOUR A M. Bending responses of an exponentially graded simply-supported elastic/viscoelastic/elastic sandwich plate[J]. Acta Mechanica Solida Sinica, 2011, 24(3): 250-261.

[166] MANTARI J L, GRANADOS E V. A refined FSDT for the static analysis of functionally graded sandwich plates[J]. Thin-Walled Structures, 2015, 90: 150-158.

[167] THAI C H, ZENKOUR A M, WAHAB M A, et al. A simple four-unknown shear and normal deformations theory for functionally graded isotropic and sandwich plates based on isogeometric analysis[J]. Composite Structures, 2016, 139: 77-95.

[168] LI D D, DENG Z B, XIAO H Z. Thermomechanical bending analysis of functionally graded sandwich plates using four-variable refined plate theory[J]. Composites: Part B, 2016, 106: 107-119.

[169] DEMIRHAN P A, TASKIN V. Levy solution for bending analysis of functionally graded sandwich plates based on four variable plate theory[J]. Composite Structures, 2017, 177: 80-95.

[170] LI D D, DENG Z B, CHEN G P, et al. Thermomechanical bending analysis of sandwich plates with both functionally graded face sheets and functionally graded core[J]. Composite Structures, 2017,169: 29-41.

[171] LI D D, DENG Z B, XIAO H Z, et al. Bending analysis of sandwich plates with different face sheet materials and functionally graded soft core[J]. Thin-Walled Structures, 2018, 122: 8-16.

[172] NGUYEN V H, NGUYEN T K, THAI H T, et al. A new inverse trigonometric shear deformation theory for isotropic and functionally graded sandwich plates[J]. Composites: Part B, 2014, 66: 233-246.

[173] THAI C H, KULASEGARAM S, TRAN L V, et al. Generalized shear deformation theory for functionally graded isotropic and sandwich plates based on isogeometric approach[J]. Computers and Structures, 2014, 141: 94-112.

[174] AKAVCI S S. Mechanical behavior of functionally graded sandwich plates on elastic foundation[J]. Composites: Part B, 2016, 96: 136-152.

[175] MAHI A, BEDIA E A A, TOUNSI A. A new hyperbolic shear deformation theory for bending and free vibration analysis of isotropic, functionally graded, sandwich and laminated composite plates[J]. Applied Mathematical Modelling, 2015, 39(9): 2489-2508.

[176] NEVES A M A, FERREIRA A J M, CARRERA E, et al. Static, free vibration and buckling analysis of isotropic and sandwich functionally graded plates using a quasi-3D higher-order shear deformation theory and a meshless technique[J]. Composites: Part B, 2013, 44(1): 657-674.

[177] MANTARI J L, MONGE J C. Buckling, free vibration and bending analysis of functionally graded sandwich plates based on an optimized hyperbolic unified formulation[J]. International Journal of Mechanical Sciences, 2016,119: 170-186.

[178] NATARAJAN S, MANICKAM G. Bending and vibration of functionally graded material sandwich plates using an accurate theory[J]. Finite Elements in Analysis and Design, 2012, 57: 32-42.

[179] LI K Y, WU D, CHEN X J, et al. Isogeometric analysis of functionally graded porous plates reinforced by graphene platelets[J]. Composite Structures, 2018, 204: 114-130.

[180] SCIUVA M D, SORRENTI M. Bending, free vibration and buckling of functionally graded carbon nanotube-reinforced sandwich plates, using the extended Refined Zigzag Theory[J]. Composite Structures, 2019, 227: 111324.

[181] SOBHY M. Levy solution for bending response of FG carbon nanotube reinforced plates under uniform, linear, sinusoidal and exponential distributed loadings[J]. Engineering Structures, 2019, 182: 198-212.

[182] YANG J, SHEN H S. Non-linear analysis of functionally graded plates under transverse and in-plane loads[J]. International Journal of Non-linear Mechanics, 2003, 38(4): 467-482.

[183] CHENG Z Q. Nonlinear bending of inhomogeneous plates[J]. Engineering Structures, 2001, 23(10): 1359-1363.

[184] SINGHA M K, PRAKASH T, GANAPATHI M. Finite element analysis of functionally graded plates under transverse load[J]. Finite Elements in Analysis and Design, 2011, 47(4): 453-460.
[185] YANG J, SHEN H S. Vibration characteristics and transient response of shear deformable functionally graded plates in thermal environments[J]. Journal of Sound and Vibration,2002, 255(3): 579-602.
[186] ZHANG D G. Modeling and analysis of FGM rectangular plates based on physical neutral surface and high order shear deformation theory[J]. International Journal of Mechanical Sciences, 2013, 68: 92-104.
[187] ZHANG D G. Nonlinear bending analysis of FGM rectangular plates with various supported boundaries resting on two-parameter elastic foundations[J]. Archive of Applied Mechanics, 2014, 84:1-20.
[188] DONG Y H, LI Y H. A unified nonlinear analytical solution of bending, buckling and vibration for the temperature-dependent FG rectangular plates subjected to thermal load[J]. Composite Structures, 2017, 159: 689-701.
[189] GHANNADPOUR S A M, KARIMI M, TORNABENE F. Application of plate decomposition technique in nonlinear and post-buckling analysis of functionally graded plates containing crack[J]. Composite Structures, 2019, 220: 158-167.
[190] NAVAZI H M, HADDADPOUR H. Nonlinear cylindrical bending analysis of shear deformable functionally graded plates under different loadings using analytical methods[J]. International Journal of Mechanical Sciences, 2008, 50(12):1650-1657.
[191] FAHSI B, KACI A, TOUNSI A, et al. A four variable refined plate theory for nonlinear cylindrical bending analysis of functionally graded plates under thermomechanical loadings[J]. Journal of Mechanical Science and Technology, 2012, 26(12): 4073-4079.
[192] BEHJAT B, KHOSHRAVAN M R. Geometrically nonlinear static and free vibration analysis of functionally graded piezoelectric plates[J]. Composite Structures, 2012, 94: 874-882.
[193] BEHJAT B, KHOSHRAVAN M R. Nonlinear analysis of functionally graded laminates considering piezoelectric effect[J]. Journal of Mechanical Science and Technology, 2012, 26(8): 2581-2588.
[194] SHEN H S. Nonlinear thermal bending response of FGM plates due to heat conduction[J]. Composites Part B: Engineering, 2007, 38(2): 201-215.
[195] SHEN H S, WANG Z X. Nonlinear bending of FGM plates subjected to combined loading and resting on elastic foundations[J]. Composite Structures, 2010, 92(10): 2517-2524.
[196] REDDY J N, KIM J. A nonlinear modified couple stress-based third-order theory of functionally graded plates[J]. Composite Structures, 2012, 94(3): 1128-1143.
[197] FALLAH F, NOSIER A. Nonlinear behavior of functionally graded circular plates with various boundary supports under asymmetric thermo-mechanical loading[J]. Composite Structures, 2012, 94(9): 2834-2850.
[198] ZHANG D G, ZHOU H M. Nonlinear bending analysis of FGM circular plates based on physical neutral surface and higher-order shear deformation theory[J]. Aerospace Science and Technology, 2015, 41: 90-98.
[199] GOLMAKANI M E, KADKHODAYAN M. Nonlinear bending analysis of annular FGM plates using higher-order shear deformation plate theories[J]. Composite Structures, 2011, 93(2): 973-982.
[200] GOLMAKANI M E. Nonlinear bending analysis of ring-stiffened functionally graded circular plates under mechanical and thermal loadings[J]. International Journal of Mechanical Sciences, 2014, 79: 130-142.
[201] GOLMAKANI M E, ALAMATIAN J. Large deflection analysis of shear deformable radially functionally graded sector plates on two-parameter elastic foundations[J]. European Journal of Mechanics-A/Solids, 2013, 42: 251-265.
[202] KADKHODAYAN M, GOLMAKANI M E. Non-linear bending analysis of shear deformable functionally graded rotating disk[J]. International Journal of Non-Linear Mechanics, 2014, 58: 41-56.
[203] ALINAGHIZADEH F, KADKHODAYAN M. Large deflection analysis of moderately thick radially

functionally graded annular sector plates fully and partially rested on two-parameter elastic foundations by GDQ method[J]. Aerospace Science and Technology, 2014, 39: 260-271.

[204] ALINAGHIZADEH F, KADKHODAYAN M. Investigation of nonlinear bending analysis of moderately thick functionally graded material sector plates subjected to thermomechanical loads by the GDQ method[J]. Journal of Engineering Mechanics ASCE, 2014, 140(5): 04014012.

[205] FARHATNIA F, BABAEI J, FOROUDASTAN R. Thermo-mechanical nonlinear bending analysis of functionally graded thick circular plates resting on Winkler foundation based on sinusoidal shear deformation theory[J]. Arabian Journal for Science and Engineering, 2018, 43:1137-1151.

[206] REDDY J N, BERRY J. Nonlinear theories of axisymmetric bending of functionally graded circular plates with modified couple stress[J]. Composite Structures, 2012, 94(12): 3664-3668.

[207] REDDY J N, ROMANOFF J, LOYA J A. Nonlinear finite element analysis of functionally graded circular plates with modified couple stress theory[J]. European Journal of Mechanics-A/Solids, 2016, 56: 92-104.

[208] ASHOORI A R, VANINI S A S. Nonlinear bending, postbuckling and snap-through of circular size-dependent functionally graded piezoelectric plates[J]. Thin-Walled Structures, 2017, 111: 19-28.

[209] ZHANG D G. Nonlinear bending analysis of FGM elliptical plates resting on two-parameter elastic foundations[J]. Applied Mathematical Modelling, 2013, 37(18-19): 8292-8309.

[210] SHEN H S. Nonlinear bending of functionally graded carbon nanotube-reinforced composite plates in thermal environments[J]. Composite Structures, 2009, 91(1): 9-19.

[211] SHEN H S, XIANG Y, LIN F. Nonlinear bending of functionally graded graphene-reinforced composite laminated plates resting on elastic foundations in thermal environments[J]. Composite Structures, 2017, 170: 80-90.

[212] KELESHTERI M M, ASADI H, AGHDAM M M. Nonlinear bending analysis of FG-CNTRC annular plates with variable thickness on elastic foundation[J]. Thin-Walled Structures, 2019, 135: 453-462.

[213] UYMAZ B, AYDOGDU M. Three dimensional shear buckling of FG plates with various boundary conditions[J]. Composite Structures, 2013, 96: 670-682.

[214] UYMAZ B, AYDOGDU M. Three dimensional mechanical buckling of FG plates with general boundary conditions[J]. Composite Structures, 2013, 96: 174-193.

[215] ASEMI K, SHARIYAT M. Highly accurate nonlinear three-dimensional finite element elasticity approach for biaxial buckling of rectangular anisotropic FGM plates with general orthotropy directions[J]. Composite Structures, 2013, 106: 235-249.

[216] SHARIYAT M, ASEMI K. 3D B-spline finite element nonlinear elasticity buckling analysis of rectangular FGM plates under non-uniform edge loads, using a micromechanical model[J]. Composite Structures, 2014, 112: 397-408.

[217] NA K S, KIM J H. Three-dimensional thermomechanical buckling analysis for functionally graded composite plates[J]. Composite Structures, 2006, 73(4): 413-422.

[218] FELDMAN E, ABOUDI J. Buckling analysis of functionally graded plates subjected to uniaxial loading[J]. Composite Structure,1997, 38(1-4): 29-36.

[219] MORIMOTO T, TANIGAWA Y. Linear buckling analysis of orthotropic inhomogeneous rectangular plates under uniform in-plane compression[J]. Acta Mechanica, 2006, 187: 219-229.

[220] BODAGHI M, SAIDI A R. Stability analysis of functionally graded rectangular plates under nonlinearly varying in-plane loading resting on elastic foundation[J]. Archive of Applied Mechanics, 2011, 81: 765-780.

[221] JAVAHERI R, ESLAMI M R. Buckling of functionally graded plates under in-plane compressive loading[J]. ZAMM-Zeitschrift fur Angewandte Mathematik und Mechanik, 2002, 82(4): 277-283.

[222] GHANNADPOUR S A M, OVESY H R, NASSIRNIA M. Buckling analysis of functionally graded plates under thermal loadings using the finite strip method[J]. Computers and Structures, 2012, 108-

109: 93-99.

[223] SHARIAT B A S, ESLAMI M R. Thermal buckling of imperfect functionally graded plates[J]. International Journal of Solids and Structures, 2006, 43(14-15): 4082-4096.

[224] RAMU I, MOHANTY S C. Buckling analysis of rectangular functionally graded material plates under uniaxial and biaxial compression load[J]. Procedia Engineering, 2014, 86: 748-757.

[225] LATIFI M, FARHATNIA F, KADKHODAEI M. Buckling analysis of rectangular functionally graded plates under various edge conditions using Fourier series expansion[J]. European Journal of Mechanics-A/Solids, 2013, 41: 16-27.

[226] SHARIAT B A S, JAVAHERI R, ESLAMI M R. Buckling of imperfect functionally graded plates under in-plane compressive loading[J]. Thin-Walled Structures, 2005, 43(7): 1020-1036.

[227] RAD A A, SHAHRAKI D P. Buckling of cracked functionally graded plates under tension[J]. Thin-Walled Structures, 2014, 84: 26-33.

[228] SHAHRAKI D P, RAD A A. Buckling of cracked functionally graded plates supported by Pasternak foundation[J]. International Journal of Mechanical Sciences, 2014, 88: 221-231.

[229] BOUAZZA M, TOUNSI A, BEDIA E A A, et al. Thermoelastic stability analysis of functionally graded plates: An analytical approach[J]. Computational Materials Science, 2010, 49(4): 865-870.

[230] BEIKMOHAMMADLOU H, EKHTERAEITOUSSI H. Parametric studies on elastoplastic buckling of rectangular FGM thin plates[J]. Aerospace Science and Technology, 2017, 69: 513-525.

[231] WU L H. Thermal buckling of a simply supported moderately thick rectangular FGM plate[J]. Composite Structures, 2004, 64(2): 211-218.

[232] MOZAFARI H, AYOB A. Effect of thickness variation on the mechanical buckling load in plates made of functionally graded materials[J]. Procedia Technology, 2012,1: 496-504.

[233] LEE Y H, BAE S I, KIM J H. Thermal buckling behavior of functionally graded plates based on neutral surface[J]. Composite Structures, 2016, 137: 208-214.

[234] KANDASAMY R, DIMITRI R, TORNABENE F. Numerical study on the free vibration and thermal buckling behavior of moderately thick functionally graded structures in thermal environments[J]. Composite Structures, 2016, 157: 207-221.

[235] ZHAO X, LEE Y Y, LIEW K M. Mechanical and thermal buckling analysis of functionally graded plates [J]. Composite Structures, 2009, 90(2):161-171.

[236] SHAHBAZTABAR A, ARTESHYAR K. Buckling analysis of functionally graded plates partially resting on elastic foundation using the differential quadrature element method[J]. Acta Mechanica Sinica, 2019, 35(1):174-189.

[237] JADHAV P, BAJORIA K. Stability analysis of thick piezoelectric metal based FGM plate using first order and higher order shear deformation theory[J]. International Journal of Mechanics and Materials in Design, 2015, 11:387-403.

[238] MORIMOTO T, TANIGAWA Y, KAWAMURA R. Thermal buckling of functionally graded rectangular plates subjected to partial heating[J]. International Journal of Mechanical Sciences, 2006, 48(9): 926-937.

[239] ABOLGHASEMI S, SHATERZADEH A R, REZAEI R. Thermo-mechanical buckling analysis of functionally graded plates with an elliptic cutout[J]. Aerospace Science and Technology, 2014, 39: 250-259.

[240] BODAGHI M, SAIDI A R. Thermoelastic buckling behavior of thick functionally graded rectangular plates[J]. Archive of Applied Mechanics, 2011, 81:1555-1572.

[241] THAI H T, KIM S E. Closed-form solution for buckling analysis of thick functionally graded plates on elastic foundation[J]. International Journal of Mechanical Sciences, 2013, 75: 34-44.

[242] BODAGHI M, SAIDI A R. Levy-type solution for buckling analysis of thick functionally graded rectangular plates based on the higher-order shear deformation plate theory[J]. Applied Mathematical Modelling, 2010, 34(11): 3659-3673.

[243] MIRZAVAND B, ESLAMI M R. A closed-form solution for thermal buckling of piezoelectric FGM rectangular plates with temperature-dependent properties[J]. Acta Mechanica, 2011, 218(1):87-101.
[244] SHARIAT B A S, ESLAMI M R. Buckling of thick functionally graded plates under mechanical and thermal loads[J]. Composite Structures, 2007, 78(3): 433-439.
[245] MOITA J S, ARAÚJO A L, CORREIA V F, et al. Buckling and nonlinear response of functionally graded plates under thermo-mechanical loading[J]. Composite Structures, 2018, 202: 719-730.
[246] DO V N V, TRAN M T, LEE C H. Nonlinear thermal buckling analyses of functionally graded plates by a mesh-free radial point interpolation method[J]. Engineering Analysis with Boundary Elements, 2018, 87: 153-164.
[247] SINGH S J, HARSHA S P. Buckling analysis of FGM plates under uniform, linear and non-linear in-plane loading[J]. Journal of Mechanical Science and Technology, 2019, 33(4): 1761-1767.
[248] ABDOLLAHI M, SAIDI A R, MOHAMMADI M. Buckling analysis of thick functionally graded piezoelectric plates based on the higher-order shear and normal deformable theory[J]. Acta Mechanica, 2015, 226(8): 2497-2510.
[249] MATSUNAGA H. Thermal buckling of functionally graded plates according to a 2D higher-order deformation theory[J]. Composite Structures, 2009, 90(1): 76-86.
[250] THAI H T, CHOI D H. Analytical solutions of refined plate theory for bending, buckling and vibration analyses of thick plates[J]. Applied Mathematical Modelling, 2013, 37(18-19): 8310-8323.
[251] THAI H T, CHOI D H. An efficient and simple refined theory for buckling analysis of functionally graded plates[J]. Applied Mathematical Modelling, 2012, 36(3): 1008-1022.
[252] BATENI M, KIANI Y, ESLAMI M R. A comprehensive study on stability of FGM plates[J]. International Journal of Mechanical Sciences, 2013, 75: 134-144.
[253] TRABELSI S, FRIKHA A, ZGHAL S, et al. A modified FSDT-based four nodes finite shell element for thermal buckling analysis of functionally graded plates and cylindrical shells[J]. Engineering Structures, 2019, 178: 444-459.
[254] DO V N V, LEE C H. Quasi-3D higher-order shear deformation theory for thermal buckling analysis of FGM plates based on a meshless method[J]. Aerospace Science and Technology, 2018, 82-83: 450-465.
[255] YAGHOOBI H, FEREIDOON A. Mechanical and thermal buckling analysis of functionally graded plates resting on elastic foundations: An assessment of a simple refined nth-order shear deformation theory[J]. Composites: Part B, 2014, 62: 54-64.
[256] DO V N V, ONG T H, LEE C H. Isogeometric analysis for nonlinear buckling of FGM plates under various types of thermal gradients[J]. Thin-Walled Structures, 2019, 137: 448-462.
[257] TRAN L V, THAI C H, XUAN H N. An isogeometric finite element formulation for thermal buckling analysis of functionally graded plates[J]. Finite Elements in Analysis and Design, 2013, 73: 65-76.
[258] DO V N V, LEE C H. A new nth-order shear deformation theory for isogeometric thermal buckling analysis of FGM plates with temperature-dependent material properties[J]. Acta Mechanica, 2019, 230(10): 3783-3805.
[259] YIN S H, YU T T, BUI T Q, et al. In-plane material inhomogeneity of functionally graded plates: A higher-order shear deformation plate isogeometric analysis[J]. Composites: Part B, 2016, 106: 273-284.
[260] TAN P F, THANH N N, RABCZUK T, et al. Static, dynamic and buckling analyses of 3D FGM plates and shells via an isogeometric-meshfree coupling approach[J]. Composite Structures, 2018, 198: 35-50.
[261] OYEKOYA O O, MBA D U, EL-ZAFRANY A M. Buckling and vibration analysis of functionally graded composite structures using the finite element method[J]. Composite Structures, 2009, 89(1): 134-142.
[262] WU L H, WANG H J, WANG D B. Dynamic stability analysis of FGM plates by the moving least squares differential quadrature method[J]. Composite Structures, 2007, 77(3): 383-394.
[263] CHEN X L, ZHAO Z Y, LIEW K M. Stability of piezoelectric FGM rectangular plates subjected

to non-uniformly distributed load, heat and voltage[J]. Advances in Engineering Software, 2008, 39(2): 121-131.

[264] TALHA M, SINGH B N. Stochastic perturbation-based finite element for buckling statistics of FGM plates with uncertain material properties in thermal environments[J]. Composite Structures, 2014, 108: 823-833.

[265] ABRATE S. Functionally graded plates behave like homogeneous plates[J]. Composites Part B: Engineering, 2008, 39(1): 151-158.

[266] KENNEDY D, CHENG R K H, WEI S, et al. Equivalent layered models for functionally graded plates[J]. Computers and Structures, 2016, 174: 113-121.

[267] NAJAFIZADEH M M, ESLAMI M R. Buckling analysis of circular plates of functionally graded materials under uniform radial compression. International Journal of Mechanical Sciences, 2002, 44(12): 2479-2493.

[268] KIANI Y, ESLAMI M R. Instability of heated circular FGM plates on a partial Winkler-type foundation[J]. Acta Mechanica, 2013, 224(5): 1045-1060.

[269] YOUSEFITABAR M, MATAPOURI M K. Thermally induced buckling of thin annular FGM plates[J]. Journal of the Brazilian Society of Mechanical Sciences and Engineering, 2017, 39:969-980.

[270] ASEMI K, SALEHI M, AKHLAGHI M. Three dimensional biaxial buckling analysis of functionally graded annular sector plate fully or partially supported on Winkler elastic foundation[J]. Aerospace Science and Technology, 2014, 39: 426-441.

[271] MALEKZADEH P. Three-dimensional thermal buckling analysis of functionally graded arbitrary straight sided quadrilateral plates using differential quadrature method[J]. Composite Structures, 2011, 93(4): 1246-1254.

[272] KIANI Y, ESLAMI M R. An exact solution for thermal buckling of annular FGM plates on an elastic medium[J]. Composites: Part B, 2013, 45(1):101-110.

[273] HASHEMI S H, AKHAVAN H, TAHER H R D, et al. Differential quadrature analysis of functionally graded circular and annular sector plates on elastic foundation[J]. Materials & Design, 2010, 31(4): 1871-1880.

[274] JABBARI M, MOJAHEDIN A, KHORSHIDVAND A R, et al. Buckling analysis of a functionally graded thin circular plate made of saturated porous materials[J]. Journal of Engineering Mechanics ASCE, 2014, 140(2): 287-295.

[275] LEVYAKOV S V. Wrinkling of pressurized circular functionally graded plates under thermal loading[J]. Thin-Walled Structures, 2019, 137: 284-294.

[276] MA L S, WANG T J. Buckling of functionally graded circular/annular plates based on the first-order shear deformation plate theory[J]. Key Engineering Materials,2004, 261-263: 609-614.

[277] GHIASIAN S E, KIANI Y, SADIGHI M, et al. Thermal buckling of shear deformable temperature dependent circular/annular FGM plates[J]. International Journal of Mechanical Sciences, 2014, 81: 137-148.

[278] SAIDI A R, BAFERANI A H. Thermal buckling analysis of moderately thick functionally graded annular sector plates[J]. Composite Structures, 2010, 92(7): 1744-1752.

[279] NAJAFIZADEH M M, HEYDARI H R. Thermal buckling of functionally graded circular plates based on higher order shear deformation plate theory[J]. European Journal of Mechanics - A/Solids, 2004, 23(6): 1085-1100.

[280] NAJAFIZADEH M M, HEYDARI H R. An exact solution for buckling of functionally graded circular plates based on higher order shear deformation plate theory under uniform radial compression[J]. International Journal of Mechanical Sciences, 2008, 50(3): 603-612.

[281] BAGHERI H, KIANI Y, ESLAMI M R. Asymmetric thermal buckling of temperature dependent annular FGM plates on a partial elastic foundation[J]. Computers and Mathematics with Applications,

2018, 75(5): 1566-1581.

[282] SEPAHI O, FOROUZAN M R, MALEKZADEH P. Thermal buckling and postbuckling analysis of functionally graded annular plates with temperature-dependent material properties[J]. Materials & Design, 2011, 32(7): 4030-4041.

[283] GANAPATHI M, PRAKASH T. Thermal buckling of simply supported functionally graded skew plates[J]. Composite Structures, 2006, 74(2): 247-250.

[284] GANAPATHI M, PRAKASH T, SUNDARARAJAN N. Influence of functionally graded material on buckling of skew plates under mechanical loads[J]. Journal of Engineering Mechanics ASCE, 2006, 132(8): 902-905.

[285] MANSOURI M H, SHARIYAT M. Differential quadrature thermal buckling analysis of general quadrilateral orthotropic auxetic FGM plates on elastic foundations[J]. Thin-Walled Structures, 2017, 112: 194-207.

[286] NADERI A, SAIDI A R. Exact solution for stability analysis of moderately thick functionally graded sector plates on elastic foundation[J]. Composite Structures, 2011, 93(2): 629-638.

[287] HEYDARI A, JALALI A, NEMATI A. Buckling analysis of circular functionally graded plate under uniform radial compression including shear deformation with linear and quadratic thickness variation on the Pasternak elastic foundation[J]. Applied Mathematical Modelling, 2017, 41: 494-507.

[288] Do V N V, Lee C H. Nonlinear thermal buckling analyses of functionally graded circular plates using higher-order shear deformation theory with a new transverse shear function and an enhanced mesh-free method[J]. Acta Mechanica, 2018, 229: 3787-3811.

[289] MOJAHEDIN A, JABBARI M, KHORSHIDVAND A R, et al. Buckling analysis of functionally graded circular plates made of saturated porous materials based on higher order shear deformation theory[J]. Thin-Walled Structures, 2016, 99: 83-90.

[290] GHOMSHEI M M, ABBASI V. Thermal buckling analysis of annular FGM plate having variable thickness under thermal load of arbitrary distribution by finite element method[J]. Journal of Mechanical Science and Technology, 2013, 27(4): 1031-1039.

[291] ALIPOUR M M, SHARIYAT M. Semianalytical solution for buckling analysis of variable thickness two-directional functionally graded circular plates with nonuniform elastic foundations[J]. Journal of Engineering Mechanics ASCE, 2013, 139(5): 664-676.

[292] CHENG Z Q, KITIPORNCHAI S. Membrane analogy of buckling and vibration of inhomogenous plates[J]. Journal of Engineering Mechanics ASCE, 1999, 125(11): 1293-1297.

[293] SHAHRESTANI M G, AZHARI M, FOROUGHI H. Elastic and inelastic buckling of square and skew FGM plates with cutout resting on elastic foundation using isoparametric spline finite strip method[J]. Acta Mechanica, 2018, 229: 2079-2096.

[294] LEISSA A W. A review of laminated composite plate buckling[J]. Applied Mechanics Reviews, 1987, 40(5): 575-591.

[295] 沈惠申. 功能梯度复合材料板壳结构的弯曲、屈曲和振动 [J]. 力学进展, 2004,34(1): 53-60.

[296] LIEW K M, YANG J, KITIPORNCHAI S. Postbuckling of piezoelectric FGM plates subject to thermo-electro-mechanical loading[J]. International Journal of Solids and Structures, 2003, 40(15): 3869-3892.

[297] SHEN H S. Thermal postbuckling behavior of shear deformable FGM plates with temperature-dependent properties[J]. International Journal of Mechanical Sciences, 2007, 49(4): 466-478.

[298] SHEN H S, LI S R. Postbuckling of sandwich plates with FGM face sheets and temperature-dependent properties[J]. Composites Part B: Engineering, 2008, 39(2): 332-344.

[299] KIANI Y, ESLAMI M R. Thermal postbuckling of imperfect circular functionally graded material plates: Examination of Voigt, Mori-Tanaka, and self-consistent schemes[J]. Journal of Pressure Vessel Technology ASME, 2015, 137(2): 021201.

[300] AYDOGDU M. Conditions for functionally graded plates to remain flat under in-plane loads by classical

plate theory[J]. Composite Structures, 2008, 82(1): 155-157.

[301] NADERI A, SAIDI A R. On pre-buckling configuration of functionally graded Mindlin rectangular plates[J]. Mechanics Research Communications, 2010, 37(6): 535-538.

[302] MA L S, WANG T J. Axisymmetric post-buckling of a functionally graded circular plate subjected to uniformly distributed radial compression[J]. Material Science Forum, 2002, 423-425: 719-724.

[303] NADERI A, SAIDI A R. An analytical solution for buckling of moderately thick functionally graded sector and annular sector plates[J]. Archive of Applied Mechanics, 2011, 81: 809-828.

[304] ZENKOUR A M. A comprehensive analysis of functionally graded sandwich plates: Part 2-Buckling and free vibration[J]. International Journal of Solids and Structures, 2005, 42(18-19): 5243-5258.

[305] ZENKOUR A M, SOBHY M. Thermal buckling of various types of FGM sandwich plates[J]. Composite Structures, 2010, 93(1): 93-102.

[306] MEICHE N E, TOUNSI A, ZIANE N, et al. A new hyperbolic shear deformation theory for buckling and vibration of functionally graded sandwich plate[J]. International Journal of Mechanical Sciences, 2011, 53(4): 237-247.

[307] XUAN H N, THAI C H, THOI T N. Isogeometric finite element analysis of composite sandwich plates using a higher order shear deformation theory[J]. Composites: Part B, 2013, 55: 558-574.

[308] JABBARI M, MOJAHEDIN A, JOUBANEH E F. Thermal buckling analysis of circular plates made of piezoelectric and saturated porous functionally graded material layers[J]. Journal of Engineering Mechanics ASCE, 2015, 141(4): 04014148.

[309] SWAMINATHAN K, NAVEENKUMAR D T. Higher order refined computational models for the stability analysis of FGM plates-Analytical solutions[J]. European Journal of Mechanics-A/Solids, 2014, 47: 349-361.

[310] DO V N V, LEE C H. Thermal buckling analyses of FGM sandwich plates using the improved radial point interpolation mesh-free method[J]. Composite Structures, 2017, 177: 171-186.

[311] JIAO P, CHEN Z P, MA H, et al. Buckling analysis of thin rectangular FG-CNTRC plate subjected to arbitrarily distributed partial edge compression loads based on differential quadrature method[J]. Thin-Walled Structures, 2019, 145: 106417.

[312] LEI Z X, ZHANG L W, LIEW K M. Buckling analysis of CNT reinforced functionally graded laminated composite plates[J]. Composite Structures, 2016, 152: 62-73.

[313] ANSARI R, TORABI J, HASSANI R. Thermal buckling analysis of temperature-dependent FG-CNTRC quadrilateral plates[J]. Computers and Mathematics with Applications, 2019, 77(5): 1294-1311.

[314] KIANI Y. Buckling of FG-CNT-reinforced composite plates subjected to parabolic loading[J]. Acta Mechanica, 2017, 228(4): 1303-1319.

[315] FARZAM A, HASSANI B. Thermal and mechanical buckling analysis of FG carbon nanotube reinforced composite plates using modified couple stress theory and isogeometric approach[J]. Composite Structures, 2018, 206: 774-790.

[316] WOO J, MEGUID S A, LIEW K M. Thermomechanical postbuckling analysis of functionally graded plates and shallow cylindrical shells[J]. Acta Mechanica. 2003, 165(1): 99-115.

[317] XU G H, HUANG H W, CHEN B, et al. Buckling and postbuckling of elastoplastic FGM plates under inplane loads[J]. Composite Structures, 2017, 176: 225-233.

[318] LIEW K M, YANG J, KITIPORNCHAI S. Thermal post-buckling of laminated plates comprising functionally graded materials with temperature-dependent properties[J]. Journal of Applied Mechanics ASME, 2004, 71(6): 839-850.

[319] PARK J S, KIM J H. Thermal postbuckling and vibration analyses of functionally graded plates[J]. Journal of Sound and Vibration, 2006, 289(1-2): 77-93.

[320] WU T L, SHUKLA K K, HUANG J H. Post-buckling analysis of functionally graded rectangular

plates[J]. Composite Structures, 2007, 81(1): 1-10.

[321] LEE Y Y, ZHAO X, REDDY J N. Postbuckling analysis of functionally graded plates subject to compressive and thermal loads[J]. Computer Methods in Applied Mechanics and Engineering, 2010, 199(25-28): 1645-1653.

[322] AUAD S P, PRACIANO J S C, BARROSO E S, et al. Isogeometric analysis of FGM plates[J]. Materials Today: Proceedings, 2019, 8 (3):738-746.

[323] WOO J, MEGUID S A, STRANART J C, et al. Thermomechanical postbuckling analysis of moderately thick functionally graded plates and shallow shells[J]. International Journal of Mechanical Sciences, 2005, 47(8): 1147-1171.

[324] DUC N D, TUNG H V. Mechanical and thermal postbuckling of higher order shear deformable functionally graded plates on elastic foundations[J]. Composite Structures, 2011, 93(11): 2874-2881.

[325] DO V N V, CHANG K H, LEE C H. Post-buckling analysis of FGM plates under in-plane mechanical compressive loading by using a mesh-free approximation[J]. Archive of Applied Mechanics, 2019, 89:1421-1446.

[326] JARI H, ATRI H R, SHOJAEE S. Nonlinear thermal analysis of functionally graded material plates using a NURBS based isogeometric approach[J]. Composite Structures, 2015, 119: 333-345.

[327] YANG J, LIEW K M, KITIPORNCHAI S. Imperfection sensitivity of the post-buckling behavior of higher-order shear deformable functionally graded plates[J]. International Journal of Solids and Structures, 2006, 43(17): 5247-5266.

[328] ZHANG D G, ZHOU H M. Mechanical and thermal post-buckling analysis of FGM rectangular plates with various supported boundaries resting on nonlinear elastic foundations[J]. Thin-Walled Structures, 2015, 89: 142-151.

[329] SHEN H S. A comparison of buckling and postbuckling behavior of FGM plates with piezoelectric fiber reinforced composite actuators[J]. Composite Structures, 2009, 91(3): 375-384.

[330] SHEN H S. Postbuckling of FGM plates with piezoelectric actuators under thermo-electro -mechanical loadings[J]. International Journal of Solids and Structures, 2005, 42(23): 6101-6121.

[331] LAL A, JAGTAP K R, SINGH B N. Post buckling response of functionally graded materials plate subjected to mechanical and thermal loadings with random material properties[J]. Applied Mathematical Modelling, 2013, 37(5): 2900-2920.

[332] CONG P H, CHIEN T M, KHOA N D, et al. Nonlinear thermomechanical buckling and post-buckling response of porous FGM plates using Reddy's HSDT[J]. Aerospace Science and Technology, 2018, 77: 419-428.

[333] KOLAKOWSKI Z, CZECHOWSKI L. Non-linear stability of the in-plane functionally graded (FG) plate[J]. Composite Structures, 2019, 214: 264-268.

[334] HAN S C, PARK W T, JUNG W Y. A four-variable refined plate theory for dynamic stability analysis of S-FGM plates based on physical neutral surface[J]. Composite Structures, 2015, 131: 1081-1089.

[335] ALIJANI F, AMABILI M. Non-linear dynamic instability of functionally graded plates in thermal environments[J]. International Journal of Non-Linear Mechanics, 2013, 50: 109-126.

[336] LEE C Y, KIM J H. Thermal post-buckling and snap-through instabilities of FGM panels in hypersonic flows[J]. Aerospace Science and Technology, 2013, 30(1): 175-182.

[337] KOLAKOWSKI Z, MANIA R J. Dynamic response of thin FG plates with a static unsymmetrical stable postbuckling path[J]. Thin-Walled Structures, 2015, 86: 10-17.

[338] ASEMI K, SALEHI M. Shear post buckling analysis of FGM annular sector plates based on three dimensional elasticity for different boundary conditions[J]. Computers and Structures, 2018, 207: 132-147.

[339] LI S R, ZHANG J H, ZHAO Y G. Nonlinear thermomechanical post-buckling of circular FGM plate with geometric imperfection[J]. Thin-Walled Structures, 2007, 45(5): 528-536.

[340] KIANI Y, ESLAMI M R. Nonlinear thermo-inertial stability of thin circular FGM plates[J]. Journal of the Franklin Institute, 2014, 351(2): 1057-1073.

[341] ZhANG J H, Pan S C, CHEN L K. Dynamic thermal buckling and postbuckling of clamped-clamped imperfect functionally graded annular plates[J]. Nonlinear Dynamics, 2019, 95(1): 565-577.

[342] FALLAH F, VAHIDIPOOR M K, NOSIER A. Post-buckling behavior of functionally graded circular plates under asymmetric transverse and in-plane loadings[J]. Composite Structures, 2015, 125: 477-488.

[343] KIANI Y. Axisymmetric static and dynamics snap-through phenomena in a thermally postbuckled temperature-dependent FGM circular plate[J]. International Journal of Non-Linear Mechanics, 2017, 89: 1-13.

[344] PRAKASH T, SINGHA M K, GANAPATHI M. Influence of neutral surface position on the nonlinear stability behavior of functionally graded plates[J]. Computational Mechanics, 2009, 43:341-350.

[345] UPADHYAY A K, SHUKLA K K. Post-buckling analysis of skew plates subjected to combined in-plane loadings[J]. Acta Mechanica, 2014, 225(10): 2959-2968.

[346] PRAKASH T, SINGHA M K, GANAPATHI M. Thermal postbuckling analysis of FGM skew plates[J]. Engineering Structures, 2008, 30(1): 22-32.

[347] TRANG L T N, TUNG H V. Tangential edge constraint sensitivity of nonlinear stability of CNT-reinforced composite plates under compressive and thermomechanical loadings[J]. Journal of Engineering Mechanics ASCE, 2018, 144(7): 04018056.

[348] DUC N D, CONG P H. Nonlinear postbuckling of an eccentrically stiffened thin FGM plate resting on elastic foundations in thermal environments[J]. Thin-Walled Structures, 2014, 75: 103-112.

[349] TUNG H V. Thermal and thermomechanical postbuckling of FGM sandwich plates resting on elastic foundations with tangential edge constraints and temperature dependent properties[J]. Composite Structures, 2015, 131: 1028-1039.

[350] KIANI Y, ESLAMI M R. Thermal buckling and post-buckling response of imperfect temperature-dependent sandwich FGM plates resting on elastic foundation[J]. Archive of Applied Mechanics, 2012, 82:891-905.

[351] MAO J J, ZHANG W. Buckling and post-buckling analyses of functionally graded grapheme reinforced piezoelectric plate subjected to electric potential and axial forces[J]. Composite Structures, 2019, 216: 392-405.

[352] KELESHTERI M M, ASADI H, WANG Q. On the snap-through instability of post-buckled FG-CNTRC rectangular plates with integrated piezoelectric layers[J]. Computer Methods in Applied Mechanics and Engineering, 2018, 331: 53-71.

[353] TACZALA M, BUCZKOWSKI R, KLEIBER M. Nonlinear buckling and post-buckling response of stiffened FGM plates in thermal environments[J]. Composites: Part B, 2017, 109: 238-247.

[354] DO V N V, LEE C H. Numerical investigation on post-buckling behavior of FGM sandwich plates subjected to in-plane mechanical compression[J]. Ocean Engineering, 2018, 170: 20-42.

[355] SHEN H S, XIANG Y, LIN F, et al. Buckling and postbuckling of functionally graded graphene-reinforced composite laminated plates in thermal environments[J]. Composites: Part B, 2017, 119: 67-78.

[356] SONG M T, YANG J, KITIPORNCHAI S, et al. Buckling and postbuckling of biaxially compressed functionally graded multilayer graphene nanoplatelet-reinforced polymer composite plates[J]. International Journal of Mechanical Sciences, 2017, 131-132: 345-355.

[357] SHEN H S, XIANG Y, LIN F. Thermal buckling and postbuckling of functionally graded graphenereinforced composite laminated plates resting on elastic foundations[J]. Thin-Walled Structures, 2017, 118: 229-237.

[358] ADHIKARI B, SINGH B N. Dynamic response of FG-CNT composite plate resting on an elastic foundation based on higher-order shear deformation theory[J]. Journal of Engineering Mechanics ASCE,

2019, 32(5): 04019061.

[359] DUNG D V, NGA N T. Buckling and postbuckling nonlinear analysis of imperfect FGM plates reinforced by FGM stiffeners with temperature-dependent properties based on TSDT[J]. Acta Mechanica, 2016, 227(8): 2377-2401.

[360] REDDY J N, CHENG Z Q. Frequency of functionally graded plates with three-dimensional asymptotic approach[J]. Journal Engineering Mechanics ASCE, 2003, 129(8): 896-900.

[361] HASHEMI S H, SALEHIPOUR H, ATASHIPOUR S R, et al. On the exact in-plane and out-of-plane free vibration analysis of thick functionally graded rectangular plates: Explicit 3-D elasticity solutions[J]. Composites: Part B, 2013, 46: 108-115.

[362] JIN G Y, SU Z, SHI S X, et al. Three-dimensional exact solution for the free vibration of arbitrarily thick functionally graded rectangular plates with general boundary conditions[J]. Composite Structures, 2014, 108: 565-577.

[363] ZHAO J, CHOE K, XIE F, et al. Three-dimensional exact solution for vibration analysis of thick functionally graded porous (FGP) rectangular plates with arbitrary boundary conditions[J]. Composites: Part B, 2018, 55: 369-381.

[364] MALEKZADEH P. Three-dimensional free vibration analysis of thick functionally graded plates on elastic foundations[J]. Composite Structures, 2009, 89(3): 367-373.

[365] MOGHADDAM M R, BARADARAN G H. Three-dimensional free vibrations analysis of functionally graded rectangular plates by the meshless local Petrov-Galerkin (MLPG) method[J]. Applied Mathematics and Computation, 2017, 304: 153-163.

[366] VEL S S, BATRA R C. Three-dimensional exact solution for the vibration of functionally graded rectangular plates[J]. Journal of Sound and Vibration, 2004, 272(3-5): 703-730.

[367] REDDY K S K, KANT T. Three-dimensional elasticity solution for free vibrations of exponentially graded plates[J]. Journal of Engineering Mechanics ASCE, 2014, 140(7): 04014047.

[368] LIANG X, WU Z J, WANG L Z , et al. Semianalytical three-dimensional solutions for the transient response of functionally graded material rectangular plates[J]. Journal of Engineering Mechanics ASCE, 2015, 141(9): 04015027.

[369] HASHEMINEJAD S M, GHESHLAGHI B. Three-dimensional elastodynamic solution for an arbitrary thick FGM rectangular plate resting on a two parameter viscoelastic foundation[J]. Composite Structures, 2012, 94(9): 2746-2755.

[370] 陈伟球, 叶贵如, 蔡金标, 等. 横观各向同性功能梯度材料矩形板的自由振动 [J]. 振动工程学报, 2001, 14(3): 263-267.

[371] 陈伟球, 叶贵如, 蔡金标, 等. 球面各向同性功能梯度球壳的自由振动 [J]. 力学学报, 2001, 33(4): 768-775.

[372] CHAKRAVERTY S, PRADHAN K K. Free vibration of exponential functionally graded rectangular plates in thermal environment with general boundary conditions[J]. Aerospace Science and Technology, 2014, 36: 132-156.

[373] SAINI R, SAINI S, LAL R, et al. Buckling and vibrations of FGM circular plates in thermal environment[J]. Procedia Structural Integrity, 2019, 14: 362-374.

[374] KUMAR S, RANJAN V, JANA P. Free vibration analysis of thin functionally graded rectangular plates using the dynamic stiffness method[J]. Composite Structures, 2018, 197: 39-53.

[375] SONG Q H, SHI J H, LIU Z Q. Vibration analysis of functionally graded plate with a moving mass[J]. Applied Mathematical Modelling, 2017, 46: 141-160.

[376] FERREIRA A J M, BATRA R C, ROQUE C M C, et al. Natural frequencies of functionally graded plates by a meshless method[J]. Composite Structures, 2006, 75(1-4): 593-600.

[377] ZHAO X, LEE Y Y, LIEW K M. Free vibration analysis of functionally graded plates using the element-free kp-Ritz method[J]. Journal of Sound and Vibration, 2009, 319(3-5): 918-939.

[378] MALEKZADEH P, SHOJAEE S A. Dynamic response of functionally graded plates under moving heat

source[J]. Composites: Part B, 2013, 44(1): 295-303.

[379] HONG C C. Rapid heating induced vibration of magnetostrictive functionally graded material plates[J]. Journal of Vibration and Acoustics ASME, 2012, 134(2): 021019.

[380] ZHAO J, WANG Q S, DENG X W, et al. Free vibrations of functionally graded porous rectangular plate with uniform elastic boundary conditions[J]. Composites: Part B, 2019,168: 106-120.

[381] HASHEMI S H, TAHER H R D, AKHAVAN H, et al. Free vibration of functionally graded rectangular plates using first-order shear deformation plate theory[J]. Applied Mathematical Modelling, 2010, 34(5): 1276-1291.

[382] SHAHBAZTABAR A, RANJI A R. Free vibration analysis of functionally graded plates on two-parameter elastic supports and in contact with stationary fluid[J]. Journal of Offshore Mechanics and Arctic Engineering ASME, 2018, 140(2): 021302.

[383] BARGH H G, RAZAVI S. A simple analytical model for free vibration of orthotropic and functionally graded rectangular plates[J]. Alexandria Engineering Journal, 2018, 57(2): 595-607.

[384] HASHEMI S H, FADAEE M, ATASHIPOUR S R. A new exact analytical approach for free vibration of Reissner-Mindlin functionally graded rectangular plates[J]. International Journal of Mechanical Sciences, 2011, 53(1): 11-22.

[385] ATMANE H A, TOUNSI A, MECHAB I, et al. Free vibration analysis of functionally graded plates resting on Winkler-Pasternak elastic foundations using a new shear deformation theory[J]. International Journal of Mechanics and Materials in Design, 2010, 6:113-121.

[386] ROQUE C M C, FERREIRA A J M, JORGE R M N. A radial basis function approach for the free vibration analysis of functionally graded plates using a refined theory[J]. Journal of Sound and Vibration, 2007, 300(3-5): 1048-1070.

[387] MATSUNAGA H. Free vibration and stability of functionally graded plates according to a 2-D higher-order deformation theory[J]. Composite Structures, 2008, 82(4): 499-512.

[388] HASHEMI S H, FADAEE M, ATASHIPOUR S R. Study on the free vibration of thick functionally graded rectangular plates according to a new exact closed-form procedure[J]. Composite Structures, 2011, 93(2): 722-735.

[389] UNGBHAKORN V, WATTANASAKULPONG N. Thermo-elastic vibration analysis of third-order shear deformable functionally graded plates with distributed patch mass under thermal environment[J]. Applied Acoustics, 2013, 74(9): 1045-1059.

[390] BAFERANI A H, SAIDI A R, EHTESHAMI H. Accurate solution for free vibration analysis of functionally graded thick rectangular plates resting on elastic foundation[J]. Composite Structures, 2011, 93(7): 1842-1853.

[391] AKAVCI S S. An efficient shear deformation theory for free vibration of functionally graded thick rectangular plates on elastic foundation[J]. Composite Structures, 2014, 108: 667-676.

[392] BENFERHAT R, DAOUADJI T H, MANSOUR M S. Free vibration analysis of FG plates resting on an elastic foundation and based on the neutral surface concept using higher-order shear deformation theory[J]. Comptes Rendus Mecanique, 2016, 344(9): 631-641.

[393] XUE Y Q, JIN G Y, DING H, et al. Free vibration analysis of in-plane functionally graded plates using a refined plate theory and isogeometric approach[J]. Composite Structures, 2018, 192:193-205.

[394] THAI H T, CHOI D H. A refined plate theory for functionally graded plates resting on elastic foundation[J]. Composites Science and Technology, 2011, 71(16): 1850-1858.

[395] THAI H T, CHOI D H. A refined shear deformation theory for free vibration of functionally graded plates on elastic foundation[J]. Composites: Part B, 2012, 43(5): 2335-2347.

[396] JUNG W Y, HAN S C, PARK W T. Four-variable refined plate theory for forced-vibration analysis of sigmoid functionally graded plates on elastic foundation[J]. International Journal of Mechanical Sciences, 2016, 111-112: 73-87.

[397] TA H D, NOH H C. Analytical solution for the dynamic response of functionally graded rectangular plates resting on elastic foundation using a refined plate theory[J]. Applied Mathematical Modelling, 2015, 39(20): 6243-6257.

[398] JHA D K, KANT T, SINGH R K. Higher order shear and normal deformation theory for natural frequency of functionally graded rectangular plates[J]. Nuclear Engineering and Design, 2012, 250: 8-13.

[399] HAN S C, PARK W T, JUNG W Y. 3D graphical dynamic responses of FGM plates on Pasternak elastic foundation based on quasi-3D shear and normal deformation theory[J]. Composites: Part B, 2016, 95: 324-334.

[400] SHAHSAVARI D, SHAHSAVARI M, LI L, et al. A novel quasi-3D hyperbolic theory for free vibration of FG plates with porosities resting on Winkler/Pasternak/Kerr foundation[J]. Aerospace Science and Technology, 2018, 72: 134-149.

[401] ZAOUI F Z, OUINAS D, TOUNSI A. New 2D and quasi-3D shear deformation theories for free vibration of functionally graded plates on elastic foundations[J]. Composites: Part B, 2019, 159: 231-247.

[402] SHEIKHOLESLAMI S A, SAIDI A R. Vibration analysis of functionally graded rectangular plates resting on elastic foundation using higher-order shear and normal deformable plate theory[J]. Composite Structures, 2013, 106: 350-361.

[403] JHA D K, KANT T, SRINIVAS K, et al. An accurate higher order displacement model with shear and normal deformations effects for functionally graded plates[J]. Fusion Engineering and Design, 2013, 88(12): 3199-3204.

[404] JHA D K, KANT T, SINGH R K. Free vibration response of functionally graded thick plates with shear and normal deformations effects[J]. Composite Structures, 2013, 96: 799-823.

[405] DOZIO L. Exact free vibration analysis of Lévy FGM plates with higher-order shear and normal deformation theories[J]. Composite Structures, 2014, 111: 415-425.

[406] GUPTA A, TALHA M, CHAUDHARI V K. Natural frequency of functionally graded plates resting on elastic foundation using finite element method[J]. Procedia Technology, 2016, 23: 163-170.

[407] GUPTA A, TALHA M, SINGH B N. Vibration characteristics of functionally graded material plate with various boundary constraints using higher order shear deformation theory[J]. Composites: Part B, 2016, 94: 64-74.

[408] TU T M, QUOC T H, LONG N V. Vibration analysis of functionally graded plates using the eight-unknown higher order shear deformation theory in thermal environments[J]. Aerospace Science and Technology, 2019, 84: 698-711.

[409] YANG J, SHEN H S. Dynamic response of initially stressed functionally graded rectangular thin plates[J]. Composite Structures, 2001, 54(4): 497-508.

[410] KIM Y W. Temperature dependent vibration analysis of functionally graded rectangular plates[J]. Journal of Sound and Vibration, 2005, 284(3-5): 531-549.

[411] SHARIYAT M. Vibration and dynamic buckling control of imperfect hybrid FGM plates with temperature- dependent material properties subjected to thermo-electro-mechanical loading conditions[J]. Composite Structures, 2009, 88(2): 240-252.

[412] HONG C C. Thermal vibration and transient response of magnetostrictive functionally graded material plates[J]. European Journal of Mechanics-A/Solids, 2014, 43: 78-88.

[413] ALTAY G, DÖKMECI M C. Variational principles and vibrations of a functionally graded plate[J]. Computers & Structures, 2005, 83(15-16): 1340-1354.

[414] BHANGALE R K, GANESAN N. Free vibration of simply supported functionally graded and layered magneto-electro-elastic plates by finite element method[J]. Journal of Sound and Vibration, 2006, 294(4-5): 1016-1038.

[415] CHEN J Y, CHEN H L, PAN E N. Free vibration of functionally graded, magneto-electro-elastic, and

multilayered plates[J]. Acta Mechanica Solida Sinica, 2006, 19(2): 160-166.
[416] ROUZEGAR J, ABAD F. Free vibration analysis of FG plate with piezoelectric layers using four-variable refined plate theory[J]. Thin-Walled Structures, 2015, 89: 76-83.
[417] ABAD F, ROUZEGAR J. An exact spectral element method for free vibration analysis of FG plate integrated with piezoelectric layers[J]. Composite Structures, 2017, 180: 696-708.
[418] SU Z, JIN G Y, YE T G. Electro-mechanical vibration characteristics of functionally graded piezoelectric plates with general boundary conditions[J]. International Journal of Mechanical Sciences, 2018, 138-139: 42-53.
[419] KITIPORNCHAI S, YANG J, LIEW K M. Random vibration of the functionally graded laminates in thermal environments[J]. Computer Methods in Applied Mechanics and Engineering, 2006, 195(9-12): 1075-1095.
[420] HACIYEV V C, SOFIYEV A H, KURUOGLU N. Free bending vibration analysis of thin bidirectionally exponentially graded orthotropic rectangular plates resting on two-parameter elastic foundations[J]. Composite Structures, 2018, 184: 372-377.
[421] LIU D Y, WANG C Y, CHEN W Q. Free vibration of FGM plates with in-plane material inhomogeneity[J]. Composite Structures, 2010, 92(5): 1047-1051.
[422] BENACHOUR A, TAHAR H D, ATMANE H A, et al. A four variable refined plate theory for free vibrations of functionally graded plates with arbitrary gradient[J]. Composites Part B: Engineering, 2011, 42(6): 1386-1394.
[423] UYMAZ B, AYDOGDUM, FILIZ S. Vibration analyses of FGM plates with in-plane material inhomogeneity by Ritz method[J]. Composite Structures, 2012, 94(4): 1398-1405.
[424] HUANG C S, MCGEE O G, CHANG M J. Vibrations of cracked rectangular FGM thick plates[J]. Composite Structures, 2011, 93(7):1747-1764.
[425] NATARAJAN S, BAIZ P M, BORDAS S, et al. Natural frequencies of cracked functionally graded material plates by the extended finite element method[J]. Composite Structures, 2011, 93(11): 3082-3092.
[426] NATARAJAN S, BAIZ P M, GANAPATHI M, et al. Linear free flexural vibration of cracked functionally graded plates in thermal environment[J]. Computers & Structures, 2011, 89(15-16): 1535-1546.
[427] LI L, ZHANG D G. Free vibration analysis of rotating functionally graded rectangular plates[J]. Composite Structures, 2016, 136: 493-504.
[428] CHENG Z Q, BATRA R C. Exact correspondence between eigenvalues of membranes and functionally graded simply supported polygonal plates[J]. Journal of Sound and Vibration, 2000, 229(4): 879-895.
[429] REDDY J N, CHENG Z Q. Frequency correspondence between membranes and functionally graded spherical shallow shells of polygonal planform[J]. International Journal of Mechanical Sciences, 2002, 44(5): 967-985.
[430] NIE G J, ZHONG Z. Semi-analytical solution for three-dimensional vibration of functionally graded circular plates[J]. Computer Methods in Applied Mechanics and Engineering, 2007, 196(49- 52): 4901-4910.
[431] NIE G J, ZHONG Z. Dynamic analysis of multi-directional functionally graded annular plates[J]. Applied Mathematical Modelling, 2010, 34(3): 608-616.
[432] KERMANI I D, GHAYOUR M, MIRDAMADI H R. Free vibration analysis of multi-directional functionally graded circular and annular plates[J]. Journal of Mechanical Science and Technology, 2012, 26(11): 3399-3410.
[433] DONG C Y. Three-dimensional free vibration analysis of functionally graded annular plates using the Chebyshev-Ritz method[J]. Materials & Design, 2008, 29(8): 1518-1525.
[434] SHI P, DONG C Y. Vibration analysis of functionally graded annular plates with mixed boundary conditions in thermal environment[J]. Journal of Sound and Vibration, 2012, 331(15): 3649-3662.
[435] ZHAO J, ZHANG Y K, CHOE K, et al. Three-dimensional exact solution for the free vibration of thick

functionally graded annular sector plates with arbitrary boundary conditions[J]. Composites: Part B, 2019, 159: 418-436.

[436] JODAEI A, JALAL M, YAS M H. Free vibration analysis of functionally graded annular plates by state-space based differential quadrature method and comparative modeling by ANN[J]. Composites: Part B, 2012, 43(2): 340-353.

[437] JODAEI A, YAS M H. Three-dimensional free vibration analysis of functionally graded annular plates on elastic foundations via state-space based differential quadrature method [J]. Journal of Pressure Vessel Technology ASME, 2012, 134(3): 031208.

[438] TAHOUNEH V, YAS M H. 3-D free vibration analysis of thick functionally graded annular sector plates on Pasternak elastic foundation via 2-D differential quadrature method[J]. Acta Mechanica, 2012, 223(9): 1879-1897.

[439] TAHOUNEH V, YAS M H. Semianalytical solution for three-dimensional vibration analysis of thick multidirectional functionally graded annular sector plates under various boundary conditions[J]. Journal of Engineering Mechanics ASCE, 2014, 140(1): 31-46.

[440] WU C P, YU L T. Free vibration analysis of bi-directional functionally graded annular plates using finite annular prism methods[J]. Journal of Mechanical Science and Technology, 2019, 33(5):2267-2279.

[441] MIRTALAIE S H. Differential quadrature free vibration analysis of functionally graded thin annular sector plates in thermal environments[J]. Journal of Dynamic Systems, Measurement, and Control ASME, 2018, 140(10): 101006.

[442] LAL R, SAINI R. On the high-temperature free vibration analysis of elastically supported functionally graded material plates under mechanical in-plane force via GDQR[J]. Journal of Dynamic Systems, Measurement, and Control ASME, 2019, 141(10): 101003.

[443] PRAKASH T, GANAPATHI M. Asymmetric flexural vibration and thermoelastic stability of FGM circular plates using finite element method[J]. Composites Part B: Engineering, 2006, 37(7-8): 642-649.

[444] LAL R, AHLAWAT N. Axisymmetric vibrations and buckling analysis of functionally graded circular plates via differential transform method[J]. European Journal of Mechanics-A/Solids, 2015, 52: 85-94.

[445] EBRAHIMI F, RASTGO A. An analytical study on the free vibration of smart circular thin FGM plate based on classical plate theory[J]. Thin-Walled Structures, 2008, 46(12): 1402-1408.

[446] HASHEMI S H, FADAEE M, ES'HAGHI M. A novel approach for in-plane/out-of-plane frequency analysis of functionally graded circular/annular plates[J]. International Journal of Mechanical Sciences, 2010, 52(8): 1025-1035.

[447] HASHEMI S H, KHORSHIDI K, ES'HAGHI M, et al. On the effects of coupling between in-plane and out-of-plane vibrating modes of smart functionally graded circular/annular plates[J]. Applied Mathematical Modelling, 2012, 36(3): 1132-1147.

[448] HASHEMI S H, DERAKHSHANI M, FADAEE M. An accurate mathematical study on the free vibration of stepped thickness circular/annular Mindlin functionally graded plates[J]. Applied Mathematical Modelling, 2013, 37(6): 4147-4164.

[449] SAIDI A R, BAFERANI A H, JOMEHZADEH E. Benchmark solution for free vibration of functionally graded moderately thick annular sector plates[J]. Acta Mechanica, 2011, 219(3): 309-335.

[450] ZUR K K. Quasi-Green's function approach to free vibration analysis of elastically supported functionally graded circular plates[J]. Composite Structures, 2018, 183: 600-610.

[451] ZUR K K. Free vibration analysis of elastically supported functionally graded annular plates via quasi-Green's function method[J]. Composites: Part B, 2018, 144: 37-55.

[452] SHABAN M, ALIPOUR M M. Semi-analytical solution for free vibration of thick functionally graded plates rested on elastic foundation with elastically restrained edge[J]. Acta Mechanica Solida Sinica, 2011, 24(4): 340-354.

[453] MEHRABADI S J, KARGARNOVIN M H, NAJAFIZADEH M M. Free vibration analysis of func-

tionally graded coupled circular plate with piezoelectric layers[J]. Journal of Mechanical Science and Technology, 2009, 23: 2008-2021.

[454] EBRAHIMI F, RASTGOO A, ATAI A A. A theoretical analysis of smart moderately thick shear deformable annular functionally graded plate[J]. European Journal of Mechanics-A/Solids, 2009, 28(5): 962-973.

[455] EBRAHIMI F, RASTGOO A, KARGARNOVIN M H. Analytical investigation on axisymmetric free vibrations of moderately thick circular functionally graded plate integrated with piezoelectric layers[J]. Journal of Mechanical Science and Technology, 2008, 22:1058-1072.

[456] EBRAHIMI F, RASTGOO A. FSDPT based study for vibration analysis of piezoelectric coupled annular FGM plate[J]. Journal of Mechanical Science and Technology, 2009, 23: 2157-2168.

[457] MALEKZADEH P, SHAHPARI S A, ZIAEE H R. Three-dimensional free vibration of thick functionally graded annular plates in thermal environment[J]. Journal of Sound and Vibration, 2010, 329(4): 425-442.

[458] EFRAIM E, EISENBERGER M. Exact vibration analysis of variable thickness thick annular isotropic and FGM plates[J]. Journal of Sound and Vibration, 2007, 299(4-5): 720-738.

[459] SHARMA P, PARASHAR S K. Free vibration analysis of shear-induced flexural vibration of FGPM annular plate using generalized differential quadrature method[J]. Composite Structures, 2016, 155: 213-222.

[460] JIN G Y, SU Z, YE T G, et al. Three-dimensional free vibration analysis of functionally graded annular sector plates with general boundary conditions[J]. Composites: Part B, 2015, 83: 352-366.

[461] SU Z, JIN G Y, WANG X R. Free vibration analysis of laminated composite and functionally graded sector plates with general boundary conditions[J]. Composite Structures, 2015, 132: 720-736.

[462] WANG Q S, SHI D Y, LIANG Q, et al. A unified solution for vibration analysis of functionally graded circular, annular and sector plates with general boundary conditions[J]. Composites: Part B, 2016, 88: 264-294.

[463] CIVALEK Ö, BALTACIOGLU A K. Free vibration analysis of laminated and FGM composite annular sector plates[J]. Composites: Part B, 2019, 157: 182-194.

[464] HASHEMI S H, TAHER H R D, AKHAVAN H. Vibration analysis of radially FGM sectorial plates of variable thickness on elastic foundations[J]. Composite Structures, 2010, 92(7): 1734-1743.

[465] KUMAR Y, LAL R. Prediction of frequencies of free axisymmetric vibration of two-directional functionally graded annular plates on Winkler foundation[J]. European Journal of Mechanics-A/Solids, 2013, 42: 219-228.

[466] AHLAWAT N, LAL R. Buckling and vibrations of multi-directional functionally graded circular plate resting on elastic foundation[J]. Procedia Engineering, 2016, 144: 85-93.

[467] SHARIYAT M, ALIPOUR M M. Differential transform vibration and modal stress analyses of circular plates made of two-directional functionally graded materials resting on elastic foundations[J]. Archive of Applied Mechanics, 2011, 81: 1289-1306.

[468] SHARIYAT M, ALIPOUR M M. A power series solution for vibration and complex modal stress analyses of variable thickness viscoelastic two-directional FGM circular plates on elastic foundations[J]. Applied Mathematical Modelling, 2013, 37(5): 3063-3076.

[469] ASEMI K, ASHRAFI H, SALEHI M, et al. Three-dimensional static and dynamic analysis of functionally graded elliptical plates, employing graded finite elements[J]. Acta Mechanica, 2013, 224: 1849-1864.

[470] MALEKZADEH P, BENI A A. Free vibration of functionally graded arbitrary straight-sided quadrilateral plates in thermal environment[J]. Composite Structures, 2010, 92(11): 2758-2767.

[471] CHAKRAVERTY S, PRADHAN K K. Flexural vibration of functionally graded thin skew plates resting on elastic foundations[J]. International Journal of Dynamics and Control, 2018, 6(1): 97-121.

[472] LIU D Y, LI Z, KITIPORNCHAI S, et al. Three-dimensional free vibration and bending analyses

of functionally graded graphene nanoplatelets-reinforced nanocomposite annular plates[J]. Composite Structures, 2019, 229: 111453.

[473] SONG M T, KITIPORNCHAI S, YANG J. Free and forced vibrations of functionally graded polymer composite plates reinforced with graphene nanoplatelets[J]. Composite Structures, 2017, 159: 579-588.

[474] PANDEY S, PRADYUMNA S. Free vibration of functionally graded sandwich plates in thermal environment using a layerwise theory[J]. European Journal of Mechanics-A/Solids, 2015, 51: 55-66.

[475] PANDEY S, PRADYUMNA S. A finite element formulation for thermally induced vibrations of functionally graded material sandwich plates and shell panels[J]. Composite Structures, 2017, 160: 877-886.

[476] SELIM B A, ZHANG L W, LIEW K M. Vibration analysis of CNT reinforced functionally graded composite plates in a thermal environment based on Reddy's higher-order shear deformation theory[J]. Composite Structures, 2016, 156: 276-290.

[477] KHALILI S M R, MOHAMMADI Y. Free vibration analysis of sandwich plates with functionally graded face sheets and temperature-dependent material properties: A new approach[J]. European Journal of Mechanics-A/Solids, 2012, 35: 61-74.

[478] XIANG S, KANG G W, YANG M S, et al. Natural frequencies of sandwich plate with functionally graded face and homogeneous core[J]. Composite Structures, 2013, 96: 226-231.

[479] DOZIO L. Natural frequencies of sandwich plates with FGM core via variable-kinematic 2-D Ritz models[J]. Composite Structures, 2013, 96: 561-568.

[480] THAI C H, FERREIRA A J M, TRAN T D, et al. Free vibration, buckling and bending analyses of multilayer functionally graded graphene nanoplatelets reinforced composite plates using the NURBS formulation[J]. Composite Structures, 2019, 220: 749-759.

[481] SOBHY M. An accurate shear deformation theory for vibration and buckling of FGM sandwich plates in hygrothermal environment[J]. International Journal of Mechanical Sciences, 2016, 110: 62-77.

[482] FAZZOLARI F A. Natural frequencies and critical temperatures of functionally graded sandwich plates subjected to uniform and non-uniform temperature distributions[J]. Composite Structures, 2015, 121: 197-210.

[483] WOO J, MEGUID S A, ONG L S. Nonlinear free vibration behavior of functionally graded plates[J]. Journal of Sound and Vibration, 2006, 289(324): 595-611.

[484] YAZDI A A. Homotopy perturbation method for nonlinear vibration analysis of functionally graded plate[J]. Journal of Vibration and Acoustics ASME, 2013, 135(2): 021012.

[485] ALLAHVERDIZADEH A, OFTADEH R, MAHJOOB M J, et al. Homotopy perturbation solution and periodicity analysis of nonlinear vibration of thin rectangular functionally graded plates[J]. Acta Mechanica Solida Sinica, 2014, 27(2): 210-220.

[486] DOGAN V. Nonlinear vibration of FGM plates under random excitation[J]. Composite Structures, 2013, 95: 366-374.

[487] DU C C, LI Y H. Parametric stability and complex dynamical behavior of functionally graded rectangular thin plates subjected to in-plane inertial disturbance[J]. Composite Structures, 2020, 234: 111728.

[488] KANT T, JHA D K, SINGH R K. A higher-order shear and normal deformation functionally graded plate model: Some recent results[J]. Acta Mechanica, 2014, 225:2865-2876.

[489] REZAEE M, JAHANGIRI R. Nonlinear and chaotic vibration and stability analysis of an aero-elastic piezoelectric FG plate under parametric and primary excitations[J]. Journal of Sound and Vibration, 2015, 344: 277-296.

[490] SUNDARARAJAN N, PRAKASH T, GANAPATHI M. Nonlinear free flexural vibrations of functionally graded rectangular and skew plates under thermal environments[J]. Finite Elements in Analysis and Design, 2005, 42(2): 152-168.

[491] PRAKASH T, SINGHA M K, GANAPATHI M. A finite element study on the large amplitude flexural vibration characteristics of FGM plates under aerodynamic load[J]. International Journal of Non-Linear

Mechanics, 2012, 47(5): 439-447.

[492] HUANG X L, SHEN H S. Nonlinear vibration and dynamic response of functionally graded plates in thermal environments[J]. International Journal of Solids and Structures, 2004, 41(9-10): 2403-2427.

[493] KITIPORNCHAI S, YANG J, LIEW K M. Semi-analytical solution for nonlinear vibration of laminated FGM plates with geometric imperfections[J]. International Journal of Solids and Structures, 2004, 41(9-10): 2235-2257.

[494] TALHA M, SINGH B N. Large amplitude free flexural vibration analysis of shear deformable FGM plates using nonlinear finite element method[J]. Finite Elements in Analysis and Design, 2011, 47(4): 394-401.

[495] CHAUDHARI V K, GUPTA A, TALHA M. Nonlinear Vibration response of shear deformable functionally graded plate using finite element method[J]. Procedia Technology, 2016, 23: 201-208.

[496] KUMAR R, DUTTA S C, PANDA S K. Linear and non-linear dynamic instability of functionally graded plate subjected to non-uniform loading[J]. Composite Structures, 2016, 154: 219-230.

[497] HUANG X L, SHEN H S. Vibration and dynamic response of functionally graded plates with piezoelectric actuators in thermal environments[J]. Journal of Sound and Vibration, 2006, 289(1-2): 25-53.

[498] XIA X K, SHEN H S. Nonlinear vibration and dynamic response of FGM plates with piezoelectric fiber reinforced composite actuators[J]. Composite Structures, 2009, 90(2): 254-262.

[499] FAKHARI V, OHADI A, YOUSEFIAN P. Nonlinear free and forced vibration behavior of functionally graded plate with piezoelectric layers in thermal environment[J]. Composite Structures, 2011, 93(9): 2310-2321.

[500] HAO Y X, ZHANG W, YANG J. Nonlinear oscillation of a cantilever FGM rectangular plate based on third- order plate theory and asymptotic perturbation method[J]. Composites Part B: Engineering, 2011, 42(3): 402-413.

[501] CHEN C S. Nonlinear vibration of a shear deformable functionally graded plate[J]. Composite Structures, 2005, 68(3): 295-302.

[502] CHEN C S, CHEN T J, CHIEN R D. Nonlinear vibration of initially stressed functionally graded plates[J]. Thin-Walled Structures, 2006, 44(8): 844-851.

[503] FUNG C P, CHEN C S. Imperfection sensitivity in the nonlinear vibration of functionally graded plates[J]. European Journal of Mechanics - A/Solids, 2006, 25(3): 425-436.

[504] CHEN C S, TAN A H. Imperfection sensitivity in the nonlinear vibration of initially stresses functionally graded plates[J]. Composite Structures, 2007, 78(4): 529-536.

[505] YANG J, KITIPORNCHAI S, LIEW K M. Large amplitude vibration of thermo-electro-mechanically stressed FGM laminated plates[J]. Computer Methods in Applied Mechanics and Engineering, 2003, 192(35-36): 3861-3885.

[506] HAO Y X, ZHANG W, YANG J. Nonlinear dynamics of a FGM plate with two clamped opposite edges and two free edges[J]. Acta Mechanica Solida Sinica, 2014, 27(4): 394-406.

[507] HAO Y X, ZHANG W, YANG J, et al. Nonlinear dynamic response of a simply supported rectangular functionally graded material plate under the time-dependent thermalmechanical loads[J]. Journal of Mechanical Science and Technology, 2011, 25 (7): 1637-1646.

[508] ALIJANI F, NEJAD F B, AMABILI M. Nonlinear vibrations of FGM rectangular plates in thermal environments[J]. Nonlinear Dynamics, 2011, 66:251-270.

[509] WANG Y Q, ZU J W. Large-amplitude vibration of sigmoid functionally graded thin plates with porosities[J]. Thin-Walled Structures, 2017, 119: 911-924.

[510] WANG Y Q, ZU J W. Vibration behaviors of functionally graded rectangular plates with porosities and moving in thermal environment[J]. Aerospace Science and Technology, 2017, 69: 550-562.

[511] KUMAR S, MITRA A, ROY H. Forced vibration response of axially functionally graded non-uniform plates considering geometric nonlinearity[J]. International Journal of Mechanical Sciences, 2017, 128-

129: 194-205.

[512] GUPTA A, TALHA M. Large amplitude free flexural vibration analysis of finite element modeled FGM plates using new hyperbolic shear and normal deformation theory[J]. Aerospace Science and Technology, 2017, 67: 287-308.

[513] ALIJANI F, AMABILI M. Effect of thickness deformation on large-amplitude vibrations of functionally graded rectangular plates[J]. Composite Structures, 2014, 113: 89-107.

[514] 周又和. 中心集中力作用下圆薄板的固有频率–载荷特征关系 [J]. 应用力学学报, 1992, 9(1): 119-123.

[515] 周又和. 圆薄板在周边面内压力下的自由振动、屈曲和后屈曲 [J]. 兰州大学学报, 1993, 29(4):57-62.

[516] 李世荣, 周又和, 马连生. 热过屈曲正交异性圆 (环) 板的自由振动响应 [J]. 振动工程学报, 2005,18(2): 184-188.

[517] XIA X K, SHEN H S. Vibration of postbuckled FGM hybrid laminated plates in thermal environment[J]. Engineering Structures, 2008, 30(9): 2420-2435.

[518] TACZALA M, BUCZKOWSKI R, KLEIBER M. Nonlinear free vibration of pre- and post-buckled FGM plates on two-parameter foundation in the thermal environment[J]. Composite Structures, 2016, 137: 85-92.

[519] LI S R, ZHOU Y H. Nonlinear vibration of heated orthotropic annular plates with immovably hinged edges[J]. Journal of Thermal Stresses.2003, 26(7): 671-700.

[520] 李世荣, 周又和, 滕兆春. 正交异性环板–刚性质量系统的大幅振动和热屈曲 [J]. 振动工程学报, 2002,15(2): 199-202.

[521] 马连生. 功能梯度板的弯曲、屈曲和振动：线性和非线性分析 [D]. 西安: 西安交通大学,2004.

[522] ALLAHVERDIZADEH A, NAEI M H, BAHRAMI M N. Nonlinear free and forced vibration analysis of thin circular functionally graded plates[J]. Journal of Sound and Vibration, 2008, 310(4-5): 966-984.

[523] ALLAHVERDIZADEH A, NAEI M H, BAHRAMI M N. Vibration amplitude and thermal effects on the nonlinear behavior of thin circular functionally graded plates[J]. International Journal of Mechanical Sciences, 2008, 50(3): 445-454.

[524] ALLAHVERDIZADEH A, RASTGO A, NAEI M H. Nonlinear analysis of a thin circular functionally graded plate and large deflection effects on the forces and moments[J]. Journal of Engineering Materials and Technology ASME, 2008, 130(1): 011009.

[525] ALLAHVERDIZADEH A, NAEI M H, RASTGO A. The effects of large vibration amplitudes on the stresses of thin circular functionally graded plates[J]. International Journal of Mechanics and Materials in Design, 2006, 3:161-174.

[526] ALLAHVERDIZADEH A, OFTADEH R, MAHJOOB M J, et al. Analyzing the effects of jump phenomenon in nonlinear vibration of thin circular functionally graded plates[J]. Archive of Applied Mechanics, 2012, 82:907-918.

[527] HU Y D, ZHANG Z Q. Bifurcation and chaos of thin circular functionally graded plate in thermal environment[J]. Chaos, Solitons & Fractals, 2011, 44(9): 739-750.

[528] JAVANI M, KIANI Y, ESLAMI M R. Large amplitude thermally induced vibrations of temperature dependent annular FGM plates[J]. Composites: Part B, 2019, 163: 371-383.

[529] HU Y D, ZHANG Z Q. The bifurcation analysis on the circular functionally graded plate with combination resonances[J]. Nonlinear Dynamics, 2012, 67:1779-1790.

[530] BOUTAHAR L, BIKRI K E, BENAMAR R. A homogenization procedure for geometrically non-linear free vibration analysis of functionally graded annular plates with porosities, resting on elastic foundations[J]. Ain Shams Engineering Journal, 2016, 7: 313-333.

[531] ASHOORIA R, VANINI S A S. Vibration of circular functionally graded piezoelectric plates in pre-/postbuckled configurations of bifurcation/limit load buckling[J]. Acta Mechanica, 2017, 228: 2945-2964.

[532] EBRAHIMI F, NAEI M H, RASTGOO A. Geometrically nonlinear vibration analysis of piezoelectrically actuated FGM plate with an initial large deformation[J]. Journal of Mechanical Science and

Technology, 2009, 23: 2107-2124.
[533] EBRAHIMI F, RASTGOO A. Nonlinear vibration of smart circular functionally graded plates coupled with piezoelectric layers[J]. International Journal of Mechanics and Materials in Design, 2009, 5:157-165.
[534] EBRAHIMI F, RASTGOO A. Nonlinear vibration analysis of piezo-thermo-electrically actuated functionally graded circular plates[J]. Archive of Applied Mechanics, 2011, 81: 361-383.
[535] WANG Z X, SHEN H S. Nonlinear analysis of sandwich plates with FGM face sheets resting on elastic foundations[J]. Composite Structures, 2011, 93(10): 2521-2532.
[536] TORABI J, ANSARI R. Nonlinear free vibration analysis of thermally induced FG-CNTRC annular plates: Asymmetric versus axisymmetric study[J]. Computer Methods in Applied Mechanics and Engineering, 2017, 324: 327-347.
[537] ANSARI R, TORABI J, HASRATI E. Axisymmetric nonlinear vibration analysis of sandwich annular plates with FG-CNTRC face sheets based on the higher-order shear deformation plate theory[J]. Aerospace Science and Technology, 2018, 77: 306-319.
[538] KELESHTERI M M, ASADI H, AGHDAM M M. Geometrical nonlinear free vibration responses of FG-CNT reinforced composite annular sector plates integrated with piezoelectric layers[J]. Composite Structures, 2017, 171: 100-112.
[539] LI Q Y, WU D, CHEN X J, et al. Nonlinear vibration and dynamic buckling analyses of sandwich functionally graded porous plate with graphene platelet reinforcement resting on Winkler-Pasternak elastic foundation[J]. International Journal of Mechanical Sciences, 2018, 148: 596-610.
[540] DUC N D, CONG P H, QUANG V D. Nonlinear dynamic and vibration analysis of piezoelectric eccentrically stiffened FGM plates in thermal environment[J]. International Journal of Mechanical Sciences, 2016, 115-116: 711-722.
[541] KIM S E, DUC N D, NAM V H, et al. Nonlinear vibration and dynamic buckling of eccentrically oblique stiffened FGM plates resting on elastic foundations in thermal environment[J]. Thin-Walled Structures, 2019, 142: 287-296.
[542] GHOLAMI R, ANSAR R. Nonlinear stability and vibration of pre/post-buckled multilayer FG-GPLRPC rectangular plates[J]. Applied Mathematical Modelling, 2019, 65: 627-660.
[543] WANG C M. Timoshenko beam-bending solutions in terms of Euler-Bernoulli solutions[J]. Journal of Engineering mechanics ASCE,1995, 121(6): 763-765.
[544] REDDY J N, WANG C M, LEE K H. Relationships between bending solutions of classical and shear deformation beam theories[J]. International Journal of Solids and Structures, 1996, 34(26): 3373-3384.
[545] LIM C W, WANG C M, KITIPORNCHAI S. Timoshenko curved beam bending solutions in terms of Euler-bernoulli solutions[J]. Archive of Applied Mechanics,1997, 67: 179-190.
[546] WANG C M, CHEN C C, KITIPORNCHAI S. Shear deformable bending solutions for nonuniform beams and plates with elastic end restraints[J]. Archive of Applied Mechanics, 1998, 66: 323-333.
[547] REDDY J N, WANG C M, LIM G T, et al. Bending solutions of levinson beams and plates in terms of the classical theories[J]. International Journal of Solids and Structures, 2001, 38(26-27): 4701-4720.
[548] LI S R, CAO D F, WAN Z Q. Bending solutions of FGM timoshenko beams from those of the homogenous euler-bernoulli beams[J]. Applied Mathematical Modelling, 2013, 37(10-11): 7077-7085.
[549] 徐华, 李世荣. 一阶剪切理论下功能梯度梁与均匀梁静态解之间的相似关系 [J]. 工程力学, 2012, 29(4): 161-167.
[550] 马连生, 欧志英. 经典理论与一阶理论之间简支梁特征值的解析关系 [J]. 应用力学学报, 2006,23(3): 447-449.
[551] 马连生, 欧志英, 黄达文. 不同梁理论之间简支梁特征值的解析关系 [J]. 工程力学, 2006, 23(10): 91-95.
[552] LI S R, BATRA R C. Relations between buckling loads of functionally graded timoshenko and homogeneous euler-bernoulli beams[J]. Composite Structures, 2013, 95:5-9.
[553] LI S R, WAN Z Q, ZHANG J H. Free vibration of functionally graded beams based on both classical and first-order shear deformation beam theories[J]. Applied Mathematics and Mechanics, 2014, 35(5):

591-606.

[554] 王瑄，李世荣. 功能梯度 Levinson 梁自由振动响应的均匀化和经典化表示 [J]. 振动与冲击, 2017, 36(18): 70-77.

[555] 马连生，顾春龙. 经典梁热过屈曲问题的解析解 [J]. 应用力学学报, 2011, 28(4):372-375.

[556] 马连生，顾春龙. 剪切可变形梁热过屈曲解析解 [J]. 工程力学, 2012, 29(2):172-176.

[557] 马连生. 热过屈曲梁振动的解析解 [J]. 工程力学, 2012, 29(10):1-4.

[558] 毛丽娟, 马连生. 剪切可变形梁非线性静态响应的精确解 [J]. 应用力学学报, 2017, 34(1):27-32.

[559] 马连生, 李靓君. 纵横向载荷作用下经典梁非线性静态响应的精确解 [J]. 兰州理工大学学报, 2017, 43(5):157-161.

[560] MA L S, LEE D W. Exact solutions for nonlinear static responses of a shear deformable FGM beam under an in-plane thermal loading[J]. European Journal of Mechanics - A/Solids, 2012, 31(1):13-20.

[561] 毛丽娟，马连生. 非均匀热载荷作用下功能梯度梁的非线性静态响应 [J]. 工程力学,2017, 34(6):1-8.

[562] 贾金政，马连生. 纵横载荷作用下功能梯度梁的弯曲和过屈曲 [J]. 应用力学学报, 2020, 37(1):231-238.

[563] MA L S, LEE D W. A further discussion of nonlinear mechanical behavior for FGM beams under in-plane thermal loading[J]. Composite Structures, 2011, 93(2):831-842.

[564] LEISSA A W. Conditions for laminated plates to remain flat under loading[J]. Composite Structures, 1986,6(4):262-270.

[565] QATU M S, LEISSA A W. Buckling or transverse deflections of unsymmetrically laminated plates subjected to in-plane loads[J]. AIAA Journal, 1993,31(1):189-194.

[566] MA L S, WANG T J. Axisymmetric postbuckling of a functionally graded circular plate subjected to uniformly distributed radial compression [J]. Materials Sience Forum, 2003, 423-425:719-724.

[567] SHEN H S. Nonlinear bending response of functionally graded plates subjected to transverse loads and in thermal environments[J]. International Journal of Mechanical Sciences , 2002,44(3):561-584.

[568] POPOV A A. Parametric resonance in cylindrical shells: A case study in the nonlinear vibration of structural shells[J]. Engineering Structures, 2003, 25(6): 789-799.

[569] LOOSS G, JOSEPH D D. Elementary Stability and Bifurcation Theory[M]. 2nd ed. New York: Springer, 1990.

[570] LI S R, BATRA R C, MA L S. Vibration of thermally post-buckled orthotropic circular plates[J]. Journal of Thermal Stresses, 2007, 30: 43-57.

[571] ZHOU Y H, ZHENG X J, HARIK I E. Free-vibration analysis of compressed clamped circular plates[J]. Journal of Engineering Mechanics ASCE, 1995, 121(12): 1372-1376.

[572] RAO S S. Mechanical Vibrations[M]. 4th ed. New Jersey: Pearson Prentice Hall, 2004.

[573] EMAM S A, NAYFEH A H. Postbuckling and free vibrations of composite beams[J]. Composite Structures, 2009,88(4):636-642.

[574] REDDY J N. Energy and Variational Methods in Applied Mechanics[M]. New York: John Wiley, 1984.

[575] REDDY J N, ROBBINS D H. Theories and computational models for composite laminates[J]. Applied Mechanics Reviews, 1994, 47(6): 147-169.

[576] MINDLIN R D. Influence of rotatory inertia and shear on flexural motions of isotropic elastic plates[J]. Journal of Applied Mechanics ASME,1951, 40(2): 31-38.

[577] NOOR A K, BURTON W S. Assessment of shear deformation theories for multilayered composite plates[J]. Applied Mechanics Reviews, 1989, 42(1): 1-12.

[578] REDDY J N. Theory and Analysis of Laminated Plates and Shells[M]. New York: John Wiley, 1995.

[579] REISSNER E. Reflections on the theory of elastic plates[J]. Applied Mechanics Reviews, 1985, 38(11): 1453-1464.

[580] REDDY J N. On refined computational models of composite laminates[J]. International Journal for Numerical Methods in Engineering, 1989,27(2):361-382.

[581] REISSNER E, STAVSKY Y. Bending and stretching of certain types of aeolotropic elastic plates[J].

Journal of Applied Mechanics ASME,1961,28: 402-408.
[582] STAVSKY Y. Bending and stretching of laminated aeolotropic plates [J]. Journal of Engineering Mechanics ASCE, 1961, 87(6):31-56.
[583] WHITNEY J M. Shear correction factors for orthotropic laminates under static load[J]. Journal of Applied Mechanics ASME,1973, 40(1): 302-304.
[584] WHITNEY J M, LEISSA A W. Analysis of heterogeneous anisotropic plates[J]. Journal of Applied Mechanics ASME,1969, 36: 261-266.
[585] REISSNER E. On the theory of bending of elastic plates[J]. Journal of Mathematical Physics, 1944, 23(8):184 -191.
[586] WHITNEY J M. The effect of transverse shear deformation in the bending of laminated plates[J].Journal of Composite Materials, 1969, 3(3): 534-547.
[587] WHITNEY J M, PAGANO N J. Shear deformation in heterogeneous anisotropic plates[J]. Journal of Applied Mechanics ASME,1970, 37: 1031-1036.
[588] CHATTERJEE S N, KULKARNI S V. Shear correction factors for laminated plates[J]. AIAA Journal, 1979, 17(5): 498-499.
[589] BHIMARADDI A, STEVENS L K. A higher order theory for free vibration of orthotropic, homogeneous, and laminated rectangular plates[J]. Journal of Applied Mechanics ASME,1984,51(1):195-198.
[590] BHIMARADDI A. Dynamic response orthotropic, homoge-neous, and laminated cylindrical shells[J]. AIAA Journal,1985,27(11):1834-1837.
[591] KRISHNA M A V. Higher order theory for vibration of thick plates[J]. AIAA Journal, 1977,15(12): 1823-1824.
[592] KRISHNA M A V, VELLAICHAMY S. On higher order shear deformation theory of laminated composite panels[J]. Composite Structures, 1987,8(4):247-270.
[593] LIBRESCU L. On the theory of anisotropic elastic shells and plates[J]. International Journal of Solids and Structures, 1967, 3(1): 53-68.
[594] LO K H, CHRIDTERSEN R M, WU E M. A high order theory of plate deformation, part 2: Laminated plates[J]. Journal of Applied Mechanics ASME,1977,44(4): 669-676.
[595] REDDY J N. Dynamic (transient) analysis of layered anisotropic composite-material plates[J]. International Journal for Numerical Methods in Engineering, 1983,19(2): 237-255.
[596] REDDY J N. A generalization of two-dimensional theories of laminated composite plates[J]. Communications in Applied Numerical Methods, 1987,3(3): 173-180.
[597] REDDY J N. On the generalization of displacement-based laminate theories[J]. Applied Mechanics Reviews, 1989, 42(11S): S213-S222.
[598] REDDY J N. A general non-linear third-order theory of plates with moderate thickness[J]. International Journal of Non-linear Mechanics, 1990, 25(6): 677-686.
[599] REDDY J N. A review of refined theories of laminated composite plates[J]. Shock and Vibration Digest, 1990,22(7): 3-17.
[600] 张双寅, 刘济庆, 于晓霞, 等. 复合材料结构的力学性能 [M]. 北京: 北京理工大学出版社, 1992.
[601] KAMAL K, DURVASULA S. Macromechanical behavior of composite laminates[J]. Composite Structures, 1986, 5(4): 309-318.
[602] LEVINSON M. An accurate simple theory of the statics and dynamics of elastic plates[J]. Mechanics Research Communications, 1980,7(6): 343-350.
[603] REDDY J N, PHAN N D. Stability and vibration of isotropic, orthotropic and laminated plates according to a high-order shear deformation theory[J]. Journal of Sound and Vibration,1985,98(2): 157-170.
[604] REDDY J N, KHDEIR A A. Buckling and vibration of laminated composite plates using various plate theories[J]. AIAA Journal, 1989,27(12): 1808-1817.
[605] 吕恩琳. 复合材料力学 [M]. 重庆: 重庆大学出版社, 1992.

[606] 罗祖道, 王震鸣. 复合材料力学进展 [M]. 北京: 北京大学出版社,1992.

[607] WANG C M, ALWIS W A M. Simply supported polygonal Mindlin plate deflections using Kirchhoff plates[J]. Journal of Engineering mechanics ASCE,1995, 121(12): 1383-1385.

[608] WANG C M. Relationships between Mindlin and Kirchhoff bending solutions for tapered circular and annular plates[J]. Engineering Structures, 1996, 19(3): 255-258.

[609] WANG C M, LEE K H. Deflection and stress-resultants of axisymmetric Mindlin plates in terms of corresponding Kirchhoff solutions[J]. International Journal of Mechanical Science, 1996, 38(11): 1179-1185.

[610] WANG C M, LIM G T, LEE K H. Relationships between Kirchhoff and Mindlin bending solutions for Levy plates[J]. ASME Journal of Applied Mechanics,1999, 66(2): 541-545.

[611] WANG C M, LIM G T. Bending of annular sectorial Mindlin plates using Kirchhoff results[J]. European Journal of Mechanics-A/Solids, 2000, 19(6):1041-1057.

[612] WANG C M, LIM G T, REDDY J N, et al. Relationships between bending solutions of Reissner and Mindlin plate theoris[J]. Engineering Structures, 2001,23(7): 838-849.

[613] LEE K H, LIM G T, WANG C M. Thick Lévy plates re-visited[J]. International Journal of Solids and Structures, 2002,39(1): 127-144.

[614] WANG C M. Deducing thick plate solutions from classical thin plate solutions[J]. Structural Engineering and Mechanics, 2001,11(1): 89-104.

[615] REDDY J N, WANG C M. Relationships between classical and shear deformation theories of axisymmetric circular plates[J]. AIAA Journal, 1997,35(12): 1862-1868.

[616] REDDY J N, WANG C M. Deflection relationships between classical and third-order plate theories[J]. Acta Mechanica,1998, 130(3): 199-208.

[617] REDDY J N, WANG C M. An overview of the relationships between solutions of the classical and shear deformation plate theories[J]. Composites Science and Technology, 2000, 60(12-13): 2327-2335.

[618] 万泽青, 李世荣, 李秋全. 功能梯度 Levinson 圆板弯曲解的均匀化和经典化表示 [J]. 工程力学, 2015, 32(1): 10-16.

[619] 许伯济, 孙向阳, 褚宝增. 方向导数的应用 [J]. 工科数学, 1994, 10: 223-227.

[620] CONWAY H D. Analogies between the buckling and vibration of polygonal plates and membranes[J]. Canadian Aeronautics and Space Journal, 1960, 6(7): 263.

[621] 徐芝纶. 弹性力学 (下册)[M]. 5 版. 北京: 高等教育出版社, 2016.

[622] 王铁军, 马连生, 石朝锋. 功能梯度中厚圆/环板轴对称弯曲问题的解析解 [J]. 力学学报, 2004, 36(3): 348-353.

[623] 李世荣, 张靖华, 徐华. 功能梯度与均匀圆板弯曲解的线性转换关系 [J]. 力学学报, 2011, 43(5): 871-877.

[624] 李世荣, 高颖, 张靖华. 功能梯度与均匀圆板静动态解之间的相似转换关系 [J]. 固体力学学报, 2011, 32(S1): 120-126.

[625] WANG C M. Allowance for prebuckling deformations in buckling load relationship between Mindlin and Kirchhoff simply supported plates of general polygonal shape[J]. Engineering Structures,1995,17(6): 413-418.

[626] WANG C M. Discussion on “Postbuckling of moderately thick circular plates with edge elastic restraint”[J]. Journal of Engineering Mechanics ASCE,1996, 122(2): 181-182.

[627] WANG C M, REDDY J N. Buckling load relationship between Reddy and Kirchhoff plates of polygonal shape with simply supported edges[J]. Mechanics Research Communications, 1997, 24(1): 103-108.

[628] WANG C M, LEE K H. Buckling load relationship between Reddy and Kirchhoff circular plates[J]. Journal of Franklin Institute, 1998, 335(6): 989-995.

[629] WANG C M. Vibration frequencies of simply supported polygonal sandwich plates via Kirchhoff solutions[J]. Journal of Sound and Vibration,1996, 190(2): 255-260.

[630] WANG C M, KITIPORNCHAI S. Frequency relationship between Levinson plates and classical thin

plates[J]. Mechanics Research Communications,1999,26(6): 687-692.

[631] WANG C M, KITIPORNCHAI S, REDDY J N. Relationship between vibration frequencies of Reddy and Kirchhoff polygonal plates with simply supported edges[J]. ASME Journal of Vibration and Acoustics, 2000, 122(1): 77-81.

[632] 马连生, 王铁军. 不同理论下圆板特征值之间的解析关系 [J]. 应用数学和力学, 2006, 27(3): 253-259.

[633] PNUELI D. Lower bounds to the gravest and all higher frequencies of homogeneous vibrating plates of arbitrary shape[J]. ASME Journal of Applied Mechanics, 1975, 42(4): 815-820.

[634] REDDY J N. Theory and Analysis of Elastic Plates[M]. Boca Raton: CRC Press, 1999.

[635] TIMOSHENKO S P, GERE J M. Theory of Elastic Stability[M]. New York: McGraw-Hill, Inc., 1961.

[636] 刘鸿文. 板壳理论 [M]. 杭州: 浙江大学出版社, 1987.

[637] TIMOSHENKO S, YOUNG D H W, WEAVER J R. Vibration Problems in Engineering[M]. New York: John Wiley & Sons, Inc, 1974.

[638] 薛大为. 板壳理论 [M]. 北京: 北京工业学院出版社, 1988.

[639] 曹志远. 板壳振动理论 [M]. 北京: 中国铁道出版社, 1989.

[640] LI S R, ZHOU Y H. Shooting method for nonlinear vibration and thermal buckling of heated orthotropic circular plate[J]. Journal of Sound and Vibration, 2001,248(2): 379-386.

[641] LI S R, ZHOU Y H, SONG X. Nonlinear vibration and thermal buckling of an orthotropic annular plate with a centric rigid mass[J]. Journal of Sound and Vibration, 2002,251(1): 141-152.

[642] REDDY J N. Analysis of functionally graded plates[J]. International Journal for Numerical Methods in Engineering, 2000, 47(1-3): 663-684.

[643] 周履, 范赋群. 复合材料力学 [M]. 北京: 高等教育出版社,1991.

[644] 韩强, 黄小清, 宁建国. 高等板壳理论 [M]. 北京: 科学出版社,2002.

[645] 杨帆, 马连生. 前屈曲耦合变形对 FGM 圆板稳定性的影响 [J]. 工程力学, 2010, 27(4): 68-72.

[646] 马连生, 戚鹏程. 考虑前屈曲耦合变形时功能梯度简支梁的稳定性分析 [J]. 固体力学学报, 2022, 43(2): 234-242.

[647] HUANG C H, SANDMAN B E. Large amplitude vibrations of a rigidly circular plate[J]. International Journal of Non-linear Mechanics,1971,6(4): 451-468.

[648] HUANG C L. Finite amplitude vibrations of an orthotropic circular plate with an isotropic core[J]. International Journal of Non-linear Mechanics,1973,8(5): 445-457.

[649] NAYFEH A H, MOOK D T. Nonlinear Oscillations[M]. New York: John Wiley & Sons, 2008.

[650] SINGH B, SAXENA V. Axisymmetric vibration of a circular plate with double linear variable thickness[J]. Journal of Sound and Vibration, 1995, 179(5): 879-897.

[651] YAMAKI N, OTOMO K, CHIBA M. Nonlinear vibration a clamped circular plate with initial deflection and initial edge displacement, part I: Theory[J]. Journal of Sound and Vibration, 1981,79(1): 23-42.

[652] BISPLINGHOFF R L, PIAN T H H. On the vibration of thermally buckled bars and plates[C]. Proceedings of the 9th International Congress for applied Mechanic, Brussels, 1957, 7: 307-318.

[653] EISLEY J G. Nonlinear vibrations of beams and rectangular plates[J]. Zeitschrift fur Angewandte Mathematik and Physik,1964,15: 167-175.

[654] YANG T Y, HAN A D. Buckled plate vibrations and large amplitude vibrations using high-order triangular elements[J]. AIAA Journal, 1982, 21(5):758-766.

[655] LEE J. Random vibration of thermally buckled plates: I zero temperature gradient across the plate thickness[J]. In Aerospace Thermal Structures and Materials of a New Era, Progress in Aeronautics and Astronautics, 1995, 168: 41-67.

[656] LEE J. Random vibration of thermally buckled plates: I nonzero temperature gradient across the plate thickness[J]. Applied Mechanics Review, 1997, 50:105-116.

[657] ZHOU R C, XUE D Y, MEI C. Vibration of thermally buckled composite plates with initial deflection using triangular elements[C]. 34th AIAA/ASME/ASCE/AHS/ASC SDM Conference, AIAA-93-1321-

cp, La Jolla, 1993: 226-235.

[658] LEE D M, LEE I. Vibration behaviors of thermally postbuckled anisotropic plates using first-order shear deformation plate theory[J]. Computers & Structures,1997, 63(3):371-378.

[659] LEE D M, LEE I. Vibration analysis of stiffened laminated plates including thermally postbuckled deflection effect[J]. Journal of Reinforced Plastics and Composite,1997, 16(12): 1138-1154.

[660] ZHANG J H, LI S R. Dynamic buckling of FGM truncated conical shells subjected to non-uniform normal impact load[J]. Composite Structures, 2010, 92(12): 2979-2983.

[661] 张靖华, 李世荣, 马连生. 功能梯度截顶圆锥壳的热弹性弯曲精确解 [J]. 力学学报, 2008, 40(2): 185-193.

[662] 张靖华. 功能梯度材料截顶圆锥壳的弯曲、振动及动力屈曲 [D]. 兰州: 兰州理工大学，2007.

[663] 张靖华, 李世荣. 温度依赖热弹性功能梯度截顶圆锥壳的弯曲精确解 [J]. 兰州理工大学学报, 2010, 36(5):168-172.

[664] 何福保, 沈亚鹏. 板壳理论 [M]. 西安: 西安交通大学出版社, 1993.

[665] 崔维成, 裴俊厚, 张伟. 圆锥壳的精确解与等效圆柱壳的解的比较 [J]. 船舶力学, 2000,4(4):33-42.

[666] 王俊奎, 张志民. 板壳的弯曲与稳定 [M]. 北京: 国防工业出版社, 1980.

[667] BRUSH D O, ALMROTH B O. Buckling of Bars, Plates and Shells[M]. New York: McGraw-Hill, 1975.

[668] FLUGGE W. Stresses in Shells[M]. 2nd Ed. New York: Springer-Verlag, 1973.

[669] LI S R, ZHOU Y H. Geometrically nonlinear analysis of Timoshenko beams under thermomechanical loadings[J]. Journal of Thermal Stresses, 2003, 26(9): 861-872.

[670] 张靖华, 李世荣, 赵永刚. 功能梯度材料扁锥壳的热弹性大变形分析 [J]. 固体力学学报, 2006, 27(4): 362-368.

[671] ZHANG J H, LI S R. Free vibration of functionally graded truncated conical shells using the GDQ method[J]. Mechanics of Advanced Materials and Structures, 2013, 20(1):61-73.

[672] 郑华盛, 赵宁, 成娟. 一维高精度离散 GDQ 方法 [J]. 计算数学, 2004, 26(3): 293-302.

[673] 薛惠钰. 计算一维结构瞬态动力响应的广义微分求积法 [J]. 苏州大学学报 (自然科学), 2000, 16(1):59-64.

[674] WU T Y, LIU G R. The generalized differential quadrature rule for initial-value differential equations[J]. Journal of Sound and Vibration, 2000, 233(2):195-213.

[675] SHU C, WEE K H A. Numerical simulation of natural convection in a square cavity by SIMPLE-generalized differential quadrature method[J]. Computers & Fluids, 2002,31(2): 209-226.

[676] WU T Y, LIU G R, WANG Y Y. Application of the generalized differential quadrature rule to initial-boundary-value problems[J]. Journal of Sound and Vibration, 2003, 264(4): 883-891.

[677] WANG X W, WANG Y L. Free vibration analyses of thin sector plates by the new version of differential quadrature method[J]. Computer Methods in Applied Mechanics and Engineering, 2003, 193(36-38): 3957-3971.

[678] IRIE T, YAMADA G, TANAKA K. Natural frequencies of truncated conical shells[J]. Journal of Sound and Vibration, 1984, 92(3): 447-453.

[679] SHU C. An efficient approach for free vibration analysis of conical shells[J]. International Journal of Mechanical Sciences, 1996, 38(8-9):935-949.